W0384677

# Instagram-Marketing für Unternehmen

Neuerscheinungen, Praxistipps, Gratiskapitel,
Einblicke in den Verlagsalltag –
gibt es alles bei uns auf Instagram und Facebook

instagram.com/mitp_verlag

facebook.com/mitp.verlag

Kristina Kobilke

# Instagram-Marketing für Unternehmen

## Mit professioneller Strategie, Influencer Marketing und Instagram Ads zum Erfolg

mitp

**Bibliografische Information der Deutschen Nationalbibliothek**
Die Deutsche Nationalbibliothek verzeichnet diese Publikation in der Deutschen Nationalbibliografie; detaillierte bibliografische Daten sind im Internet über http://dnb.d-nb.de abrufbar.

Bei der Herstellung des Werkes haben wir uns zukunftsbewusst für umweltverträgliche und wiederverwertbare Materialien entschieden.
Der Inhalt ist auf elementar chlorfreiem Papier gedruckt.

ISBN 978-3-7475-0601-1
5. Auflage 2023

www.mitp.de
E-Mail: mitp-verlag@sigloch.de
Telefon: +49 7953 / 7189 - 079
Telefax: +49 7953 / 7189 - 082

© 2023 mitp Verlags GmbH & Co. KG, Frechen

Dieses Werk, einschließlich aller seiner Teile, ist urheberrechtlich geschützt. Jede Verwertung außerhalb der engen Grenzen des Urheberrechtsgesetzes ist ohne Zustimmung des Verlages unzulässig und strafbar. Dies gilt insbesondere für Vervielfältigungen, Übersetzungen, Mikroverfilmungen und die Einspeicherung und Verarbeitung in elektronischen Systemen.

Die Wiedergabe von Gebrauchsnamen, Handelsnamen, Warenbezeichnungen usw. in diesem Werk berechtigt auch ohne besondere Kennzeichnung nicht zu der Annahme, dass solche Namen im Sinne der Warenzeichen- und Markenschutz-Gesetzgebung als frei zu betrachten wären und daher von jedermann benutzt werden dürften.

Klimaneutral
Druckprodukt
ClimatePartner.com/18246-2210-1003

Lektorat: Miriam Robels
Sprachkorrektorat: Petra Heubach-Erdmann
Covergestaltung: Christian Kalkert
Satz: III-satz, www.drei-satz.de
Druck: Adverts in Riga, Lettland

# Inhaltsverzeichnis

# Über die Autorin

© Rieka Anscheit

Kristina Kobilke ist digitale Marketingstrategin, Trainerin und Fachautorin aus Hamburg und bereits seit 23 Jahren im Digitalen Marketing aktiv. Mit ihren Trainings, Vorträgen, Webinaren und Fachpublikationen hilft sie Unternehmen, Agenturen und Marken dabei, integrierte Marketing- und Kommunikationsstrategien in einer digitalisierten Welt zu entwickeln.

Seit 2012 ist eines ihrer Schwerpunktthemen die digitale Markenkommunikation über Visual Social Media, insbesondere Instagram. Ihr erstes Fachbuch dazu ist bereits im Jahr 2014 erschienen. Dabei widmet sie sich den speziellen Fragestellungen und Bedürfnissen von Unternehmen, die sie aus ihrer täglichen Beratungspraxis kennt.

Kristina Kobilke ist zudem Dozentin an verschiedenen Akademien, wie unter anderem der Akademie für Publizistik in Hamburg, Lehrende an der Leuphana Professional School sowie Teil des Storywerk.Berlin Experten-Teams, das insbesondere NGOs in Content-Marketing und Storytelling unterstützt.

Vor ihrer Selbständigkeit war sie über 13 Jahre digitale Vermarktungsexpertin beim Internetpionier AOL Deutschland sowie beim Medienhaus Gruner + Jahr. `www.kristinakobilke.de`

Kapitel 1

# Instagram in der Aufmerksamkeits-ökonomie

Es brauchte nicht einmal ein Jahrzehnt, bis Instagram zu einer weltumspannenden Community mit über 1 Milliarde monatlich aktiven Mitgliedern gedieh. Schätzungen zufolge erreicht die Plattform inzwischen mindestens 1,5 Milliarden Menschen weltweit (Stand September 2022). Und auch wenn mit der Video-Community TikTok ein ernst zu nehmender Konkurrent existiert, ist das Interesse an dem sozialen Foto- und Video-Sharing-Netzwerk größer denn je.

Es sind nicht mehr nur Lifestyle-Marken, die sich auf Instagram eine treue Marken-Community aufgebaut haben – inzwischen versammeln sich auch B2B-Unternehmen, Politiker, Behörden und Institutionen aller Art auf der Plattform, um sich deren Potenzial zu erschließen.

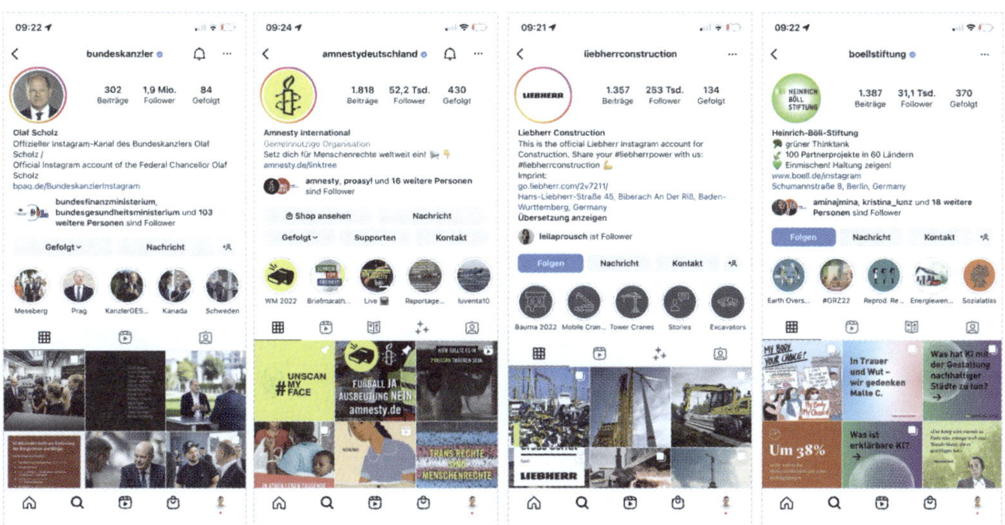


**Abb. 1.1:** Instagram-Profile des Bundeskanzlers (@bundeskanzler), Amnesty International Deutschland (@amnestydeutschland), Liebherr Construction (@liebherrconstruction) und der Heinrich-Böll-Stiftung (@boellstiftung)

Instagram gehört laut dem Marktforschungsunternehmen und seiner gleichnamigen Studie GlobalWebIndex weiterhin zu den Top 5 der am schnellsten wachsenden Social-Apps der Welt. Instagram zufolge nutzen zwei Drittel seiner Mitglieder das Netzwerk sogar täglich, und das durchaus mehrmals. Demnach rufen beispielsweise Instagrammer der Altersgruppe der 18 bis 34-Jährigen die App im Durchschnitt 19 Mal am Tag auf. Fashion- oder Beauty-Interessierte sind sogar doppelt so häufig auf der Plattform aktiv.

In Zeiten der Aufmerksamkeitsökonomie, in der sich Medienangebote wie Unternehmen gleichermaßen schwertun, das Interesse der Menschen auf sich zu ziehen und vor allem zu halten, ist das eine beachtliche Bilanz. Dabei ist es gerade für Unternehmen erfolgskritisch, in einer überaus fragmentierten Medienlandschaft mit ihren unzähligen Kanälen und einem Überangebot an Informationen die Aufmerksamkeit ihrer Konsumenten zu gewinnen, sie mit ihren Botschaften nachhaltig zu erreichen und damit zielgerichtet in ihrem Kaufentscheidungsprozess zu begleiten.

Wie gelingt es also Instagram, mehr und mehr Aufmerksamkeit für sich zu beanspruchen, und inwiefern können Unternehmen davon profitieren? Was macht die Relevanz dieses Kanals aus Unternehmenssicht konkret aus? Warum ist es sinnvoll, sich gerade jetzt das Potenzial, das Instagram für Marketing und Vertrieb bietet, zu erschließen und Zeit, Budget und Ressourcen in diesen Kanal zu investieren?

## 1.1 Relevanz aus Unternehmenssicht

### 1.1.1 App-Architektur und Nutzerführung

Die grundsätzliche Relevanz von Instagram liegt in seiner einzigartigen App-Architektur begründet, die es Unternehmen ermöglicht, tragfähige Beziehungen zu ihren Kunden und weiteren Stakeholdern aufzubauen. Zwar mutet die Plattform mit ihrer Vielzahl von Kanälen, wie z.B. Reels, Stories, klassischen Posts, Instagram-Shopping oder dem integrierten Messenger komplex an, doch mit der richtigen Art und Weise, diese Kanäle zu bespielen, gelingt es Unternehmen, potenzielle Kunden durch sämtliche Phasen eines (Kauf-)Entscheidungsprozesses zu dirigieren. Die Werbe-Tools sowie der Instagram-Algorithmus unterstützen dieses Vorhaben. So können Unternehmen nicht nur Interesse für ihre Produkte, Marken oder Initiativen wecken und vertiefen, sondern auch zielsicher zum Kauf oder Aktion anregen, ihre Kunden anschließend an sich binden und zur Weiterempfehlung animieren. (Wie Sie diese Strategie für Ihr Unternehmen konkret umsetzen können, erfahren Sie in Kapitel 3)

### 1.1.2 Nah an den kommunikativen und technologischen Trends

Darüber hinaus ist die Relevanz von Instagram, trotz Konkurrenz, in seiner Zukunftsfähigkeit begründet. Positiv wirkt sich dabei die Unternehmenszugehörigkeit zum Innovationstreiber Meta (ehemals Facebook) sowie die Zusammenarbeit mit den für Instagram besonders relevanten Influencern und Content-Creatoren aus. Letztere sind zunehmend Impulsgeber für die Weiterentwicklung der Plattform.

#### Visuelle Kommunikation

Instagram ist mehr als eine App zur Bearbeitung und Verbreitung von Fotos und Videos oder eines von vielen sozialen Netzwerken. Es ist mobile, soziale und visuelle Kommunikation zugleich und repräsentiert das sich verändernde Mediennutzungs-, Kommunikations- und Kaufverhalten der Menschen.

Durch die mobile Revolution und den damit verbundenen Smartphone-Boom wandelt sich die Art, wie Menschen Medien nutzen, wie sie ihren Alltag bestreiten und wie sie dabei miteinander interagieren, stetig. Das Smartphone bildet dabei zunehmend den Dreh- und Angelpunkt menschlicher Kommunikation. Mit ihm wird es möglich, immer mehr Menschen unabhängig von Raum und Zeit nah zu sein. Die Technologie liefert dabei immer facettenreichere medial gestützte Ausdrucksformen, sich einander mitzuteilen und auch Emotionen zu transportieren. Sei es über mit AR-Filtern versehene Selfies, GIFs, Emojis, Hashtags oder generell über Fotos und Videos, die sich inzwischen in hoher Qualität mit dem Smartphone und begleitenden Apps herstellen lassen.

Dabei fungieren gerade visuelle Inhalte in einer komplexen, beschleunigten und globalisierten Welt als universelle, vereinfachte Sprache, die jeder, auch über Ländergrenzen hinweg, versteht. Instagram setzt mit seinem Fokus darauf, interessante Fotos und noch verstärkter Videos zu erstellen und miteinander zu teilen, genau hier an und prägt damit die Ära des visuellen Storytellings maßgeblich mit.

Im Zuge dessen hat sich auch die Art und Weise, wie Menschen neue Produkte oder Dienstleistungen entdecken und kaufen, fundamental verändert.

Wie sehr sich Instagram neuen Mediennutzungs- und Kommunikationstrends unterwirft, zeigte unter anderem die radikale Abschaffung seines Retro-Logos im sechsten Jahr seines Bestehens sowie die zügige Einführung von Instagram Stories und Instagram Reels, die sich stark an den Konkurrenzprodukten von Snapchat und TikTok orientieren.

Die Ankündigung Instagrams, zukünftig verstärkt auf Video-Content, insbesondere Reels zu setzen und damit nach Ansicht vieler Instagrammer zur »TikTok-Kopie« zu mutieren, stieß in der Community jedoch verstärkt auf Kritik. Viele Instagrammer, darunter auch viele prominente Mitglieder, wünschen sich eine

Rückbesinnung der Plattform auf ihre ursprünglichen Wurzeln, nämlich die Kommunikation über Fotos. Ein weiterer Teil der Community konsumiert allerdings verstärkt Videos. Es bleibt abzuwarten, wie Instagram diese Ansprüche vereinen und eine eigene Identität neben der Unterhaltungsplattform TikTok bewahren wird.

### Verbindung zum Metaverse

Mit seinem Selbstverständnis, eine wichtige Rolle bei der Evolution des Internets zum Metaversum bzw. Metaverse einzunehmen, arbeitet Meta gemeinsam mit Creatoren stetig an der Weiterentwicklung seiner Mixed-Reality-Technologien. Derzeit sind diese vor allem in Form von Augmented-Reality-(AR-)Filtern in der Story- und Reel-Kamera erfahrbar, durch Augmented-Reality-Ads, aber auch durch Augmented-Reality-Shopping-Anwendungen, mit denen zum Beispiel Kosmetik, Schmuck oder Brillen anprobiert werden können (siehe dazu das Beispiel Lancôme in Abbildung 1.2). Perspektivisch werden den derzeitigen 2D-Anwendungen 3D-Anwendungen unter Einsatz entsprechender Hardware, wie eigens von Meta produzierte VR-Brillen, in der virtuellen Realität folgen.

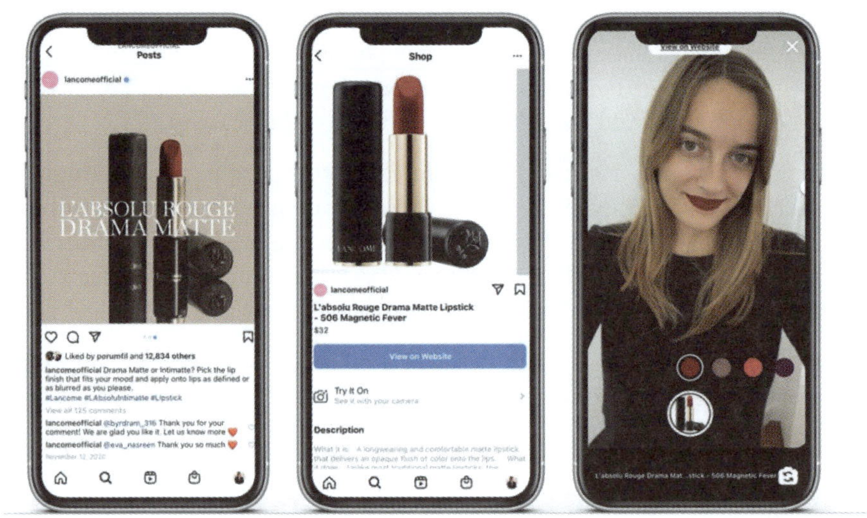


**Abb. 1.2:** Augmented-Reality-Anwendung von Lancôme innerhalb seines Instagram-Shops – über »Try it On« können die unterschiedlichen Lippenstift-Farben via AR über die eigene Smartphone-Kamera ausprobiert werden.

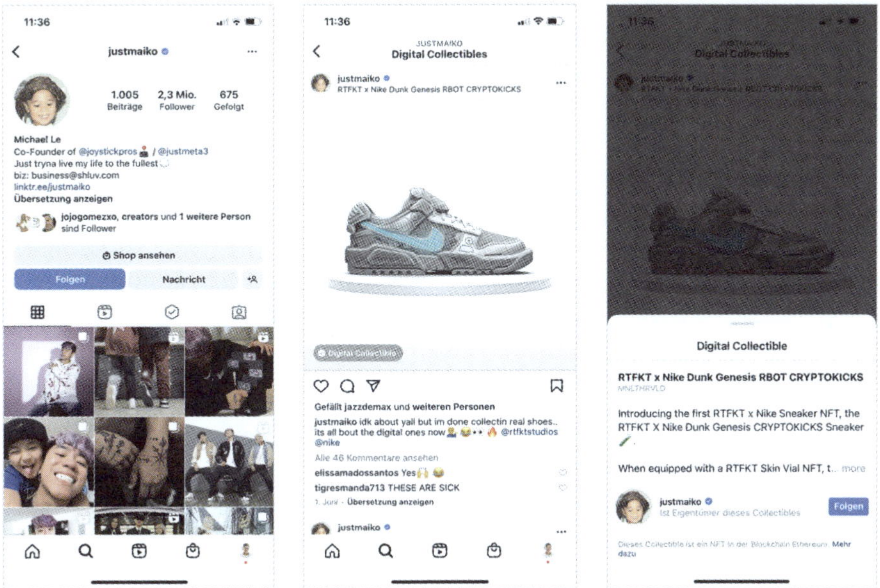


**Abb. 1.3:** Instagram-Profil des Influencers Michael Le (@justmaiko) mit Ansicht eines NFT-Posts sowie der Beschreibung des NFTs

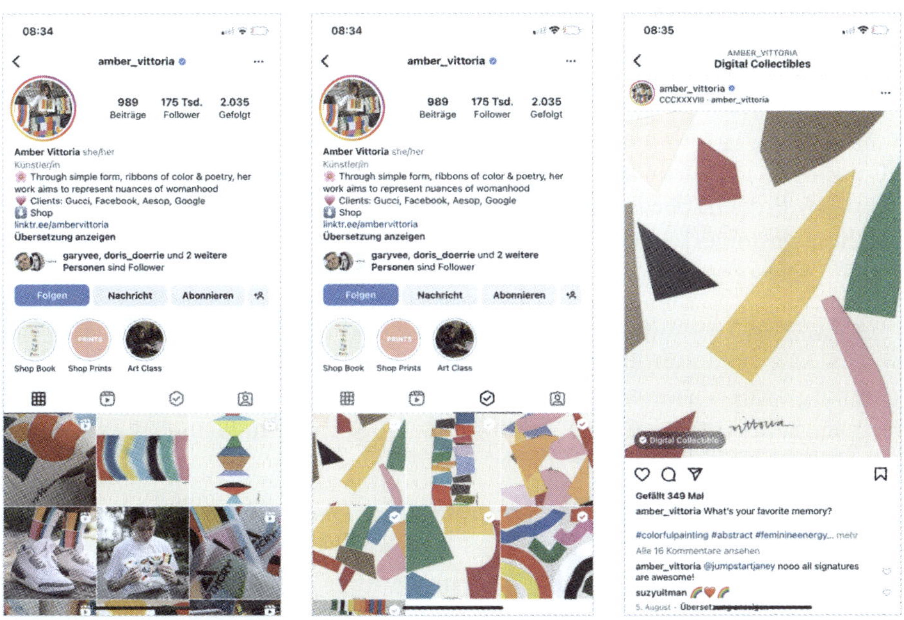


**Abb. 1.4:** Instagram-Profil der Künstlerin Amber Vittoria (@amber_vittoria) mit eigenem Reiter für Digital Collectibles (Mitte) und Ansicht eines einzelnen via Instagram geteilten selbst erstellten NFTs (rechts)

Mit der Möglichkeit, digitale Güter, respektive NFTs, auf Facebook und Instagram zu teilen, schafft Meta eine weitere Verknüpfung zum Metaverse. Nutzer können dabei ihre NFTs in Form von Posts, die in einem eigenen Reiter des Profils erscheinen, präsentieren. Das können selbst gekaufte NFTs sein, wie im Beispiel des Influencers Michael Le, der seinen erworbenen Sneaker-NFT präsentiert oder auch selbst erstellte NFTs, wie im Falle der Künstlerin Amber Vittoria. Die Vision von Meta ist es, dass sich Nutzer losgelöst von den heutigen Social-Media-Apps in einer oder mehreren virtuellen Welten als Avatare fortbewegen und mit digitalen Gütern und Statussymbolen handeln können.

### 1.1.3 Reichweite, Wachstum und Nutzerstruktur

Ein weiteres Argument, Instagram noch mehr Bedeutung im eigenen Marketing-Mix einzuräumen, ist die inzwischen auch in Deutschland relevante Reichweite des Netzwerks. Einer gemeinsamen aktuellen Studie der Social-Media-Management-Plattform Hootsuite sowie der Social-Media-Agentur »We Are Social« zufolge hat Instagram 29,85 Millionen monatlich aktive Mitglieder in Deutschland (Stand Januar 2022) und ist damit nach YouTube und Facebook das drittstärkste soziale Netzwerk hierzulande. Der Anteil von Frauen und Männern ist laut der genannten Studie fast ausgeglichen (48,8 Prozent Frauen, 51,2 Prozent Männer). Laut der Analyse-Plattform App Annie gehörte Instagram auch 2021 nach WhatsApp, Facebook und Amazon zu den Top-Apps mit den meisten monatlich aktiven Usern in Deutschland (basierend auf kombinierten Daten für die App-Stores Google Play und Apple iOS).

Demgegenüber eher konservative Werte weist die ARD/ZDF-Onlinestudie 2021 aus. Vergleicht man den Mitgliederzuwachs in Deutschland in den Studien von 2020 und 2021, hat sich die wöchentliche Reichweite von Instagram von 20 Prozent auf 26 Prozent der Bevölkerung ab 14 Jahre und damit auf 18,53 Millionen Menschen gesteigert (ausgehend von einem Zielgruppenpotenzial von 71,27 Millionen Menschen). Damit wächst Instagram schneller als Facebook.

Weltweit gesehen konnte Instagram seit 2014 alle sieben bis zehn Monate einen Zuwachs von weiteren 100 Millionen Nutzern verkünden. Damit hat Mark Zuckerberg seine Vision aus demselben Jahr, nämlich in fünf Jahren eine Milliarde Instagram-Nutzer auf der Plattform zu versammeln, schneller erreicht als geplant.

Die Erfahrungen mit Facebook oder YouTube zeigen, dass sich nach und nach auch ältere Generationen wie die Generation X und die Baby Boomer das Netzwerk erschließen werden. Diese These unterstützt auch der Social-Media-Atlas 2022 des Faktenkontor und des IMWF. Demnach stieg nicht nur der Anteil der Instagram-Nutzer in der Altersgruppe der 20- bis 29-Jährigen von 74 Prozent im Jahr 2020 auf 82 Prozent im Jahr 2021 an, sondern auch der Anteil der 30-39-

Jährigen von 51 Prozent auf 63 Prozent sowie der Anteil der 40- bis 49-Jährigen von 35 Prozent auf ganze 50 Prozent. Damit ist inzwischen jeder zweite Internet-Nutzer in dieser Altersgruppe auf Instagram aktiv. Und auch der Anteil der 50- bis 59-Jährigen ist weiter gewachsen. Jeder dritte Internet-Nutzer dieser Altersgruppe lässt sich inzwischen über die Plattform erreichen.

Jüngere Internet-Nutzer im Alter zwischen 16 und 19 Jahren wandern jedoch ab, was sich aus einem Rückgang des Nutzer-Anteils dieser Altersgruppe von 91 Prozent im Jahr 2020 auf 80 Prozent im Jahr 2021 schließen lässt. Ein großer Teil der Generation Z bleibt der Plattform jedoch erhalten.

Insgesamt gesehen, ist Instagram mit dieser Altersstruktur für immer mehr Unternehmen und Institutionen, die eine Vielzahl von Stakeholdern aus unterschiedlichen Generationen erreichen wollen, interessant.

### 1.1.4 Nutzungsintensität

Ein aus Marketingsicht weiterer interessanter Faktor ist, dass Instagram inzwischen zum täglichen Leben seiner User dazugehört. Laut einer Studie des Market Intelligence- und Insights-Anbieters Sensor Tower zählten 39 Prozent der aktiven Instagram-App-Nutzer zu »Power-Usern« und öffneten die App im 2. Quartal 2022 jeden Tag.

In der Altersgruppe der 14- bis 29-Jährigen nutzt laut der ARD/ZDF-Onlinestudie mehr als jeder zweite Instagram täglich, 73 Prozent mindestens wöchentlich (noch vor Snapchat mit 44 Prozent und TikTok mit 33 Prozent).

Mit einer nach eigenen Angaben durchschnittlichen Nutzungsdauer von 34 Minuten pro Nutzer und pro Tag gehört Instagram, wie auch schon zu Beginn dieses Kapitels erwähnt, zu den »Aufmerksamkeitsfressern« unter den Medienangeboten.

### 1.1.5 Überdurchschnittliches Engagement der Nutzer

Was weiterhin dafür spricht, Instagram als Marketing-Kanal einzusetzen, ist das grundsätzlich hohe Engagement seiner Nutzer, das sich auch auf Marken-Posts, -Stories und -Reels erstreckt.

Während das Engagement der Nutzer auf Facebook und Twitter kontinuierlich sinkt, rangiert es auf Instagram weiterhin auf einem vielfach höheren Niveau.

Rival IQ, ein Social-Media-Analytics-Anbieter, identifizierte in seinem Social-Media-Benchmark-Report 2022 eine durchschnittliche Engagement-Rate von zwar nur 0,67 Prozent auf Instagram. Im Vergleich zu einer Engagement-Rate von durchschnittlich 0,064 Prozent auf Facebook sowie 0,037 Prozent auf Twitter ist diese jedoch immer noch wesentlich höher.

Grundsätzlich muss hier angemerkt werden, dass eine hohe Engagement-Rate lediglich als Indiz für das tatsächliche Involvement der Zielgruppe gewertet werden kann. Erst die Kombination mit weiteren KPIs kann Aufschluss über den tatsächlichen Erfolg Ihrer Social-Media-Aktivitäten auf Instagram geben (mehr dazu in Abschnitt 3.7 »Definition einer konkreten Zielsetzung«).

### 1.1.6 Marken- und Kaufaffinität der Nutzer

Für Instagram charakteristisch ist die hohe Markenaffinität seiner Nutzer. Marken bilden seit jeher einen festen Bestandteil der Instagram-Community. Laut Instagram folgen 90 Prozent seiner Community-Mitglieder einem Unternehmen. 2 von 3 Instagrammern bestätigen, dass die Plattform den Austausch zwischen Konsumenten und Marken ermöglicht.

Der vergleichsweise wertschätzende Umgang unter den Community-Mitgliedern erstreckt sich auch auf Marken. Damit bildet Instagram in der Regel ein positives Umfeld für die Markenkommunikation, was sich wiederum vorteilhaft auf die Kaufaffinität der Nutzer auswirkt.

Laut der Umfrage »Project Instagram« von Facebook und Ipsos entdecken 74 Prozent der Instagrammer neue Produkte oder Services auf Instagram, 73 Prozent davon recherchieren weiter nach diesen Produkten oder Services. 55 Prozent rufen dabei die Website oder App der Marke auf. 71 Prozent derjenigen, die auf Instagram Produkte oder Services entdeckt haben, entscheiden direkt, ob sie selbige kaufen oder nicht. 31 Prozent tätigen dabei einen Online-Kauf.

Die hohe Kaufaffinität der Instagrammer motivierte Instagram mit »Instagram Shopping«, eine Reihe von Möglichkeiten zur Vorstellung und zum direkten Verkauf von Produkten über die App anzubieten. Seither arbeitet die Plattform unermüdlich an einer umfassenden »Social-Commerce-Experience« für seine User und entwickelt sich damit nach Ansicht von Experten perspektivisch zu einer der wichtigsten globalen Shopping-Plattformen.

### 1.1.7 Kreativität der Community

Die schöpferische Kraft der Community-Mitglieder kombiniert mit deren hohen Markenaffinität bietet für Unternehmen die Chance, Instagrammer verstärkt in Kampagnen einzubeziehen und von nutzergenerierten Inhalten zu profitieren. Eine eigene Instagram-Community kann schnell für Foto- oder Video-Wettbewerbe aktiviert oder auch zur Verbreitung markenspezifischer Hashtags genutzt werden. Mit Markenhashtags (auch Branded Hashtags) markierte Inhalte steigern nicht nur die Aufmerksamkeit und Bekanntheit der Marke, sondern haben auch Relevanz für Social-Commerce-Zwecke. Darüber hinaus zahlt sich nicht nur die Zusammenarbeit mit kreativen Influencern, sondern mit Content Creatoren für Unternehmen aus (mehr dazu in Kapitel 6 »Influencer-Marketing«).

### 1.1.8 Werbemöglichkeiten

Mit dem Einsatz der effizienten Meta-Werbetechnologie hat sich Instagram endgültig als Plattform für Marketing und Vertrieb etabliert. Die kontinuierliche Erweiterung der Anzeigenmöglichkeiten und die KI-gesteuerte Auslieferung von Werbung über den Instagram-Algorithmus geben Unternehmen inzwischen die Chance, die Costumer-Journey ihrer Konsumenten wirksam zu begleiten. Und das trotz bestehender Einschränkungen, etwa durch das viel zitierte iOS-14-Update oder die Bestimmungen der DSGVO. Mit dem Launch von Business-Profilen und den damit verbundenen Statistik-Tools hat Instagram zudem in mehr Transparenz aus Unternehmenssicht investiert und zugleich professionellere Interaktionsmöglichkeiten mit Konsumenten geschaffen.

### 1.1.9 Unternehmensadaption

Die Anzahl der auf Instagram aktiven Unternehmensprofile beläuft sich auf inzwischen 25 Millionen, die der monatlich aktiven werbetreibenden Unternehmen auf zwei Millionen.

Laut dem Social Media Marketing Industry Report 2022 des amerikanischen Medienunternehmens Social Media Examiner, bei dem knapp 3.000 Marketingverantwortliche weltweit zum Einsatz von Social Media in ihren Unternehmen befragt wurden, wurde Instagram bereits von 79 Prozent der Befragten für Marketingzwecke verwendet und lag damit lediglich hinter Facebook. 61 Prozent gaben darüber hinaus an, ihre Social-Media-Präsenz auf Instagram künftig ausbauen zu wollen (noch vor YouTube mit 57 Prozent und LinkedIn mit 54 Prozent).

Und auch im B2B-Bereich holt Instagram auf. Gemäß der Studie »Social Media in der B2B-Kommunikation« des 1. Arbeitskreises Social Media B2B gehörte Instagram 2021 zu den Top-5-Social-Media-Plattformen, die von Unternehmen genutzt wurden. Instagram hat damit Twitter in seiner Priorität für B2B-Unternehmen überholt.

## 1.2 Relevanz aus Nutzersicht

### 1.2.1 Instagram als Teil der Online-Identität

Instagram spielt inzwischen eine wesentliche Rolle im Aufbau und in der Pflege des eigenen Online-Ichs. Was schon seit Langem die Aufgabe von Facebook ist – nämlich die eigene Identität in einer digitalisierten Welt über Status-Updates zum Ausdruck zu bringen –, erstreckt sich mehr denn je auch auf Instagram.

Auf Instagram veröffentlichte Fotos und Videos sind demnach eher keine spontanen Schnappschüsse mehr aus dem Alltag, sondern, ob bewusst oder unbewusst gewählt, sorgfältig kuratierte Inhalte, mit denen Menschen »sich sehen lassen« können. Über Instagram geteilte Inhalte zahlen darauf ein, wie die eigene Person in der virtuellen, aber auch in der realen Welt wahrgenommen werden möchte. Dass es hierbei eher um Qualität als Quantität geht, zeigt auch der im Vergleich zu WhatsApp und Snapchat geringere Foto- und Video-Upload auf Instagram.

Was dem Konzept der Identitätskonstruktion via Instagram zusätzlich Rechnung trägt, ist der soziale Aspekt des Netzwerks. Die Resonanz in Form von Likes, Kommentaren und neuen Followern auf eigene Beiträge bestätigt die gefühlte Akzeptanz des Online-Ichs in der Community und führt zu einer noch größeren Nutzungsintensität der App, aber auch zu mehr Druck. Letzterer veranlasste Instagram, Nutzern die Möglichkeit zu geben, Metriken wie insbesondere Likes unter den eigenen Beiträgen zu verbergen und so den Fokus wieder mehr auf Inhalte zu lenken.

### 1.2.2 Instagram und die Sehnsucht nach Authentizität

Dass die Konstruktion der eigenen Online-Persönlichkeit via Instagram bei einem Teil der Community-Mitglieder auch negative Ausmaße annehmen kann und damit die mentale und auch physische Gesundheit anderer Nutzer tangiert, wurde in den vergangenen Jahren immer häufiger angemahnt.

Kritiker bezeichnen Instagram oftmals als eine weitere unnütze oder sogar toxische Plattform zur überzogenen Selbstdarstellung von Menschen, die mit gestelzten Selfies, der Verbreitung unrealistischer Schönheitsideale oder protzigen Urlaubs- oder Besitzstandsfotos einen negativen Einfluss auf andere Nutzer ausüben. Insbesondere Influencern, die ihre Bilder und Videos intensiv bearbeiten und ein perfektes Leben inszenieren, das sie in Wahrheit gar nicht führen, wird zu Recht fehlende Authentizität vorgeworfen. Diese Wahrnehmung hat auch ein wachsender Teil der Community, was zahlreiche Aufrufe in Posts, Stories und Reels, für mehr Realität auf Instagram einzustehen, bekunden.

Einer Studie des auf Millenials und die Generation Z spezialisierten Marktforschungsinstituts YPulse3 zufolge, fanden es schon 2019 90 Prozent der 18- bis 36-Jährigen gut, wenn Personen ihre Schwächen und Unvollkommenheiten zeigen. Das betrifft auch die Werbung – 60 Prozent dieser Altersgruppe empfinden es als positiv, wenn beispielsweise Bekleidungsmarken Bilder von Markenbotschaftern und Produkten zeigen, auf denen Makel zu sehen sind.

Und auch laut der Global Web Index (GWI) Zeitgeist Studie 2021 ist derzeit etwa ein Drittel der Verbraucher eher bereit, Menschen zu vertrauen, wenn sie von deren Schwierigkeiten wissen. Dieser Wert steigt noch auf 44 Prozent an, wenn diese Personen auch online zunehmend offen damit umgehen, wie sie sich wirklich fühlen.

Der Ruf nach mehr Authentizität, aber auch deren Vorleben auf Instagram geht vor allem von der Generation Z aus. Laut der genannten Studie gaben 39 Prozent dieser Altersgruppe an, es sei ihnen weniger wichtig, andere in den Sozialen Medien zu beeindrucken, als früher. Bei den Baby-Boomern sind es nur 22 Prozent, die diese Ansicht teilen. Als Trendsetter wird die Generation Z mit ihren Einstellungen sehr wahrscheinlich maßgeblich zu einer positiven Veränderung der Sozialen Medien, insbesondere Instagram, beitragen.

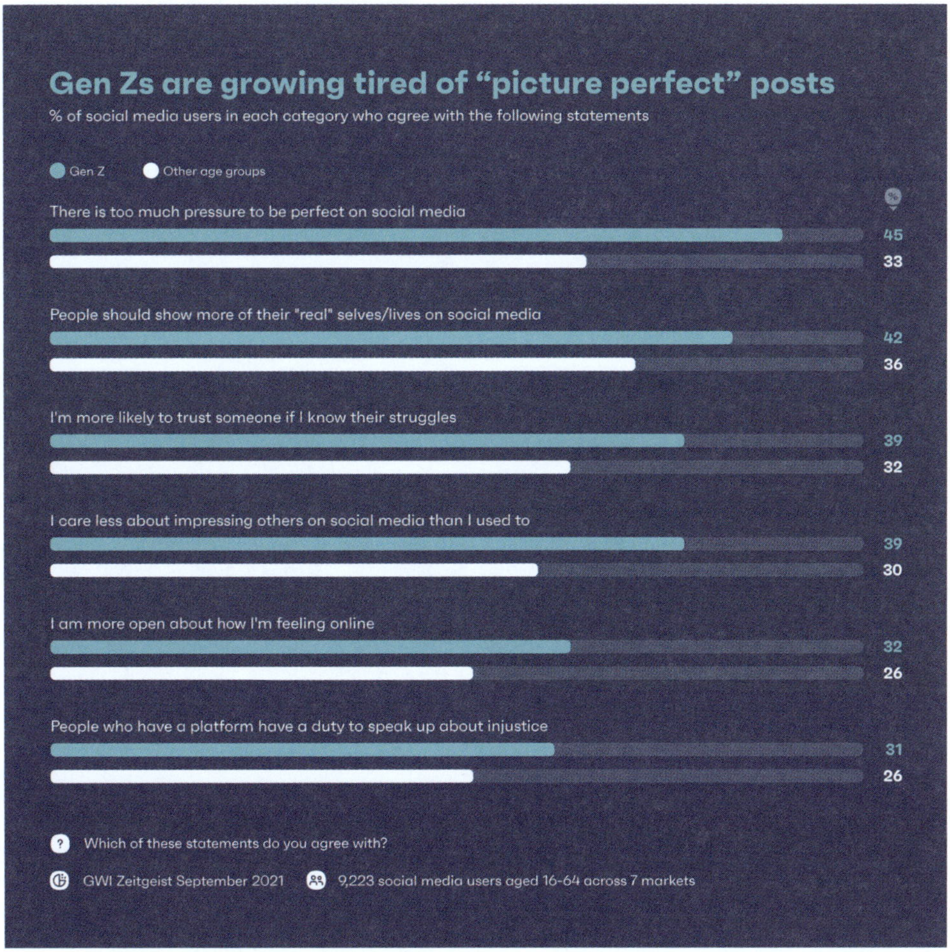


**Abb. 1.5:** Auszug aus der GWI Zeitgeist Studie vom September 2021, die die Perfektionsmüdigkeit der Social Media User, insbesondere der Generation Z darstellt

### 1.2.3 Instagram als Ort für Gemeinschaft

Trotz berechtigter Kritik – die Mehrheit der Instagrammer teilt immer noch den Spaß an interessanten Inhalten miteinander und das über Länder- und sprachliche Grenzen hinweg: Was sich dabei als interessant qualifiziert, ist im wahrsten Sinne des Wortes »Ansichtssache«.

Menschen mit einem ähnlichen Blick auf die Welt oder mit einem ähnlichen Interesse oder Hobby finden hier häufig über die Instagram-Suche, Influencer und mithilfe des Instagram-Algorithmus zueinander. Sie teilen in ihren »Sub-Communities« eine gemeinsame Bildsprache, gemeinsame Themen und spezifische Hashtags miteinander.

Da gibt es die Mountainbike-Liebhaber, die unter #mtblife ihre letzten Touren teilen, die Leseratten, die ihre Liebe zu Büchern über #bookstagramgermany zum Ausdruck bringen, die #cupcakelover, die #architecturehunter und viele, viele mehr. Menschen, die Instagram nutzen, sind dabei grundsätzlich auf der Suche nach Inspiration, wollen – getrieben von unserer typisch menschlichen Neugier – von Dingen erfahren, die sie noch nicht kennen und die sie positiv überraschen.

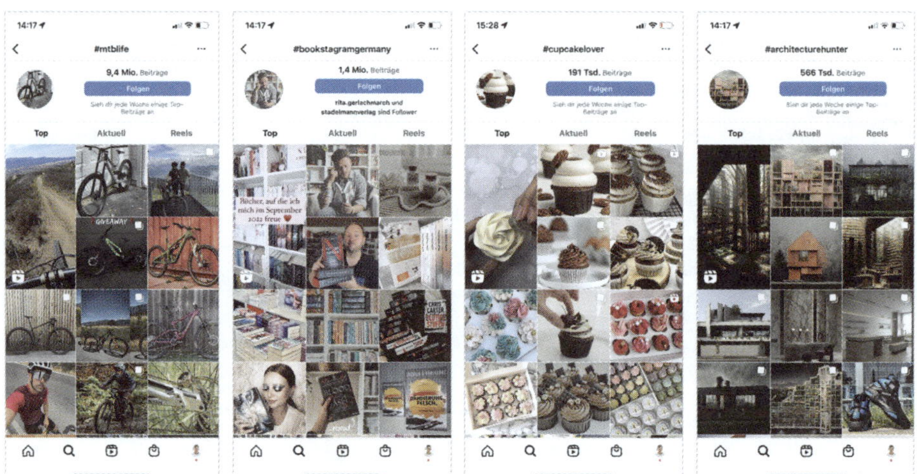


**Abb. 1.6:** »Hashtagseiten« mit Instagram-Beiträgen, die mit dem Hashtag #mtblife, #bookstagramgermany , #cupcakelover oder #architecturehunter markiert wurden

Wer Instagram intensiver nutzt, wird darüber hinaus feststellen, dass er sich in einer überwiegend wohlwollenden Gemeinschaft befindet. Der Ton unter den Nutzern ist in der Regel wertschätzend. Die Kommentare zu den Fotos und Videos sind mehrheitlich lobend und anerkennend. Dennoch macht die auf den Social-Media-Plattformen leider verbreitete destruktive Tonalität in Kommentaren oder direkten Nachrichten auch vor Instagram nicht halt. Das veranlasst Nutzer, insbesondere Influencer teilweise zu einer weniger offenen Kommunikation mit ihren Communities oder gar den Rückzug in Gruppen oder private Accounts.

### 1.2.4 Instagram – das General-Interest-Magazin für die Hosentasche

Instagrammer haben inzwischen die Qual der Wahl, wenn es darum geht, anderen talentierten Creatoren, und dazu zählen auch verstärkt Marken, auf der Plattform zu folgen und so in den Genuss von immer wieder neuen Inhalten aus allen denkbaren Genres zu kommen. Instagram ist visuelle Inspirationsquelle und positive Ablenkung aus dem Alltag zugleich und damit am ehesten mit einem hochwertigen Special-Interest- oder General-Interest-Magazin vergleichbar. So betrachtet, steckt sich ein Nutzer mit Instagram auf dem Smartphone, je nach individuellem Interesse, zum Beispiel eine Gala, eine GEO, eine Landlust oder eine Mischung aus alledem in die Hosentasche.

Klassische Medienangebote, insbesondere aus den Bereichen Stars und Prominente, Kunst und Kultur, Mode, Beauty oder Food greifen in ihren Publikationen somit auch immer mehr auf Instagram-Inhalte zurück.

### 1.2.5 Instagram als Ort des Lernens

Eine weitere Motivation, Instagram zu nutzen, ist, sich bewusst weiterzubilden. Unternehmen oder Creator, die dieses Bedürfnis mit ihren Inhalten bedienen, verfügen über wachsende und hoch engagierte Communities, wie etwa die finanz-heldinnen (@finanzheldinnen), eine Initiative von Mitarbeiterinnen des Commerzbank-Konzerns oder die Excel-Influencerin Kat Norton alias @miss.excel, die mit ihren Reels vermeintlich trockene Excel-Formeln unterhaltsam vermittelt.

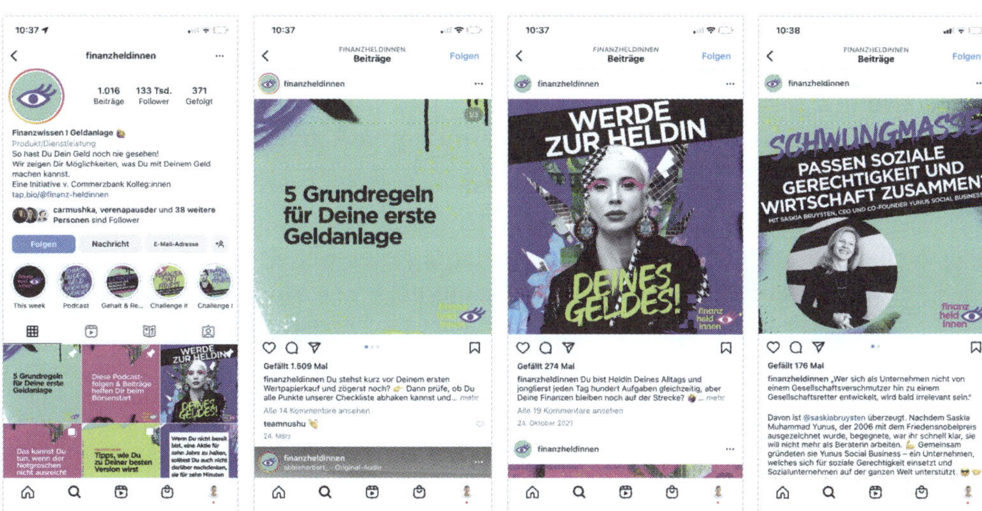


Abb. 1.7: Ansicht des Instagram-Profils sowie einzelner Posts der finanz-heldinnen (@finanzheldinnen)

Mit seiner Vielzahl an Formaten, insbesondere Reels, aber auch interaktiven Stories, Carousel-Posts und Lives bietet Instagram eine ideale Plattform, auch komplexe Sachverhalte und Themen systematisch und anschaulich zu vermitteln (mehr dazu in Kapitel 4).

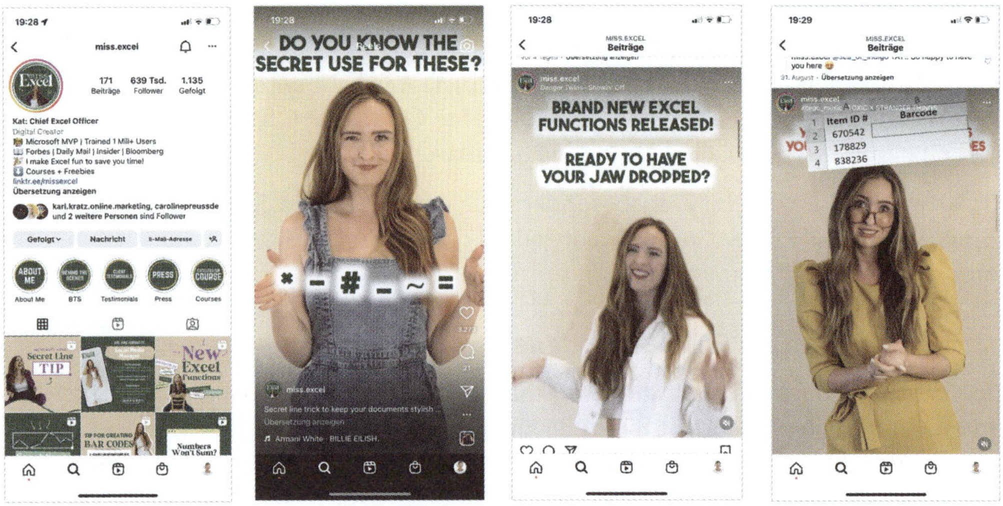


**Abb. 1.8:** Ansicht des Instagram-Profils sowie Reels von Kat Norton alias Miss Excel (@miss.excel)

## 1.2.6 Instagram als Einnahmequelle

Mit dem Auftrieb des Influencer-Marketings in Unternehmen und dem Erfolg einzelner Instagrammer als Influencer und Content Creator steigt auch der Wunsch vieler Community-Mitglieder, mit ihren Aktivitäten auf Instagram Geld zu verdienen.

Um für ihre Follower, aber auch für Unternehmen relevant zu werden und zu bleiben, investieren nicht wenige Instagrammer viel Zeit und Geld, um ihren Account zu kuratieren und eine kontinuierliche Reichweite aufzubauen.

Laut einer repräsentativen Umfrage des bitkom folgt 2022 jeder zweite Social-Media-Nutzer in Deutschland Influencern. In der Altersgruppe der 16 – 29-Jährigen sind es sogar 81 Prozent.

Mit ihren Inhalten sorgen Influencer und Creator maßgeblich dafür, dass Nutzer auf den Social-Media-Plattformen verweilen und immer wieder zurückkehren. Somit sind sie deren wichtigster Erfolgsfaktor. Jede Plattform versucht dementsprechend, ihre Creator an sich zu binden.

Instagram bietet inzwischen eine Reihe von Verdienstmöglichkeiten für Creator, die sie dazu bringen sollen, weiter in Inhalte für ihre Communities zu investieren. Neben der Unterstützung klassischer Influencer-Kampagnen durch Branded Content Tools zählen dazu Prämien für besonders reichweitenstarke Inhalte, insbesondere Reels, Abonnements für exklusive Inhalte, Badges in Live-Sendungen, Shopping-Tools und Weitere.

## 1.3 Abgrenzung zu anderen Social-Media-Plattformen

Mit der Vielzahl visuell geprägter Social-Media-Kanäle und den derzeit vor allem durch TikTok initiierten Veränderungen in der Social-Media-Landschaft stellt sich für Unternehmen vor allem im Rahmen einer übergeordneten Social-Media-Strategie die Frage, wie sich Instagram gegenüber anderen Plattformen abgrenzt.

### 1.3.1 TikTok

Das zum chinesischen Technologie-Unternehmen Bytecance gehörende Videoportal TikTok hat sich in nur 3 Jahren zur ernsthaften Konkurrenz nicht nur für Instagram, sondern für alle etablierten Social-Media-Plattformen entwickelt und die Eine-Milliarde-Nutzermarke mühelos überschritten.

Wichtigste Unterscheidungsmerkmale gegenüber den angestammten Plattformen sind einerseits der klare Fokus auf bildschirmfüllende vertikale Short-Form-Videos und andererseits – und das ist das besondere Novum – der auf den Interessen der Nutzer basierende Algorithmus analog zu Amazon oder Spotify, mit denen Videos kuratiert und ausgespielt werden.

TikTok setzt dabei nicht mehr auf die Social-Graph-getriebene Empfehlung von Inhalten, bei der es darum geht, Inhalte anhand der sozialen Verbindungen zu Freunden, Familie, Kollegen oder Influencern auszuspielen, sondern eine Content-Graph-getriebene Strategie. Dabei ist es unerheblich, wem der Nutzer oder die Nutzerin folgt, sondern lediglich, für welche Videos er oder sie sich gerade interessiert.

Der TikTok-Algorithmus erstellt anhand von Likes, Shares, Saves (gespeicherte Videos) sowie View-Wiederholungen ein Interessensprofil eines Nutzers oder einer Nutzerin und zeigt und empfiehlt Videos, für die sich Nutzer mit einem ähnlichen Interessensprofil interessieren und von denen er annimmt, dass sie sie länger und häufiger konsumieren werden. Der Absender des Videos ist dabei irrelevant. Auf diese Weise ist es auch möglich, dass Inhalte von Profilen mit wenigen oder gar keinen Followern mithilfe von gutem Content hohe Reichweiten und ein hohes Engagement erzielen oder gar zum »Talk of the Town« werden können.

Wichtigstes Ziel von TikTok ist es, eine möglichst hohe Nutzungsintensität zu erreichen und sich damit bestmöglich für den Werbemarkt aufzustellen. Es sieht sich eher als Unterhaltungsplattform ähnlich wie das Fernsehen denn als Social-Media-Plattform. TikTok-Videos sind in der Regel kurzweilig und unterhaltsam. Damit trifft TikTok vor allem den Nerv der jüngeren Social-Media-Nutzer, die auf der Suche nach lustigem und entertainigem Content sind. Aber auch ältere Generationen zieht die Plattform nach und nach in ihren Bann.

Dass die Strategie zumindest hinsichtlich der Verweildauer der Nutzer auf der Plattform aufgeht, zeigt eine nach eigenen Angaben tägliche Nutzungszeit der App von durchschnittlich 80 Minuten.

Mit diesem außergewöhnlichen hohen Wert dient TikTok als Vorbild für alle anderen Social-Media-Plattformen, die ihrerseits mit der »TikTokisierung« ihrer Plattformen begonnen haben. Für Unternehmen wird dies mittelfristig weitreichende Konsequenzen für ihre Markenkommunikation im digitalen Raum haben. Content-Graph-getriebene Algorithmen erfordern noch kreativeren Content in noch kürzeren Abständen und damit neue Herangehensweisen und Workflows.

Instagram kombiniert mit seinem Reels-Feed und seinem klassischen Feed derzeit sowohl einen Social-Graph- als auch einen Content-Graph-basierten Algorithmus. Darüber hinaus werden auch im klassischen Homefeed mehr und mehr Empfehlungen weiterer potenziell spannender Accounts angezeigt, denen Nutzer noch nicht folgen.

Ein Blick auf die Instagram-Profile der TikTok-Creator zeigt, wie sich die Plattformen derzeit aus Nutzersicht abgrenzen – TikTok als Kanal für Unterhaltungs-Content, bei dem die eigene Person zweitrangig ist, Instagram als Kanal, der die eigene Persönlichkeit in den Mittelpunkt rückt und Blicke hinter die Kulissen des Creator-Daseins ermöglicht.

Was aus Unternehmenssicht für Instagram oder auch eine Kombination von TikTok und Instagram spricht, ist die Möglichkeit, nicht nur zu unterhalten, sondern auch das Bedürfnis nach sozialer Vernetzung sowie die Vertiefung eines Produkt-Interesses zu bedienen und dauerhafte Beziehungen zu potenziellen Kunden aufzubauen und zu pflegen. Darüber hinaus können Marken auf Instagram auch über entertainige Shortform-Videos hinaus inszeniert werden. Wie schon unter Absatz 1.1.1 erwähnt, ist es ein entscheidender Nutzen für Unternehmen, User mithilfe verschiedener Content-Formate und Kanäle innerhalb Instagrams in ihrem Kaufentscheidungsprozess begleiten zu können.

### 1.3.2 BeReal

Als Gegenentwurf zu den kuratierten Inhalten auf den Social Media Plattformen, insbesondere Instagram, ging die von den französischen Entwicklern Alexis Barreyat und Kevin Perreau entwickelte Social Media App BeReal an den Start. Im Vergleich zu den angestammten Plattformen sollen sich Nutzer ihren Freunden gegenüber spontan und völlig unverstellt auf der Plattform präsentieren. Um dies sicherzustellen, schickt die App zu unterschiedlichen Tageszeiten Notfications an seine Nutzer mit der Aufforderung, innerhalb der nächsten zwei Minuten ein Foto von sich und dem aktuellen Aufenthaltsort zu teilen. Dazu wird die Vorder- und Rückkamera aktiviert – es gibt keine Möglichkeit, bereits bearbeitete Fotos aus der eigenen Smartphone-Bibliothek hochzuladen oder das mit BeReal erstellte Foto mit Filtern oder Tools zu verschönern. Fotos der eigenen Freunde können nur angesehen werden, wenn der Nutzer selbst ein Foto veröffentlicht hat. Auf die Beiträge der anderen Nutzer kann mit »Realmojis« reagiert werden. Das BeReal einen Nerv der Social Media Nutzer getroffen hat, zeigte sein enormes Wachstum in 2022. Laut Sensor Tower stiegen die monatlichen App-Downloads von 756.000 im Januar 2022 auf 14,7 Millionen im September 2022. TikTok reagierte prompt mit dem BeReal Klon TikTok Now. Allerdings ermittelte Sensor Tower eine deutlich geringere Nutzungsintensität von BeReal im Vergleich zu Instagram oder TikTok. Nur 9 Prozent der Nutzer öffnen die App täglich (versus 39 Prozent Instagram und 29 Prozent TikTok).

### 1.3.3 Facebook

Mit nach eigenen Angaben knapp 3 Milliarden monatlich aktiven Nutzern weltweit dominiert Meta mit seinen Plattformen Facebook, Instagram, Messenger und WhatsApp weiterhin die Social-Media-Landschaft. Schätzungen zufolge ist Facebook mit 2 Milliarden monatlich aktiven Mitgliedern immer noch das reichweitenstärkste Netzwerk in der Meta-Familie, dicht gefolgt von Instagram. Wohl wissend, dass Instagram eine tragende Rolle in der Ära des mobilen visuellen Storytellings spielen würde, übernahm Meta (damals Facebook) das Foto- und Video-Sharing-Netzwerk 2010 für eine viel zitierte Milliarde US-Dollar. Facebook mit seiner zunächst textlastigen Desktop-Historie als weniger visuell einzustufen, wäre jedoch mehr als unzutreffend. Ein Blick in den Facebook-Feed zeigt, wie Bild- und Video-lastig das Social-Media-Urgestein ist. Der eher beiläufig eingeführte Video-on-Demand-Dienst Facebook Watch wird laut Meta von inzwischen 70 Prozent der Facebook-Mitglieder rege genutzt. Die Hälfte der Nutzungszeit auf Facebook entfällt auf Videos, inzwischen auch Reels.

Laut des bereits erwähnten Social Media Atlas 2022 vom Faktenkontor sind bis auf die jüngsten Nutzer zwischen 16 und 19 Jahren immer noch alle Generationen auf der Plattform versammelt. Wichtigstes Motiv ist dabei der Austausch mit Freunden und Familie. Darüber hinaus erfahren Facebook-Gruppen einen regen Zustrom, in denen sich Nutzer ungestört mit Gleichgesinnten zu einem spezifischen Thema austauschen können. Jeder Zweite ist laut Meta in einer bis fünf Facebook-Gruppen monatlich aktiv.

Facebook und Instagram werden in der Regel komplementär genutzt. Laut des Digital 2022 Global Statshot Reports nutzen 78,5 Prozent der weltweiten Facebook-Mitglieder auch Instagram (gefolgt von YouTube mit 74,3 Prozent, WhatsApp mit 72,9 Prozent und TikTok mit 50,5 Prozent).

Für Instagram zahlt sich vor allem die tiefgreifende Symbiose von Facebook und Instagram auf dem Gebiet der Content-Erstellung, Werbevermarktung (weitere Informationen in Kapitel 7) und auch des Community-Managements aus.

### 1.3.4 WhatsApp

Während Facebook und Instagram für die Konstruktion des öffentlichen oder semi-öffentlichen Online-Ichs stehen, ist WhatsApp der bevorzugte (Rückzugs-)Ort, an dem die private Kommunikation der Menschen unter anderem über Fotos und Videos stattfindet. Damit hat WhatsApp als für die Öffentlichkeit bisher nicht einsehbares »Dark Social Network« für die meisten Nutzer eine völlig andere Funktion als Instagram. Die Berührungspunkte zwischen beiden Plattformen sind damit eher gering.

### 1.3.5 Snapchat

Während Instagram zunächst mit seinem Feed-zentrierten App-Aufbau an die Historie klassischer sozialer Netzwerke wie Facebook und Twitter anknüpfte, brach Snapchat als erste Social-Media-Plattform und gleichzeitige Messenger-App mit dieser und weiteren Konventionen und war damit noch vor TikTok der einzige starke Konkurrent für Instagram und Facebook.

Anstelle eines zentralen Bilder- und Nachrichtenstroms bildeten die Snapchat Stories – das ursprüngliche Vorbild der Instagram Stories, die sich jeder Nutzer nach dem Pull-Prinzip bewusst auswählt und ansieht, das Herzstück der App. Foto- und Video-Inhalte sammeln sich nicht in einer Chronik oder einem Profil, sondern haben eine maximal 24-stündige Lebensdauer auf der Plattform. Zudem sind Fotos und Videos konsequent vertikal und bildschirmfüllend auf die heutigen mobilen Nutzungsgewohnheiten der Menschen angepasst. Snapchat wirft seine Mitglieder darüber hinaus direkt in einen Kreationsmodus. Mit dem Aufruf der App befinden sich die Nutzer unmittelbar in der Kamera-Anwendung der App, um Fotos oder Videos zu erstellen – eine ungewohnte Nutzerführung für langjährige Mitglieder klassischer Netzwerke.

Snapchat bedient damit in idealer Weise die Bedürfnisse der Generation Z bzw. der zwischen 1995 und 2010 Geborenen. Laut einer sehr interessanten Untersuchung »Engaging and Cultivating Millennials and Gen Z« der amerikanischen Denison-Universität sowie der Agentur Ologie ist die Nachfolgegeneration der Generation Y eine Generation der Schöpfer und Kollaborateure, die gemeinsam Inhalte erschaffen und die am liebsten über Fotos und Videos miteinander kommunizieren. Charakteristisch für die Vertreter der Millennials, der heute 18- bis 34-Jährigen, ist wiederum das Kuratieren und Teilen von Inhalten. Darüber hinaus ist ihnen die Kommunikation über Text eigen.

Instagram bedient wiederum die Bedürfnisse beider Generationen. Die Adaption der Snapchat Stories sowie die Einführung von Reels schaffen stärker als bisher noch mehr Anreize, schöpferischen Ambitionen freien Lauf zu lassen.

Instagram und Snapchat werden von ihren Nutzern oft noch komplementär genutzt, was aus Unternehmenssicht, insbesondere im Rahmen einer Zusammenarbeit mit Influencern, ein Vorteil ist.

**Abb. 1.9:** Deutsche Übersetzung eines Auszugs aus der Präsentation zur Studie »Engaging and Cultivating Millennials and Gen Z« der DENISON UNIVERSITY und OLOGIE

### 1.3.6 Pinterest

Pinterest wird häufig in einem Atemzug mit Foto- und Video-Sharing-Plattformen wie Instagram oder Snapchat erwähnt. In seiner Kernfunktionalität ist Pinterest jedoch in erster Linie eine visuelle Suchmaschine und gleichzeitig Kurationsplattform für visuellen Content.

Pinterest, dessen Name von »Pin« und »Interest« stammt, hat dabei das Prinzip der Pinnwand ins Internet übertragen. Nutzer können auf Pinterest online oder mobil virtuelle Pinnwände bzw. »Pinboards« erzeugen, auf die sie Bilder und Videos aus dem Web von Dingen oder Orten, für die sie sich interessieren, pinnen. Der gepinnte Content bleibt dabei analog zum klassischen Lesezeichen im Web immer mit seiner Quelle verbunden. Mit einem Klick auf das Bild oder Video gelangt man so auf die jeweilige Fundstelle im Internet.

Die Boards dienen auf diese Weise oft als Wunschzettel für spätere Käufe oder als Planungshilfe für zukünftige Urlaube. Gleichzeitig sind die »Pins« der Nutzer auch für andere »Pinner« eine Inspirationsquelle für Shopping, Reisen, Basteln, Kochen und vieles mehr und entfalten durch ihre virale Verbreitung auf Pinterest eine hohe Umsatzrelevanz für Shop-Betreiber.

Pinterest beeinflusst Instagram vor allem im Bezug auf Listicles, die seit jeher auf Pinterest geteilt werden. Auf Instagram finden sich selbige vor allem in Carousel-Posts. Seitens Instagram schwappen wiederum Reels als Video-Pins auf die Plattform.

### 1.3.7 YouTube

YouTube und Instagram waren ursprünglich klar durch den professionellen Video-Fokus von YouTube und den Foto-Schwerpunkt von Instagram voneinander abgegrenzt. Mit den Bestrebungen von Meta, zu einer »Video First«-Plattform zu avancieren und dies auch für seine Tochterfirmen zu forcieren, wurde auch der Video-Konsum auf Instagram angekurbelt. Die stetige Weiterentwicklung der Story-Funktionalitäten, die bessere Integration von Reels sowie der verstärkte Konsum von Live-Videos haben diesen Trend bestärkt. Der Versuch von Meta, mit IGTV Creator von YouTube abzuwerben, ihnen auf Instagram eine neue Heimat zu geben und Instagram damit nicht nur zu einem Ort für Short-Form-, sondern auch Long-Form-Video-Content zu machen, dürfte allerdings als gescheitert gelten. YouTube ist derzeit die einzige Plattform, auf der Long-Form-Video-Content im Hinblick auf Indikatoren wie Reichweite und Engagement, funktioniert. Ähnlich wie Instagram sieht sich auch YouTube mit dem Konkurrenten TikTok konfrontiert und führte das Kurzvideo-Format »Shorts« als Äquivalent zu TikToks und Reels ein. Nach eigenen Angaben erreicht YouTube derzeit 1,5 Milliarden Nutzer pro Monat (Stand Juni 2022), was die Reichweite von TikTok noch übertrifft.

### 1.3.8 LinkedIn

LinkedIn hat sich wie alle anderen Social Media Plattformen zu einer visuell geprägten Plattform entwickelt. Der Homefeed ist analog zu Instagram von Fotos, Grafiken und Videos dominiert. Zwar hat LinkedIn einen klaren Business-Fokus, dennoch lassen sich Instagram und LinkedIn insbesondere in Bezug auf Employer Branding sowie im B2B-Kontext inhaltlich ideal gemeinsam bespielen.

Kapitel 2

# Grundlagen – Wichtigste Funktionalitäten und Kanäle der App

Die folgenden Ausführungen sollen Ihnen dabei helfen, einerseits einen Überblick über die komplexe Plattform Instagram zu bekommen und andererseits wichtige Fragen im Zusammenhang mit der Einrichtung Ihres professionellen Unternehmensauftritts zu klären.

Instagram hat sich mit seinen Funktionalitäten und Kanälen inzwischen zu einer starken Hybrid-Plattform aus TikTok, Twitter, Facebook, Snapchat, YouTube und sogar Pinterest formiert. Die Gemeinsamkeit zu Facebook und Twitter liegt vor allem im zentralen Nachrichten-Strom bzw. Homefeed, der im Falle von Instagram aus Fotos und Videos besteht und sich aus eigenen sowie den Beiträgen der Instagrammer speist, denen Nutzer auf der Plattform folgen.

Beeinflusst von TikTok öffnet Instagram den Homefeed inzwischen auch für Inhalte von Accounts, denen Nutzer noch nicht folgen, die aber aufgrund ihrer Interessen und ihres Interaktionsverhaltens interessant für sie sein könnten.

Fast 1:1 von TikTok adaptiert ist darüber hinaus der Reels-Feed, der unabhängig vom Homefeed existiert und rein Content-Graph-getrieben ist (siehe dazu Abschnitt 2.12 »Instagram-Algorithmus«).

Das Abonnieren bzw. Folgen anderer Accounts sowie das Sich-abonnieren- bzw. -folgen-Lassen auch ohne eine freundschaftliche Verbindung zum Abonnenten analog zu Facebook ist wiederum ein typisches Element von Twitter. Ebenso der selbstverständliche Einsatz von Hashtags zur Verschlagwortung und Wiederauffindbarkeit von Beiträgen.

Mit der Einführung von Instagram Direct, Instagram Stories und AR-Filtern hat Instagram wiederum elementare Funktionalitäten von Snapchat übernommen.

Die Funktion »Gespeicherte Beiträge« greift darüber hinaus ein wesentliches Prinzip von Pinterest auf, nämlich Ideen und Inspirationen für zukünftige Käufe oder Projekte zu sammeln.

Mit der Einführung von Instagram TV bzw. IGTV und der damit verbundenen Möglichkeit, auch längere bzw. »Long-Form-Videos« auf Instagram hochzuladen und dauerhaft zu speichern, bewegte sich Instagram zudem ganz offensiv auf dem Terrain von YouTube. IGTV wurde jedoch zugunsten einer übergreifenden, sowohl Short-Form- als auch Long-Form-Videos beinhaltenden, Video-Rubrik im Profil der Nutzer abgelöst.

Die folgenden Abschnitte widmen sich nun den wichtigsten Funktionen, Formaten und Kanälen auf Instagram.

## 2.1 Instagram-Profil

Das Instagram-Profil bildet den Dreh- und Angelpunkt Ihrer Marketing-Aktivitäten auf Instagram, vorausgesetzt, Sie entscheiden sich nicht ausschließlich für eine reine Werbestrategie und damit gegen den Aufbau einer eigenen Unternehmenspräsenz auf der Plattform. Auf Ihrem Profil können sich die Community-Mitglieder, Ihre bestehenden und vor allem potenziellen Kunden im wahrsten Sinne des Wortes ein Bild von Ihrem Unternehmen, Ihrer Marke oder Ihren Produkten machen. Zwei von drei Besuchern Ihres Profils zählen nach Angaben von Instagram dabei nicht zu Ihren Followern.

Das heißt, Sie haben hier die Chance, die Besucher Ihres Profils zu Interessenten, Followern und schließlich Konsumenten zu machen. Die Beiträge, die Sie über Instagram veröffentlichen, werden in Ihrem Profil in einer chronologischen Reihenfolge gespeichert und sind damit nicht nur dauerhaft sichtbar, sondern auch über Hashtags jederzeit wieder auffindbar (sofern Sie Ihre Beiträge mit Hashtags markiert haben). Nutzer können auf diese Weise auch Ihre zurückliegenden Fotos und Videos liken, kommentieren, teilen oder speichern und in Ihre Marken- und Unternehmenswelt eintauchen.

Ein eigenes Profil bildet auch die Voraussetzung dafür, mit der Instagram-Community zu kommunizieren, eigene Instagram Stories oder Reels zu veröffentlichen, ein Business-Profil zu erstellen und die durch Ihre Anzeigen-Kampagnen ausgelösten Reaktionen in der Community zu moderieren. Denn ohne ein eigenes Instagram-Profil (respektive Business-Profil) ist es beispielsweise nicht möglich, auf Kommentare zu Ihren Werbe-Posts zu antworten. Ausführliche Ausführungen zu Werbeschaltungen auf Instagram finden Sie in Kapitel 7.

## 2.2 Instagram-Business-Profil

Ein Äquivalent zur Unternehmensseite auf Facebook bildet ein Business-Profil auf Instagram. Dieses unterscheidet sich von einem privaten Profil auf den ersten Blick lediglich durch zusätzliche Buttons, über die Instagrammer mit Ihrem

Unternehmen in Kontakt treten können. Um Instagram professionell zu nutzen, ist die Einrichtung Ihres Business-Profils jedoch unerlässlich.

Denn mit einem solchen Profil sind verschiedene wichtige Vorteile verbunden:

- Sie haben ab einer Anzahl von 100 Followern mit »Instagram-Insights« Zugriff auf die Statistiken Ihres Unternehmensaccounts und können somit nachvollziehen, mit welchen Inhalten Ihre Community interagiert hat. Nur so ist es möglich, den Erfolg Ihrer Content-Strategie sowie Ihrer Werbekampagnen zu monitoren und zu bewerten (siehe dazu auch Kapitel 7).
- Sie erhalten Zielgruppen-Insights wie Alter, Geschlecht und Ort für organische als auch Ihre werblichen Beiträge, was für die Ausrichtung Ihrer Marketing-Maßnahmen ebenfalls hilfreich ist.
- Ein Business-Account ist die Voraussetzung dafür, für das eigene Profil und die eigenen Inhalte Werbung zu schalten bzw. organischen Inhalte werblich hervorzuheben.
- Sie haben mit der Option »Branded Content« die Möglichkeit, Inhalte gemeinsam mit Markenpartnern oder Creatoren als »bezahlte Werbung« zu teilen (siehe dazu auch Kapitel 7) und diese zusätzlich für Werbekampagnen zu nutzen.
- Sie können einen eigenen Shop für Ihr Instagram-Profil einrichten und Shoppable Content kreieren, indem Sie Ihren Inhalten, wie Posts, Stories oder Reels, klickbare Produkt-Tags hinzufügen (siehe dazu auch Abschnitt 2.15 »Instagram Shopping«).
- Sie haben Zugriff auf Insights zu Ihrem Shop und können nachvollziehen, welche Produkte in Ihrer Community ankommen.
- Sie haben Zugriff auf das Professional-Dashboard, das alle Marketing-Tools sowie Ihre wichtigsten Insights in einer Ansicht aggregiert.
- Sie können Kontaktmöglichkeiten für Kunden und Interessenten, wie E-Mail-Adresse, Telefonnummer, Adresse inklusive Wegbeschreibung sowie »Action-Buttons« wie JETZT BUCHEN oder RESERVIEREN hinzufügen.
- Sie haben die Möglichkeit, Ihr Community-Management zu vereinfachen, indem Sie häufig gestellte Fragen direkt zu Beginn eines Chats anzeigen. Darüber hinaus können Sie mit »Gespeicherte Antworten« zeitsparend mit Ihrer Community über Direktnachrichten interagieren.

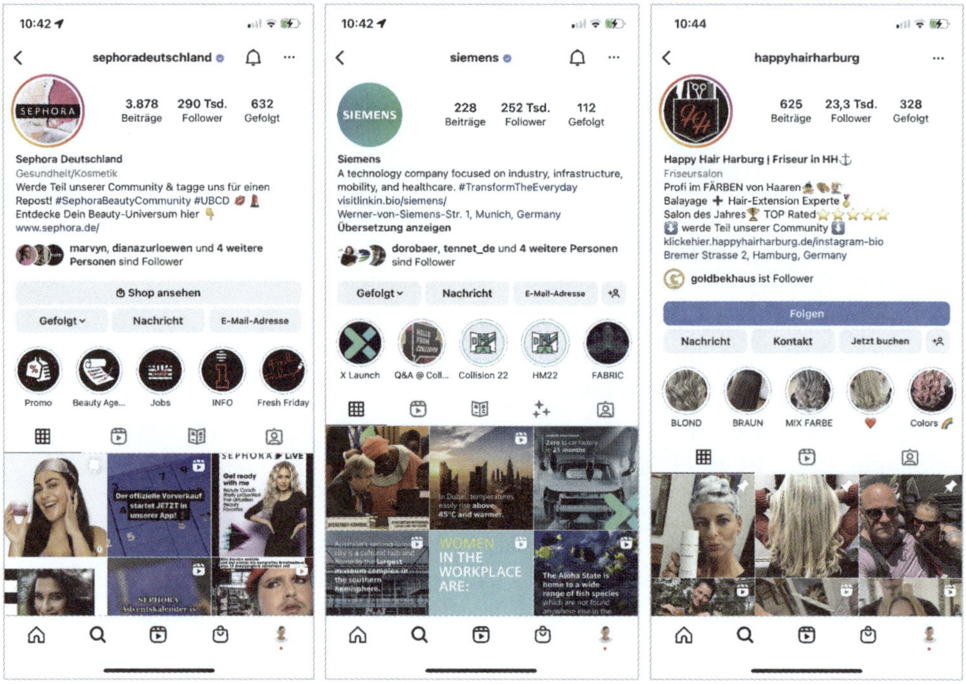


**Abb. 2.1:** Beispiele für Business-Profile: Sephora Deutschland (@sephoradeutschland) mit Shop-Integration, Siemens (@siemens) mit E-Mail-Kontaktmöglichkeit, Happy Hair Harburg (@happyhairharburg) mit direkter »Jetzt buchen«-Option und weiteren Kontaktmöglichkeiten

Instagram testet immer wieder verschiedene Profil-Designs, weshalb Sie gegebenenfalls auf optische Unterschiede in den Business-Profilen stoßen. Je nachdem, welche Kontakt-Daten Sie in Ihrem Business-Account hinterlegen, werden Buttons, wie ANRUFEN, E-MAIL, WEGBESCHREIBUNG oder SHOP, oberhalb Ihrer Foto- und Videobeiträge in Ihrem Profil platziert.

Wie schon erwähnt, können Sie Ihrem Profil wie im Beispiel von Happy Hair Harburg unter PROFIL BEARBEITEN »Action-Buttons« hinzufügen.

Instagram bietet dabei Call-to-Action-Buttons für Reservierungen und Buchungen. Im Falle einer Verknüpfung mit Ihrer Facebook-Seite bietet sich auch die Einbindung eines Terminbuchungs-Tools aus einer Auswahl von Facebook-Business-Apps an (siehe Abbildung 2.2). Auf diese Weise machen Sie Ihren Kunden Ihre Services und Dienstleistungen sowohl auf Ihrer Facebook-Seite als auch in Ihrem Business-Profil auf Instagram leichter zugänglich. Sie finden passende Tools im »Professional Board« Ihrer Facebook-Seite unter dem Menüpunkt BUSI-

NESS APPS. Indem Sie ein Terminbuchungs-Tool auf Ihrer Facebook-Seite einrichten, können Sie auch direkt via Instagram darauf zugreifen.

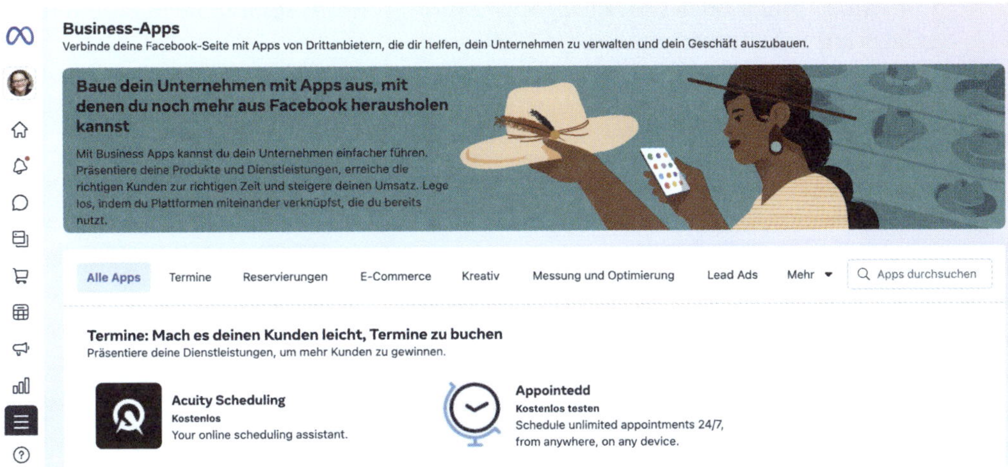


**Abb. 2.2:** Ansicht der Unterseite »Business-Apps« auf der Facebook-Unternehmensseite

### 2.2.1 Einrichten Ihres Business-Profils

Um ein Business-Profil zu erstellen, benötigen Sie ein bestehendes Instagram-Profil. Sofern Sie mit Instagram starten, richten Sie zunächst ein klassisches privates Instagram-Profil ein.

**Hinweis**

Wichtig ist dabei, dass Sie für Ihren geschäftlichen Instagram-Account eine professionelle E-Mail-Adresse verwenden und von Anfang an eine zweistufige Authentifizierung für die Anmeldung in Ihrem Profil einrichten. So stellen Sie sicher, dass Ihr geschäftlicher Account und Ihr Passwort vor Hacker-Angriffen geschützt ist.

Anschließend stellen Sie Ihr Profil wie folgt auf ein Business-Profil um:

1. Aufruf des Bereichs OPTIONEN am oberen rechten Rand auf Ihrer Profilseite
2. Auswahl des Menüpunkts EINSTELLUNGEN
3. Auswahl des Menüpunkts KONTO
4. ZU PROFESSIONELLEM KONTO WECHSELN am unteren Rand der Seite.

Wählen Sie anschließend wie in Abbildung 2.3 eine Kategorie aus, die dem Zweck Ihres Unternehmens am nächsten kommt. Diese Kategorie erscheint unterhalb Ihres Profil-Fotos und dient in erster Linie der besseren Auffindbarkeit

Ihres Accounts und kann auf Wunsch in Ihrem Profil ausgeblendet werden. Anschließend entscheiden Sie sich für »Business«, überprüfen Ihre Kontaktinformationen und beenden den Vorgang zunächst. Alle weiteren Schritte, wie Content zu teilen oder Ihre Zielgruppe zu vergrößern, sollten Sie in einem nachgelagerten Schritt vornehmen.

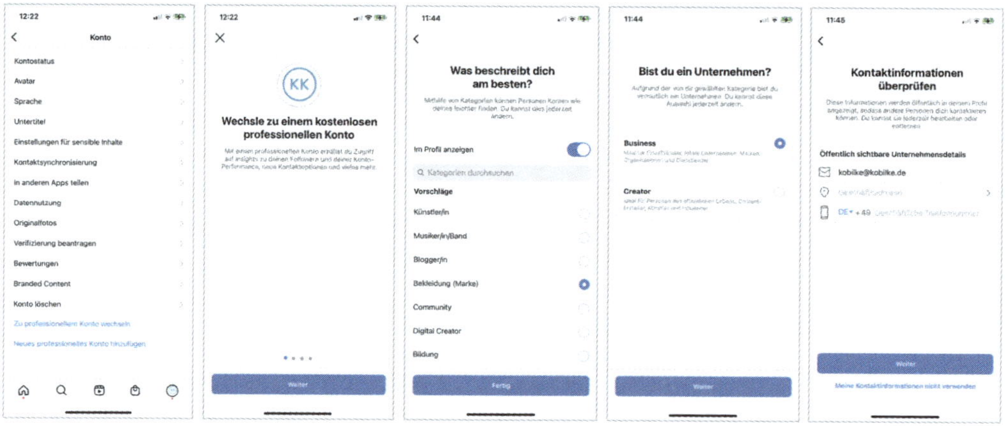


**Abb. 2.3:** Schritte zur Einrichtung eines Business-Profils auf Instagram

Optional, aber empfehlenswert ist die Verknüpfung Ihres Instagram-Profils mit einer Facebook-Unternehmensseite, für die Sie eine Administratoren- oder Redakteurs-Rolle haben. Sollten Sie nicht im Besitz einer solchen Rolle und den damit verbundenen Rechten sein, kann dies vom Seiten-Inhaber oder einem Administrator über die Einstellungen der betreffenden Facebook-Seite unter dem Menüpunkt ROLLEN FÜR DIE SEITE nachgeholt werden. Das wiederum setzt voraus, dass Sie auf Facebook ein eigenes Profil besitzen.

### Nutzung privater Mitarbeiter-Accounts

Zwingende Voraussetzung für die Erstellung einer Facebook-Unternehmensseite ist die Verknüpfung mit dem privaten Account eines Mitarbeiters. Es gibt derzeit keine Alternative zu dieser Vorgehensweise. Viele Mitarbeiter haben verständlicherweise Vorbehalte, die private und berufliche Nutzung von Facebook zu vermischen.

Von der Lösung, mit einem Fake-Account zu arbeiten, ist jedoch dringend abzuraten, da das Vortäuschen einer Identität sowie auch das mehrfache Anlegen von Accounts durch eine Person gegen die Nutzungsrichtlinien von Facebook verstößt und zu einem Abschalten der damit verbundenen Seiten und somit auch zu Problemen mit Ihrem verknüpften Instagram-Account führen kann.

Um die betreffenden Mitarbeiter von den mit der Seite verbundenen Benachrichtigungen zu befreien, ist es empfehlenswert, Ihre Facebook-Seite sowie auch Ihren Instagram-Account über die Meta Business Suite zu verwalten.

Welche Vorteile hat die Verknüpfung Ihres Business-Profils mit Ihrer Facebook-Unternehmensseite?

- Sie schaffen die Voraussetzung, auch professionelle Tools, wie die Meta Business Suite, für Instagram zu nutzen und haben damit Zugriff auf wesentlich umfangreichere Werbetools, Tools zur Content-Erstellung und -Vorausplanung am Desktop, erweiterte Insights und andere.
- Sie haben die Möglichkeit des vereinfachten Crosspostings, indem Inhalte sowohl auf Instagram als auch Facebook geteilt werden können.
- Sie können gemeinsame Werbekampagnen umsetzen.
- Sie können Ihre Kontaktinformationen synchronisieren. Dabei werden die Kontaktinformationen zu Ihrem Unternehmen wie Ihre E-Mail-Adresse, Ihr Unternehmensstandort sowie Ihre Telefonnummer von Ihrer Facebook-Seite übertragen und sind somit auf beiden Plattformen identisch.
- Sie haben Zugriff auf plattformübergreifende Tools, wie Spenden-Sticker, Buttons für die Terminbuchung sowie spezielle Kamera-Effekte.
- Sie benötigen unter anderem eine Facebook-Seite, um einen Instagram-Shop einrichten zu können.

**Hinweis**

Die Verknüpfung eines Business-Profils mit mehreren Facebook-Seiten ist nicht möglich. Sollten Sie Betreiber mehrerer Facebook-Seiten sein, sollte die Wahl, mit welcher Seite Sie Ihr Business-Profil verbinden, auf die Seite fallen, auf der Sie perspektivisch die meisten thematischen Überschneidungen mit Ihren Aktivitäten auf Instagram haben. Für Besucher Ihres Profils ist (abgesehen von der Unternehmenskategorie) jedoch nicht ersichtlich, mit welcher Facebook-Seite Sie Ihr Profil verknüpft haben.

Die Unternehmenskategorie, die unterhalb Ihres Profil-Namens angezeigt wird, wird in diesem Fall von Ihrer verknüpften Facebook-Seite übernommen und kann somit auch nur dort im Bereich INFO im ALLGEMEIN geändert werden.

### 2.2.2 Verifizierte Profile

Verifizierte Profile sind auf Instagram durch ein blaues Icon mit einem Häkchen gekennzeichnet, das neben dem Profilnamen platziert ist. Dazu zählen wie in

Abbildung 2.4 Institutionen, wie das Bundesgesundheitsministerium (@bundesgesundheitsministerium), bekannte Creator wie Carmen Kroll alias Carmushka (@carmushka) oder Unternehmen wie beispielsweise das B2B-Unternehmen Cisco Small Business (@ciscosmallbusiness) oder der Kampagnen-Account der Berliner Verkehrsbetriebe »Weil wir Dich lieben« (@bvg_weilwirdichlieben).

Instagram bestätigt auf diese Weise, dass es sich bei dem betreffenden Account um das echte Profil eines Markeninhabers, einer Person des öffentlichen Lebens oder einer prominenten Person handelt. Damit soll sichergestellt werden, dass sich die Community-Mitglieder ohne Umwege mit dem richtigen Account verbinden können.

Da das Verifizierungsabzeichen einen hohen Vertrauensvorschuss gewährt, ist es bei vielen Creatoren, Institutionen und Unternehmen sehr begehrt.

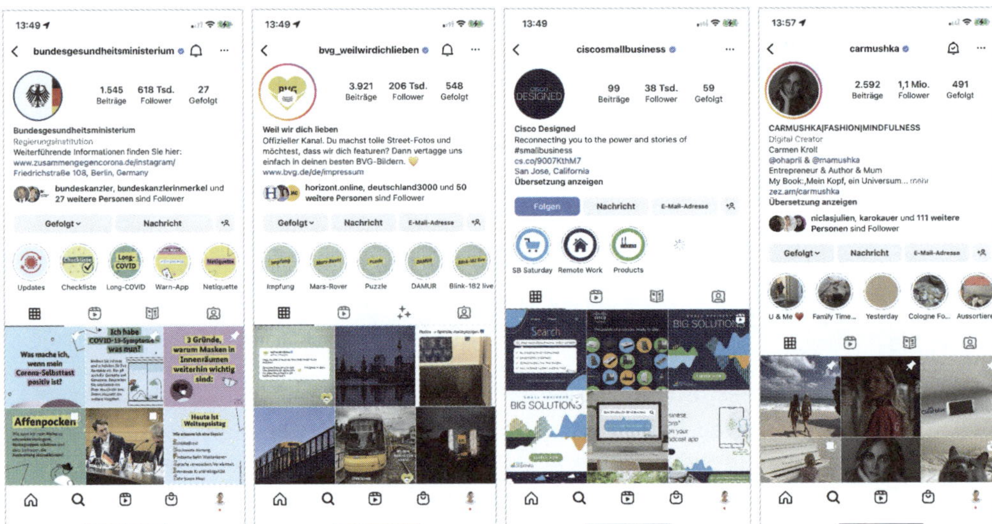


**Abb. 2.4:** Verifizierte Instagram-Konten des Bundesgesundheitsministeriums, der BVG, Cisco Small Business und Carmushka

Eine Verifizierung durch Instagram erfolgt jedoch nur dann, wenn Ihr Unternehmen oder Ihre Marke bereits einen hohen Bekanntheitsgrad hat und somit ein hohes Risiko der Nachahmung Ihres Accounts besteht.

Dennoch steht es Ihnen frei, im Bereich EINSTELLUNGEN innerhalb der Instagram-App unter dem Menüpunkt KONTO eine Verifizierung Ihres Accounts, wie in Abbildung 2.5, zu beantragen. Mithilfe von Dokumenten, wie etwa einem

Handelsregistereintrag sowie Verweisen auf beispielsweise aktuelle Presseartikel, können Sie dabei einerseits die Existenz Ihres Unternehmens und andererseits dessen Relevanz für die Öffentlichkeit nachweisen.

Eine Verifizierung erfolgt aufgrund Ihrer Bekanntheit grundsätzlich entweder automatisch oder ist lediglich über den Weg des beschriebenen Antrags möglich und sollte keinesfalls über Drittanbieter-Apps durchgeführt werden.

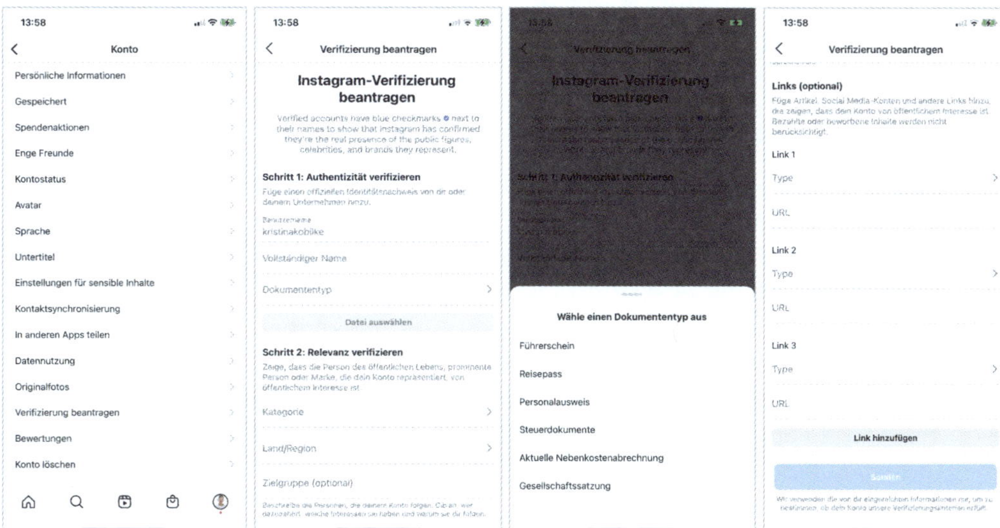


**Abb. 2.5:** Schritte zum Verifizierungsantrag über die Instagram-App

## 2.2.3 Verwaltung mehrerer Accounts

Derzeit ist es nicht möglich, mit nur einer E-Mail-Adresse mehrere Instagram-Profile zu erstellen. Instagram sieht momentan lediglich ausschließlich ein Instagram-Profil pro E-Mail-Adresse vor.

Sofern Sie mehrere Instagram-Profile pflegen, können Sie sich jedoch über Ihre Instagram-App bei mehreren Profilen gleichzeitig anmelden und somit leicht zwischen diesen Profilen wechseln. Dazu steht Ihnen über den Bereich OPTIONEN am oberen rechten Seitenrand Ihrer Profil-Seite der Menüpunkt KONTO HINZUFÜGEN zur Verfügung. Hier können Sie bis zu fünf Instagram-Konten hinzufügen und ohne sich jeweils neu an- und abzumelden, zwischen ihnen wechseln. Tippen Sie dazu in der Profil-Ansicht Ihres Accounts am oberen Seitenrand auf Ihren Profilnamen und wählen Sie aus der Liste Ihrer hinzugefügten Konten das gewünschte Konto aus, zu dem Sie wechseln möchten.

### Social-Media-Management-Tools

Um mehrere Instagram-Accounts gleichzeitig im Blick zu behalten und zu bearbeiten, eignen sich vor allem auch Social-Media-Management-Tools wie Facelift Cloud, SproutSocial, Swat.io, Hootsuite und viele mehr. Hier können Sie Ihre Profile übersichtlich in einem Dashboard auf Ihrem Desktop anordnen und so über eine zentrale Oberfläche managen. Weiterhin lassen sich in der Regel Team-Mitglieder hinzufügen, mit denen Sie sich die Arbeit an den verschiedenen Instagram-Accounts (sowie diversen weiteren Social-Media-Profilen) teilen können, indem Sie sich gegenseitig Aufgaben zuweisen, Beiträge vorausplanen und vieles mehr.

### Meta Business Suite

Eine klare Empfehlung gilt hier auch wieder für die kostenlose Meta Business Suite, die Sie mithilfe eines privaten Facebook-Profils einrichten und mit der Sie beliebig viele Facebook-Seiten und Instagram-Konten verknüpfen können. Ein wichtiger Vorteil dieser Plattform ist es, Rollen und Berechtigungen an Mitarbeiter sowie auch externe Dienstleister zuweisen zu können. Dadurch ist es zum Beispiel nicht notwendig, das Instagram-Passwort an einen größeren Personenkreis weiterzugeben. Nachteil ist hier jedoch die beschränkte Möglichkeit, im Team an Inhalten oder Themen zu arbeiten oder auch weitere Social-Media-Plattformen außerhalb der Meta-Familie hinzuzufügen.

## 2.2.4 Wahl Ihres »Benutzernamens« und »Namens«

Teil Ihres Business-Accounts sind Ihr »Benutzername«, den Sie bereits bei der Anmeldung auf Instagram vergeben haben, sowie Ihr »Name«. Beide Namen lassen sich über den Button PROFIL BEARBEITEN auf Ihrer Profilseite sowohl in der Instagram-App als auch in Ihrem Webprofil ändern und werden von der Instagram-Suche erfasst.

### Ihr Benutzername

Wenn möglich, sollte Ihr Benutzername möglichst kurz und eindeutig sein, keine Sonderzeichen beinhalten und Ihren Unternehmensnamen widerspiegeln. Auf diese Weise ist Ihr Account einerseits von Instagrammern, die nach Ihrem Unternehmen suchen, schnell zu finden und andererseits von Ihren (potenziellen) Followern, die Sie noch nicht kennen, leichter zu merken.

Ihr Unternehmensname sollte dabei möglichst identisch mit dem sein, den Sie auch in anderen sozialen Netzwerken beispielsweise Facebook verwenden. Mit einem konsistenten Markenauftritt steigern Sie Ihren Wiedererkennungswert über die sozialen Netzwerke hinweg. Gerade zwischen Facebook und Instagram sind die Überschneidungen in der Nutzung beider Plattformen, wie in Kapitel 1 beschrieben, hoch.

Die Nutzungsbedingungen von Instagram sehen darüber hinaus inzwischen vor, dass Ihr Benutzername nicht das Wort *Instagram* oder die Wortbestandteile *Insta* oder *Gram* oder auch die Abkürzung *ig* beinhalten darf. Weiterhin dürfen ohne vorherige schriftliche Genehmigung durch Instagram keine URLs oder Domain-Namen als Benutzername verwandt werden.

#### Ihr Name

Ihr Eintrag im Feld NAME erscheint unmittelbar unter dem Foto Ihres Profils. Darüber hinaus wird der Name zusammen mit Ihrem Profilbild und Ihrem Nutzernamen in den Abonnenten-Listen der Nutzer, denen Sie folgen, angezeigt. Somit hat auch der Name Einfluss darauf, wie Sie von anderen Nutzern in der Community wahrgenommen werden.

Sofern Ihr Benutzername von Ihrem Unternehmensnamen abweicht, haben Sie hier die Möglichkeit, Ihren offiziellen Unternehmensnamen zu hinterlegen. Eine vollständige Firmierung ist, sofern Sie in Ihrer URL auf Ihr Impressum verweisen, jedoch nicht notwendig.

Sind Ihr Benutzername und Ihr Name identisch, lohnt es sich, darüber nachzudenken, das maximal 30 Zeichen umfassende Feld NAME zusätzlich alternativ zu nutzen, etwa

- wie im Beispiel des Online-Shops Odernichtoderdoch (@odernichtoderdoch.de) mit der Beschreibung der Unternehmenspassion »... mit ganz viel Herz«
- oder wie im Falle des Kölner Optikers Optik Hass (@optik.haas.koeln) mit einem konkreten Verweis auf die Hauptprodukte des Unternehmens, in diesem Fall »Brillen und Kontaktlinsen«
- oder wie im Beispiel der Berliner Verkehrsbetriebe (@bvg_weilwirdichlieben) mit dem Claim der aktuellen Werbekampagne »Weil wir dich lieben«

Auf diese Weise können Sie sich noch besser für die Instagram-Suche aufstellen und für Ihr Unternehmen relevante Keywords, nach denen Instagrammer auf der Plattform suchen, in Ihr Profil aufnehmen.

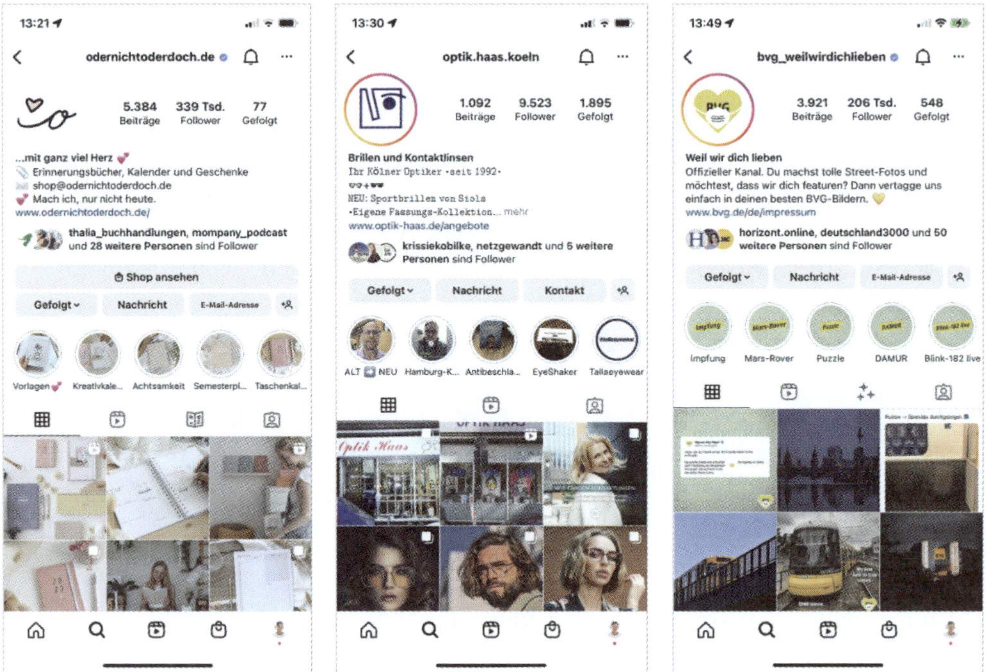


**Abb. 2.6:** Beispiele für Unternehmensprofile, die das Feld NAME alternativ besetzen

### Markenname vergeben?

Auf Instagram, wie auch in anderen sozialen Netzwerken leider nicht unüblich, kann es sein, dass Ihr Markenname bereits von einem anderen Instagrammer in Gebrauch genommen wurde. Häufig stecken dahinter Fans Ihrer Marke oder aber, was seltener der Fall ist, Nutzer, die sich als Inhaber Ihrer Marke ausgeben und in der Community als Unternehmen auftreten. Neben Betrugsfällen dieser Art sind laut der Instagram-Nutzungsbedingungen Markenrechtsverletzungen Dritter verboten.

Über das Instagram-Hilfecenter können Sie eine entsprechende Markenrechtsverletzung melden, vorausgesetzt, Ihre Marke ist geschützt. Häufig kann auch schon ein Hinweis, den Sie dem betreffenden Instagrammer durch einen Kommentar oder mit einer Nachricht über Instagram Direct geben, eine Klärung herbeiführen.

Den Direktlink zum Online-Formular, mit dem Sie eine Markenrechtsverletzung melden können, finden Sie hier: `https://help.instagram.com/contact/230197320740525?helpref=faq_content`.

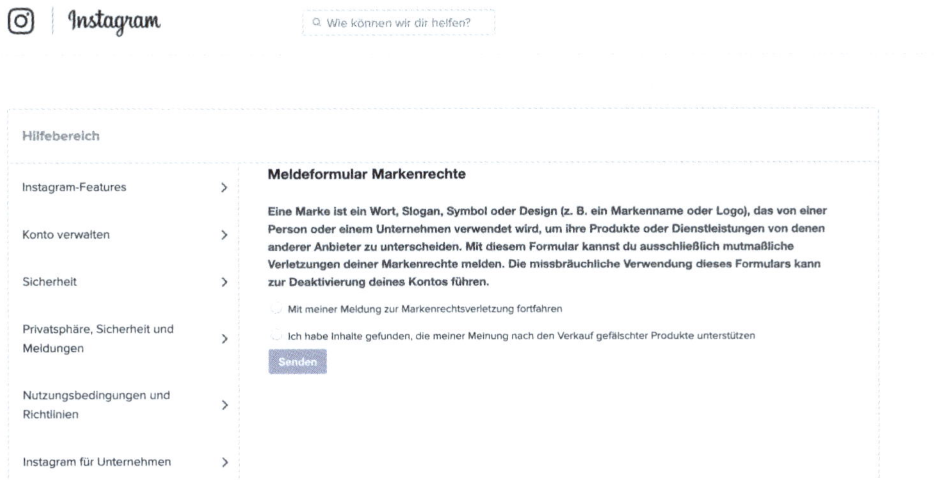


**Abb. 2.7:** Ansicht des Instagram-Hilfebereichs zur Meldung von Markenrechtsverletzungen in Bezug auf Ihren Benutzernamen

Auch wenn Ihr Markenname zwar nicht verwendet wird, ein Instagrammer auf seinem Profil aber Ihr Unternehmen oder Ihre Marke eindeutig imitiert, haben Sie die Möglichkeit, dies zu melden. Ein entsprechendes Formular befindet sich im Instagram-Hilfebereich, unter PRIVATSPHÄRE/SICHERHEIT UND MELDUNGEN und hier unter IMITIERENDE KONTEN.

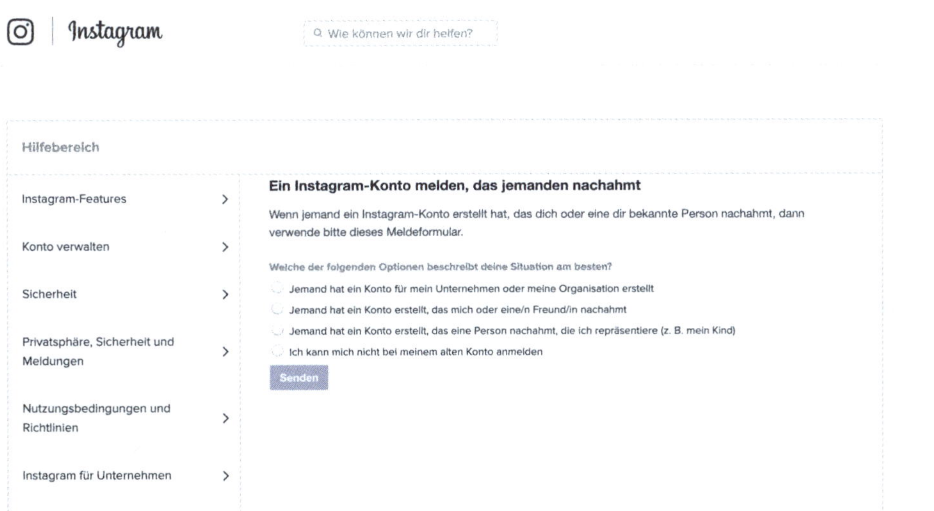


**Abb. 2.8:** Ansicht des Instagram-Hilfebereichs zur Meldung von imitierenden Konten

### 2.2.5 Ihr Profilfoto

Für Ihr Profilfoto eignet sich idealerweise Ihr Firmenlogo. Die Größe des Fotos beträgt 180 x 180 Pixel und wird in der Instagram-App sowie in Ihrem Webprofil in einer runden Version angezeigt. Ihr Foto sollte deshalb auch in einer runden Form hochwertig wirken.

Sie können Ihr Profilfoto entweder von Facebook oder Twitter importieren oder aber aus Ihrer Bibliothek bzw. Galerie auf Ihrem Smartphone auswählen. Über Ihr Webprofil lässt sich auch einfach ein Profilfoto von Ihrem Desktop in Ihr Profil hochladen.

Das Profilbild ist neben Ihrem Benutzernamen und Namen einer der Hauptinteressewecker in der Community. Es erscheint auf jedem einzelnen Ihrer Foto- und Video-Posts, Ihren Instagram Stories, Reels und Live-Videos genauso wie in den Abonnenten-Listen der Nutzer, die Ihnen folgen oder denen Sie folgen, und natürlich auf Ihrer Profilseite. Es ist damit wichtiger Teil Ihrer Markenbildung auf Instagram und fördert Ihren Wiedererkennungswert in der Community. Vor diesem Hintergrund ist es absolut empfehlenswert, Zeit in die Auswahl oder Erstellung eines qualitativen Profilbilds zu investieren.

### 2.2.6 Ihre Biografie

Ihr Business-Profil repräsentiert Ihre digitale visuelle Visitenkarte – und das nicht nur auf Instagram, sondern auch darüber hinaus. Ihre Biografie bzw. Profilbeschreibung spielt dabei eine entscheidende Rolle. Mit ihr können Sie Ihre potenziellen Follower in Sekundenschnelle davon überzeugen, Teil Ihrer Community zu werden. Die große Herausforderung besteht jedoch darin, dieses Vorhaben in maximal 150 Zeichen umzusetzen.

Eine idealtypische Biografie wäre eine, die Ihren Followern in Kombination mit Ihrem Benutzernamen, Namen, Ihrem Profilfoto sowie Ihrer URL beschreibt:

- wer Sie sind,
- was Ihre Vision, Mission oder aber der USP Ihrer Marke/Ihres Produkts ist,
- von welchem Mehrwert Ihre Follower im Falle eines Abonnements Ihres Profils profitieren
- und welche weiteren Handlungen Ihre Follower vornehmen sollen (Call-to-Action).

Stellen Sie sich Ihr Business-Profil inklusive Ihrer Biografie dabei wie einen klassischen **Elevator Pitch** nach dem **AIDA**-Prinzip vor, bei dem Sie zunächst

**A:** mithilfe Ihres Benutzernamens, Profilfotos und Namens **Aufmerksamkeit** erzeugen – Wer sind Sie?

**I: Interesse** wecken, indem Sie im Rahmen Ihrer Biografie Ihren USP herausstellen. Wie heben Sie sich von Ihrer Konkurrenz ab? Was ist das Besondere an Ihrer Marke oder Ihrem Produkt?

Oder alternativ Ihre Mission vermitteln: Was treibt Sie an? Wie wollen Sie den Status quo in Ihrer Branche verändern? Was machen Sie anders als andere?

Dies lässt sich sehr gut an den Beispielen des World Economic Forums (@worldeconomicforum), dem Modeunternehmen Everlane (@everlane) oder der HABA Digitalwerkstatt (@haba_digitalwerkstatt) beobachten.

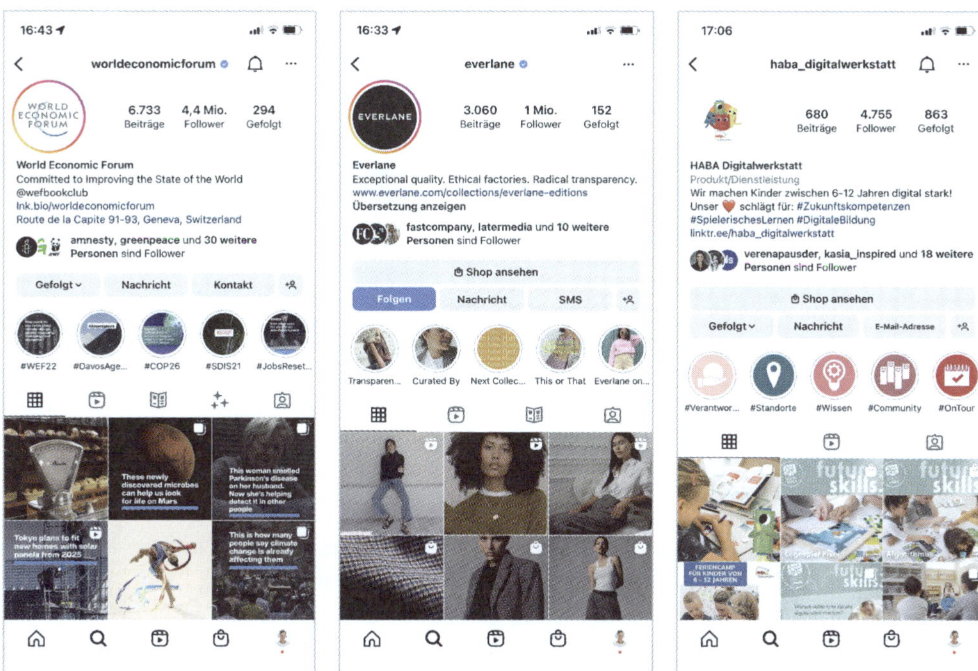


**Abb. 2.9:** Beispiele für Unternehmen, die ihre Mission in ihrer Biografie herausstellen

**D: Desire** bzw. Begehrlichkeit auslösen – Wie profitieren Ihre Follower von Ihren Inhalten? Welchen Mehrwert liefern Ihre Inhalte ihnen? Das ist besonders gut in den Beispielen von Quarks (@quarks.de), dem Karriereprofil der Asklepios Kliniken (@asklepios.karriere) oder der Lebensmittelmarke Alnatura (@alnatura) zu sehen.

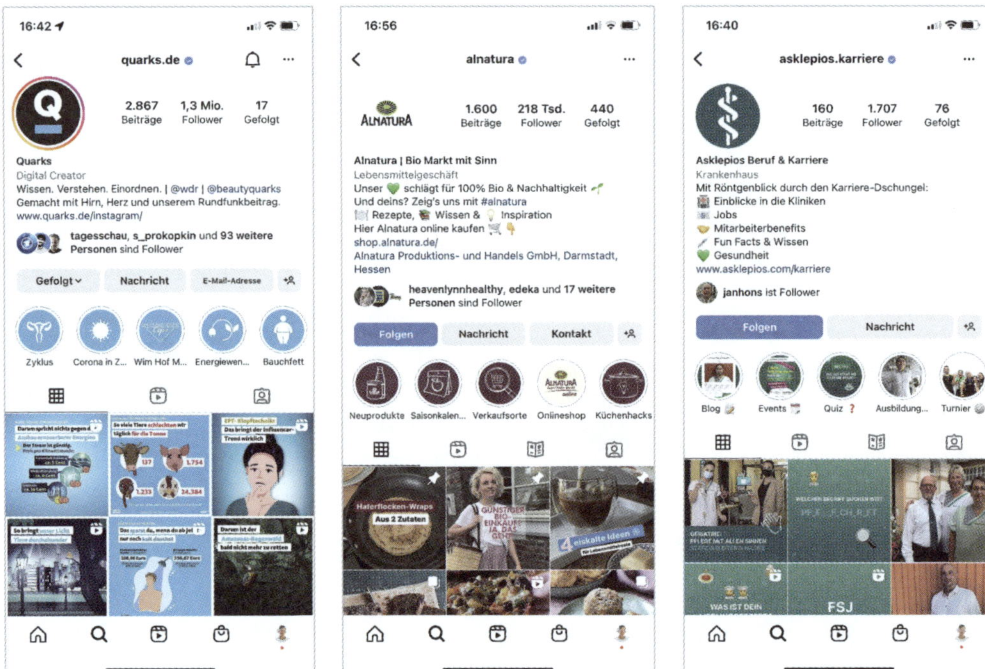


**Abb. 2.10:** Beispiele für Unternehmen, die den Mehrwert ihrer Instagram-Beiträge in ihrer Biografie herausstellen

**A:** und schließlich mithilfe Ihres Call-to-Action eine Handlung bzw. **Action** provozieren – wie im Beispiel der Start Stiftung (@wirsindstart), die die Instagrammer über den Link in ihrer Biografie zur Anmeldung an ihrer START2IMAGINE Academy aufrufen (siehe Abbildung 2.11) oder die Deutsche Presse-Agentur dpa (@dpa_com), die zur Teilnahme an einem Wettbewerb aufruft, oder der Online-Shop AboutYou (@aboutyoude), der mit dem Verweis auf limitierte Influencer-Kollektionen, Leads und potenzielle Abverkäufe generiert.

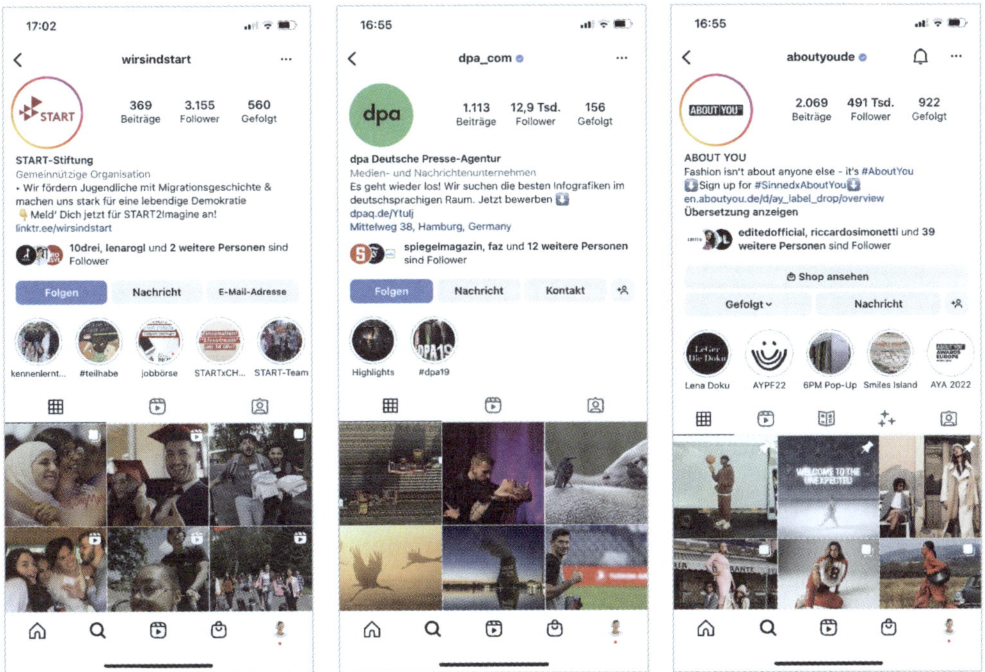


**Abb. 2.11:** Beispiele von Biografien, die einen klaren Call-to-Action beinhalten

**Tipp**

Nutzen Sie Ihre Biografie, um Ihre Community zu aktivieren, und integrieren Sie eine klare Handlungsaufforderung, idealerweise mit Verweis auf den Link in Ihrem Profil.

### 2.2.7 Hashtags und Markierungen in der Biografie

Instagram ist ein idealer Ort, als Unternehmen von nutzergenerierten Inhalten bzw. User Generated Content (UGC) zu profitieren. Gerade im Tourismus oder auch für Shops ist diese Art von Content zum zentralen Erfolgsfaktor geworden.

Um Ihre Community dazu anzuregen, Inhalte unter Ihrem Marken- oder Kampagnenhashtag, auch Branded Hashtags genannt, zu teilen, sollten Sie direkt in Ihrer Biografie einen entsprechenden Call-to-Action, wie im Beispiel der Deutschlandpräsenz des Kosmetikhändlers Sephora (@sephoradeutschland), dem Kunst-Start-up Juniqe (@Juniqeartshop), der Marke NIVEA (@nivea_de) oder dem Spielzeughersteller siku (@siku.official) platzieren (siehe Abbildung 2.12). Tippt ein Besucher Ihres Profils auf Ihren Hashtag, gelangt er zu einer Hashtag-Seite mit den Beiträgen, die mit diesem Tag markiert wurden, darunter auch Ihre eigenen, und kann Ihrem Hashtag folgen.

Selbst wenn Nutzer nicht mit Ihren Hashtags in der Biografie interagieren, trägt deren dortige Präsenz zu Ihrer Markenbildung auf Instagram bei.

## Hinweis

Bei den Hashtags in Ihrem Profil sollte es sich idealerweise um spezifische, nur Ihre Marke betreffende Hashtags und damit keine generischen Begriffe oder Begriffe, die bereits von anderen Unternehmen genutzt werden, handeln. Das kann Ihr Unternehmensname sein, der Claim Ihrer aktuellen Produktkampagne oder Ihr generelles Leitmotiv.

Auch der Hinweis auf weitere Instagram-Accounts, zum Beispiel einen speziellen Shopping-Account oder Partner-Unternehmen, die mit Ihrem Account verbunden sind, sollten in Ihre Biografie aufgenommen werden. Weitere Informationen zum Thema User Generated Content, wie etwa das Reposten von Inhalten Ihrer Community in Posts, Reels und Stories, erhalten Sie in Kapitel 4.

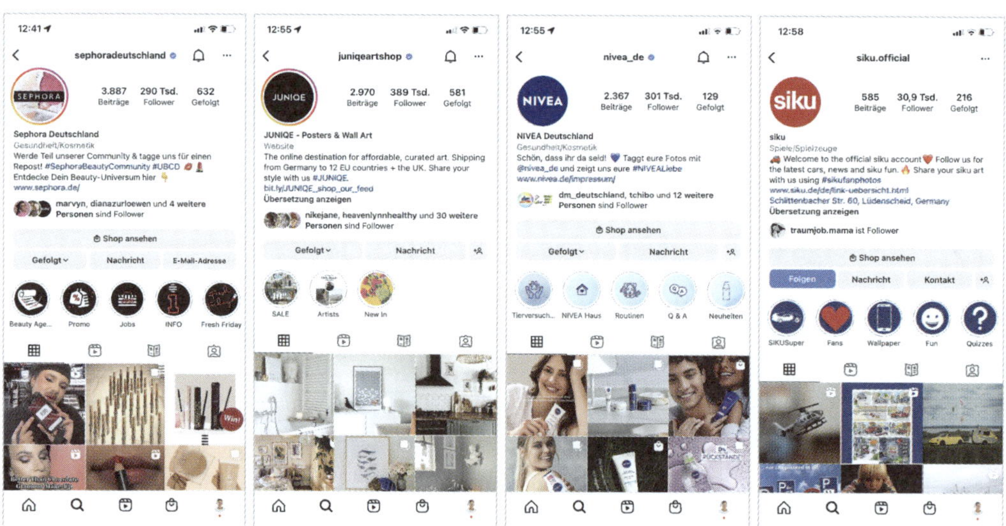


**Abb. 2.12:** Beispiele von Unternehmen, die ihre Community dazu aufrufen, eigene Inhalte mit ihrem Markenhashtag auf Instagram zu teilen

### 2.2.8 Ihre URL in der Biografie

Da Links seitens Instagram, abgesehen von Stories, weder in Ihren Bildbeschreibungen bzw. Captions unter Ihren Posts noch in Reels klickbar sind, kommt dem einzigen aktiven Link Ihres Profils, nämlich dem in Ihrer Biografie, eine besondere Bedeutung zu. Viele Unternehmen verweisen von ihren Instagram-Inhalten auf diesen Link mit den Worten »Link in Bio«, um potenzielle Konsumenten auf einen weiterführenden Inhalt außerhalb Instagrams aufmerksam zu machen.

Das können, wie bereits erwähnt, aktuelle Aktionen auf Ihrer Website sein, laufende Kampagnen, besondere Angebote in Ihrem Shop, Anmeldungen zu Events, Whitepaper zu einem bestimmten Thema, Gewinnspiele und vieles mehr. Die URL könnte dabei idealerweise direkt ein Deeplink zur entsprechenden Aktion oder zum Produkt auf Ihrer Website oder Ihrer App sein, den Sie über die Statistiken Ihres Business-Profils oder auch Dienste, wie bitly.com, idealerweise aber über Ihr eigenes Web-Analytics-Tool messen können (siehe dazu auch »Tracking Ihrer URL mit UTM-Parametern«).

**Impressumspflicht und Datenschutzerklärung**

Allerdings besteht hier ein rechtliches Risiko. Denn laut §5 Absatz 1 des Telemediengesetzes (TMG) besteht in Deutschland auch für Ihr Instagram-Profil eine Impressumspflicht, sofern Sie Ihr Profil für Marketingzwecke einsetzen. Ihr Impressum muss dabei einerseits **klar zu erkennen** und andererseits **mit maximal zwei Klicks erreichbar** sein. Dies gilt auch für Ihre Datenschutzerklärung. Da Sie als Unternehmen in der Regel personenbezogene Daten auf Ihrer Website erheben oder verarbeiten, sind Sie laut der DSGVO dazu verpflichtet, eine Datenschutzerklärung bereitzuhalten. Ein Verweis auf diese wird umso wichtiger, wenn Sie Werbung via Instagram schalten. Um eine Datenschutzerklärung zu erstellen, können Sie zum Beispiel auf den kostenlosen Datenschutz-Generator des Rechtsanwalts Thomas Schwenke, der sich unter anderem auf Rechtsfragen rund um Social Media spezialisiert hat (`https://drschwenke.de/`) zurückgreifen:

`https://drschwenke.de/dsgvo-ready-datenschutz-generator-de-kostenlos/`

oder aber einen Rechtsanwalt oder eine Kanzlei mit der Erstellung Ihrer Datenschutzerklärung beauftragen.

Das bedeutet, dass Sie (trotz Verwendung eines Business-Profils) den Link Ihres Profils leider für diesen Zweck einsetzen müssen, sofern Sie Abmahnungen vermeiden wollen.

Ein Weg wäre dabei, nicht auf eine statische Impressum-Seite auf Ihrer Homepage zu verlinken, sondern das Impressum sowie die Datenschutzerklärung gut sichtbar auf Ihrer Wunsch-Zielseite, beispielsweise Ihrem Webshop, zu platzieren.

Somit kann der Nutzer Ihr Impressum dennoch mit zwei Klicks erreichen. Allerdings sollte der in Ihrer Biografie platzierte Link eindeutig als Link zu Ihrem Impressum erkennbar sein.

Hier wäre ein guter Weg, wie im Beispiel der Handwerkskammer OWL (@handwerkskammerowl), über den Text in Ihrer Biografie darauf zu verweisen, dass sich das Impressum) unter dem Link in Ihrem Profil befindet (siehe Abbildung 2.13).

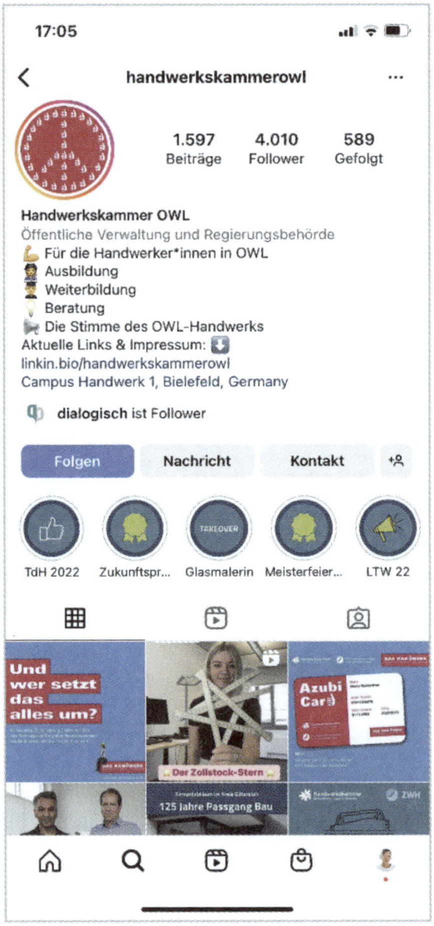


**Abb. 2.13:** Beispiel für den Verweis auf das Impressum bei der Handwerkskammer OWL (@handwerkskammerowl)

Ein anderer Weg ist es, den Link zu Ihrer Wunsch-Zielseite zu »customisieren« und in einen sprechenden Link umzuwandeln. Das funktioniert beispielsweise mit Tools wie Rebrandly (`https://www.rebrandly.com/`) oder bitly (beides jedoch inzwischen nicht mehr kostenfrei). Dabei können Sie einen beliebigen Link nicht nur kürzen, sondern auch in seinem Aussehen verändern und dabei Ihren Unternehmens- oder Markennamen sowie weitere Details wie zum Beispiel das Wort »Impressum« einzufügen.

Die derzeit beste Möglichkeit, die Impressumspflicht zu erfüllen, auf den Datenschutz hinzuweisen und gleichzeitig mehr Verlinkungen zu nutzen, ist wie im Beispiel von REWE (@rewe) in Abbildung 2.14 die Erstellung Ihrer eigenen mobilen Landingpage mithilfe Ihres CMS-Systems (zum Beispiel WordPress oder Typo3). Vorteil ist hier, dass Sie den Traffic auf Ihrer mobilen Landingpage direkt über Ihr Web-Analytics-Tool messen können, etwaige technische Probleme durch die Einbindung eines Drittanbieter-Tools umgehen und DSGVO-konform handeln.

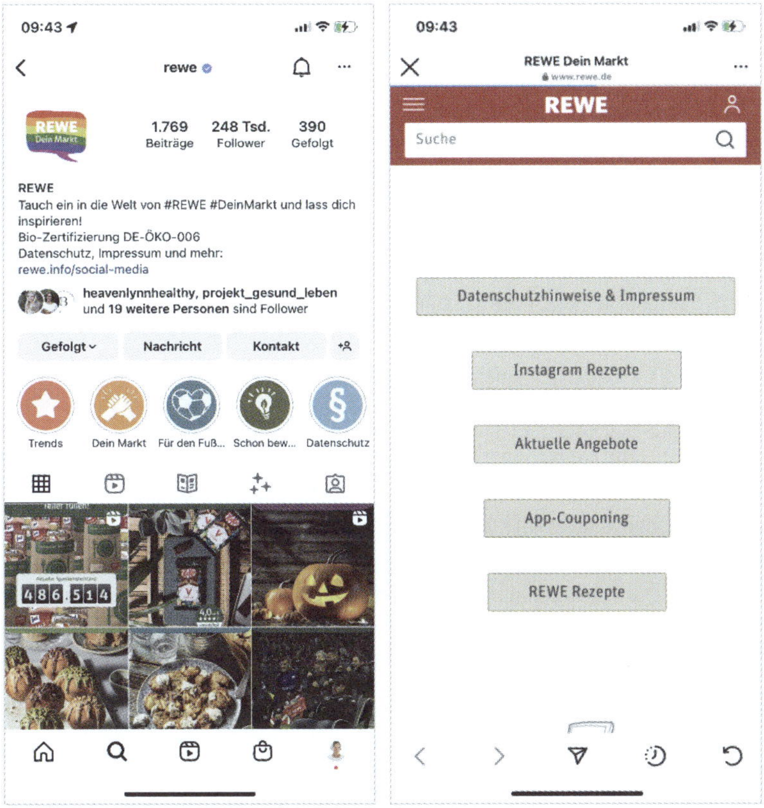


**Abb. 2.14:** Beispiel von REWE (@rewe) für eine eigene mobile »Link in Bio« Page

### Tracking Ihrer URL mit UTM-Parametern

Um zu verstehen, was nach dem Klick auf den Link in Ihrer Biografie passiert bzw. wie sich die von Instagram kommenden Besucher auf Ihrer Website verhalten, etwa welche Seiten sie aufrufen oder welche Produkte sie kaufen, ist es wichtig, Ihren Link und den damit verbundenen Traffic in Ihrem Webanalyse-Tool (wie zum Beispiel Google Analytics) wiederzuerkennen. Das gilt auch für Links in Ihren Instagram Stories oder Ihren Werbeanzeigen. Hierzu fügen Sie Ihrem Link sogenannte UTM-Parameter (UTM = Urchin Tracking Module) hinzu. Siehe dazu auch Abbildung 3.34 »»UTM-Parameter-Builder von Google Analytics«« in Kapitel 3. Mit diesem Vorgehen können Sie sich ein ganzheitliches Bild über den Erfolg Ihrer Instagram- Aktivitäten machen.

### »Link in Bio« – Drittanbieter-Tools

#### Linkbaum-Tools

Eine beliebte und weitverbreitete Alternative zu einer eigenen mobilen Landingpage ist die Verwendung von Drittanbieter-Tools, wie insbesondere Linktree. Mit der Premiumvariante von Linktree lässt sich in kürzester Zeit eine mobile Zielseite mit beliebig vielen Links inklusive eigener Brand-Elemente wie Markenfarben und Logo kreieren. Linktree liefert auch Analysedaten zu Besuchern und Klicks.

Allerdings ist der Einsatz von Linktree nach Ansicht von Experten aufgrund seines Unternehmenssitzes in Australien und der damit verbundenen Übertragung von Nutzerdaten an australische Server als nicht DSGVO-konform einzustufen. Andererseits hat sich Australien nach Meinung von Datenschutzbeauftragten hinsichtlich seiner Datenschutzgesetze am Vorbild der DSGVO orientiert, zählt jedoch noch nicht zum sogenannten »sicheren Drittland«. Die deutsche Entsprechung zu Linktree ist Wonderlink.

Eine beliebte Alternative zu Linktree bildet das vom Social-Media-Management-Tool Later lancierte Tool Linkin.bio. Mit seinem Unternehmenssitz in Kanada, das laut Datenschutzexperten zu den sicheren Drittstaaten gehört, dürfte Later sowohl als Social-Media-Management-Tool als auch als Anbieter für einen Link in Bio-Lösung DSGVO-konform einsetzbar sein. Im Unterschied zu Linktree lassen sich mit Linkin.bio nicht nur Links, sondern auch shoppable Feeds kreieren (siehe dazu auch die folgenden Ausführungen).

#### Shoppable Feeds

Neben dem Verweis auf das Impressum und weiterführende Links ist es insbesondere unter Händlern weit verbreitet, trotz Instagram Shopping oder auch zusätzlich dazu »shoppable Instagram Feeds« mithilfe von Tool-Anbietern wie das genannte Linkin.bio (Later) oder das bei internationalen Marken beliebte

Likeshop.me des kanadischen Social-Media-Software-Anbieters Dash Hudson über ihren Link in der Biografie anzubieten. Denn mit diesen Dienstleistern können Sie die Customer-Journey Ihrer Kunden noch gezielter dirigieren.

Das Prinzip der Tool-Anbieter ist dabei, eine mobile Landingpage bzw. Website zu kreieren, die das gleiche oder ein ähnliches Look & Feel wie Ihr Instagram-Profil hat, jedoch mit den Produktdetailseiten Ihres Shops oder weiteren Unterseiten verlinkt ist. Der Vorteil besteht darin, dass Sie den Aufbau der Seite stetig kuratieren und so die Aufmerksamkeit der User auf für Sie relevante Produkte oder Themen lenken können.

Tippt der Besucher auf ein Foto Ihrer Landingpage, gelangt er also auf die entsprechende Produkt-Detailseite in Ihrem Shop und, wenn gewünscht, auf weiterführende Links, wie im Beispiel von Nordstrom und Likeshop.me.

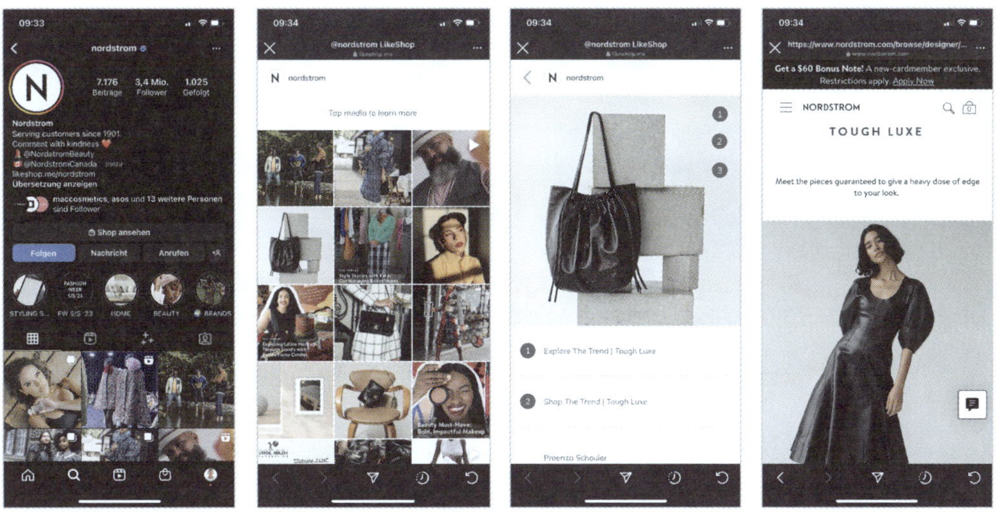


**Abb. 2.15:** Shoppable Feed von Nordstrom (@nordstrom) mithilfe des Tools Likeshop.me

Auf diese Weise können Besucher Ihres Instagram-Profils sowie Ihre Follower Ihren Instagram-Feed nachshoppen oder ihr Interesse weiter vertiefen. Mit den über diese Dienstleister bereitgestellten Statistiken haben Sie darüber hinaus einen schnellen Überblick darüber, welche in Ihrem Instagram-Feed gezeigten Produkte besonders stark nachgefragt werden.

Der Shoppable Feed lässt sich auch auf andere Branchen übertragen, insbesondere auch diejenigen, die die Anforderungen für Instagram Shopping nicht erfüllen können, da sie beispielsweise keine physischen Produkte verkaufen. Die New York Times setzt, wie inzwischen viele andere Verlage, beispielsweise auf einen Shoppable Feed, um den Besuchern und Followern ihres Profils mehr Hintergrundinformationen zu den Geschichten ihres Instagram-Profils zu geben.

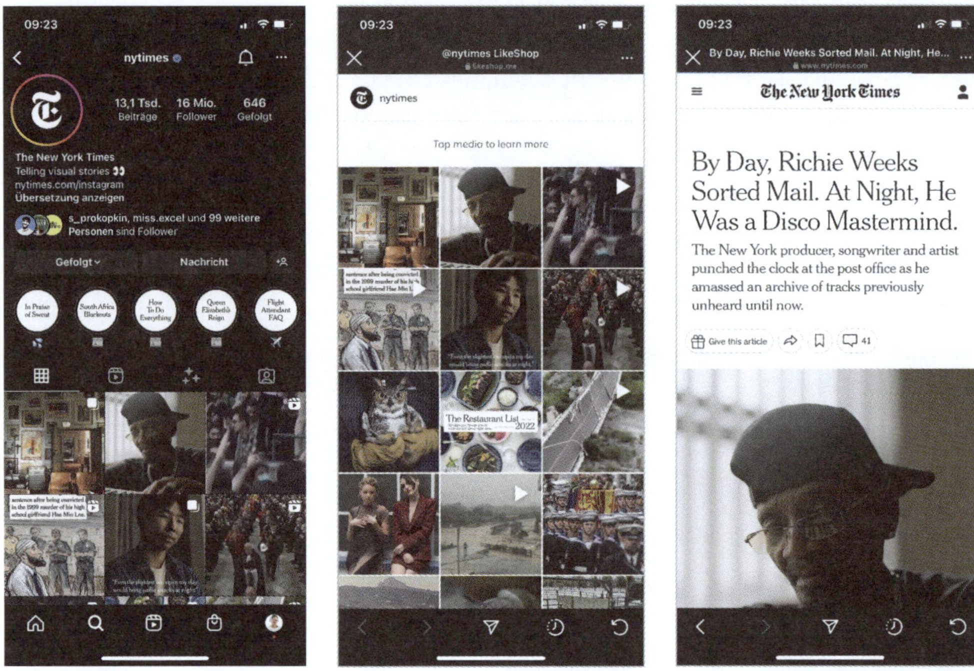


**Abb. 2.16:** Shoppable Feed der New York Times (@nytimes) mithilfe des Tools Likeshop.me

Ähnlich wie bei den Händlern lässt sich auch bei redaktionellen Themen über die Statistiken der Landingpage feststellen, welche Inhalte für die Instagrammer besonders spannend sind und in das nächste Redaktionsmeeting eingebracht werden sollten.

### 2.2.9 Optische Gestaltung Ihrer Biografie

In der optischen Gestaltung Ihrer Biografie bieten sich zwei Formen an, die Sie durchaus kombinieren können:

- eine Biografie in Listenform, wie im Beispiel von herCAREER (@hercareer), The Jungalow (@thejungalow) oder Urban Outfitters (@urbanoutfitters), siehe Abbildung 2.17

**Abb. 2.17:** Biografien in Listenform bei her CAREER (@hercareer), The Bungalow (@ thejungalow) oder Urban Outfitters (@urbanoutfitters)

Der Vorteil besteht hier in der Übersichtlichkeit. Die von Ihnen bereitgestellten Informationen können von einem Besucher schnell erfasst werden. Nachteil: Die Inhalte Ihrer Biografie werden gegebenenfalls gekürzt dargestellt. Der Besucher Ihres Profils muss gegebenenfalls auf MEHR tippen, um die vollständige Biografie zu sehen.

- oder eine Biografie mit Fließtext wie in den in Abbildung 2.18 gezeigten Beispielen

Ein zusammenhängender Text wirkt auf Ihre Besucher möglicherweise persönlicher und wertschätzender.

Darüber hinaus ist auch der (dosierte) Einsatz von Emojis empfehlenswert, sofern diese zu Ihrem Unternehmen, Ihrer Marke und Ihrer Zielgruppe passen. Damit wirken Sie durchaus sympathischer und nahbarer und fügen sich nahtlos in die gängige Bildsprache Instagrams ein (siehe dazu auch Kapitel 3., Abschnitt 3.5.3 »Tonalität«).

### 2.2.10 Fixierte Posts

Analog zum angehefteten Tweet auf Twitter oder angepinnten Videos auf TikTok bietet Instagram Ihnen die Möglichkeit, wie im Beispiel des Bundesgesundheitsministeriums (@bundesgesundheitsministerium), About You (@aboutyoude) oder dem Konzerthaus Berlin (@konzerthausberlin), bis zu drei Ihrer bestehenden Beiträge im sofort sichtbaren Bereich Ihres Profils zu fixieren. Dies geschieht mit dem Ziel, den Besuchern Ihres Profils sowie Ihrer Community sofort zu signalisieren, welche Inhalte und Themen Ihnen (oder Ihrer Community) gerade wichtig sind. Diese Beiträge können somit ein wichtiger Treiber für Ihre Follower-Gewinnung sein.

Um einen Beitrag zu fixieren, tippen Sie am oberen Rand Ihres veröffentlichten Posts auf die drei Punkte und wählen »Im Profil fixieren« aus.

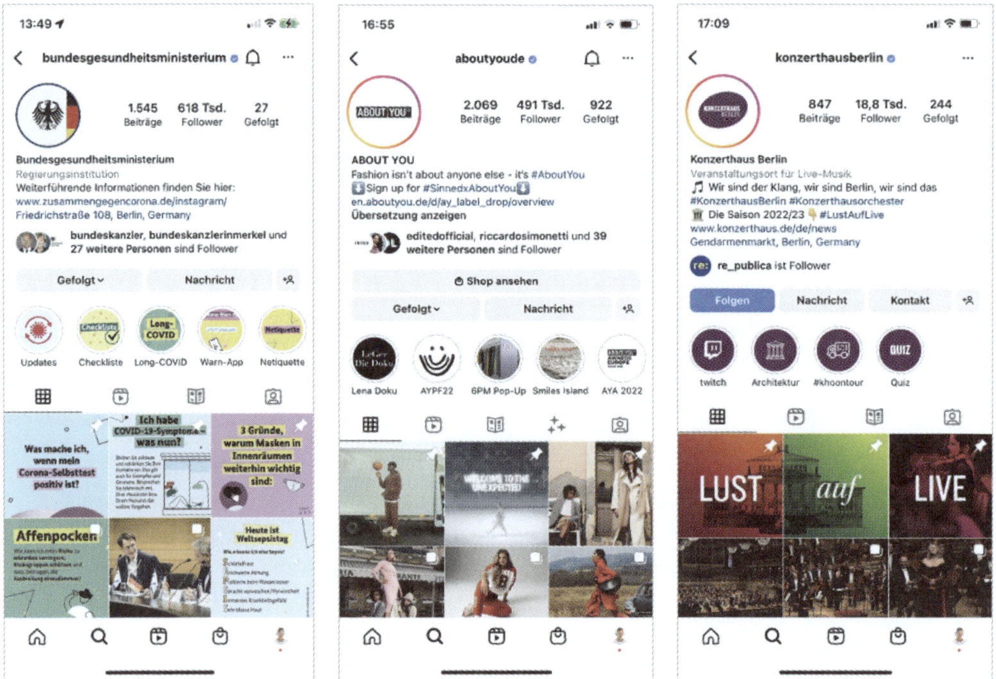


**Abb. 2.18:** Fixierte Posts beim Bundesgesundheitsministerium (@bundesgesundheitsministerium), About You (@aboutyoude) und dem Konzerthaus Berlin (@konzerthausberlin)

## 2.3 Creator-Profil

Um speziell die Bedürfnisse der aus Sicht von Instagram wichtigsten Zielgruppe, nämlich Influencer, Stars, Künstler und Content-Produzenten, zu erfüllen, hat Instagram eine weitere Profilart – das Creator Profil – eingeführt. Die Besonderheiten dieses Profils zielen insbesondere darauf ab,

- ein verbessertes Community-Management im Bereich von Instagram Direct (siehe dazu Abschnitt 2.13 »Instagram Direct«) zu ermöglichen, beispielsweise über hochwertige Filter, Direct Messages nach deren Absender, z.B. Marken und Unternehmen, oder deren Empfangszeitpunkt zu priorisieren oder auch Kontaktmöglichkeiten für bestimmte Personengruppen einzuschränken.
- bessere Analyse-Tools für die pro Content-Format generierte Reichweite sowie Follower-Wachstum und -Engagement im Zeitverlauf bereitzustellen (hierbei wurde auch die Follow/Unfollow-Funktionalität, die Influencer bisher über Drittanbieter-Apps genutzt haben, integriert). Die Tools dienen auch

einer größeren Transparenz gegenüber Marken, mit denen Influencer kooperieren.

- die persönliche Marke der Creator besser herauszustellen, in dem diese sich in ihrer Profilbeschreibung beispielsweise einer spezifischeren Influencer-Kategorie, wie Schauspieler, Blogger, Journalist, Musiker etc., anstelle einer klassischen Facebook-Seitenkategorie zuordnen können.

**Musikbibliothek für Creator**

Creator haben über ihren Creator-Account auf ein größeres Repertoire an Musik-Titeln Zugriff als Inhaber von Business-Accounts. Mit Blick auf die Relevanz von Reels und den damit verbundenen Trend-Songs veranlasst dies Unternehmen, eher einen Creator-Account einzurichten als einen Business-Account.

Von dieser Vorgehensweise ist jedoch eindeutig abzuraten. Die den Creatoren oder auch privaten Nutzern zur Verfügung gestellte Musik ist nach Wunsch der Rechteinhaber lediglich für die private und nichtkommerzielle Nutzung lizenziert. Da Unternehmen per Definition kommerziell handeln, steht ihnen diese Musik bewusst nicht zur Verfügung, um keine Urheberrechtsverletzungen zu begehen.

Eine Urheberrechtsverletzung läge auch dann vor, wenn das Unternehmen sich als Creator »tarnt«. Die einzige Möglichkeit, Musik rechtskonform zu nutzen, ist auf die über den Business-Account verfügbare Facebook Sound Collection, bestehend aus 9000 lizenzfreien Songs, zuzugreifen oder Inhalte mit eigener Musik zu erstellen oder eigene Vereinbarungen mit den Rechteinhabern zu schließen.

## 2.4 Instagram-Webprofil

Während die Instagram-App der Hauptnutzungsort der Community ist, bietet das Instagram-Webprofil Instagram-Mitgliedern die Möglichkeit, auch über das Web auf Instagram zuzugreifen, Beiträge zu liken und zu kommentieren sowie ihre Fotos, Videos, Reels und Stories im öffentlichen Netz zu präsentieren.

Auf diese Weise können auch Menschen, die Instagram noch nicht nutzen, die Instagram-Beiträge von Freunden, Stars oder Unternehmen anschauen oder über die auch im Web vorhandene Instagram-Suche nach ihnen suchen.

Aus Unternehmenssicht bietet Ihnen Ihr Webprofil die Chance, Ihre bestehenden und potenziellen Kunden, die Ihr Profil auf Instagram noch nicht kennen, auf Ihr dortiges Engagement aufmerksam und zu potenziellen Followern zu machen.

Wichtiges Element sind in diesem Zusammenhang die »Instagram Web Embeds«, mit denen Sie Ihre eigenen, aber auch die Inhalte fremder Instagrammer mit deren Einwilligung auf Ihrer Website oder in Ihr Blog einbetten können (siehe dazu Abschnitt 2.5 »Verknüpfung Ihres Profils mit anderen Social-Media-Profilen«). Ausgenommen von den Web Embeds sind aufgrund ihrer maximalen Haltbarkeit von 24 Stunden jedoch Stories.

Das Webprofil eines Nutzers ist über die URL *instagram.com/nutzername* erreichbar. Das Instagram-Profil des Unternehmens WWF International beispielsweise ist im Web somit über `http://instagram.com/Wwf` frei zugänglich.

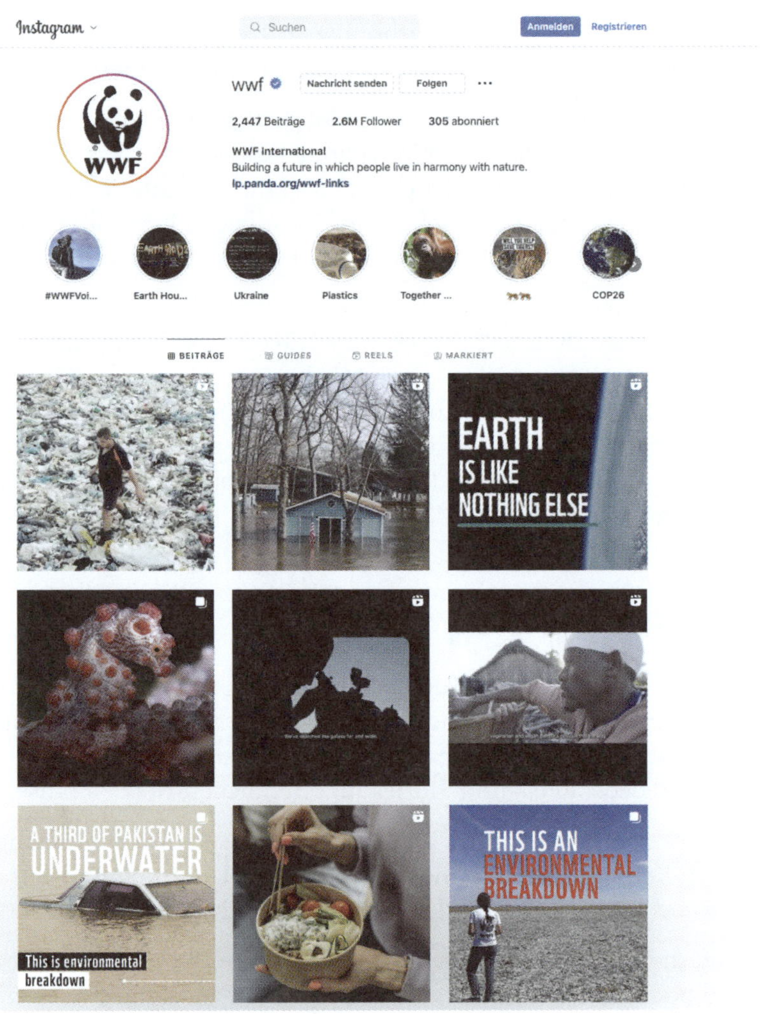


**Abb. 2.19:** Webprofil-Ansicht des WWF

### 2.4.1 Upload von Fotos und Videos über den Desktop

Inzwischen lassen sich auch Fotos und Videos über das +-Symbool in Ihrem Webprofil und damit über den Desktop hochladen. Allerdings ist für diesen Zweck das Meta Creator Studio durch seinen größeren Funktionsumfang empfehlenswert (`https://business.facebook.com/creatorstudio`).

### 2.4.2 Verwaltung von Drittanbieter-Apps

Eine weitere sinnvolle Funktion des Webprofils bietet der Menüpunkt AUTORISIERTE ANWENDUNGEN auf der Seite PROFIL BEARBEITEN. Hier werden Ihnen alle Apps angezeigt, bei denen Sie sich mit Ihren Instagram-Zugangsdaten angemeldet haben. Neben einer Beschreibung der jeweiligen App können Sie hier auch sehen, in welchem Umfang diese auf Ihre Instagram-Daten zugreift, und den Zugriff gegebenenfalls wieder aufheben.

Inzwischen hat sich ein wahres Ökosystem an Apps und Webanwendungen um Instagram herum gebildet. Häufig werden damit Funktionen abgedeckt, die Instagram (noch) nicht bietet.

Instagram fördert die Entstehung dieser Apps und Anwendungen selektiv und bietet Entwicklern eine sogenannte API (Application Programming Interface) an.

## 2.5 Verknüpfung Ihres Profils mit anderen Social-Media-Profilen

Sofern Sie auf Facebook Betreiber einer oder mehrerer Seiten sind, können Sie Ihre Fotos und Videos auch auf einer Ihrer Seiten teilen. Dazu muss Ihr Instagram-Konto mit Ihrem Facebook-Profil verknüpft sein, mit dem Sie diese Seiten auf Facebook erstellt haben oder bei dem Sie Administratorenrechte zur Pflege der jeweiligen Facebook-Seite besitzen.

Um Ihre Instagram-Beiträge auf der gewünschten Facebook-Seite zu teilen, tippen Sie in Ihrem Instagram-Profil auf PROFIL BEARBEITEN und unter ÖFFENTLICH SICHTBARE UNTERNEHMENSDETAILS auf SEITE VERBINDEN ODER ERSTELLEN. Wählen Sie nun aus Ihren mit Ihrem Facebook-Profil verknüpften Seiten diejenige aus, auf der Sie Ihre Inhalte teilen wollen. Leider ist das Teilen Ihres Beitrags lediglich auf einer Seite möglich.

Im Rahmen Ihrer Content-Strategie ist es empfehlenswert, Ihre jeweiligen Profile möglichst nicht 1:1 mit den gleichen Inhalten zu bespielen, da Ihre Follower Ihnen gegebenenfalls sowohl auf Instagram als auch weiteren Kanälen folgen und im Falle von identischen Inhalten bei einer oder beiden Präsenzen abspringen. Es macht aber durchaus Sinn, Ihre Instagram-Beiträge in ein anderes Format zu überführen oder zeitversetzt auf Facebook zu posten.

## 2.6 Verknüpfung mit Ihrer Website

Instagram und Ihre Website sollten ein starkes Team bilden. Dabei können die Besucher Ihrer Website über regelmäßige Artikel oder eine Bilderstrecke auf Ihrer Homepage, Ihrem Blog oder Newsletter von Ihren Aktivitäten auf Instagram erfahren und andererseits Neuigkeiten auf Ihrer Website auch in Ihren Inhalten auf Instagram aufgegriffen werden.

### 2.6.1 Einbetten von Instagram-Beiträgen

Um Ihre eigenen oder fremde Instagram-Beiträge auf Ihrer Website einzubinden, tippen Sie in Ihrem Webprofil in der Fotoansicht des Beitrages, den Sie einbetten wollen, auf das »...«-Symbol. Mit einem Klick auf dieses Symbol erscheint ein Pop-up-Fenster mit dem Begriff EINBETTEN sowie darauf folgend der Code zum Einbetten des Fotos oder Videos im Web. Zusätzlich bietet Instagram hier die Option, die Bildunterschrift des Beitrags zu übernehmen. Der Code kann nun vollständig kopiert und dem HTML-Code der eigenen Seite an der gewünschten Stelle hinzugefügt werden. Das Bild wird standardmäßig mit einer Breite von 612 Pixeln und einer Höhe von 710 Pixeln eingefügt. Sie können die Breite und Höhe auch noch manuell ändern, indem Sie die entsprechenden Zahlen im Code anpassen, solange Breite und Höhe im gleichen Verhältnis stehen.

Das auf diese Weise in die Website oder den Blog eingefügte Bild oder Video enthält sowohl den Instagram-Namen des Urhebers, das Instagram-Logo sowie die Anzahl der »Likes« und Kommentare. Mit einem Klick auf das Instagram-Logo im eingebetteten Bild oder Video gelangt der Leser der Website zur entsprechenden Foto- oder Videoansicht im Instagram-Webprofil des Nutzers, von dem der Beitrag ursprünglich stammt. Instagram will auf diese Weise sicherstellen, dass das Recht am eigenen Bild oder Video der Instagram-Nutzer gewahrt bleibt. Unabhängig davon, wo das Instagram-Bild oder -Video im Netz auftaucht, soll für jeden Betrachter klar erkennbar sein, wer der Urheber dieses Inhalts ist.

**Rechtliche Rahmenbedingungen**

Laut Rechtsanwalt Thomas Schwenke (`https://drschwenke.de/`), ist es zwingend erforderlich, Instagram-Bilder auf die von Instagram angebotene Art und Weise auf der eigenen Website einzubetten, um rechtliche Risiken zu minimieren. Sein Rat lautet, die Instagram-Inhalte definitiv nicht selbst zu kopieren und beispielsweise in einem Blogbeitrag hochzuladen, auch wenn die eingebetteten Postings optisch nicht so dargestellt werden können, wie sie zu Ihrer Website passen.

Diese Regel gilt allerdings nicht für Ihre eigenen Instagram-Beiträge, unabhängig davon, ob Sie diese zum Beispiel mit den spezifischen Instagram-Filtern versehen haben. Nichtsdestotrotz macht das Einbetten Ihrer eigenen Beiträge auf die oben beschriebene Weise dennoch Sinn, da die Besucher Ihrer Website oder Ihres Blogs mit einem Klick auf das Foto direkt zu Ihrem Instagram-Profil gelangen können.

Über die offizielle Website `https://en.instagram-brand.com/` können Sie darüber hinaus Instagram-Icons in Ihre Website oder Ihren Blog integrieren und so auf Ihr Instagram-Profil verweisen.

## 2.7 Instagram Stories

Einer der drei wichtigsten Kanäle Instagrams sind, neben Posts und Reels, die im August 2016 – ursprünglich nach dem Vorbild der Snapchat Stories – eingeführten Instagram Stories. Denn sie werden in einer Ära des visuellen Storytellings dem Wunsch der Menschen nach einer persönlichen, authentischen und involvierenden Kommunikation mit anderen Nutzern, insbesondere Creatoren und auch Unternehmen gerecht. Entsprechend prominent ist auch ihre Platzierung an erster Stelle im Homefeed der Nutzer (siehe dazu Abbildung 2.20). Ein Umstand, der Ihrem Unternehmen und Ihrer Marke zu mehr Sichtbarkeit auf Instagram verhelfen kann, sofern Sie regelmäßig neue Stories veröffentlichen.

**Tipp**

Je häufiger und regelmäßiger Sie Stories veröffentlichen, idealerweise einmal pro Tag, desto wahrscheinlicher ist die Sichtbarkeit Ihrer Story im »First Screen« des Homefeeds Ihrer Follower. Darüber hinaus wird das häufige Posten von Stories mit einer größeren Reichweite Ihrer klassischen Posts belohnt.

In der Profil-Ansicht weist, wie im Beispiel des SOS-Kinderdorf e.V. (@soskinderdorfde), ein farbiger Rand des Profilfotos auf das Vorhandensein einer Story hin. Laut Instagram wurden die Instagram Stories von der Community sehr schnell adaptiert und inzwischen nutzen 500 Millionen Instagrammer das Format täglich. Ein Drittel der am häufigsten angesehenen Stories stammt dabei von Unternehmen.

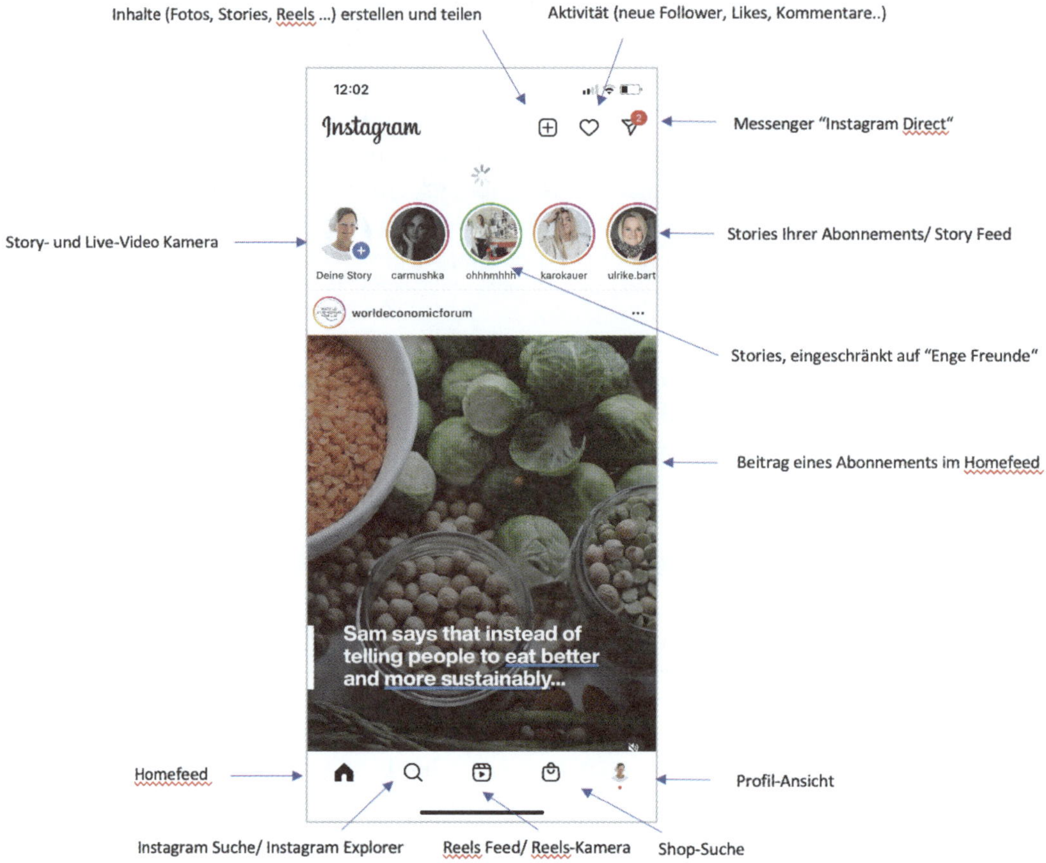


**Abb. 2.20:** Homefeed und Navigation innerhalb der Instagram-App (iOS)

### Was sind Instagram Stories konkret?

Instagram Stories sind ein eigenes vertikales, den mobilen Screen füllendes, Content-Format in Form von Fotos und Videos, die einzeln über den Tag verteilt gepostet oder aber als Slideshow zu einer Geschichte oder auch einer Art Tagebuch zusammengefügt werden können. Eine Story-Sequenz mit Bild hat eine Dauer von 7 Sekunden, eine mit Video zwischen 15 und 60 Sekunden. (Instagram experimentiert derzeit mit längeren Story-Sequenzen).

Jede Story-Sequenz ist je nach Veröffentlichungszeitpunkt nur für 24 Stunden auf der Plattform sichtbar, es sei denn, sie wird einer Highlight-Story hinzugefügt und damit dauerhaft in Ihrem Profil sichtbar.

Dabei lassen sich Fotos und Videos direkt in der Story-Kamera erstellen oder aber extern erstellte oder vorhandene Fotos und Videos auf Ihrem Smartphone zu einer Story zusammenfügen und mit der Community teilen. Auch eigene Posts und Reels sowie die anderer Nutzer können wie im Beispiel des SOS-Kinderdorf e.V. (@soskinderdofde) über die Stories geteilt werden.

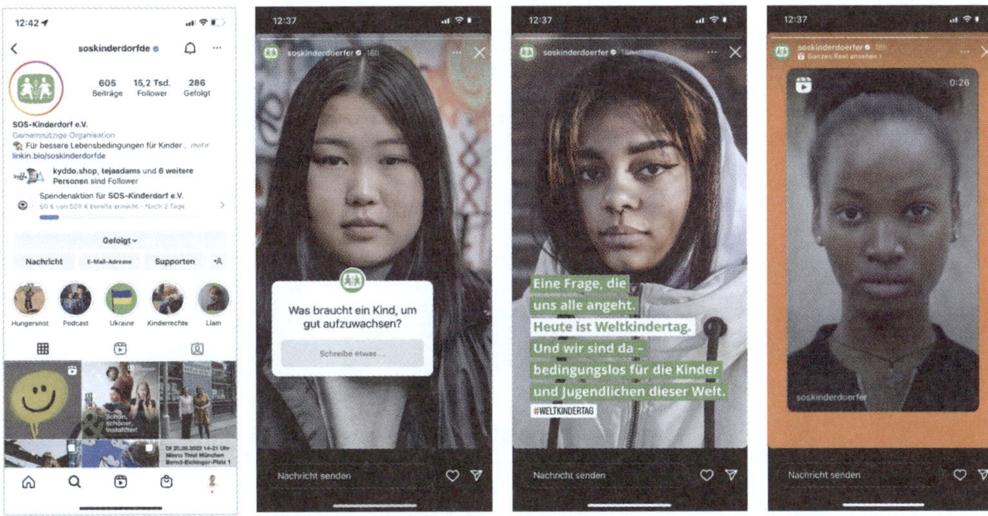


**Abb. 2.21:** Auszug aus einer Instagram Story des SOS-Kinderdorf e.V. (@soskinderdorfde)

### Multimediale Inhalte

Nutzer als auch Unternehmen haben im Rahmen der Story-Kamera-Funktion eine Vielzahl von Möglichkeiten, sich multimedial auszudrücken – sei es über Text, Augmented-Reality-Filter, Video-Effekte, Musik, Zeichnungen und handschriftliche Details oder GIFs und Emojis.

### Sticker

Darüber hinaus bieten die zahlreichen Sticker, wie Fragen-Sticker, Voting-Sticker, Umfrage-Sticker oder Quiz-Sticker fantastische Möglichkeiten, mit der eigenen Zielgruppe zu interagieren.

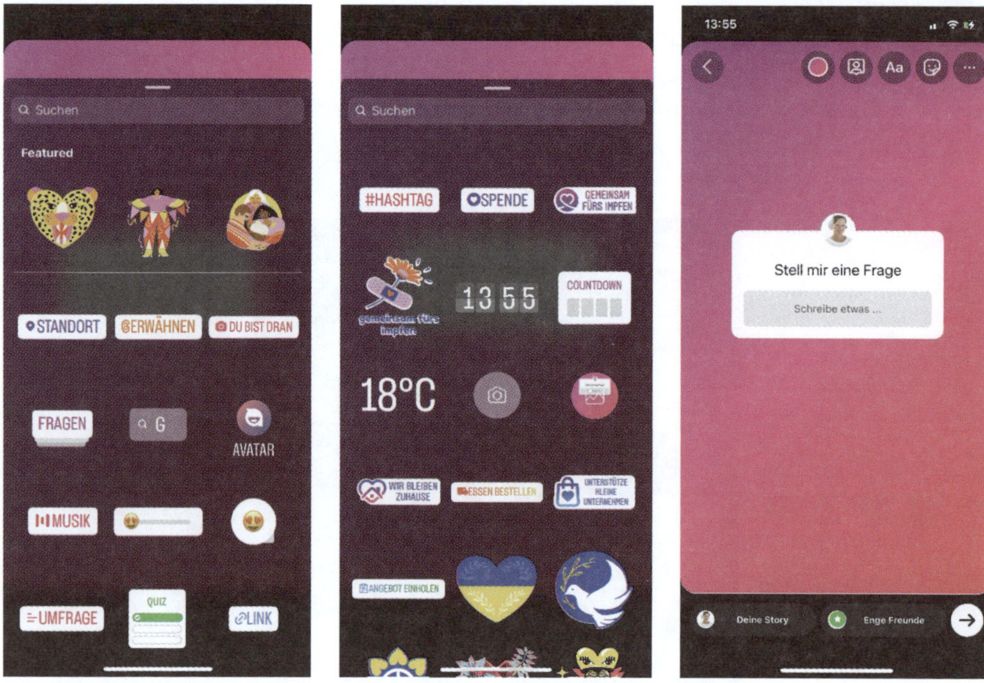


**Abb. 2.22:** Ansicht der Story Sticker und GIFs in der Story-Kamera-Funktion

## Erwähnungen

Weiterhin bieten Stories die Option (wie auch Posts oder Reels), bis zu 20 Accounts zu erwähnen. Indem Sie andere Instagrammer in Ihren Stories markieren bzw. taggen (indem Sie das @-Smbol + den Namen des Instagram-Accounts eintippen), zeigen Sie nicht nur Wertschätzung, sondern steigern auch die Wahrscheinlichkeit, in den Stories dieser Nutzer zu erscheinen (siehe dazu auch Kapitel 5, »Aufbau einer Community auf Instagram«).

## Hashtags

Hashtags in Stories ermöglichen es Ihnen, auf Inhalte Ihrer Markencommunity zu verweisen und damit die Content Journey Ihrer Follower zu verlängern oder Ihre Follower auf ein bestimmtes Trend-Thema aufmerksam zu machen und damit Mehrwert zu bieten oder auch auf Beiträge zu einer aktuellen Kampagne oder Aktion zu verlinken, wie im Beispiel des Deutschen Roten Kreuz e.V. (@germanredcross), das sich an der Aktion #wochederwiederbelebung beteiligt.

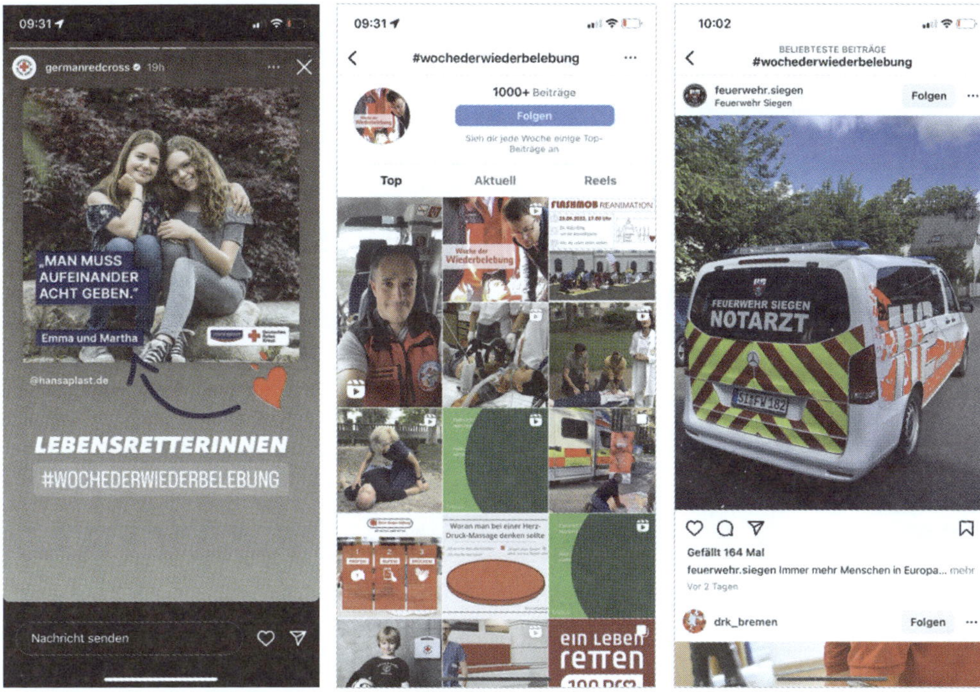


**Abb. 2.23:** Verlinkung auf eine Hashtag-Seite in einer Instagram Story am Beispiel des Deutschen Roten Kreuz e.V. und der #wochederwiederbelebung

### Orte markieren

Indem Sie in Ihrer Story (sowie auch in Ihren Posts oder Reels) Orte markieren, (über den Location-Sticker) ergibt sich die Option, gezielt Instagrammer anzusprechen, die gerade in der Nähe Ihres Unternehmens nach lokalen Informationen suchen und dabei auf Ihren Ort und die damit verbundenen Posts und aktuellen Stories stoßen. Sie erscheinen also mit Ihrer Story in einer übergreifenden Location-Story. Instagram hat mit »Instagram-Karten« eine Google-Maps-ähnliche oder sogar übertreffende Funktion geschaffen, mit der Sie nun die Chance haben, Nutzer an Ihren POS zu führen oder im Rahmen ihrer Entscheidungsfindung zumindest ins Relevant Set Ihrer potenziellen Kunden zu gelangen.

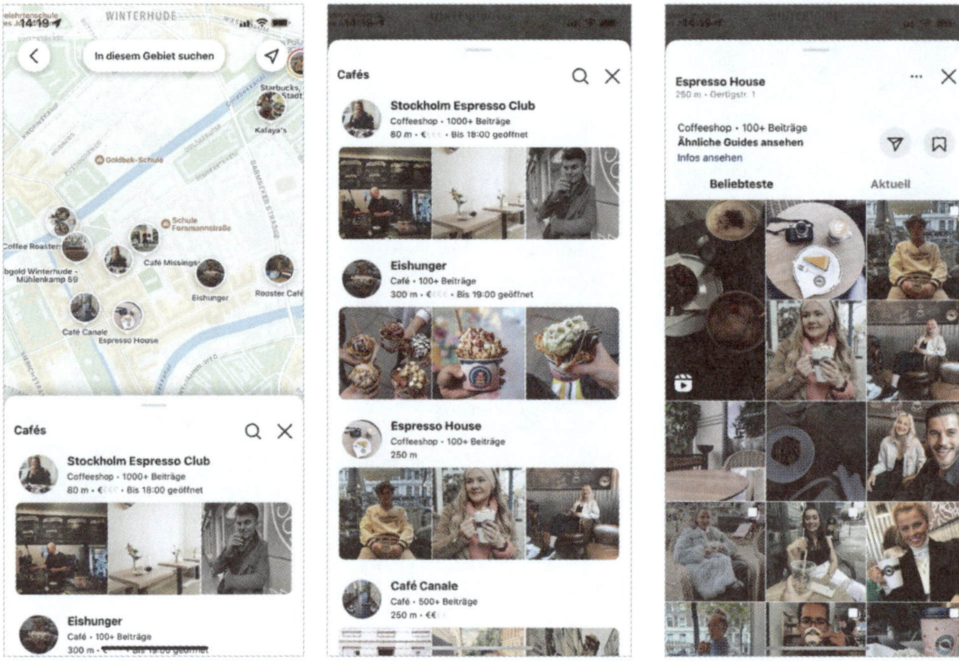


Abb. 2.24: Ansicht von Instagram-Karten

### Externe Links

Die inzwischen für alle Nutzer verfügbare Verlinkungsoption in Stories über den Link-Sticker macht das Format im Rahmen der Content-Journey, die Sie für Ihre potenziellen Konsumenten kreieren, besonders interessant. Eine Besonderheit ist bei dieser Option, dass Sie Ihren Link, wie in den Beispielen des emotion magazin (@emotionmagazin), der Organisation Fridays for Future Deutschland (@fridaysforfuture.de), der Band KRAFTCLUB (@kraftclub) oder dem Deutschen Roten Kreuz e.V. (@germanredcross) personalisieren können.

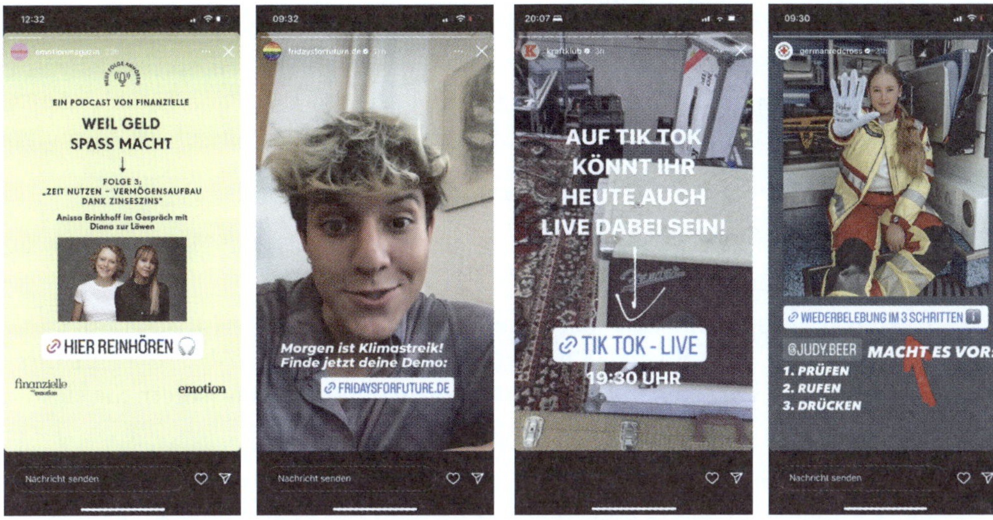


**Abb. 2.25:** Beispiele für personalisierte Link-Sticker in Instagram Stories des emotion magazin (@emotionmagazin), Fridays for Future Deutschland (@fridaysforfuture.de), KRAFTCLUB (@kraftclub) und dem Deutschen Roten Kreuz e.V. (@germanredcross)

### 1:1-Dialog

Grundsätzlich sind Stories das Format, mit denen es Ihnen gelingt, Ihre bestehenden Follower zu echten Fans Ihrer Marke zu machen. Stories sind ein Dialog-Medium, mit denen Sie in die 1:1-Kommunikation mit Ihren Followern einsteigen können.

Stories lassen sich entweder über den Instagram Messenger bzw. Instagram Direct mit einem oder mehreren Community-Mitgliedern teilen oder aber öffentlich auf Instagram sowie auf Ihrer Facebook-Seite geposten (vorausgesetzt, Sie haben in Ihren Story-Einstellungen den Button TEILE DEINE STORY AUF FACEBOOK aktiviert).

Darüber hinaus besteht die Option, Ihre Story mit einem zuvor definierten Kreis an Community-Mitgliedern, Ihren »engen Freunden«, zu teilen. Unternehmen können sich diese Möglichkeit zunutze machen, um zum Beispiel mit bestehenden Kunden und treuen Fans ihrer Marke zu interagieren und ihre Kundenbindung zu stärken. So pflegt das von der Journalistin Stefanie Luxat gegründete Online-Magazin OhhhMhhh eine »Enge Feunde«-Liste mit zahlenden Abonnentinnen und kommuniziert via Stories exklusiv mit dieser eingeschworenen Community. Stories, die mit engen Freunden geteilt werden, sind an einem grünen Rand erkennbar.

## 2.8 Instagram Reels

Reels sind 15, 30, 60 oder 90-sekündige Videos in einem von TikTok nahezu 1:1 adaptierten Multiclip-Format, die über einen eigenen Feed innerhalb der App an die Nutzer ausgespielt werden. Sie sind außerdem prominent im Instagram-Explorer sowie in den Posts und Stories der Instagrammer verlinkt.

### Unterschied zu Stories

1. Lebensdauer

   Neben vielen grundsätzlichen Gemeinsamkeiten zu den Instagram Stories besteht ein wesentlicher Unterschied darin, dass Reels dauerhaft in Ihrem Profil in einem eigenen Video-Reiter sowie in Ihren Posts (sofern Sie sie auch in Ihrem Profil geteilt haben) sichtbar sind.

2. Reichweite

   Des Weiteren erreichen Reels aufgrund ihrer Aussteuerung über den Content Graph im Gegensatz zu Stories in erster Linie Nicht-Follower Ihres Profils. Sie dienen vor allem der Unterhaltung und dem Bedürfnis der User, Neues zu entdecken. Damit sind sie das ideale Format, um neue Follower für Ihr Profil und damit Interessenten für Ihr Unternehmen anzusprechen.

3. Links und Sticker

   Fehlende Links (bis auf Shopping-Tags, siehe dazu Abschnitt 2.15 »Instagram Shopping«) und eine eingeschränkte Auswahl an Stickern spiegeln die derzeitige Nutzungsintention von Reels seitens der User wider. Während Stories für den persönlichen Blick hinter die Kulissen sowie den 1:1-Dialog genutzt werden, etwa durch Frage-Sticker oder direkte Nachrichten, geht es bei Reels eher um einen zunächst absichtslosen Konsum von Inhalten. Stories bedienen zudem den Wunsch, Themen zu vertiefen, etwa durch weiterführende Links.

### Multimedialität

Ähnlich wie bei Stories haben Nutzer auch in Bezug auf Reels unendlich viele Möglichkeiten, sich multimedial auszudrücken. Neben der Nutzung bestehender Fotos und Videos aus der eigenen Smartphone-Galerie lassen sich über die Reels-Kamera direkt aus der App heraus eine oder mehrere zusammenhängende Video-Sequenzen erstellen und mit Filtern, kreativen Übergängen (auch Transitions genannt), Effekten, Texten, GIFs oder Stickern versehen. Wichtiges kreatives Element bildet die Musik oder auch eine Audio-Spur, die dem Video hinzugefügt werden können.

### Musik

Die gewählte Musik oder auch der gewählte O-Ton sind oftmals ausschlaggebend für die optische und inhaltliche Konzeption der Reels, was ihre Erstellung durchaus anspruchsvoll macht. Instagram liefert zur Vereinfachung inzwischen Vorlagen, die es Nutzern ermöglichen, einerseits auf Reels-Ideen zu kommen und andererseits Fotos- und Video-Sequenzen so zu arrangieren, dass sie mit dem Takt der Musik im Einklang stehen.

Eine zentrale Frage lautet in diesem Zusammenhang immer wieder, inwieweit gerade Trend-Sounds auch von Unternehmen genutzt werden können. Hierzu finden Sie in Abschnitt 2.3 »Creator-Profil« sowie in Abschnitt 4.4 »Reels« weitere Erläuterungen.

Weitere Ausführungen dazu, wie Sie Reels erfolgreich für Ihr Unternehmen einsetzen und wie Sie dieses Format selbst umsetzen können, erfahren Sie in Abschnitt 4.4 »Reels«.

## 2.9 Instagram Live

Ein Kanal, der vor allem in der Corona-Zeit an Bedeutung hinzugewonnen hat, ist Instagram Live. Mit der über Ihre Story-Kamera oder das +-Symbol am oberen Rand Ihres Homefeeds erreichbaren Funktion LIVE können Sie bis zu 60-minütige Live-Übertragungen bzw. Live-Streams mit Ihrem Smartphone analog zu Facebook Live starten. Ihre Sendung kann anschließend im Video-Reiter Ihres Profils gespeichert werden.

Live-Videos teilen sich ihren prominenten Platz mit den Instagram Stories im Homefeed und sind durch ein LIVE-Symbol am unteren Rand des Profilfotos gekennzeichnet.

Eine Besonderheit des Live-Video-Formats von Instagram ist es, dass Sie die Live-Sendung mit bis zu drei extern zugeschalteten Person durchführen können, womit es sich perfekt für Interviews und Experten-Talks eignet.

Die große Chance eines Live-Streams auf Instagram liegt aus Unternehmenssicht in der direkten Rückkanalfähigkeit des Formats. Nutzer, die Ihren Stream anschauen, können währenddessen mithilfe von Kommentaren oder »Gefällt mir«-Angaben an Ort und Stelle mit Ihnen interagieren. Sie bekommen somit eine unmittelbare Reaktion auf den Inhalt Ihres Streams, aber auch zu Ihrem Unternehmen und Ihrer Marke. Auf diese Weise können Sie sich direkt mit Ihren bestehenden und potenziellen Kunden auseinandersetzen, deren Lob, Anregungen oder Fragen aufnehmen und im Verlauf Ihrer Sendung oder auch im Nachgang verarbeiten.

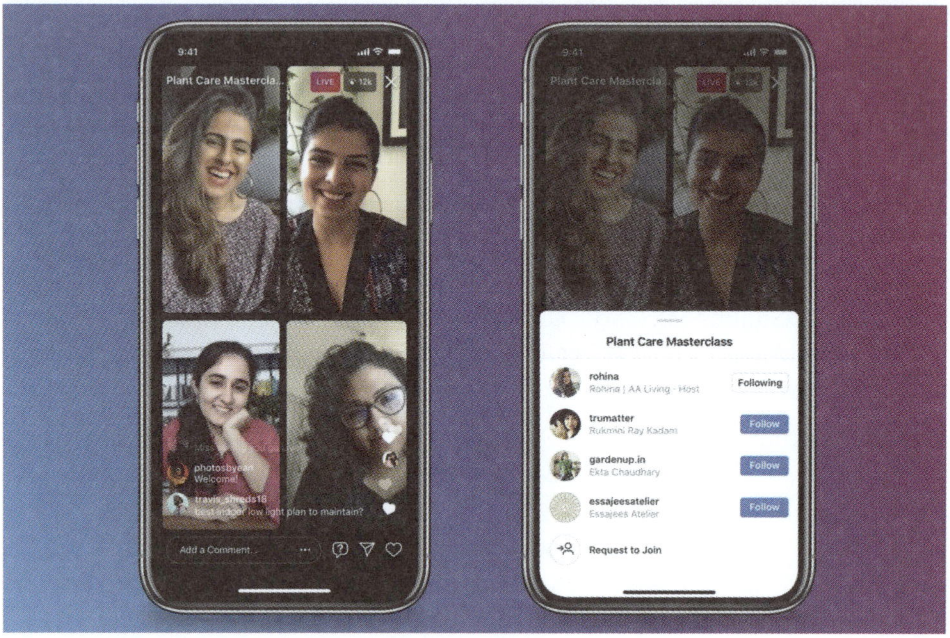


**Abb. 2.26:** Live-Video-Ansicht mit drei Gästen (Quelle: Instagram)

Dabei ist die Reichweite Ihrer Live-Sendung zunächst nicht entscheidend. Denn in einer überschaubaren Zuschauerzahl liegt die Chance eines intensiveren Austauschs mit Ihnen und Ihrer Zielgruppe als auch den Zuschauern untereinander. Live-Videos können die Beziehung zu Ihren Followern noch weiter vertiefen. Indem Sie Ihre Live-Sessions mit Gästen durchführen, werden Sie auch für deren Communities sichtbar und können Ihre Followerschaft sinnvoll um neue an Ihrem Thema interessierte Nutzer erweitern. (Weitere Informationen zu Live-Videos finden Sie in Kapitel 4).

## 2.10 Instagram-Explorer

Der Instagram-Explorer bzw. die Ansicht Suchen und Entdecken entspricht Ihrer mithilfe des Instagram-Algorithmus zusammengestellten, personalisierten »Für Dich«-Seite. Er soll Ihnen auf der Suche nach neuen, interessanten Inhalten und Profilen, denen Sie noch nicht folgen, eine reichhaltige visuelle Inspiration bieten. Hier werden Reels und Fotos angezeigt, die sich an Ihren Interessen und denen Ihres Netzwerks auf der Plattform orientieren (siehe dazu auch »Instagram-Algorithmus«).

Besonders prominent werden zunehmend Reels in das Sichtfeld der Nutzer gesetzt – was mit Blick auf Ihre eigene Inhalte-Strategie auf Instagram ein wichtiger Anlass ist, mehr Bewegtbild-Inhalte zu veröffentlichen. Denn während Fotos zwar immer noch die große Mehrheit der Inhalte auf Instagram ausmachen und auch das größte Engagement erzielen, will sich Instagram für den Wettbewerb mit TikTok und weiteren Bewegtbild-Plattformen gut aufstellen. Dementsprechend stark wird Reels-Content auf der Plattform promotet.

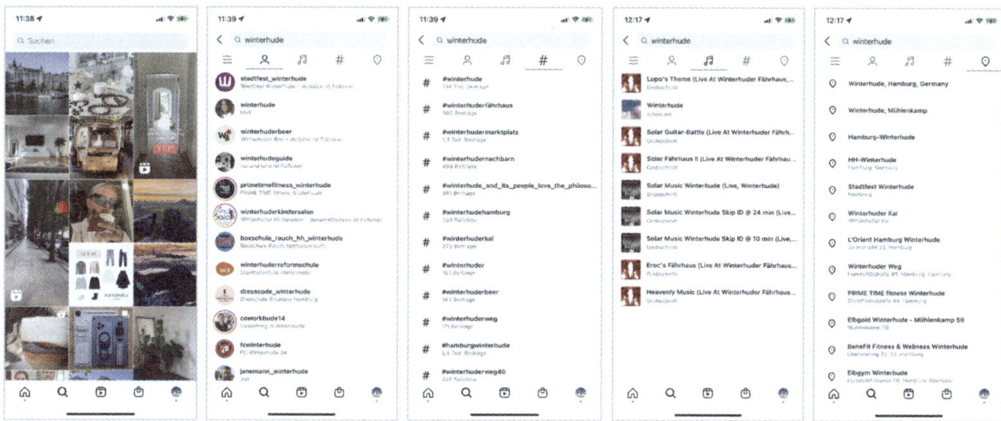

**Abb. 2.27:** Einstiegsseite und Ansicht beispielhafter Suchergebnisseiten des Instagram-Explorers

Der Explorer verfügt darüber hinaus über eine äußerst starke Suchfunktion. Über das Suchfeld am oberen Ende der Explorer-Ansicht können Sie gezielt nach Nutzern, Musik, Hashtags und Orten suchen.

In den dynamisch generierten Ergebnisansichten werden je nach Ihrem Suchauftrag passende Profile, die in ihrem Namen oder Inhalt mit Ihrem Suchbegriff übereinstimmen, angezeigt.

Im Falle von Hashtags sehen Sie auf den Ergebnisseiten zunächst populäre Hashtags, mit denen die Community Beiträge, die einen Bezug zu Ihrem Suchbegriff haben, üblicherweise markiert. Tippen Sie auf einen dieser Hashtags, gelangen Sie auf eine entsprechende Hashtag-Seite, deren Inhalte Sie nach den beliebtesten, den gerade veröffentlichen Beiträgen sowie Reels sortieren können. Darüber hinaus besteht auf dieser Seite die Möglichkeit, dem betreffenden Hashtag zu folgen und so Inhalte, die mit diesem markiert wurden, in Ihrem Homefeed angezeigt zu bekommen.

Bei Orten gelangen Sie zunächst auf eine Liste mit Orten, sofern diese mit Ihrem Suchbegriff übereinstimmen. Tippen Sie auf einen Ort, gelangen Sie wieder in die Instagram-Karten Ansicht und hier auf den konkreten Ort mit allen Beiträgen, die die Community mit diesem Ort markiert hat.

Laut Instagram greifen 200 Millionen Instagrammer (bzw. aktive Konten) täglich auf die Instagram Explorer Seite zu und 50% aller aktiven Mitglieder mindestens monatlich.

Für Ihre eigenen Beiträge auf Instagram bedeutet dies, sich bestmöglich für die Instagram-Suche aufzustellen, indem Sie:

- Ihre Beiträge und Ihre Instagram Stories sorgfältig mit relevanten Hashtags und Ortsinformationen versehen
- wichtige Schlagworte für Ihr Geschäft oder Ihre Dienstleistung direkt in Ihrer Profilbeschreibung verwenden
- sich über die Suchintentionen Ihrer Zielgruppe Gedanken machen und analog zur Google-Suche ein Keyword-Set für Instagram erstellen und dieses in Ihrer Content-Strategie und bei der Markierung Ihrer Beiträge berücksichtigen
- Video-Inhalte, insbesondere Reels, in Ihrer Content-Strategie einbeziehen

## 2.11 Homefeed

Der Homefeed ist eine Abfolge von Fotos und Videos, die von Ihnen und den Nutzern, denen Sie folgen, sowie von Nutzern, die Instagram Ihnen empfiehlt, veröffentlicht wurden. Grundsätzlich sehen Sie dabei alle Fotos und Videos, die diese in diesem Moment, innerhalb der letzten Minuten, Stunden oder auch Tage auf Instagram gepostet haben. Allerdings wird die Reihenfolge, in der diese Beiträge in Ihrem Homefeed erscheinen, durch den Instagram-Algorithmus bestimmt. Im Unterschied zum Facebook-Algorithmus, der einen wesentlichen Teil der Beiträge aus dem Newsfeed filtert, bleiben die Foto- und Videobeiträge im Instagram-Homefeed jedoch grundsätzlich sichtbar.

Um dem Wunsch von Creatoren und der Community gleichermaßen zu entsprechen, hat Instagram inzwischen weitere Optionen eingeführt, mit denen sich die Inhalte und deren Reihenfolge im Homefeed an die persönlichen Vorlieben der Nutzer anpassen lassen.

Während der klassische Homefeed weiterhin durch den Algorithmus bestimmt wird, können Nutzer über das Instagram-Logo in der Homefeed-Ansicht auf einen chronologischen Feed (»Gefolgt«) oder einen Favoriten-Feed (»Favoriten«) wechseln. Letzterer speist sich ausschließlich aus Inhalten von Accounts, die Nutzer ihrer Favoriten-Liste hinzugefügt haben. Diese Variante ist vor allem aus Sicht der Creator relevant, die sonst schnell aus dem Blickfeld Ihrer Community geraten können.

Bei der chronologischen Abfolge erscheinen die aktuellen Beiträge zuerst, gefolgt von Beiträgen, deren Veröffentlichung schon weiter zurückliegt.

Darüber hinaus enthält der Homefeed Werbe-Posts bzw. als »Gesponsert« markierte Beiträge, die zwischen den abonnierten Inhalten erscheinen.

## 2.12 Instagram-Algorithmus

Mit dem Ziel, die Nutzungsintensität der Plattform zu erhöhen, hat Instagram analog zu allen anderen Social-Media-Plattformen einen selbstlernenden Algorithmus eingeführt, der den Nutzern die Foto- und Videobeiträge zuerst anzeigen soll, die potenziell relevant für sie sind und mit denen sie möglichst intensiv interagieren werden. Letzteres ist für Instagram im Wettbewerb mit konkurrierenden Social-Media-Plattformen erfolgskritisch, denn die wichtigste Währung ist die Nutzungszeit, die User durchschnittlich auf einer Plattform verbringen. Um dieses Ziel zu erreichen, fußte der Algorithmus bisher auf dem sogenannten Social Graph. Dies resultierte aus der Annahme, dass das soziale Netzwerk eines Nutzers oder einer Nutzerin entscheidenden Einfluss darauf hat, welche Inhalte er oder sie gerade für relevant erachtet.

### 2.12.1 Social Graph

Laut des Wissens-Portals ITWissen.info werden mit einem **Social Graph** »Beziehungen zwischen Menschen, Gruppen, Unternehmen, Organisationen oder Objekten in einem sozialen Netzwerk dargestellt, ebenso das soziale Netzwerk einer Person«.

Der auf dem Social Graph basierende Instagram-Algorithmus orientiert sich in erster Linie an den sozialen Kontakten, wie Freunde, Familie oder Influencern, denen Nutzer auf der Plattform folgen, und wertet aus diesem Beziehungsgeflecht eine Reihe von Signalen aus, um zu entscheiden, welche Inhalte höher gewichtet und somit eher in das Sichtfeld der User gelangen sollen:

- etwa welche Beiträge auch von ihren unmittelbaren Kontakten gemocht und kommentiert werden,
- ob ein Beitrag von einem ihrer engen Kontakte stammt, mit dem sie beispielsweise auch private Nachrichten über Instagram austauschen,
- mit welchen Beiträgen sie in der Vergangenheit besonders häufig interagiert haben und dies somit sehr wahrscheinlich auch zukünftig tun werden,
- oder auch ob der Absender eines Beitrags ein einflussreicher Kontakt seiner Community ist,
- wie regelmäßig und intensiv sie beispielsweise Stories von bestimmten Nutzern konsumieren,
- wie häufig sie Beiträge bestimmter Nutzer speichern (beispielsweise Tutorials, Inhalte mit besonderem Mehrwert ...).

- Je häufiger und intensiver ein User mit Inhalten eines Nutzers interagiert, desto häufiger und prominenter (insbesondere im Falle von Stories) werden ihm auch dessen Inhalte angezeigt.

Mit dem Erfolg von TikTok, das sich mit der Auslieferung und Empfehlung seiner Inhalte, wie in Abschnitt 1.3.1 »TikTok« beschrieben, in erster Linie am Content Graph orientiert, passt jedoch auch Instagram seine Vorgehensweise an.

### 2.12.2 Content Graph

Die Zusammensetzung des Homefeeds und auch die Anordnung der Stories wurden bisher durch den vom Social Graph gesteuerten Algorithmus bestimmt. Instagram lässt inzwischen jedoch auch rein interessensgesteuerte Inhalte in den Homefeed einfließen, um Nutzer auf Inhalte fremder Accounts aufmerksam zu machen, die ihr aktuelles Interesse bedienen. Dieses Vorgehen stößt derzeit noch auf Widerstand in der Community, die am liebsten an einem chronologischen, selbst kuratierten Feed ohne »Einmischung« seitens Instagram festhalten würde.

### 2.12.3 Reels-Feed

Das von TikTok übernommene Videoformat Reels hat einen eigenen, vom Homefeed der User, völlig unabhängigen Feed. Die maximal 90-sekündigen vertikalen Videos werden hier in endloser Abfolge aneinandergereiht. Instagram setzt dabei wie TikTok auf eine Content-Graph-orientierte Empfehlung von Inhalten. Entscheidende Signale sind hier dementsprechend die Viewtime der Reels, deren Wiederholungsrate, Interaktionen wie Likes und Kommentare sowie Saves bzw. gespeicherte Inhalte. Die Popularität des Absenders der Reels ist weniger relevant, wohl aber die Popularität eines Trend-Songs oder einer Audio-Spur, mit dem das Reel erstellt wurde.

**Hinweis**

Wie schon in Abschnitt 2.3 »Creator-Profil« erwähnt, können sich Unternehmen aufgrund der Lizenzbestimmungen zur Nutzung einer Vielzahl von Musiktiteln auf Instagram in der Regel leider nicht an allen Musik-Trends beteiligen. Es sei denn, sie schließen direkt mit den Rechteinhabern Lizenzen zur kommerziellen Nutzung der Musikstücke ab. Welche Songs von Unternehmen für die Erstellung von Reels eingesetzt werden können, gibt das über den Business-Account zugängliche Musik-Repertoire vor (Facebook-Musikbibliothek mit 9.000 Songs). Darüber hinaus steht es Unternehmen frei, eigene für die kommerzielle Nutzung lizensierte Musik für die Erstellung von Reels zu nutzen.

**Wichtig**

Auch unabhängig von Trend-Songs erreichen kreative Reels oder Reels mit Mehrwert hohe Reichweiten und Interaktionen (siehe Kapitel 4, Abschnitt 4.6 »Live-Videos«).

Für Unternehmen ergeben sich aus dieser Mischform an Algorithmen folgende Anforderungen:

- möglichst **regelmäßig Content** zu veröffentlichen, um Nutzern die Möglichkeit zu geben, regelmäßig zu interagieren,
- Möglichkeiten zur **direkten Interaktion**, zum Beispiel über interaktive Sticker in Stories, zu schaffen,
- Routinen für **tägliches Community-Management** schaffen, selbst kommentieren und liken, Nachrichten und Kommentare von Nutzern beantworten,
- **relevanten Content** zu lancieren, der einen Mehrwert für die Zielgruppe darstellt,
- **Call-To-Actions** zu integrieren, die Kommentare, Saves oder Klicks generieren (und auch dazu beitragen, Ihre Kunden in ihrem Kaufentscheidungsprozess zu begleiten),
- insbesondere im Falle von Reels auf **Kreativität** und Mehrwert zu achten.

Und schließlich ist der gezielte Einsatz von Werbung ein wichtiges Mittel, Ihre Sichtbarkeit auf Instagram gezielt zu erhöhen (mehr dazu in Kapitel 7).

## 2.13 Instagram Direct

Instagram Direct ist der integrierte Messenger (analog zu Snapchat oder WhatsApp) innerhalb der App, den Sie über das Papierflieger-Symbol am oberen rechten Rand Ihrer Homefeed-Ansicht erreichen.

Instagrammer können hier direkt und privat miteinander kommunizieren. Das funktioniert über Sprachnachrichten, Videobotschaften insbesondere bei jüngeren Nutzern oder auch Gruppen-Chats. Zudem lassen sich Videochats mit bis zu sechs Personen gemeinsam durchführen.

Neben der Möglichkeit, sich direkt in einem Chat auszutauschen, ist es ein weiterer Ansatz von Instagram Direct, sich gegenseitig auf interessante Inhalte auf Instagram aufmerksam zu machen. Posts, Reels, Guides oder Stories können dabei über das Papierflieger-Symbol unter oder in den Beiträgen an einzelne oder mehrere Personen via Instagram Direct versandt werden (oder in der eigenen Story veröffentlicht werden).

Mit der Option, Stories an Freunde oder Gruppen von Freunden zu senden, will Instagram über Instagram Direct zudem noch stärker dem Bedürfnis unkomplizierter, flüchtiger visueller Kommunikation Rechnung tragen.

Aus Unternehmenssicht eröffnet Instagram Direct die Möglichkeit, in eine 1:1-Kommunikation mit den Community-Mitgliedern einzusteigen. Schon jetzt kontaktieren, laut Instagram-interner Daten, 150 Millionen Instagrammer-Unternehmen via Instagram Direct mindestens einmal im Monat. Darüber hinaus erhält jede dritte Unternehmensstory eine Direktnachricht. Häufigster Anlass für den Einstieg in die direkte Kommunikation der User mit Unternehmen sind dabei Fragen zu Preisen oder Produktverfügbarkeiten.

Um Instagram Direct möglichst effizient in Ihrer Kommunikation mit Ihrer Community nutzen zu können, haben Sie unter anderem die Möglichkeit, vorgefertigte Antwort-Texte bei häufig wiederkehrenden Fragestellungen zu hinterlegen. Hierzu finden Sie zwei wichtige Optionen im Bereich EINSTELLUNGEN/UNTERNEHMEN, und zwar unter dem Menüpunkt GESPEICHERTE ANTWORT sowie dem Menüpunkt HÄUFIG GESTELLTE FRAGEN.

### 2.13.1 Gespeicherte Antworten

Hier können Sie Texte hinzufügen, die Sie im Alltag über ein Tastaturkürzel schnell aufrufen und via Instagram Direct versenden können. Gespeicherte Antworten eignen sich zum Beispiel zur Wertschätzung von Nachrichten Ihrer Follower, »Vielen Dank für Deine Nachricht, wir melden uns schnellstmöglich bei Dir zurück!«, oder auch für alle Anlässe, bei denen Sie mit einem hohen Nachrichtenaufkommen und damit verbundenen wiederkehrenden Fragen rechnen, zum Beispiel bei einem Event oder einer Messe.

### 2.13.2 Häufig gestellte Fragen

Schreiben Kunden Ihnen via Instagram Direct eine Nachricht und gelangen so in den Chat, können Sie die am häufigsten gestellten Fragen, wie im Beispiel von Otto (@otto_de) direkt in der Chat-Ansicht anzeigen. Tippt der User auf eine Frage, erscheint direkt Ihre vorgefertigte Antwort. Gegebenenfalls ist damit die Frage Ihres potenziellen Kunden bereits beantwortet.

Instagram gibt Ihnen einige Anhaltspunkte, welche Fragen in der Regel häufig von Community-Mitgliedern an Unternehmen gestellt werden. Sie können den Fragenkatalog jedoch auf Ihre individuellen Bedürfnisse anpassen.

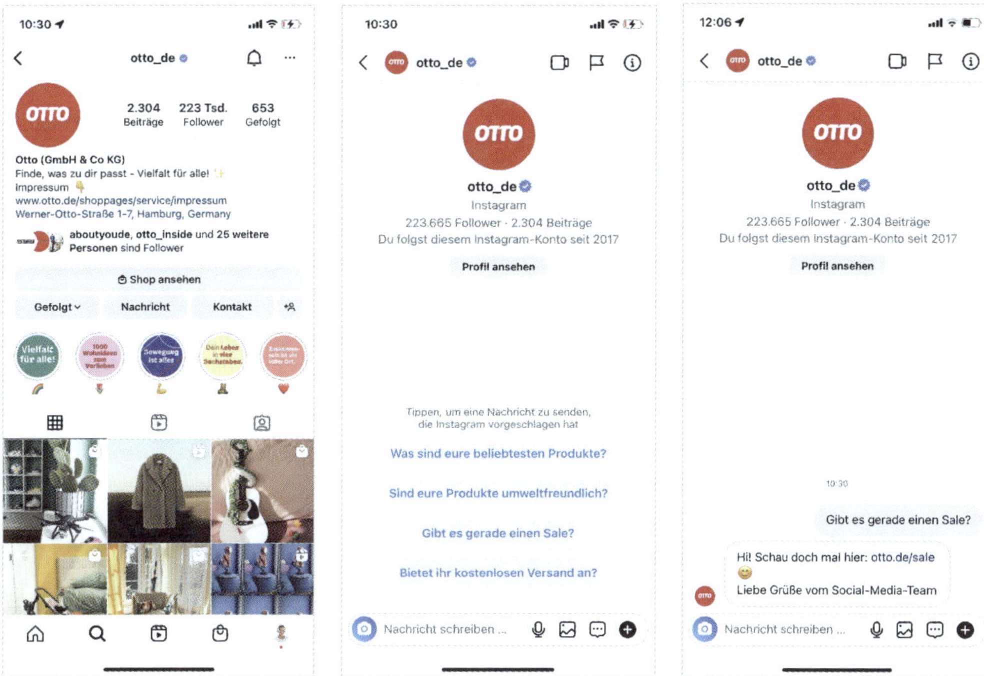


**Abb. 2.28:** Ansicht der »Häufig gestellten Fragen« bei Otto (@otto_de) und automatisch generierte Antwort

## 2.14 Aktivität

Der Reiter AKTIVITÄT mit dem Herz-Symbol enthält in der gleichnamigen Ansicht AKTIVITÄT alle aktuellen »Gefällt mir«-Angaben und Kommentare zu Ihren Fotos und Videos in Form eines News-Tickers und ist am oberen rechten Rand Ihrer Homefeed-Ansicht erreichbar. Darüber hinaus werden Sie hier informiert, wenn Nutzer Ihr Profil abonnieren oder Sie in einem Post, Story oder Reel markieren. Sofern Sie Lead-Formulare einsetzen (Siehe dazu Abschnitt 3.7.1 »Potenzial von Instagram«), erscheinen zudem hier sowie in Ihrem Professional Dashboard neue Leads.

## 2.15 Instagram Shopping

Um die offensichtlichen Kaufabsichten der Instagrammer durch einen geeigneten Service aufzufangen, hat Instagram umfassende In-App-Shopping-Funktionen über einen Shopping-Button im Profil, Produkt-Tags in Posts, Stories, Lives und Reels sowie eine eigene Shop-Suche geschaffen.

Händler können

- ihren organischen Posts bis zu fünf weiterführende Links
- oder einer einzelnen Story-Sequenz einen Produkt-Sticker
- oder Reels ein oder mehrere Produkte bzw. »Collections" hinzufügen und auf diese Weise einzelne Produkte markieren.

Tippt ein Nutzer eine dieser Markierungen bzw. Tags wie im Beispiel des Home & Living Shops Westwing (@westwing) an, gelangt er auf eine noch auf Instagram befindliche Produktdetailseite und von dort via AUF WEBSITE ANSEHEN auf die direkte Bestellmöglichkeit im Online-Shop des Händlers. Laut Instagram tippen rund 130 Millionen Instagrammer pro Monat auf Produktmarkierungen in Posts und Stories.

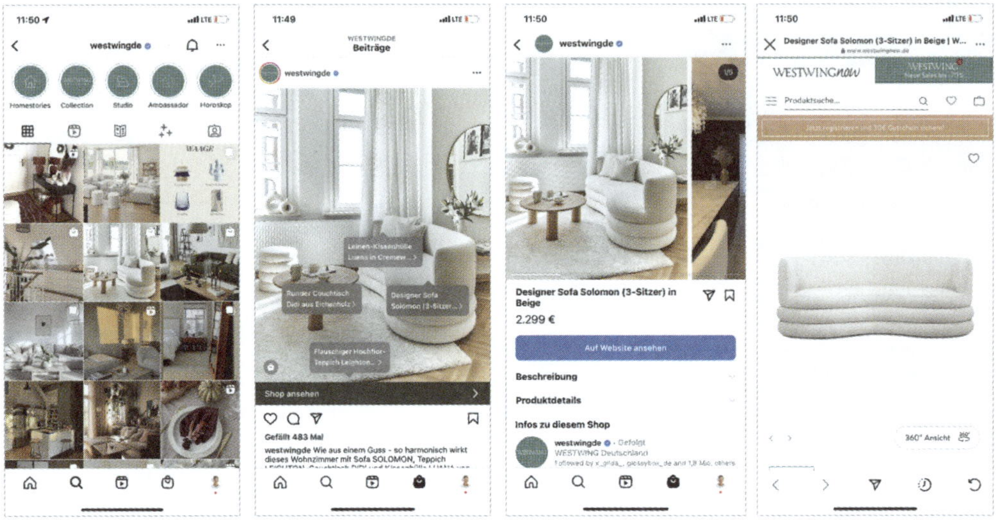


**Abb. 2.29:** Beispiel-Ansicht von In-App-Shopping am Beispiel eines organischen Posts mit Produkt-Tags von Westwing (@westwing)

Die mit Produkt-Tags markierten Posts sind im Profil, wie im Beispiel von Westwing in Abbildung 2.29, an dem Symbol einer kleinen Einkaufstasche erkennbar. In Live-Sessions werden Produkt-Tags am unteren Rand des Bildschirms fixiert. In Reels wiederum können User auf PRODUKTE ENTDECKEN tippen und sich somit markierte Produkte anzeigen lassen.

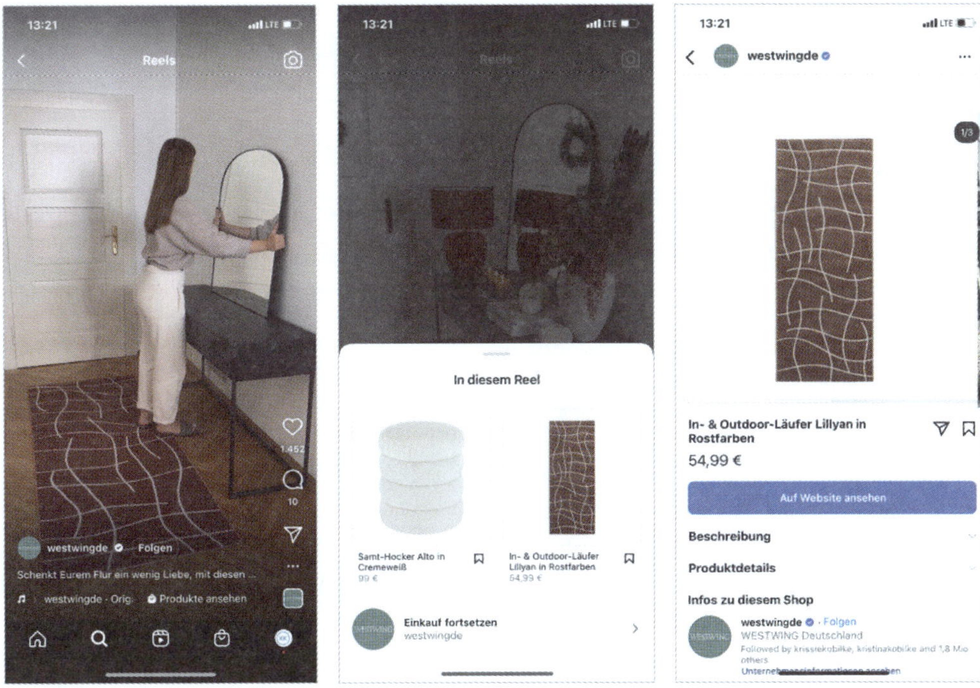


**Abb. 2.30:** Beispiel-Ansicht von In-App-Shopping in Reels am Beispiel von Westwing (@westwing)

Shoppable Posts und Reels erscheinen darüber hinaus im Instagram-Shopping-Explorer.

Um In-App-Shopping einzusetzen, müssen Händler folgende Voraussetzungen erfüllen:

- die Facebook-Handelsrichtlinien erfüllen (siehe dazu `https://www.facebook.com/policies/commerce?ref=fbb_ig_shopping_setup`)
- über ein Instagram-Business-Profil verfügen
- über eine verbundene Facebook-Seite verfügen
- überwiegend physische Güter verkaufen (das bedeutet beispielsweise, dass Sie keine Software über Instagram verkaufen können)
- das Instagram-Business-Profil mit einem Facebook-Katalog verknüpft haben

Letzteres funktioniert über zwei Optionen:

- den Upload Ihrer Produktinfos in der Meta Business Suite mithilfe des Catalog Managers von Facebook (`https://www.facebook.com/products/catalogs/new`)

oder

- mithilfe eines Partners, wie Shopify, WooCommerce, Magento oder weiteren (siehe dazu ebenfalls `https://www.facebook.com/products/catalogs/new`)

> **Wichtig**
>
> Weitere Hilfestellung zum Setup Ihres Produkt-Katalogs über die Facebook-Marketing-API finden Sie auch auf der Seite Meta for Developers: `https://developers.facebook.com/docs/marketing-api/catalog`

In beiden Fällen ist es damit möglich,

- sowohl Produkte auf Instagram in Ihren Inhalten zu taggen,
- Produkte zu übergreifenden Kategorien bzw. »Collections« zusammenzufassen und auf diese zu verlinken
- oder aber mit Ihren Produktinfos dynamisch generierte Werbeanzeigen sowohl auf Instagram als auch Facebook zu schalten, wie zum Beispiel Dynamic oder Collections Ads (siehe dazu auch Abschnitt 7.6.6 »Dynamic Ads« und Abschnitt 7.6.7 »Collection Ads«)
- Ihre Produkte über einen Facebook-Shop anzuteasern
- Ihre Produkte in organischen Posts auf Facebook zu taggen
- Ihre Produkte über den Facebook Messenger anzuteasern
- Ihre Produkte über den Facebook Marketplace anzubieten

Unternehmen, die die Voraussetzungen für Instagram Shopping nicht erfüllen, Instagram jedoch trotzdem für den Abverkauf ihrer Produkte oder Dienstleistungen nutzen möchten, greifen auf Tools zurück, mit denen sich shoppable Feeds erzeugen lassen.

### 2.15.1 Instagram Checkout

Eine Weiterentwicklung der In-App-Shopping-Funktion ist Instagram Checkout. Dabei findet der gesamte Kaufprozess inklusive Bezahlung wie im Beispiel von ColorPop Cosmetics (@colorpopcosmetics, Abbildung 2.31) innerhalb der Instagram-App statt. Instagram erhält eine Provision über jede via Checkout durchgeführte Transaktion.

Aus Usersicht wird Shopping auf Instagram mithilfe der Checkout-Funktion insofern erleichtert, als dass die Zahlungsinformationen des Users nur einmalig in der App hinterlegt werden müssen (Stand heute Kredit- oder Debitkarte und

PayPal) und ein Kauf damit wesentlich unkomplizierter abgewickelt werden kann. Zudem lässt sich ein Kaufabbruch aufgrund zu langer Ladezeiten des Online-Shops des Händlers umgehen. Bisher ist Checkout nur für Unternehmen in den USA verfügbar, soll aber perspektivisch auch auf weitere Länder ausgerollt werden.

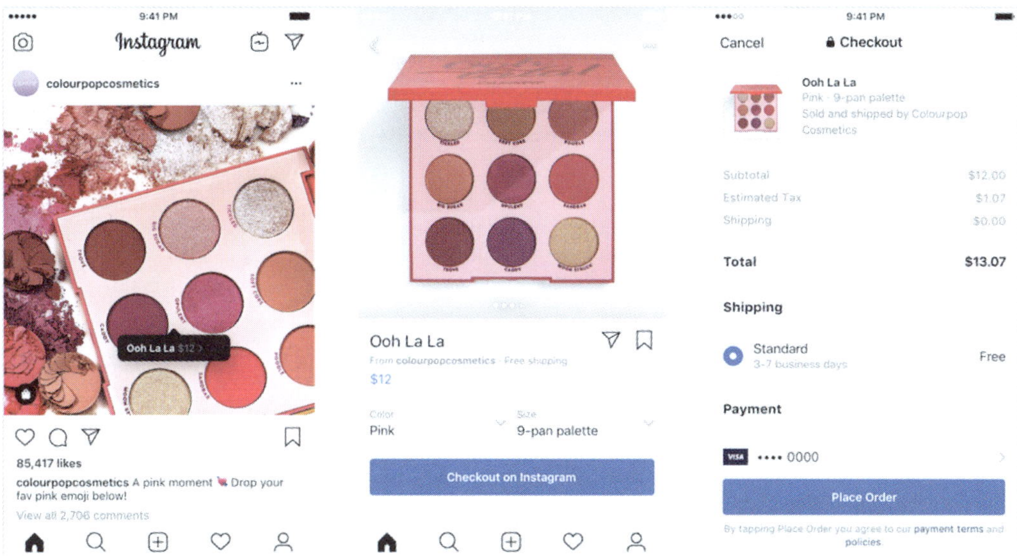


**Abb. 2.31:** Instagram Checkout am Beispiel eines organischen Posts von ColorPop Cosmetics (@colorpopcosmetics)

## 2.15.2 Shopping for Creators

Mit der Funktionalität »Shopping for Creators« ermöglicht Instagram auch Influencern die Nutzung von Instagram Checkout, ohne dass sie den Status eines Händlers innehaben. Gerade diese Gruppe von Usern hat bei der Weiterentwicklung von Instagram zu einer E-Commerce-Plattform einen erheblichen Stellenwert, da Instagrammer sich nicht nur von Marken, sondern vermehrt auch von Influencern zu Käufen inspirieren lassen.

Anstelle der bisherigen Vorgehensweise von Influencern, Marken, die sie nutzen oder tragen, in ihren Posts oder Stories zu markieren und daraufhin eine immense Anzahl von Rückfragen zu den gezeigten Produkten in Kommentaren oder Direktnachrichten zu beantworten, können sie mithilfe von Checkout wie im Beispiel von Camila Coelho (@camilacoelho) auf eine direkte Bestellmöglichkeit innerhalb der Instagram-App verweisen.

Voraussetzung dafür ist, dass sowohl der Influencer als auch die durch ihn promotete Marke am Instagram-Checkout-Programm teilnimmt.

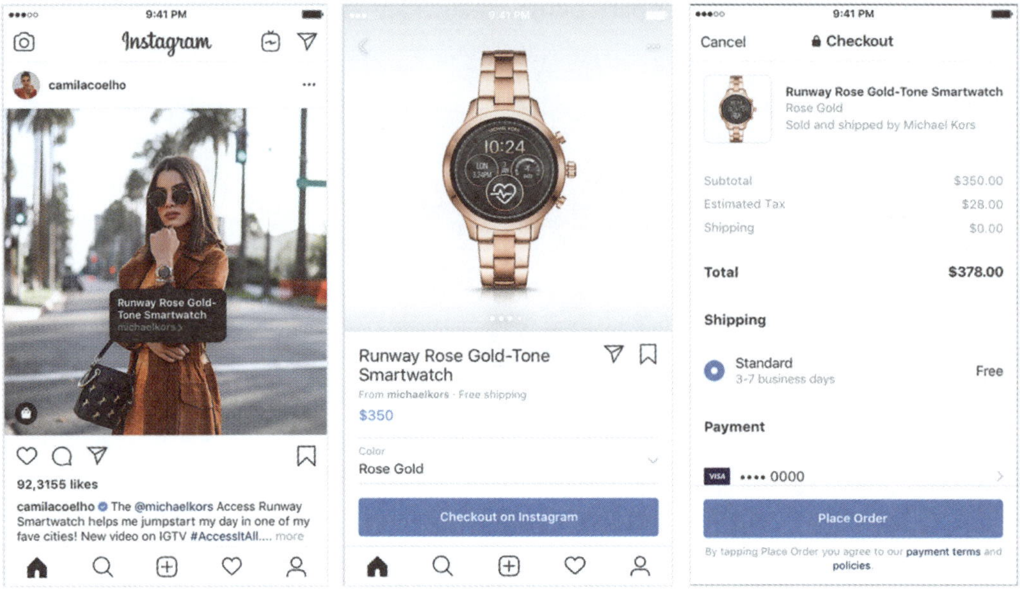


**Abb. 2.32:** Beispielansicht eines organischen Posts der Influencerin Camila Coelho (@camilacoelho) mit Checkout-Funktion

## 2.16 Guides

Instagram Guides sind ein Format, bei dem Sie bereits bestehende Posts aus Ihrem Profil sowie auch externe Beiträge kuratieren und zu einer Art Blog-Artikel zusammenfassen können. Es kann sich dabei um Orte, Produkte oder Ihre eigenen sowie fremde Beiträge zu einem bestimmten Thema handeln.

Die Beiträge in Ihrem Guide sind dabei mit ihrer Quelle verbunden. Sie haben zusätzlich die Möglichkeit, Überschriften und Texte hinzuzufügen. Sobald Sie einen Guide veröffentlichen, erscheint dieser in einer eigenen Guides-Rubrik in ihrem Profil. Guides sind eine hervorragende Option, einen Mehrwert für Ihre Follower oder die Besucher Ihres Profils zu schaffen und damit neue Interessenten für Ihre Marke oder Ihr Unternehmen zu gewinnen. Gleichzeitig eignen sich Guides, um zurückliegenden gut funktionierenden Inhalten eine weitere Bühne zu geben. Um einen Guide zu erstellen, tippen Sie in Ihrer Profil-Ansicht auf das +-Symbol am oberen rechten Seitenrand und anschließend auf GUIDES, wählen die für Sie infrage kommende Kategorie aus, kuratieren Ihre Inhalte und fügen Überschriften und Texte hinzu.

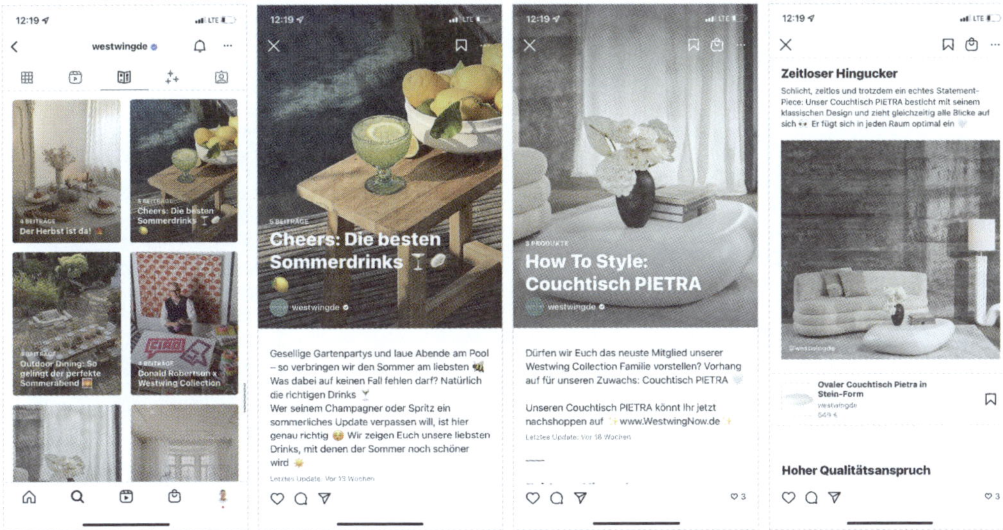


Abb. 2.33: Guide-Beispiel von Westwing (@westwing)

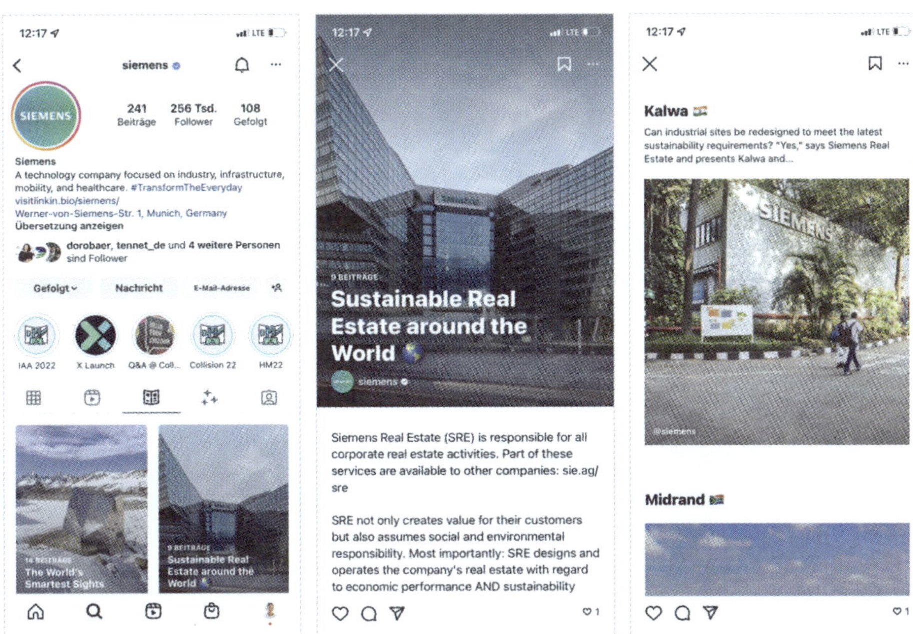


Abb. 2.34: Guide-Beispiel von Siemens (@siemens)

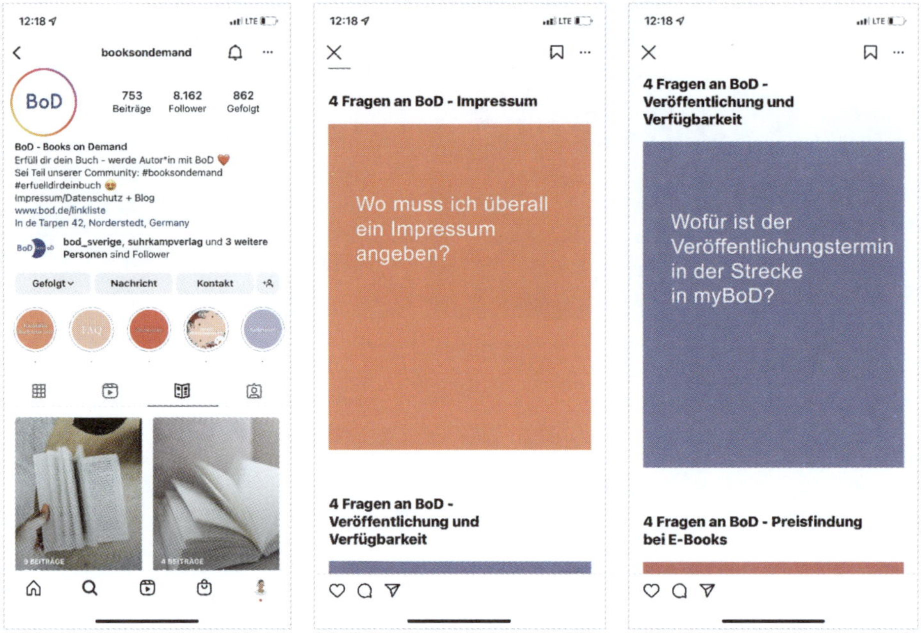


**Abb. 2.35:** Guide-Beispiel von Books on Demand (@bod)

| **Tipp** |
|---|
| Mit ihrer prominenten Verlinkung in »Instagram-Karten« bieten Guides mit empfohlenen Orten eine Möglichkeit, neue Zielgruppen für Ihr Unternehmen zu interessieren. |

# Kapitel 3

# Entwicklung einer Instagram-Strategie

Mit der stetig steigenden Relevanz von Instagram als Kommunikations-, Marketing- und Vertriebskanal stellt sich in Unternehmen, PR- und Media-Agenturen immer häufiger die Frage, mit welcher Strategie sich schnellstmöglich Erfolge auf der Plattform erzielen lassen.

Als erste Hürde erweist sich hier bereits die Anforderung, Erfolg auf Instagram zu definieren. Die pure Jagd nach möglichst vielen Followern oder Likes mit generischen und damit allseits gefälligen Inhalten wird dem Potenzial, das Instagram inzwischen für Ihre Kommunikation, Ihr Marketing und Ihren Vertrieb bietet, nicht (mehr) gerecht. Denn wie schon in Kapitel 1 erwähnt, zeichnen sich Instagrammer nicht nur durch eine überdurchschnittliche Affinität zu Marken, sondern auch durch eine erhöhte Kaufbereitschaft aus.

Vor diesem Hintergrund ist es für Sie vielversprechend, mit einer passgenauen Strategie tragfähige Beziehungen zu Ihren (potenziellen) Kunden und weiteren Stakeholdern aufzubauen. Eine eigene Community auf Instagram, die Ihrer Marke ernsthaft zugewandt ist, bietet Ihnen die Chance, Menschen in einem inspirierenden und kaufaffinen Umfeld immer wieder gezielt aktivieren zu können. Dieses Vorgehen zahlt damit auch langfristig auf Ihre Marketing- und Unternehmensziele ein.

»Looking for love in the forest of likes« lautet eine dazu passende Maxime in Instagrams Headquarter, die sich im übertragenen Sinne auch als das Bestreben interpretieren lässt, relevante Beziehungen zu Ihren markenaffinen Community-Mitgliedern aufzubauen.

## 3.1 Ein eigenes Profil oder eine reine Werbestrategie?

Natürlich können Sie auch mit einer reinen Werbestrategie von den Vorzügen der Plattform profitieren, für die es, technisch gesehen, gar keine eigene Instagram-Präsenz braucht. Doch verzichten Sie dabei bewusst darauf, Ihrer Zielgruppe eine noch intensivere Auseinandersetzung mit Ihrer Marke innerhalb der positiv behafteten Instagram-Welt zu ermöglichen. Denn Instagram ist ein Ort für ein kraftvolles visuelles Storytelling, das sich nicht nur über einzelne Foto- und Videobeiträge Ihrer Marke erstreckt, sondern vor allem auch über Ihr gesamtes Instagram-Profil, Ihre Stories, Ihre Reels und nutzergenerierte Inhalte, die mit Ihrem Markenhashtag versehen sind.

#### Scrollytelling

Scrollytelling hat der Social-Media-Experte Curt Simon Harlinghausen dieses Instagram-typische Phänomen genannt, bei dem Nutzer nicht nur einen Foto- oder Videobeitrag betrachten, sondern anschließend ausgiebig durch das Profil einer Marke und weiterführende Inhalte scrollen.

Im Gegensatz zu anderen sozialen Netzwerken fristet Ihr Instagram-Profil also keineswegs ein Dasein unter Ausschluss der Öffentlichkeit, sondern wird aktiv aufgerufen. Übrigens auch und gerade dann, wenn Instagrammer über Werbe-Posts auf Ihr Unternehmen aufmerksam werden. Laut Instagram-interner Daten stammen zwei von drei Ansichten eines Unternehmensprofils von Nicht-Followern. Es macht also durchaus Sinn, beide Strategien, den Aufbau organischer Reichweite mithilfe eines eigenen Instagram-Profils sowie Werbekampagnen, miteinander zu kombinieren.

Unternehmen bietet sich über ein eigenes Instagram-Profil die Chance, mit ihrer Zielgruppe zu interagieren und sowohl damit als auch mit visuellen Inhalten positive Emotionen zu wecken oder zu verstärken. Auf diese Weise lässt sich nicht nur nachhaltig Sympathie in Ihrer Wunschzielgruppe aufbauen, sondern auch eine höhere Kaufbereitschaft und schließlich mehr Abverkäufe und Weiterempfehlungen generieren.

In Zeiten der wachsenden weltweiten Popularität von Instagram erfordert der Aufbau einer Community inzwischen jedoch nicht nur Langmut, sondern vor allem ein kreatives Storytelling. Denn Instagrammer haben mittlerweile die Qual der Wahl, wenn es darum geht, anderen talentierten Nutzern, und dazu zählen definitiv auch Unternehmen und Marken, auf der Plattform zu folgen. Mit den auf Relevanz und Kreativität bedachten Instagram-Algorithmen ist die Bereitstellung qualitativer und inspirierender Foto- und Videobeiträge, mit denen die Wunschzielgruppe stetig interagiert, jedoch wichtiger denn je.

Genau dieser Aspekt stellt für die überwiegende Mehrheit der Unternehmen noch eine große Herausforderung dar. Neben deutlich begrenzten Ressourcen mangelt es oftmals an Ideen, mit welchen Inhalten Instagram auf welche Art und Weise dauerhaft bespielt werden kann. Der Anspruch in den sozialen Medien, in vergleichsweise hoher Frequenz Inhalte zu teilen, lässt sich zudem mit den bisherigen Workflows in der klassischen Kommunikation oder im klassischen Marketing kaum erfüllen.

Dieses Kapitel beschäftigt sich deshalb mit der Frage, wie Sie mithilfe einer professionellen Instagram-Strategie systematisch relevante Inhalte finden, planen, produzieren, distribuieren und deren Erfolg bewerten können.

Folgende Schritte haben sich im Rahmen der Strategie-Entwicklung dabei bewährt:

- Bestandsaufnahme – Social Media Audit und SWOT-Analyse
- Finden und Formulieren einer Unternehmensvision und -mission
- Analyse und Definition von Zielgruppen
- Definition einer konkreten Zielsetzung
- Ableitung von Themen, Inhalten, Formaten
- Distribution von Inhalten und Community-Management
- Evaluation aller Maßnahmen
- Organisation von Ressourcen und Workflows

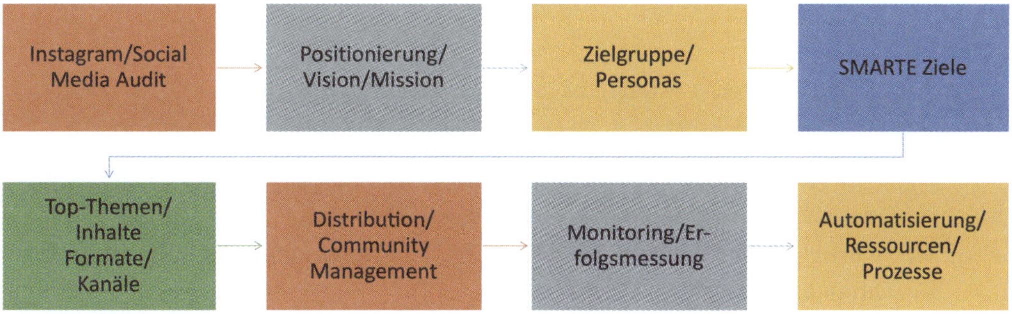


**Abb. 3.1:** Beispielhafte Vorgehensweise zur Entwicklung einer Instagram-Strategie

Diese Vorgehensweise kombiniert bewusst kanalspezifische als auch Content-Marketing-spezifische Elemente. Idealerweise leitet sich Ihre Instagram-Strategie jedoch aus einer übergeordneten Marketing- und Kommunikationsstrategie ab (siehe Abbildung 3.2).

**Abb. 3.2:** Ableitung Ihrer Instagram-Strategie aus der Unternehmensstrategie

In der Praxis gibt es jedoch durchaus die Situation, dass Sie sich nicht an einer übergeordneten Kommunikationsstrategie orientieren können. In diesem Fall ist es ratsam, trotzdem eine Instagram-Strategie zu entwickeln und damit den Anstoß für grundsätzliche Überlegungen zur Kommunikation des Unternehmens zu liefern.

## 3.2 Instagram Audit & SWOT-Analyse

Zu Beginn Ihrer Strategie-Entwicklung und auch im weiteren Verlauf Ihrer Instagram-Aktivitäten ist es sehr empfehlenswert, mit einer Standortbestimmung Ihres Unternehmens sowie Ihrer Branche auf Instagram zu beginnen. Auf diese Weise erhalten Sie schon zu Beginn Ihrer Überlegungen wertvolle Impulse für Ihre Strategie.

Ein probates Mittel ist dabei die Durchführung eines strukturierten Social-Media- bzw. Instagram-Audits.

Ein Audit beinhaltet dabei ein externes Audit sowie ein internes Audit. Beim externen Audit betrachten Sie Ihre eigene Präsenz auf Instagram sowie die Ihrer gesamten Branche, inklusive Ihres Wettbewerbs, potenzieller Multiplikatoren, Partner, Kunden, Messen oder Events und weiterer Stakeholder.

Das interne Audit befasst sich mit Ihren internen Gegebenheiten in Bezug auf Ihre bestehenden oder geplanten Instagram-Aktivitäten, wie zum Beispiel verfügbare Ressourcen und Prozesse, die aktuelle Stimmung im Unternehmen gegenüber Social Media, insbesondere Instagram, verfügbare Tools und weitere.

Beide Audits münden in einer SWOT-Analyse, aus der geeignete Maßnahmen für die Strategie abgeleitet werden können.

### 3.2.1 Externes Audit

Bei Ihrem externen Audit untersuchen Sie in der Regel folgende Fragestellungen:

- Ob und wie Ihr Unternehmen auf Instagram präsent ist:
  - Gibt es einen oder mehrere Accounts?
  - Sind diese Accounts in Ihrer Hand oder werden sie gegebenenfalls von Fans Ihres Unternehmens oder Ihrer Marke geführt?
  - Welche Benutzernamen und Namen haben diese Accounts?
  - Handelt es sich um Business-Accounts?
  - Sind diese Accounts mit Facebook verknüpft?
  - Werden sie über die Meta Business Suite und oder weitere Tools verwaltet?
  - Wer hat noch Zugriff auf die Accounts?
  - Wie lautet ihre Biografie?
  - Wie lautet der Link in der Biografie?
  - Wie sehen die Highlight-Stories aus?
  - Gibt es eine konsistente Bildsprache?
  - Werden Markenelemente Ihres Unternehmens berücksichtigt?
  - Welche Themen werden auf dem Account bisher bespielt?
  - Welche Inhalte stechen hinsichtlich Engagement und/oder Reichweite heraus?
  - Wie sieht der Content-Mix auf Ihrem Profil aus (Stories, Posts, Reels, Lives)?
  - In welcher Frequenz werden Inhalte (Posts, Stories, Reels, Lives) bisher veröffentlicht?
  - Welche Call-to-Actions werden üblicherweise benutzt?
  - Wie ist die Tonalität in Bildunterschriften, Stories, Reels, Lives?
  - Wie ist das Sentiment in Kommentaren und Direktnachrichten von Nutzern?
  - Gibt es Marken-Hashtags?
  - Gibt es User Generated Content, der mit Ihren Marken-Hashtags markiert ist?
  - Gibt es spezifische Branchen-Hashtags, die Nutzer, die ihre Beiträge mit Ihrem Marken-Hashtag markiert haben, noch benutzen?

  - Wie viele Follower hat der Account?
  - Wie groß war das Follower-Wachstum im zurückliegenden halben Jahr oder Jahr?
  - Wann gab es außergewöhnliche Follower-Zuwächse oder Abgänge?
  - Wie viel Reichweite wurde durchschnittlich pro Post erzielt?
  - Welche Zielgruppe erreicht der Account?
  - In welchen Regionen?
  - Wurde Werbung geschaltet? Wenn ja, wie und mit welchen Zielen und welchen Ergebnissen?
  - Was lief in der Vergangenheit besonders gut und warum?

Und wenn es noch keinen Account gibt:

- Wird über Ihr Unternehmen gesprochen? Gibt es Beiträge über Ihr Unternehmen?
- Marken-Hashtags, mit denen Beiträge markiert wurden?
- Posten Mitarbeiter oder Kunden oder Dienstleister zu Ihrem Unternehmen?
- Wie ist das Sentiment in Kommentaren der Beiträge zu Ihrem Unternehmen?

- ob und wie Ihr Wettbewerb auf Instagram vertreten ist
  - Wie lauten die Benutzernamen und Namen Ihrer 5 wichtigsten Wettbewerber auf Instagram?
  - Wie positioniert sich Ihr Wettbewerb auf Instagram, wie lautet ihre Profilbeschreibung?
  - Wie lautet der Link in der Biografie?
  - Wie sehen ihre Highlight-Stories aus?
  - Gibt es Marken-Hashtags?
  - Welche Bildsprache nutzt Ihre Konkurrenz?
  - Welche Themen bespielt ihre Konkurrenz?
  - Mit welchen Inhalten und Formaten ist Ihre Konkurrenz besonders erfolgreich?
  - Auf welchen Content-Mix setzen Ihre Wettbewerber?
  - Wie häufig postet Ihre Konkurrenz und zu welchem Zeitpunkt?
  - Wie ist die Tonalität in Bildunterschriften, Stories, Reels, Lives?
  - Wie ist das Sentiment in den Kommentaren unter den Posts und Reels?
  - Welche Hashtags werden genutzt?

  - Schaltet Ihr Wettbewerb Werbung und wenn ja, welche und in welchem Umfang?
  - Gibt es Multiplikatoren, Creator, mit denen Ihre Konkurrenz zusammenarbeitet?
  - Wenn ja, wie sieht diese Zusammenarbeit aus?
  - Wie groß ist das Team Ihrer Konkurrenz?
  - Welche Reichweiten erzielt Ihr Video-Content, insbesondere Reels?
  - Wie hoch ist das durchschnittliche Engagement?
  - Wie hoch ist das Follower-Wachstum im letzten halben Jahr oder Jahr?
  - An welchen Tagen ist Ihr Wettbewerb besonders schnell gewachsen?
- Welche Multiplikatoren gibt es auf Instagram in Ihrer Branche?

Analog zur Analyse Ihres Unternehmensaccounts sowie Ihrer Konkurrenz betrachten Sie auch weitere für Ihr Unternehmen wichtige Accounts auf der Plattform.

- Welche Inhalte gibt es in meiner Branche auf Instagram?
  - Welche Formate werden hier häufig genutzt?
  - Welche Bildsprache haben Beiträge aus Ihrer Branche/zu Ihrem Thema?
  - Welche Hashtags werden genutzt?
  - Mit welchen Orten werden Beiträge markiert?
  - Welche Beiträge sind besonders beliebt?

### 3.2.2 Externes Audit: hilfreiche Tools

Um Antworten auf diesen umfassenden Fragenkatalog zu erhalten, stehen Ihnen eine Reihe hilfreicher kostenloser, aber auch kostenpflichtiger Tools zur Verfügung.

**Hinweis**

Kostenlose Tools sind in der Regel hinsichtlich ihres Funktionsumfangs stark begrenzt. Um aussagekräftige Ergebnisse für Ihre Analyse zu erzielen, sollten Sie entweder für die Zeit Ihres Audits oder idealerweise langfristig auf ein kostenpflichtiges Tool setzen, das Ihnen auch noch weitere Social-Media-Management- und Analyse-Aufgaben erleichtert.

#### Analyse des eigenen Accounts mit Instagram Insights

Sofern Sie über einen bestehenden Business-Account auf Instagram verfügen, können Sie sich über die Statistiken Ihres Profils (*Instagram Insights*) schon einen fundierten Überblick über Ihre aktuelle Zielgruppe, Ihre Reichweite pro Beitrag, Ihr Follower-Wachstum (zumindest rückwirkend für die letzten 90 Tage) sowie Ihre Top-Inhalte verschaffen und erste Rückschlüsse daraus ziehen.

#### Langfristige Betrachtung über Facebook Creator Studio

Sofern Sie eine Facebook-Seite verwalten, haben Sie Zugriff auf das Creator Studio von Meta bzw. Facebook. Über die Verknüpfung mit Ihrem Instagram-Business-Account können Sie hier auch historische Daten betrachten. Das Creator Studio ist zudem Teil der Meta-Business-Suite, die Ihnen die professionelle Verwaltung Ihres Instagram-Accounts und die Nutzung weiterer hilfreicher Tools ermöglicht.

#### Recherche über die Instagram-Suche

Wie schon in Abschnitt 2.10 »Instagram-Explorer« erwähnt, verfügt Instagram über eine leistungsstarke Suche. Hier können Sie Schlagworte zu Ihrem Unternehmen, wie Markennamen, Produktnamen, Unternehmens-Standorte, die Namen Ihrer Geschäftsführer sowie in Ihrer Branche wichtige Themen eingeben und sich einen Überblick über die damit verbundenen Inhalte auf Instagram verschaffen.

> **Tipp**
>
> In vielen Unternehmen gibt es Bestrebungen, die eigene Website für Suchmaschinen zu optimieren (SEO) oder mithilfe von Anzeigen in Suchmaschinen Besucher auf die eigene Website oder zum POS zu bringen (SEA – Search Engine Advertising). In diesem Zuge werden umfangreiche Keyword-Analysen durchgeführt, die Ihnen auch für Instagram zugutekommen. Es ist anzunehmen, dass das Suchverhalten der Instagrammer ihrem Suchverhalten in Suchmaschinen wie Google oder Bing ähnelt.

Auf diese Weise lassen sich häufig auch schon Multiplikatoren identifizieren, deren Beiträge auf den Suchergebnisseiten meistens zu den Top-Ergebnissen zählen. Sie erfahren zudem, wie Ihr Thema von der Community hinsichtlich Formaten, Motiven, Storytelling-Ansätzen, Bildunterschriften und Hashtags auf Instagram umgesetzt wird.

#### Konkurrenzanalyse über Social-Media-Monitoring und Management-Tools

Inzwischen gibt es eine große Auswahl an Social-Media-Tool-Anbietern, die Ihnen die komplexen Aufgaben im Rahmen Ihrer Social-Media-Aktivitäten abnehmen wollen. Dabei gibt es Tool-Anbieter, die sich speziell auf das Monitoring von Gesprächen im Netz spezialisiert haben, Analytics-Software, mit der Sie die Performance Ihrer Social-Media-Aktivitäten messen oder Planungs- und Publishing-Software, mit der Sie Ihren Content automatisiert über mehrere Social-Media-Plattformen verbreiten können, oder Anbieter, die alle genannten Anforderungen gleichzeitig erfüllen.

Für die Konkurrenzanalyse speziell für Instagram besonders hilfreich sind zum Beispiel Anbieter wie Hootsuite, Fanpage Karma oder Facelift Cloud.

**Hootsuite (https://www.hootsuite.com/de)**

Mit dem Social-Media-Management-Anbieter Hootsuite (ab 49 Euro pro Monat) können Sie sich in einem übersichtlichen Dashboard mehrere Streams mit Beiträgen anzeigen lassen, die mit einem für Ihr Unternehmen oder Ihre Branche relevanten Hashtag versehen wurden. Hootsuite bietet darüber hinaus eine Vielzahl weiterer hilfreicher Funktionen gerade für die Zusammenarbeit im Team.

Abb. 3.3: Dashboard mit Hashtag-Streams bei Hootsuite (Basisversion)

**Fanpage Karma (https://www.fanpagekarma.com/de)**

Mit Fanpage Karma lassen sich ab 149 Euro umfangreiche Konkurrenzanalysen mit Erkenntnissen zum Follower-Wachstum, zur Engagement-Rate (wobei hier nur auf öffentlich sichtbare Metriken, wie Likes, Shares oder Kommentare zurückgegriffen werden kann), Posting-Frequenz, Format-Mix, Posting-Zeitpunkten, Top- und Flop-Posts und vielem mehr, durchführen.

**Facelift Cloud (https://facelift-bbt.com/de/)**

Facelift Cloud gehört zur Kategorie der umfassendsten Social-Media-Management-Tools am Markt und integriert auch Partner wie den auf Social Analytics spezialisierten Anbieter Talkwalker. Mit diesem Tool können Sie fast alle Fragestellungen im Rahmen Ihres externen Audits beantworten.

#### Konkurrenzanalyse über XING und LinkedIn

Um sich einen Überblick über die Organisationsstruktur im Social Media Bereich Ihrer Wettbewerber zu verschaffen, eignet sich auch eine Recherche über die Business-Netzwerke XING und LinkedIn. Hier lässt sich anhand von Jobtiteln zumindest grob nachvollziehen, ob es einen designierten Social Media Bereich gibt und/oder wie viele Mitarbeiter welche Social-Media-Aufgaben übernehmen.

Auch der »Über uns«-Bereich der Unternehmens-Website kann Anhaltspunkte für mit Social Media befasste Team-Mitglieder liefern.

#### Ads-Recherche über die Meta-Werbebibliothek

Einblicke in die Werbestrategie Ihrer Mitbewerber auf Facebook und Instagram liefert Ihnen die kostenlose Meta-Werbebibliothek. (https://www.facebook.com/ads/library ) Hier können Sie aktive und vergangene Kampagnen Ihrer Konkurrenz inklusive der eingesetzten Werbemittel, Bildunterschriften und Call-to-Actions recherchieren. Im Falle von politisch oder gesellschaftlich relevanter Werbung lassen sich zudem die erreichte Zielgruppe sowie des Ausgabevolumen der letzten Tage und die bisher insgesamt getätigten Werbeausgaben analysieren.

### 3.2.3 Internes Audit

Bei Ihrem Internen Audit untersuchen Sie in der Regel folgende Fragestellungen:

- Wer ist in Ihrem Unternehmen in Social-Media-Aktivitäten involviert?
  - Gibt es bereits jetzt Mitarbeiter, die sich mit Social Media beschäftigen?
  - Gibt es gegebenenfalls feste Social-Media-Manager?
  - Oder arbeiten Mitarbeiter stundenweise für Social Media, insbesondere Instagram?
  - Wie viele Stunden arbeiten die festen Mitarbeiter pro Woche für Social Media, respektive Instagram?

  - In welcher Abteilung oder welchen Abteilungen ist oder wäre Social Media angesiedelt?
  - Wo sehen Mitarbeiter Potenziale in Bezug auf Instagram?
  - Und wo Risiken?
- Gibt es externe Agenturen und Dienstleiter, mit denen Ihr Unternehmen arbeitet?
  - Mit welchen Aufgaben werden Agenturen oder Dienstleister betraut?
  - Welches Budget fließt in externe Agenturen und Dienstleister?
  - Wie viele Stunden arbeiten freie Mitarbeiter pro Woche für Social Media, respektive Instagram?
  - Wo sehen externe Mitarbeiter Potenziale?
  - Und wo Risiken?
- Wie laufen die Prozesse im Rahmen Ihrer Social-Media-Aktivitäten?
  - Wie läuft die Veröffentlichung von Inhalten auf Instagram oder anderen Social-Media-Plattformen von der Planung, Kreation, Implementierung bis zu Bewertung aktuell ab?
  - Welche Routinen – etwa regelmäßige Meetings – gibt es?
  - Gibt es einen Redaktionsplanungsprozess?
  - Gibt es einen Evaluierungsprozess der Ergebnisse Ihrer Social-Media-Aktivitäten?
  - Gibt es Social Media Guidelines in Ihrem Unternehmen?
  - Gibt es einen Plan für Krisensituationen, etwa im Falle eines Shitstorms?
  - Welche Schnittstellen zu welchen Abteilungen gibt es aktuell?
  - Wo gibt es Stolpersteine in der täglichen Arbeit?
  - Wo werden Arbeiten doppelt erledigt?
  - Wer hat Berechtigungen/Passwörter für Ihren Account?
- Welche Tools und weiteren Ressourcen stehen zur Verfügung?
  - Gibt es ein Budget für Content Creation?
  - Gibt es ein Budget für Werbeanzeigen in Social Media, insbesondere Instagram?
  - Gibt es leistungsfähige Smartphones für die mit Social Media betrauten Mitarbeiter?
  - Gibt es genügend Datenvolumen für die Arbeit von unterwegs?

  - Gibt es Equipment (Mikro, Beleuchtung, Software) für die Produktion von Bewegtbild?
  - Gibt es regelmäßige Schulungen für die Mitarbeiter?
  - Mit welchen Tools und Software-Lizenzen arbeitet Ihr Team bereits jetzt?
  - Welche Tools/Software-Lizenzen werden noch gebraucht?
- Wie ist die Stimmung gegenüber Social Media, insbesondere Instagram im Unternehmen?
  - Ist Ihr Unternehmen bereit, via Instagram in den Dialog zu treten?
  - Ist Ihr Unternehmen bereit, offen und transparent zu kommunizieren?
  - Ist Ihr Unternehmen bereit, Prozesse (insbesondere Freigabeprozesse) an die Anforderungen an Social Media, insbesondere Instagram, anzupassen?
  - Gibt es Vorbehalte in Bezug auf die Zusammenarbeit mit Creatoren?
  - Wie Instagram-affin sind die Entscheider in Ihrem Unternehmen?
  - Wer sind Fürsprecher für den Einsatz von Social Media respektive Instagram und was sind ihre Argumente?
  - Wer sind Kritiker Ihres Instagram-Engagements und was sind ihre Argumente?
  - Wie motiviert sind Ihre Mitarbeiter, Kollegen, Ihre Instagram-Präsenz auf- oder auszubauen?

### 3.2.4 SWOT-Analyse

Mit den Ergebnissen aus dem internen und externen Audit sind Sie nun in der Lage, eine SWOT-Analyse in Bezug auf den Auf- und Ausbau Ihrer Instagram-Aktivitäten abzuleiten. SWOT ist ein Akronym für Strengths (Stärken), Weaknesses (Schwächen), Opportunities (Chancen) und Threats (Risiken). Die Stärken und Schwächen ergeben sich aus der internen Analyse Ihres Unternehmens, die Chancen und Risiken zielen eher auf externe Faktoren, die Ihre Instagram-Präsenz betreffen, ab. Wo liegen die Potenziale für Ihr Unternehmen, ggf. auch im Vergleich zum Wettbewerb?

Mit welchen Gefahren müssen Sie ggf. rechnen? Ihre SWOT-Analyse ist ein Grundstein dafür, sinnvolle Ziele für Ihre Instagram-Maßnahmen festzulegen, Ihre bestehenden Maßnahmen zu optimieren sowie intern für mehr Ressourcen zu werben.

Quelle: Bloofusion (Online-Performance-Agentur)

**Abb. 3.4:** Beispielhafte Fragestellungen von Bloofusion zur Ableitung der SWOT-Analyse (Quelle: https://www.bloofusion.de/)

## 3.3 Finden und Formulieren einer Unternehmensvision und -mission

Mithilfe Ihres Instagram Audits haben Sie sich einen guten Überblick über die aktuelle Positionierung Ihres Unternehmens, Ihres Wettbewerbs, Ihrer Kunden und die aktuelle Kommunikation Ihrer Branche auf Instagram verschafft.

Für Ihre zielgerichtete Kommunikation mit Ihrer potenziellen Community ist es entscheidend, sich noch einmal mit Ihrem Selbstverständnis als Unternehmen oder als Marke zu beschäftigen. Denn damit sich Menschen mit Ihnen auf Instagram verbinden und Beziehungen mit Ihrem Unternehmen oder Ihrer Marke eingehen, muss für sie klar erkennbar sein, wofür Sie stehen. Und dieses Verständnis erlangen sie nicht nur über die Gestaltung Ihrer Profilbeschreibung, sondern durch sämtliche visuelle Inhalte, Texte, Grafiken, Botschaften und Menschen, mit denen Sie Ihren Account bespielen.

Als Einstieg in Ihre Überlegungen, Ihr Unternehmen oder Ihre Marke auf Instagram zu visualisieren, eignet sich zuallererst die (Rück-)Besinnung auf die Vision und die Mission Ihres Unternehmens. Denn die Beschäftigung mit dem ursprünglichen oder aktuellen Zweck Ihres Unternehmens und Ihren damit verbundenen Glaubenssätzen und Werten verschafft Ihnen bereits einen Zugang zu einer viel größeren (Bilder-)Welt als die allgegenwärtige einengende Produktsicht.

Aus der Vision und der Mission Ihres Unternehmens lässt sich eine Vielzahl von Geschichten ableiten, die Sie über Instagram erzählen können und die Ihre bestehenden und potenziellen Kunden inspirieren werden. Sie bilden die übergeordnete visuelle Klammer für alle Foto- und Videobeiträge, die Sie über Instagram lancieren wollen. Gleichzeitig bildet die Vision und die Mission Ihres Unternehmens und deren Kommunikation über Ihre visuellen Inhalte, Hashtags und Bildbeschreibungen ein solides Fundament für den Aufbau Ihrer treuen Community.

Ein sehr anschauliches und äußerst hilfreiches Konzept, Ihrer Vision und Ihrer Mission auf die Spur zu kommen, liefert der britische Bestsellerautor und Unternehmensberater Simon Sinek. Er ist der Überzeugung, dass die erfolgreichsten Unternehmen der Welt ein bestimmtes und exakt gleiches Muster in ihrem Denken, Handeln und ihrer internen und externen Kommunikation eint.

Dieses Muster hat Sinek im Modell des »Golden Circle« entschlüsselt und unter anderem in einem viel beachteten TED-Talk veranschaulicht: `https://www.ted.com/talks/simon_sinek_how_great_leaders_inspire_action?language=de`.

Der Golden Circle besteht dabei aus drei Dimensionen:

- dem »Warum« bzw. der Vision eines Unternehmens
- dem »Wie« bzw. der Mission eines Unternehmens
- sowie dem »Was« bzw. den konkreten Produkten oder Services eines Unternehmens

Laut Sinek startet jedwede Handlung, insbesondere auch die Kommunikation eines langfristig erfolgreichen Unternehmens, zunächst mit der Frage nach dem »Warum«.

Denn Sinek ist überzeugt, dass Menschen im Allgemeinen »nicht kaufen, was Sie tun, sondern, warum Sie es tun«. Sie wollen Teil einer Idee, einer Vision sein.

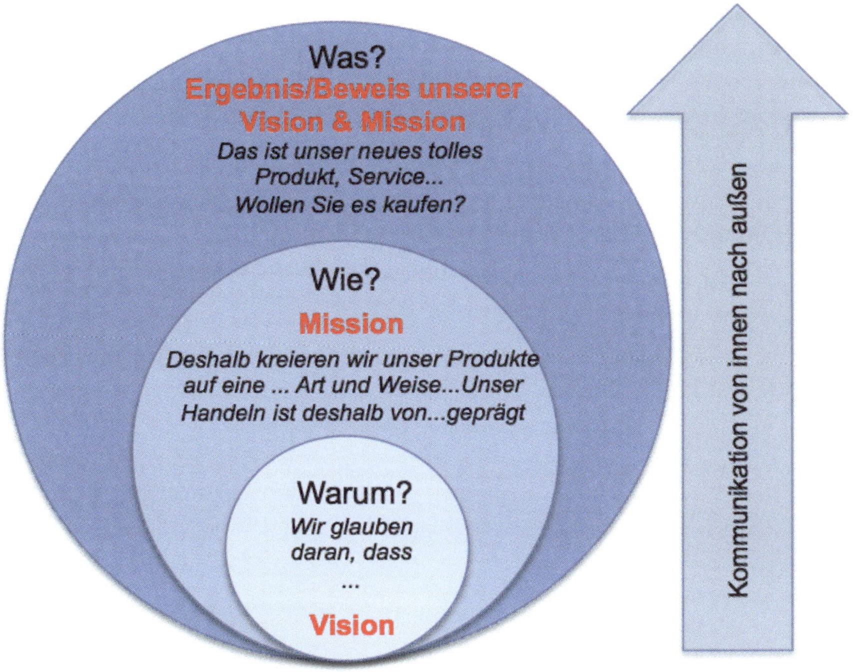


Quelle: Kristina Kobilke nach „The Golden Circle" von Simon Sinek

**Abb. 3.5:** Modell des »Golden Circle« nach Simon Sinek

## 3.3.1 Warum?

Um Ihr »Warum« zu identifizieren, eignen sich folgende Fragestellungen:

- Warum gibt es Ihr Unternehmen oder Ihre Marke überhaupt?
- Mit welcher Motivation wurde Ihr Unternehmen gegründet?
- Was wollen Sie in der heutigen Welt bewegen oder verändern?
- Wonach streben Sie mit Ihrem Unternehmen? Was treibt Sie an?
- Was sind Ihre Werte, Einstellungen – Ihre Haltung (oder die Ihrer Marke)?
- Woran glauben Sie oder woran haben die Gründer Ihres Unternehmens geglaubt?

Die Frage nach dem »Warum?« zielt dabei also nicht auf das allgegenwärtige Unternehmensziel bzw. Ergebnis »Umsatz zu generieren« ab, sondern auf Ihre tief verwurzelten Glaubenssätze, mit denen Sie die Welt verändern oder verbessern wollen und die gleichzeitig die Vision Ihres Unternehmens bilden. Formulieren Sie Ihre Vision am besten wie folgt: »Wir glauben daran, dass ...«

Das amerikanische Start-up Cuyana (@cuyana) beispielsweise hat die Vision, dass Mode in einer Zeit von wöchentlich wechselnden Trends und damit verbundener möglichst günstig produzierter »Fast Fashion«, die in überbordenden Kleiderschränken endet, auch ganz anders sein kann, nämlich viel erfüllender und seelenvoller.

Die Gründerinnen glauben fest daran, dass der Besitz von deutlich weniger, dafür aber hochwertigeren Dingen (insbesondere Kleidung), zu denen man auch eine Beziehung hat, die man sogar liebt, zu einem besseren und erfüllteren Leben führt.

»We believe in style over trends, in quality over quantity, in loving your closet. We believe in fewer, better things«, lautet das wortwörtliche Credo.

**Abb. 3.6:** »Über uns«-Seite auf der Website von Cuyana

### 3.3.2 Wie?

Das »Wie« wiederum beschäftigt sich mit der Fragestellung, auf welche Art und Weise Sie Ihre Vision erreichen wollen, oder einfacher ausgedrückt, wie Sie tun, was Sie tun, und was Sie dabei anders als andere machen. Es entspricht im übertragenen Sinne Ihrer Mission.

- Wie oder womit schaffen Sie es, dass Ihre Vision Realität wird?
- Mit welchen besonderen Produktionsprozessen, besonderen Herstellungsverfahren, Materialien, besonders klugen Köpfen in Ihrem Unternehmen wollen Sie Ihre Vision erreichen?
- Was machen Sie anders als Ihre Konkurrenz?
- Warum sollten Ihre potenziellen Kunden genau Ihnen vertrauen und nicht anderen Unternehmen?

Der Vision von Cuyana, »Mode erfüllender und seelenvoller« werden zu lassen, folgt die Mission, hochwertige und langlebige »Key Pieces« zu erschwinglichen Preisen in zeitlosen Designs zu kreieren.

Jedes Kleidungsstück oder Accessoire wird dabei von hochspezialisierten Kunsthandwerkern, die eine Expertise für bestimmte Materialien und traditionelle Fertigungsweisen besitzen, in ihrer jeweiligen Heimat auf nachhaltige Art und Weise produziert.

Die Kleidung soll damit eine Seele bekommen, nicht an Trends gebunden sein, sondern bewusst von ihren Käuferinnen ausgewählt werden, um langfristig getragen und wirklich geliebt zu werden.

Cuyana versendet seine Ware zudem in einem Stoffbeutel, in dem die Käuferinnen Kleidungsstücke, die sie nicht mehr benötigen, gegen einen Einkaufsrabatt an Cuyana zurückschicken können. Die Kleidung wird an Frauen in Not gestiftet.

### 3.3.3 Was?

Das »Was« bezieht sich schließlich auf Ihre Produkte und Dienstleistungen, die aus Ihrer Vision und Mission resultieren.

Das »Golden Circle«-Modell von Sinek könnte im Fall von Cuyana also zum Beispiel wie in Abbildung 3.7 aussehen.

Cuyana bringt sein »Warum« und sein »Wie« via Instagram sowohl in der Biografie, über das Hashtag #fewerbetter, mit dem es seine Postings markiert, in den Instagram Stories als auch durch eine auf das Wesentliche reduzierte minimalistische Bildsprache zum Ausdruck.

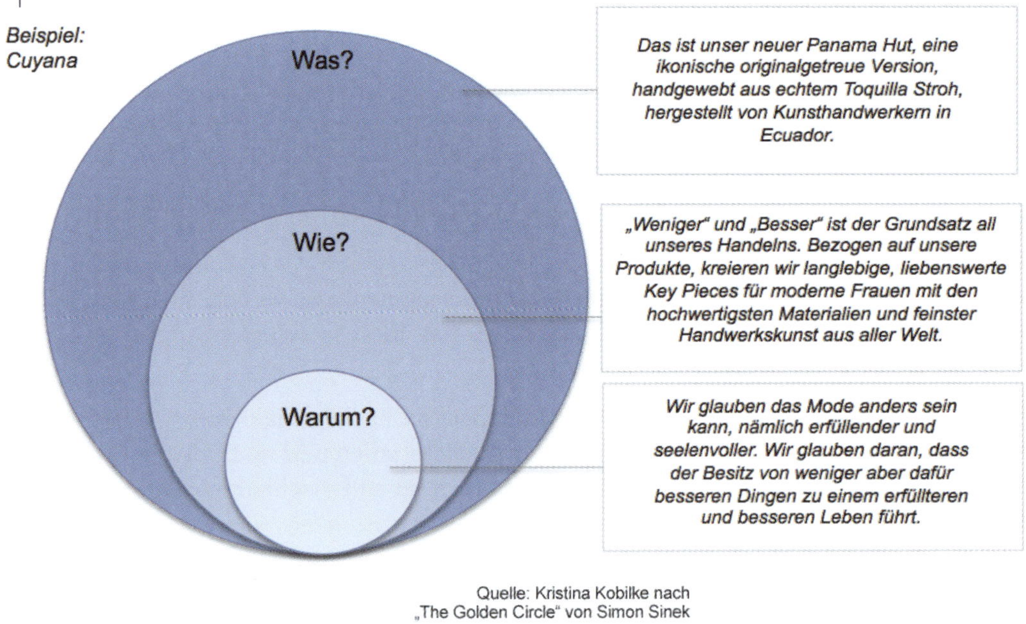


**Abb. 3.7:** »Golden Circle«-Modell am Beispiel Cuyana

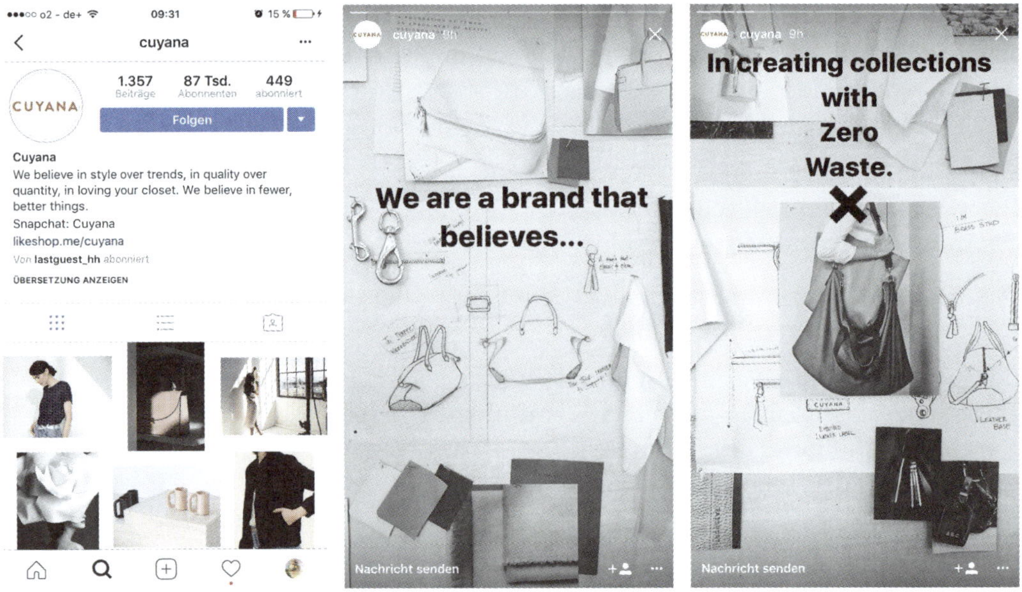


**Abb. 3.8:** Instagram-Profil-Ansicht sowie Auszüge einer Instagram Story von Cuyana

Grundsätzlich ließen sich die auf Instagram verfügbaren Content-Formate wie folgt auf den Golden Circle übertragen:

**Warum:**

- Profilbeschreibung in der Biografie
- (Marken-)Hashtag
- Bildsprache
- Tonalität

**Wie:**

- Instagram Stories (Blick hinter die Kulissen, Herstellung eines Produkts, Entstehung einer Kampagne ...)
- Live-Videos
- Bildunterschriften (Wo kommt dieses Produkt her? Wie wurde es hergestellt?)

**Was:**

- einzelne Foto- und Video-Posts mit Produktansichten
- Bildunterschriften (Produktbezeichnung ...)
- Markierungen (Mentions) von Herstellern, Designern etc.
- Markieren von Orten, an denen ein Produkt hergestellt wurde

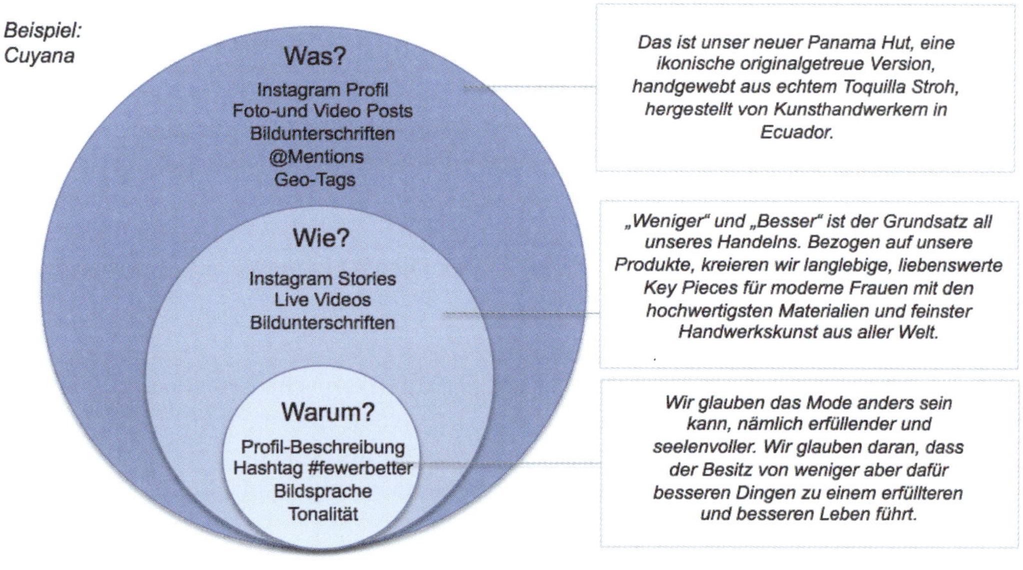


Quelle: Kristina Kobilke nach
„The Golden Circle" von Simon Sinek

**Abb. 3.9:** Instagram-Content-Formate übertragen auf das Modell des Golden Circle

Die überwiegende Mehrheit der Unternehmen kommuniziert im Modell des Golden Circle von außen nach innen, also zunächst über das »Was« in Form von Produkteigenschaften und Fakten, jedoch selten über das »Wie« und »Warum«.

Laut Erkenntnissen aus dem Neuromarketing adressiert die Kommunikation über das »Was« jedoch nur den rationalen und analytischen Teil, nämlich den Neocortex, unseres Gehirns, der für die Verarbeitung von Daten und Fakten zuständig ist. Er steuert jedoch nicht unser Verhalten. Der emotionale Teil unseres Gehirns, das limbische System, das unter anderem für unsere (Bauch-)Gefühle und unser Verhalten, wie zum Beispiel Vertrauen oder Treue zuständig ist und nach Ansicht von Neuromarketing-Experten in erster Linie unsere Kaufentscheidungen verantwortet, bleibt von dieser Art der Kommunikation jedoch völlig unberührt. Um uns jedoch emotional zu erreichen, bedarf es einer Kommunikation über das »Warum« und das »Wie,« und das idealerweise in einer visuellen Form, denn das limbische System hat keinerlei Kapazität für Sprache.

In Bezug auf Ihre Kommunikationsstrategie auf Instagram bedeutet das, dass Sie Ihre Vision nicht nur in Ihren Texten, sondern auch immer wieder visuell zum Ausdruck bringen sollten. Denn auf diese Weise ziehen Sie genau die Menschen an, die die gleichen Glaubenssätze und Wertvorstellungen haben wie Sie und die gern Teil Ihrer Community sein und Ihre Produkte oder Services kaufen wollen.

**Adressieren Sie die Wertvorstellungen Ihrer Kunden**

Instagram bietet Ihnen mit einem inspirierenden Umfeld und reichhaltigen Storytelling-Tools die Möglichkeit, mit visuellen Inhalten und inspirierenden Texten genau die Menschen emotional zu erreichen, die ähnliche Wertvorstellungen und Einstellungen haben wie Sie bzw. Ihr Unternehmen. Diejenigen, die an das glauben, an das Sie glauben, bzw. die gleiche Vision haben wie Sie, sind auch eher bereit, Ihre Produkte oder Dienstleistungen zu erwerben und ein aktiver Teil Ihrer Community zu werden.

Ein sehr plakatives Beispiel dazu liefert der amerikanische Arbeits- und Wanderschuhhersteller Danner (@dannerboots). In seinen Anfängen auf Instagram im Jahr 2011 setzte Danner noch auf die »Was«-Kommunikation und postete, ähnlich wie in einem Produktkatalog, in erster Linie wenig inspirierende Produktansichten seiner Wanderschuhe.

**Abb. 3.10:** Instagram-Posts von @dannerboots aus dem Jahr 2011

Seit 2015 eröffnet sich dem Betrachter des Danner-Accounts eine faszinierende Welt von Abenteuern, die sich mit den hochwertigen, traditionell gefertigten Wanderschuhen des Schuhherstellers erleben lassen. Da gibt es fantastische Wasserfälle, die dem unerschrockenen Wanderer begegnen, oder den selbst gefangenen Fisch, der in der Pfanne über dem offenen Feuer brutzelt, oder der steinige Weg zum Berggipfel, der den strapazierfähigen Schuhen nichts anhaben konnte.

Die Geschichten werden dabei nicht nur von Danner selbst, sondern auch von der eigenen Community erzählt und wecken bei Gleichgesinnten zuallererst die Sehnsucht, Teil dieser Wanderer-Community zu sein, ein neues Abenteuer mit Freunden zu planen und dabei gegebenenfalls auf die Wanderschuhe von Danner zu setzen.

**Abb. 3.11:** Instagram-Posts von @dannerboots aus dem Jahr 2015

Die über Instagram visuell kolportierte Vision von Danner könnte demnach wie folgt lauten: »Wir glauben fest daran, dass die Natur einmalige Erfahrungen für Menschen bereithält. Weder ein steiniger Untergrund noch Glätte, Hitze oder Nässe können einen Menschen davon abhalten, das Abenteuer seines Lebens in der Natur zu genießen.«

Daraus leitet sich sinngemäß die Mission ab: »Wir stellen die besten (Wander-) Schuhe für qualitätsbewusste Männer und Frauen her, indem wir die traditionelle bewährte Handwerkskunst des Firmengründers Charles Danner weiterführen und uns dabei an den höchsten Standards messen. Unsere Schuhe sollen ihren Trägern damit den größtmöglichen Schutz und Komfort bieten und treue Begleiter ihrer einmaligen Erlebnisse in der Natur sein.«

Der Instagram-Account von Danner dient somit einerseits dem Zweck, Menschen dazu zu inspirieren, das Abenteuer ihres Lebens zu erleben, und andererseits subtil die besondere Qualität der Wanderschuhe von Danner herauszustellen.

## 3.4 Analyse und Definition von Zielgruppen

Um genau die Inhalte zu schaffen, die für Ihre Community relevant sind, ist es hilfreich, sich zunächst ganz bewusst in Ihre (Wunsch-)Zielgruppe hineinzuversetzen – sich mit ihren Werten, Emotionen, Sehnsüchten, Problemen und ihren Wünschen zu beschäftigen. Einen systematischen Ansatz dazu liefert das Persona-Konzept.

Dabei entwickeln Sie eine oder mehrere fiktive Persönlichkeiten respektive Personas, die sich auf Basis vorangegangener Befragungen und Analysen Ihrer bestehenden oder potenziellen Kunden sowie weiterer Datenerhebungen maßgeblich an Ihrer tatsächlichen Zielgruppe orientieren. Sollten Sie auf keinerlei Daten zurückgreifen können, versuchen Sie zunächst mithilfe Ihrer Kollegen eine Persona zu konzipieren und diese später mit der Realität abzugleichen.

Ihrer Persona schreiben Sie in einer Art Steckbrief, nicht nur soziodemografische Daten, wie Alter und Geschlecht, sondern darüber hinaus eine Vielzahl weiterer detailliert formulierter Merkmale zu, mit dem Ziel, die Menschen, die Sie über Instagram ansprechen wollen, möglichst lebendig vor Augen zu haben.

Zu Ihrer Persona-Beschreibung sollten beispielsweise folgende Elemente zählen:

- **Lebensumstände**

  Wie ist die Lebenssituation Ihrer Persona, ihr Familienstand, ihre Wohnsituation (falls relevant für Ihr Unternehmen), ihr Bildungsstand, Karrierestufe, Rolle im Beruf, Einkommen, ihre Interessen, ihre Hobbys ...

- **Ziele**

  Welche Ziele verfolgt Ihre Persona mit dem Kauf Ihres Produkts/Ihrer Dienstleistung/der Mitarbeit in Ihrem Unternehmen, dem Engagement für Ihre Organisation? Was möchte sie beruflich oder auch privat erreichen? Welche Herausforderung will sie lösen? Oder welche Erfahrung möchte sie gerne machen?

- **Werte**

  Was sind die Werte und Glaubenssätze Ihrer Persona. Idealerweise teilen Ihre Persona und Ihr Unternehmen die gleichen Werte und Überzeugungen. Denn Sie selbst sind Teil Ihrer Marken-Community auf Instagram.

- **Präferierte Medien**

  Welche Medien konsumiert Ihre Persona am liebsten: Lieblingszeitschriften, TV-Sendungen, Serien, Blogs.

- **Influencer**

Von wem lässt sich Ihre Persona beeinflussen? Was wären zum Beispiel typische populäre Instagram-Accounts, denen Ihre Persona folgt? Wer beeinflusst sie darüber hinaus in ihrem privaten Umfeld? Freunde, Partner ... oder in ihrem beruflichen Umfeld? Berater, Agenturen ...

- **Präferierte Devices**

Welche Geräte nutzt Ihre Persona vorrangig: das neueste Smartphone, Tablet, Smart TV?

- **Präferierte Content-Formate**

Welche Formate sprechen Ihre Persona auf Instagram am meisten an? Reels, Stories, Carousel-Posts, Live-Sessions, Guides oder klassische Fotos?

Zentrale Elemente Ihrer Persona-Beschreibungen sind vor allem aber folgende:

- **Bedürfnisse/Erwartungen**

Was sind mindestens 3 Bedürfnisse und Erwartungen Ihrer Persona in Bezug auf den Kauf Ihres Produkts oder Ihrer Dienstleistung oder der Bewerbung in Ihrem Unternehmen, dem Engagement für Ihre Organisation?

- **Schmerzpunkte/Einwände**

Was sind mindestens 3 Schmerzpunkte/Einwände Ihrer Persona in Bezug auf den Kauf Ihres Produkts oder Ihrer Dienstleistung oder der Bewerbung in Ihrem Unternehmen, dem Engagement für Ihre Organisation?

Ihre Personas erhalten zudem einen real klingenden Namen, ein Foto sowie ein Zitat, das ihre Erwartungen, Wünsche und Bedürfnisse in Bezug auf Ihr Produkt, Ihre Marke oder Ihr Unternehmen zum Ausdruck bringt. Auf diese Weise wird Ihre Persona nicht nur für Sie, sondern auch für alle anderen Menschen, die gegebenenfalls mit Ihnen zusammenarbeiten, greifbar und real.

**Wichtig**

Elementar für Ihre Strategie ist es zu wissen, mit welchen Schmerzpunkten sich Ihre Personas in Bezug auf Ihr Produkt oder Ihre Dienstleistung konfrontiert sehen.

Worüber machen sie sich die größten Sorgen, wenn sie vor der Kaufentscheidung Ihres Produkts oder Ihrer Dienstleistung stehen?

Was sind Ihre wichtigsten Bedürfnisse in Bezug auf den Kauf Ihres Produkts/Ihrer Dienstleistung/einer Mitarbeit in Ihrem Unternehmen/einem Engagement für Ihre Organisation?

Die Kenntnis dieser Schmerzpunkte (Pain Points) und der Bedürfnisse Ihrer Persona(s) hilft Ihnen später im Rahmen Ihrer Content-Strategie für Instagram, die nötige »Medizin« in Form relevanter Inhalte zu liefern.

### Tool-Tipp: Persona-Erstellung mit Xtensio (https://xtensio.com/)

Ein Tool, mit dem Sie Ihren Persona-Steckbrief leicht erstellen und gleichzeitig in eine ansprechende Form bringen können, ist Xtensio. Es handelt sich hier um eine Plattform, auf der Sie allein oder im Team eine Vielzahl von Business-Dokumenten mithilfe von Templates erstellen können. Bei den zur Auswahl stehenden Persona-Templates können Sie Module, Texte, Logos und Fotos einfach per Drag & Drop ergänzen oder ersetzen.

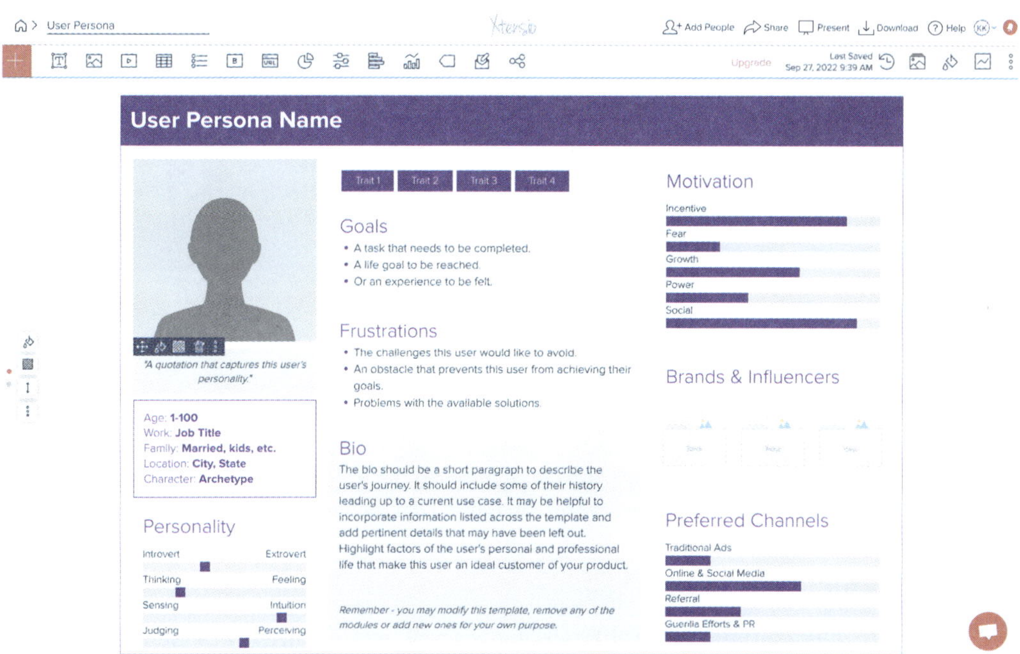


**Abb. 3.12:** Bearbeitungsansicht eines Persona-Templates auf der Plattform Xtensio

Indem Sie sich auf einer sehr individuellen Ebene mit Ihrer Community auseinandersetzen, finden Sie außerdem heraus, an welche Themen oder Themengebiete Sie mit Ihren Inhalten auf Instagram noch anknüpfen könnten. Ihre Persona soll Ihnen helfen, sich so gut wie möglich in den Menschen hineinzuversetzen, mit dem Sie kommunizieren wollen. Denn es geht nicht nur darum, den Mitgliedern Ihrer Community via Instagram etwas zu verkaufen oder sie für das nächste Projekt, die nächste Spende zu aktivieren, sondern sich als glaubwürdiger Partner für einen den Kauf weit übersteigenden Zeitraum zu etablieren. Dazu benötigen Sie unter anderem Inhalte, die an die Lebens- und Gefühlswelt Ihrer Community anknüpfen.

Wie Inhalte dieser Art aussehen könnten, zeigen die Beispiele der Berliner Verkehrsbetriebe, Thalia, Microsoft Deutschland und auch Amnesty International Deutschland. Es sind genau diese Inhalte, die eine Beziehung zu Ihnen, aber auch den Community-Mitgliedern untereinander herstellen. Insbesondere, wenn Sie Ihren Beitrag mit einer Frage und einem Call-to-Action versehen.

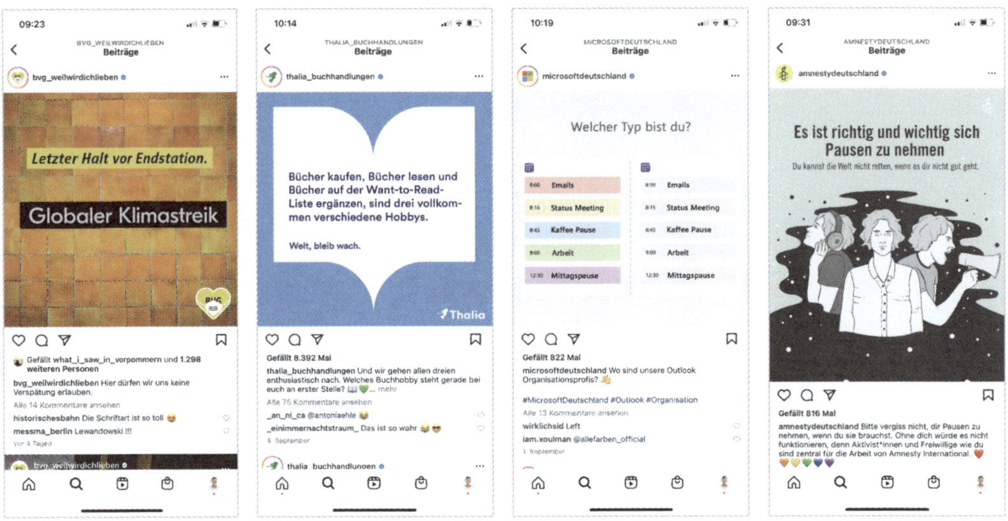


**Abb. 3.13:** Beispiele von @bvg_weilwirdichlieben, @thalia_buchhandlungen, @microsoftdeutschland und @amnestydeutschland für Inhalte, die an die Lebenswelt der Community-Mitglieder anknüpfen

> **Wichtig**
>
> Um Ihre Persona(s) mit der Realität abzugleichen, empfiehlt es sich, auch noch einmal in den direkten Austausch mit Ihren Kunden zu gehen. Entweder durch Online-Befragungen (dazu bieten sich zum Beispiel Instagram Stories an) oder, noch besser, persönliche Treffen in Form einer Fokusgruppe.

### 3.4.1 Exkurs: Consumer Decision Journey

Ein für Ihre Strategie zentraler Aspekt ist das Wissen um den (Kauf-) Entscheidungsprozess Ihrer potenziellen Kunden. Mit der fortschreitenden digitalen

Transformation hat sich auch das Kaufverhalten der Menschen nachhaltig verändert, und das sowohl im B2C- als auch im B2B-Bereich.

- 50 Prozent der B2B-Entscheider sind laut einer Studie von Think with Google inzwischen unter 35 Jahre alt und nutzen Social Media ganz selbstverständlich im Rahmen einer Anbieter-Evaluierung.
- Knapp zwei Drittel des B2B-Kaufentscheidungsprozesses sind schon abgeschlossen, bevor das Vertriebsteam eines infrage kommenden Anbieters kontaktiert wird.
- Laut einer Forrester-Studie haben 82 Prozent der B2B-Einkäufer fünf selbst recherchierte Inhalte (beispielsweise Online-Artikel, Whitepaper oder Case Studies) eines Anbieters studiert, bevor sie ihm den Zuschlag erteilten.
- Im B2C-Kontext spielt Mobile- und Social-Shopping zudem eine immer größere Rolle.

Viele Customer-Journey-Betrachtungen knüpfen an den klassischen Marketing-Trichter des AIDA-Modells an, das aus den Phasen Attention (Aufmerksamkeit), Interest (Interesse), Desire (Wunsch), Action (Handlung/Kauf) besteht. Allerdings stammt dieser aus einer Zeit, in der es Verkäufermärkte mit wenig Alternativen für die Verbraucher gab.

Mit der heutigen Marken- und Produktvielfalt hat sich der Verkäufermarkt in einen Käufermarkt gewandelt, in dem Konsumenten wesentlich selbstbestimmter und informierter Kaufentscheidungen treffen (müssen).

Durch die Vielzahl digitaler Kanäle und Content-Formate hat sich dabei die Art und Weise, wie Menschen Produkte recherchieren und kaufen, geändert. Insbesondere sind emotionale Kauf-Kriterien, wie die Sympathie und das Vertrauen in eine Marke und ihre Werte wichtiger denn je. Und das gilt inzwischen auch für den B2B-Sektor. Die Empfehlung der Produkte und Dienstleistungen durch andere Käufer ist zudem ein entscheidender Faktor geworden, um eine Entscheidung treffen zu können.

Ein Ansatz, dieses veränderte Kaufverhalten abzubilden, ist die von der Unternehmensberatung McKinsey entwickelte Consumer Decision Journey (CDJ). Sie ist nicht-linear, sondern impliziert, dass sich einzelne Phasen der Journey durchaus überschneiden und wiederholen, es also keine klare Abfolge mehr von einzelnen Schritten gibt. Zudem addiert sie als wichtigstes Novum die Phasen nach dem Kauf hinzu, nämlich das Erleben des Produkts oder der Dienstleistung sowie deren Weiterempfehlung und den Wiederbeginn der nächsten Kaufentscheidung (siehe Abbildung 3.14). Der erneute Kauf des Produktes oder der Dienstleistung kann nach der positiven Produkterfahrung auch ohne die vorangehenden Phasen erfolgen. Im Modell von McKinsey entspricht dieses Verhalten dem »Loyalty Loop«.

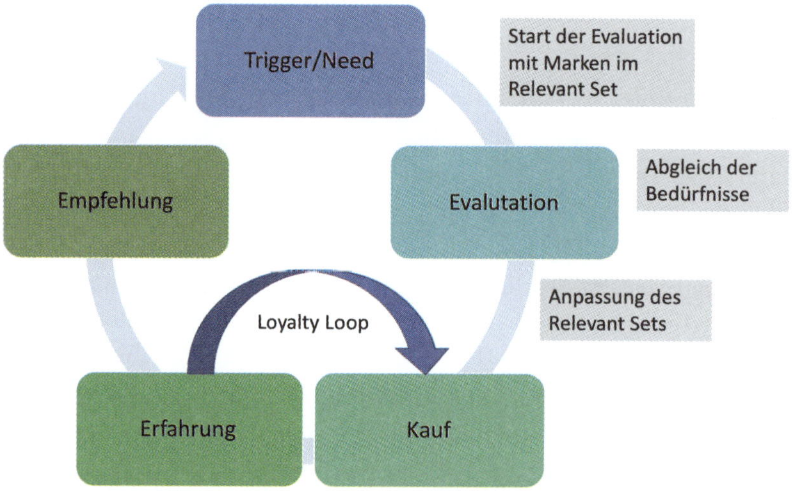


**Abb. 3.14:** Eigene Darstellung des Modells der Consumer Decision Journey nach McKinsey

### Auslöser

Die Consumer Decision Journey startet weniger mit einer Push-Aktion einer Marke, sondern eher mit einem Bedarf bzw. einem Problem, das der Konsument lösen möchte. Für Unternehmen bedeutet dies, dass sie den Kaufprozess nicht mehr aktiv steuern, sondern der Konsument nach dem Pull-Prinzip selbstbestimmt handelt.

### Erste Überlegungen

Der Konsument überlegt, mit welcher Marke er seinen Bedarf decken oder sein Problem lösen könnte. Dabei greift er auf ein Set von, laut McKinsey, drei bis vier Marken zurück, die es geschafft haben, sich durch den Dschungel der Botschaften im Relevant Set festzusetzen. Das bedeutet für Unternehmen, dass ihre Anstrengungen in den Aufbau und die dauerhafte Präsenz ihrer Marke in Zukunft eine noch größere Rolle spielen werden. Strategien, die nur auf den Abverkauf abzielen, sind damit immer weniger erfolgreich.

### Aktive Evaluierung

Anschließend findet die aktive Bewertung seiner Anbieterauswahl statt, indem er Informationen und vor allem Empfehlungen auf unterschiedlichsten Kanälen recherchiert und mit seinen Bedürfnissen abgleicht. Aus Unternehmenssicht bedeutet dies, an diesen Touchpoints präsent zu sein und genau zu verstehen, nach welchen Informationen potenzielle Kunden dort suchen und mit welchen Inhalten sie punkten können.

#### Kaufen

Auf die Marke, die die Bedürfnisse am ehesten zu erfüllen scheint, fallen die Wahl und die Erwartung, den Kauf vor allem im B2C-Kontext möglichst barrierefrei mit wenigen Klicks durchführen zu können.

#### Erfahrung, Fürsprecher und Bindung

Der Konsument sammelt nun Erfahrungen mit dem Produkt und wird im positiven Falle zum Fürsprecher der Marke. Im negativen Falle beeinflusst er mit seiner Kritik in sozialen Medien und auf Bewertungsplattformen die Evaluierungsphase anderer Käufer und, konstruktiv gesehen, die Verbesserung des Produkts.

Für Unternehmen bedeutet dies, auch in dieser Phase für ihre gewonnenen Kunden nahbar zu sein, die Erfahrung mit ihrem Produkt oder Dienstleistung mit passenden Inhalten zu begleiten und offen für Lob und Kritik zu sein. Darüber hinaus geht es hier darum, die Kunden möglichst zu Fans der Marke zu machen und gegenüber dem Wettbewerb zu verteidigen. In dieser Phase greifen Community-Aktionen, Kundenbindungsprogramme, E-Mails oder auch Stammkundenangebote.

Bezogen auf Ihre Präsenz auf Instagram leiten sich aus der Customer Decision Journey Betrachtung folgende Anforderungen ab:

- für eine dauerhafte Präsenz Ihres Unternehmens auf Instagram zu sorgen und sukzessive Ihre Markenbekanntheit auf- oder auszubauen
- herauszufinden, welche Fragen sich Ihre potenziellen Kunden in der Evaluierungsphase stellen, mit Ihren Inhalten konkrete Antworten dazu zu liefern und damit eine Chance zu haben, ins Relevant Set zu gelangen
- ebenfalls mit Blick auf die Evaluierungsphase, User Generated Content für Ihr Unternehmen auf Instagram aufzubauen
- Testimonials auf Ihrem Kanal zu Wort kommen zu lassen

Überlegen Sie in einem nächsten Schritt, wie eine Consumer Decision Journey Ihrer Persona aussehen könnte. (Auch das könnte Thema im Rahmen einer Fokusgruppe sein.) An welcher Stelle ist oder wäre Instagram ein Touchpoint? Welches Informationsbedürfnis hat Ihre Persona an diesem Touchpoint? Und wie können Sie dieses Bedürfnis erfüllen?

## 3.5 Bildsprache und Tonalität

Wichtige Eckpfeiler für Ihre erfolgreiche Kommunikation auf Instagram sind Ihre Bildsprache und Tonalität. Denn sie sollen Ihre Vision, Ihre Mission und Ihre Werte bzw. Ihre Core Story (Siehe dazu Abschnitt 3.8 »Ableitung konkreter Themen, Stories, Inhalte und Formate«) transportieren, Ihre Persona emotional ansprechen und damit die Basis für den Aufbau erfolgreicher Beziehungen zu Ihrer Community bilden.

Sie sollten dabei

- einerseits Ihre eigene Markenpersönlichkeit zum Ausdruck bringen und Ihre Marke im Einklang mit Ihrer Vision und Mission inszenieren,
- sich andererseits an den (Lebens-)Gefühlen und Erwartungen Ihrer Persona orientieren, die Sie zuvor im Rahmen Ihrer Zieldefinition erarbeitet haben,
- und drittens die Bildsprache-Trends und die Tonalität der Beiträge auf Instagram besonders auch in Ihrer Branche berücksichtigen.

### 3.5.1 Bildsprache

Zu Ihrer Bildsprache zählen beispielsweise Elemente, wie die gewählten Bildmotive, die Perspektive Ihrer Fotos, Klarheit und Ordnung in Ihren Bildern, Helligkeit und Kontrast, Ihre Unternehmensfarben, die sich gegebenenfalls in Ihren Bildern und Videos widerspiegeln sollen, Bildaussagen oder der Bildstil, aber auch grafische Elemente, wie Illustrationen oder Icons (siehe dazu auch Abschnitt 4.1 »Erstellen qualitativer Fotos«).

**Tipp**

Die Frage, wie Sie über Social Media mit Bildern kommunizieren wollen, sollte ein zentraler Aspekt Ihrer Instagram-Strategie sein. Es lohnt sich, für Ihr Unternehmen und auch freie Mitarbeiter oder weitere externe Dienstleister einen Leitfaden für Ihre Bildsprache zu entwickeln. Die Hochschule Merseburg hat auf ihrer Website einen Bildsprache-Leitfaden für Fotografinnen veröffentlicht, der Ihnen gegebenenfalls als Inspiration dienen kann: https://www.hs-merseburg.de/hochschule/ueber-die-hochschule/corporate-communication/corporate-design/bildsprache-leitfaden-fotografinnen/

Das bereits erwähnte Unternehmen Cuyana (@cuyana) hat seine Vision und Mission in den Slogan »Live fewer, better. Every day.« gegossen.

Die mit ihrer Marke einhergehenden Eigenschaften und Attribute wie zum Beispiel Ästhetik, Exklusivität oder auch Simplizität übersetzt Cuyana in seiner Bildsprache auf Instagram etwa durch akkurate, auf das Wesentliche reduzierte minimalistische Bildkompositionen und schlichte Farben.

**Abb. 3.15:** Webprofil-Ansicht von Cuyana (@cuyana_)

Während Kreativität und Vielseitigkeit beispielsweise durch farbenfrohe sowie formen- und detailreiche Foto- und Videobeiträge vermittelt werden kann, wie im Beispiel des Instagram-Accounts des Unternehmens Studio DIY, das von der DIY-Bloggerin Kelly Mindell gegründet wurde.

**Abb. 3.16:** Webprofil-Ansicht von Studio DIY (@studiodiy)

Erstrebenswert (und gleichzeitig herausfordernd) ist auch, dass sich Ihre Beiträge in Ihrer Bildsprache möglichst nahtlos in die Instagram-Welt einfügen und trotzdem einen Wiedererkennungseffekt generieren. EDEKA beispielsweise gestaltet einen Großteil seiner Foto- und Videobeiträge im Instagram-typischen #onthetable-Look und greift damit die Bildsprache von erfolgreichen Food-Bloggern auf.

Das Unternehmen greift dabei auf die Expertise des erfolgreichen Creator-Duos Nora Eisermann und Laura Muthesius von Our Food Stories (@_foodstories_) zurück.

**Abb. 3.17:** Webprofil-Ansicht von EDEKA (@edeka)

### Qualität

Ein wichtiges Merkmal Ihrer Bildsprache auf Instagram sollte die Qualität Ihrer Fotos und Videos sein. Eine Orientierung kann Ihnen Ihre idealerweise hochwertig produzierte Website geben. Die Ästhetik Ihrer Inhalte auf Instagram sollte gegenüber denen auf Ihrer Website oder Ihren übrigen Kanälen auf keinen Fall abfallen, sondern sich nahtlos fortsetzen. Es ist vor diesem Hintergrund sogar empfehlenswert, Fotos und Videos, die Sie für Ihre Website erstellt haben, auch für Instagram zu verwenden und umgekehrt. Und auch nutzergenerierte Inhalte, die Sie gegebenenfalls für Ihr Instagram-Profil auswählen, sollten zur Qualität Ihrer Bildsprache passen.

### Gilt dieser Anspruch auch für Stories und Reels?

Auch für Stories und Reels von Unternehmen gilt inzwischen ein gewisser Qualitätsanspruch. Qualität drückt sich hier in grundsätzlich qualitativem Foto- und Videomaterial sowie Grafiken aus, was sich zum Beispiel durch eine gute Bildkomposition, eine hohe Auflösung, professionell gestaltete Designs oder gutem Storytelling auszeichnet. Wichtig ist dabei jedoch, dass dieses Material mit den kreativen Möglichkeiten der Instagram Stories und Reels wie zum Beispiel Sticker, GIFs, Umfragen, AR-Effekten, Transitions etc. kombiniert und aufgelockert wird. Reine Image-Videos oder gar TV-Spots in Stories oder Reels generieren in der Regel weniger Aufmerksamkeit innerhalb der Community.

#### Konsistenz

Qualität zeigt sich auf Instagram nicht nur in der Ästhetik Ihrer Foto- und Videobeiträge, stimmiger Texte und Hashtags, sondern auch in der Konsistenz Ihrer Inhalte. Nutzer, die Ihre Beiträge konsumieren, sollten Ihr Unternehmen und Ihre Marke während Ihrer Consumer Decision Journey auf Instagram und an allen weiteren Touchpoints wiedererkennen.

Konsistenz auf Instagram erreichen Sie durch ein gleichbleibendes Look & Feel bzw. einen einheitlichen Stil in Ihren Beiträgen sowie Bildunterschriften. Einheitlichkeit lässt sich zum Beispiel über wiederkehrende Bildkompositionen sowie auch die Berücksichtigung Ihrer Markenelemente, insbesondere Ihr Farbkonzept herstellen. Besonders vorteilhaft wirkt sich dabei der anhaltende Grafik-Trend auf den Social Media Plattformen, insbesondere Instagram aus. Auch die Icons Ihrer Highlight-Stories, wie im Beispiel von Burberry (@burberry), NIVEA Deutschland (@nivea_de) oder Liebherr Construction (@liebherrconstruction) können für einen konsistenten ersten Eindruck sorgen.

Im Hinblick auf Ihr Profil ist eine strikte Einhaltung eines bestimmten Musters, zum Beispiel das berühmte Schachbrettmuster oder der sogenannte Puzzle-Feed, bei dem sämtliche Beiträge Ihres Profils ein größeres Bild ergeben, jedoch nicht mehr erfolgskritisch.

### Tool-Tipp Canva

Mithilfe des Design-Tools Canva können Sie in der Premium-Variante Ihre Markenelemente wie Ihr Logo, Ihren Farbcode (Hexadezimalcode) sowie Ihre individuelle Schrift für die Gestaltung von Posts, Stories und Reels benutzen und Templates für wiederkehrende Themen kreieren. Eine ausführliche Beschreibung dazu finden Sie in Kapitel 4.

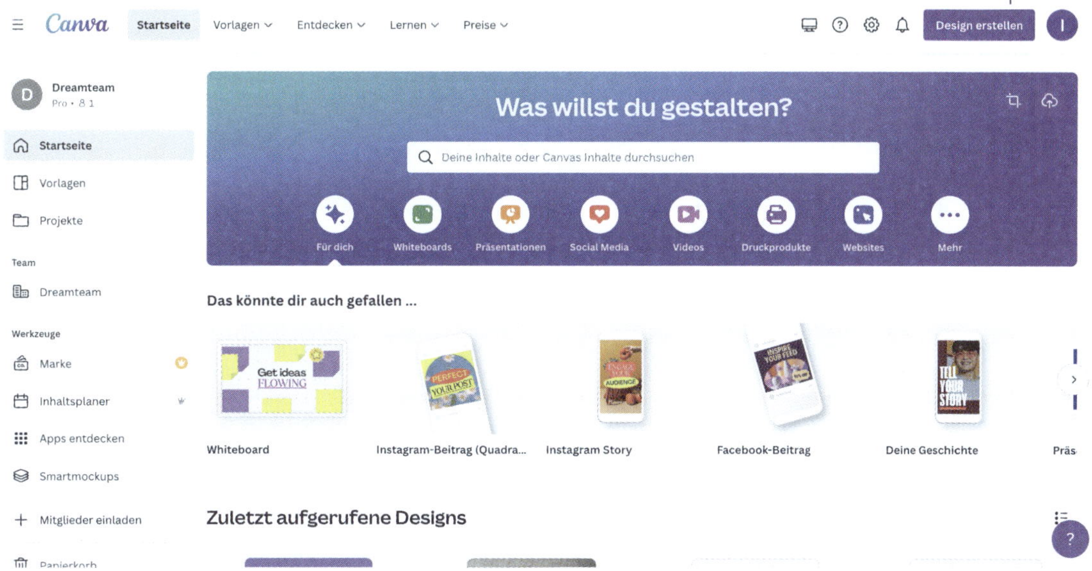


**Abb. 3.18:** Webansicht der Einstiegsseite des Design-Tools Canva

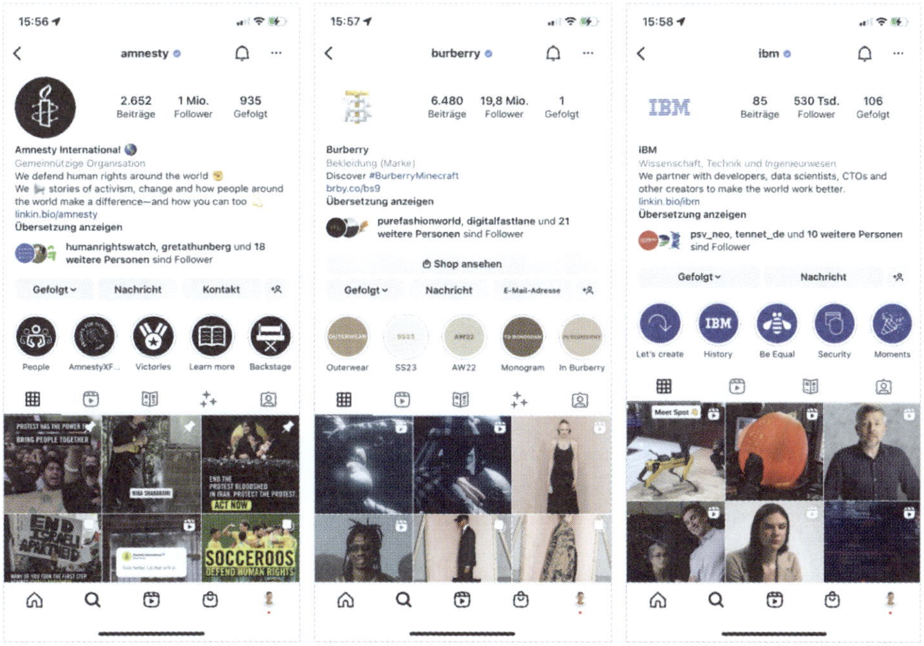


**Abb. 3.19:** Grafisch gestaltete Highlight-Story-Icons bei Amnesty International, Burberry und IBM

Grundsätzlich empfiehlt es sich, die CI Ihres Unternehmens in Ihrem Instagram-Profil, aber auch in Ihren Stories und Reels zu berücksichtigen. Je nach Ihrer Inhalte-Strategie kann sich Ihre CI in folgenden Elementen Ihres Profils widerspiegeln:

- Schriften in Ihren Stories, Reels und Posts
- Hintergrundfarben von Zitate- und Text-Posts
- Farbe und Design von Highlight-Story-Icons, wie bei Amnesty International (@amnesty), Burberry (@burberry) sowie IBM (@ibm)
- Farbwelt der Motive Ihrer Foto-, Video- und Story-Beiträge
- Requisiten für Ihre Foto-Produktionen (auch »Props« genannt)

Gerade Letztere können Ihnen dabei helfen, Ihre Produkte oder Dienstleistungen in typischer »Instagram-Storyteller-Manier« zu inszenieren und wie im Beispiel von CHRIST Juweliere und Uhrmacher (@christ_juweliere) mit Requisiten in einer bestimmten Farbe (in diesem Fall Gelb) auf eine bestimmte Saison oder ein individuelles Marketing-Thema (z.B. »Summer in the City«) einzugehen.

**Abb. 3.20:** Auszug aus der Webprofil-Ansicht von CHRIST Juweliere und Uhrmacher (@christ_juweliere)

Inspirationen zu möglichen Requisiten oder Bildmotiven zu einem bestimmten Farbcode finden Sie auch bei Pantone (@pantone).

### 3.5.2 Eine geeignete Bildsprache finden

Wenn Sie noch nicht über eine definierte CI und Bildsprache verfügen, bietet es sich an, auf Basis Ihrer Positionierung zunächst ein Moodboard für Ihre Marke zu entwickeln. Mit dessen Hilfe können Sie ein Briefing für Grafik-Designer und professionelle Fotografen entwickeln und gemeinsam Ihre Bildsprache erarbeiten.

Bei der Erstellung eines Moodboards kann Pinterest besonders dienlich sein.

Folgende Elemente sollten in Ihrem Moodboard enthalten sein:

- die Farben Ihrer Marke
- Symbole, die zu Ihrer Marke, Ihrem Unternehmen oder Ihren Produkten passen
- Bildwelten, die mit Ihrer Marke harmonieren
- Designs, von denen Ihre Marke inspiriert ist, das können sowohl geometrische Formen, Möbel, Mode oder Architektur sein
- Schriften, Typografien, an die Ihre Marke angelehnt ist

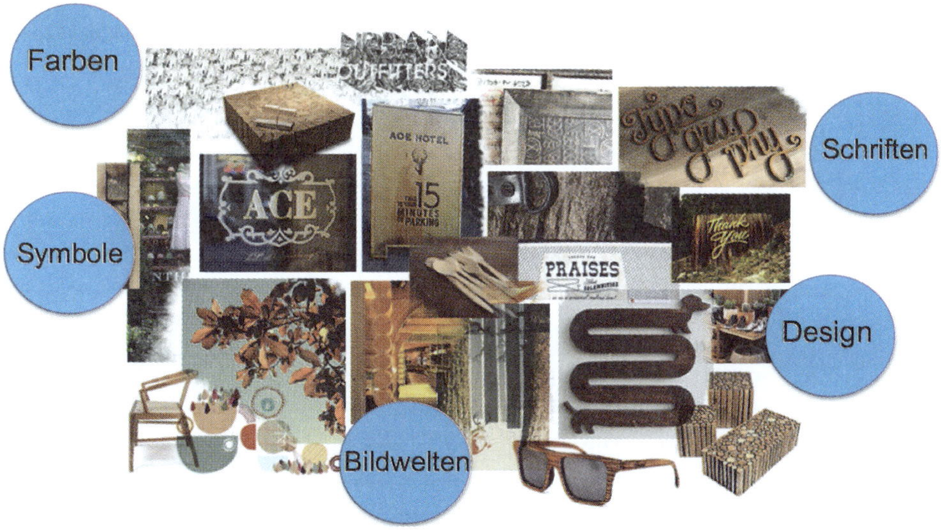


**Abb. 3.21:** Exemplarisches Moodboard (Quelle: design2design.nl via Pinterest)

Ihr Moodboard kann damit auch für Ihre Inhalte-Strategie auf Instagram herangezogen werden.

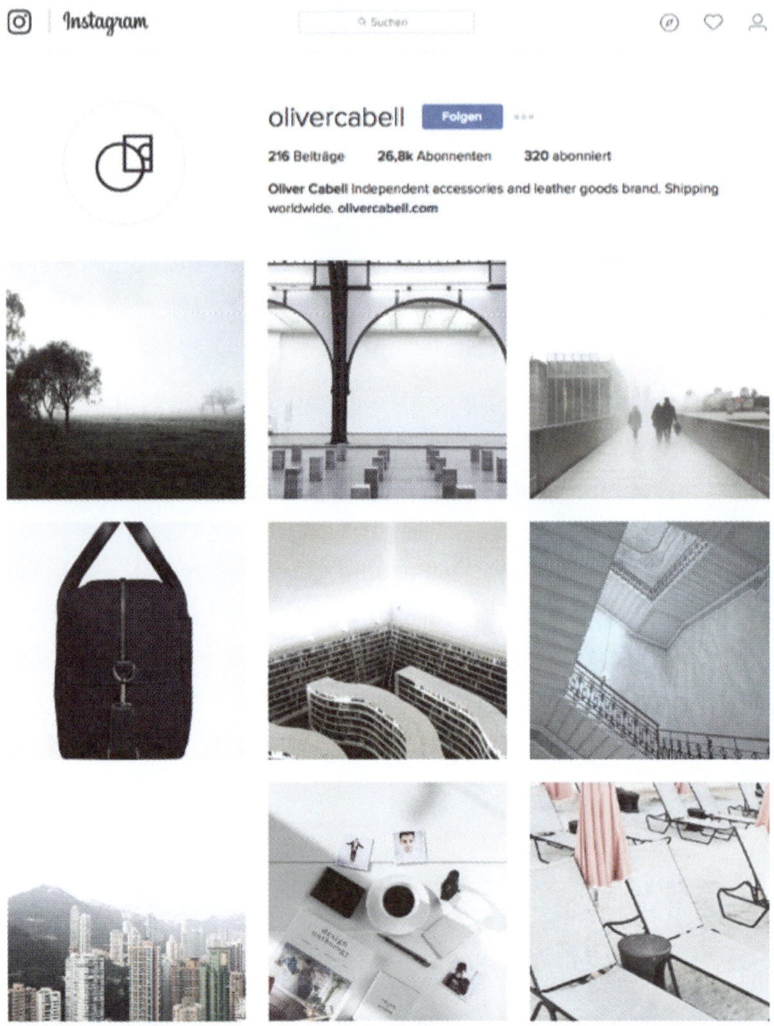


**Abb. 3.22:** Webprofil-Ansicht von Oliver Cabell (@olivercabell)

Beispielsweise war das amerikanischen Start-up Oliver Cabell, eine Modemarke für hochwertige Accessoires und Taschen, beim Aufbau seiner Marke von diesem Ansatz durchaus angeregt. Die Ursprünge Oliver Cabells auf Instagram glichen gewissermassen einem Live-Moodboard der Marke. Die einzelnen Bildbeiträge sollten dabei den Lebensstil des fiktiven Charakters Oliver Cabell widerspiegeln. Auf diese Weise wurden Stimmungen, Farben und Formen und auch Werte, von denen die Marke inspiriert ist, transportiert. Die puristisch anmutenden Produkte von Oliver Cabell bildeten nur einen kleinen Teil der Beiträge. Trotz der unterschiedlichen Bildmotive zog sich durch die einheitliche Bildsprache ein roter

Faden durch das Profil von @olivercabell. Inzwischen sind produktzentrierte Inhalte stärker in den Vordergrund gerückt, berücksichtigen aber immer noch die Stimmung und Lebenswelt des Protagonisten Oliver Cabell.

### 3.5.3 Tonalität

Die Tonalität Ihrer Beiträge auf Instagram drückt sich wiederum in Ihren Bildunterschriften, Texten auf Ihren Fotos, Grafiken und in Ihren Videos, vor allem aber auch in Ihren Kommentaren oder Direktnachrichten aus, die Sie mit Ihren Community-Mitgliedern austauschen. Sie ist ein wichtiger Teil Ihrer Corporate Identity und sollte ähnlich wie Ihre Bildsprache konsistent über alle Content-Formate auf Instagram und darüber hinaus angewandt werden.

Ihre Tonalität leitet sich dabei analog zu Ihrer Bildsprache aus Ihrer Positionierung, Ihren damit verbundenen Werten sowie den Bedürfnissen Ihrer Persona(s) ab. Besonders der Sprachstil Ihrer Persona(s) sollte richtungsweisend für Ihre auf Instagram gewählte Sprache sein.

Um Ihre Tonalität für sich und Ihre Kollegen greifbar zu machen, eignen sich »Regler« analog zu einem Mischpult in einem Tonstudio.

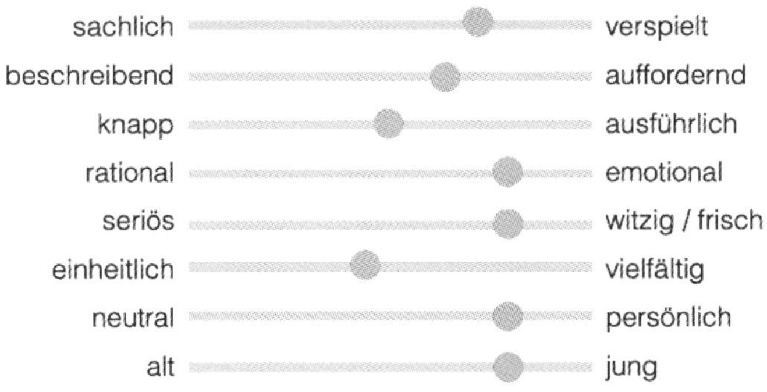


**Abb. 3.23:** Beispiel für die Bestimmung der Tonalität Ihrer Beiträge

Sind Ihre Foto- und Videobeiträge inklusive Ihrer Texte zum Beispiel eher emotional oder rational, humorvoll oder seriös, kreativ oder sachlich?

Die Marke ASTRA drückt ihre humorvolle Tonalität auf Instagram beispielsweise über kleine Wortspiele in den Bildunterschriften ihrer Posts aus. Erst im Zusammenspiel mit dem jeweiligen Bildinhalt entfalten diese ihre volle Wirkung.

**Abb. 3.24:** Instagram-Post (Webprofil-Ansicht) von ASTRA (@astra)

Weiterhin ist es sinnvoll, Ihre Überlegungen mit Blick auf Ihr Community Management auszuweiten: Wie reagieren Sie auf Lob oder Kritik in Kommentaren und in Direktnachrichten?

Was sind Wörter, die Sie häufig verwenden und die zu Ihren bevorzugten Begriffen zählen? Welche Begriffe möchten Sie dagegen meiden?

Setzen Sie Emojis ein? Welche und wie viele sind das pro Beitrag?

Duzen oder Siezen Sie?

Letzteres stellt Unternehmen häufig vor Herausforderungen, insbesondere wenn unternehmensintern ein konsistentes Auftreten der Marke über alle Touchpoints hinweg gewünscht ist.

**Tipp 1**

Auch wenn Sie Ihre Kunden auf Ihrer Website oder an anderen Kontaktpunkten Siezen, sollten Sie auf Instagram (trotz einer daraus folgenden Inkonsistenz) zum Du übergehen. Laut einer Studie des Marktforschungsinstituts Appinio wollen 81% der Instagrammer der Altersgruppen 16-24 Jahre sowie 45-55 Jahre und 82% der Altersgruppen 25-34 Jahre sowie 35-44 Jahre auf Instagram geduzt werden. Auch ein Blick auf Ihre Konkurrenz kann Ihnen bei dieser Entscheidung helfen.

**Tipp 2**

Durchaus überlegenswert ist es, in Ihren Bildunterschriften (zumindest punktuell) Dialekt einfließen zu lassen. Dies kann ein kraftvolles Mittel sein, um Ihre Community noch enger an Ihre Marke zu binden. Mehr zum Thema Bildunterschriften finden Sie in Kapitel 4.

**Tipp 3**

Analog zu Ihrem Bildsprache-Leitfaden ist es empfehlenswert, auch einen Leitfaden für Ihre Tonalität auf Social Media, insbesondere Instagram zu entwickeln. Darin sollten Beispiele für Bildunterschriften, Reaktionen auf Kommentare und Direktnachrichten sowie Schlüsselwörter, die Sie verstärkt verwenden und auszuschließende Begriffe, die Sie auf keinen Fall erwähnen wollen, enthalten sein.

## 3.6 Recherche von Hashtags und Keywords

Hashtags haben zwar aufgrund der Leistungsfähigkeit des Algorithmus an Relevanz verloren, spiegeln aber dennoch aktuelle Trends in Ihrem Themenbereich wider und können Ihnen helfen, Ihre Inhalte darauf auszurichten.

Indem Sie die »angesagten« Hashtags für Ihre Inhalte nutzen, werden Sie zudem Teil der Community, die sich intensiv mit Ihrem Bereich beschäftigt. So können Sie an Gesprächen, die auf Instagram zu Ihrem Thema in Form von Fotos, Carousel-Posts, Stories, Reels und Kommentaren stattfinden, teilnehmen.

Um einerseits Ihre eigenen Beiträge mit sinnvollen Hashtags zu versehen und andererseits relevante Themen auf Instagram zu monitoren, sollten Sie sich schon im Rahmen Ihrer Strategie-Entwicklung Gedanken über passende Hashtags zu Ihrem Content machen.

Darüber hinaus ist die Recherche von mit Ihren Themen verbundenen Keywords (die gleichzeitig als Hashtags fungieren können) für die Optimierung Ihrer Inhalte und Bildunterschriften für die Instagram-Suche hilfreich.

### 3.6.1 Recherche-Ergebnisse aus Ihrer Persona-Entwicklung

Hierbei können Sie zum einen auf die Ergebnisse Ihrer Zielgruppenanalyse zurückgreifen und Stichworte, nach denen Ihre Zielgruppe im Zusammenhang mit Ihrem Unternehmen, Ihrer Marke oder Ihrem Produkt in den gängigen Suchmaschinen (und damit sehr wahrscheinlich auch auf Instagram) sucht, in Ihre Liste relevanter Hashtags und Keywords aufnehmen. Das erleichtert Ihnen später die tägliche Arbeit, wenn es darum geht, Ihre Beiträge mit relevanten Schlagworten zu versehen.

### 3.6.2 Instagram-Suche

Zum anderen können Sie über die Instagram-Suche nach weiteren Hashtags und Keywords recherchieren, indem Sie Hashtags, Profile oder Standorte, die mit Ihrem Unternehmen in Zusammenhang stehen, analysieren. Instagram schlägt Ihnen auf den Suchergebnisseiten zu bestimmten Hashtags zudem ähnliche Hashtags vor, die von der Community zu Ihrem Thema verwandt werden.

### 3.6.3 Externe Tools

Weiterhin bietet es sich über Tools wie HootSuite oder Iconosquare an, die Beiträge Ihrer Konkurrenz, von Influencern Ihrer Branche sowie die Beiträge der Community zu bestimmten Hashtags zu monitoren. Auf diese Weise stoßen Sie immer wieder auf neue oder präzisere Schlagworte und Trends, die Sie für Ihre Beiträge verwenden können.

Das bereits erwähnte Social- Media -Management Tool Fanpage Karma hat darüber hinaus den webbasierten »Instagram Hashtag Composer« entwickelt, der sich vor allem auch für die Suche nach deutschen populären und relevanten Hashtags auf Instagram eignet.

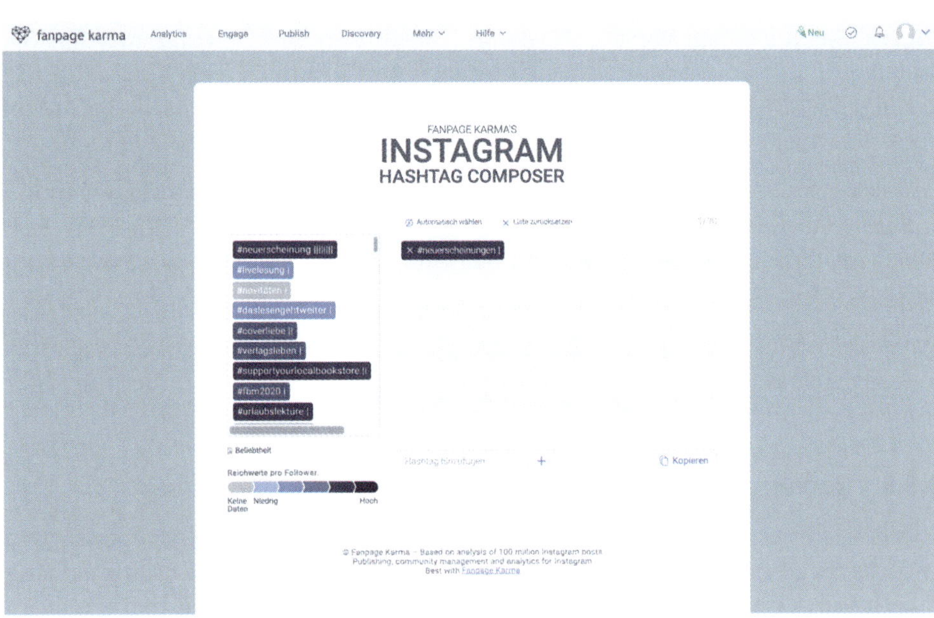


**Abb. 3.25:** Webansicht des Tools »Instagram Hashtag Composer« von Fanpage Karma (fanpagekarma.com/de/hashtag)

### 3.6.4 Keyword-Tools

Hilfreich ist auch eine klassische Keyword-Recherche im Web. Über die Seite `www.semager.de` finden Sie verwandte Keywords zu Ihrem übergeordneten Thema, die Sie für Ihren Hashtag-Mix sowie Ihre Bildunterschriften nutzen können. Auf `www.ubersuggest.org` werden Ihnen ebenfalls Vorschläge für weitere Stichworte zu Ihrem Thema unterbreitet. Über `www.ranking-check.de/tipps-tools/seo-tools/keyword-datenbank` erfahren Sie darüber hinaus, welche Suchwörter wie häufig im Zusammenhang mit Ihrem Stichwort in Suchmaschinen gesucht werden. Auch das Tool AnswerThePublic kann Sie auf weitere Hashtag-Ideen bringen.

### 3.6.5 Deutsche oder englische Hashtags?

Ob Sie deutsche oder englische Hashtags oder auch einen Mix aus beiden verwenden, hängt von unterschiedlichen Faktoren ab:

- Wollen Sie ausschließlich eine deutschsprachige Zielgruppe ansprechen? Dann empfiehlt es sich, überwiegend deutsche Hashtags zu verwenden.
- Sind Sie in einer Branche aktiv, in der sich englischsprachige Begriffe etabliert haben? Dann sollten Sie sich für einen Mix aus deutschen und englischen Begriffen entscheiden.

### 3.6.6 Branded Hashtags

Die Verwendung von Markenhashtags sollte fester Bestandteil Ihrer Instagram-Strategie sein. Dabei empfiehlt es sich, einen oder zwei Markenhashtags, zum Beispiel Ihren Marken- oder Unternehmensnamen sowie Ihr Leitmotiv oder Ihren Slogan für Ihre gesamte Markenkommunikation zu finden, was einerseits eine Klammer für Ihre gesamte On- und Offline-Kommunikation bildet und andererseits dazu verwandt werden kann, nutzergenerierten Content (User Generated Content, UGC) auf den von Ihnen bespielten Social-Media-Plattformen aufzubauen und zu identifizieren. Die Auswahl eines Markenhashtags, aber auch Kampagnenhashtags, sollte in Anbetracht ihrer Langlebigkeit und Tragweite gut durchdacht sein (siehe dazu auch Abschnitt 2.2.1 »Einrichten Ihres Business-Profils«).

## 3.7 Definition einer konkreten Zielsetzung

Nachdem Sie sich ein klares Bild davon gemacht haben, wen Sie mit Instagram auf welche Art und Weise ansprechen wollen, geht es im nächsten Schritt darum,

- konkrete Ziele für Ihre Instagram-Aktivitäten zu definieren,
- zu überlegen, wie Sie die Erreichung Ihrer Ziele überwachen,

- mit welchen Tools Sie Ihre Ziele messen werden,
- und die Messung Ihrer Ziele vorzubereiten.

### 3.7.1 Potenzial von Instagram

Um Ihnen Ihre Zieldefinition zu erleichtern, widmen sich die folgenden Ausführungen zunächst dem Potenzial von Instagram in Bezug auf Maßnahmenziele, wie Ihre Markenbekanntheit zu erhöhen, Traffic für Ihre Website zu generieren, Leads zu gewinnen, Abverkäufe zu steigern und Viralität für Ihre Inhalte zu erzeugen.

#### Branding

Lässt sich mit Marketingaktivitäten auf Instagram die Markenbekanntheit steigern? Die Antwort lautet definitiv ja.

Das zeigt zum Beispiel der maßgeblich durch Instagram getriebene Erfolg von Start-ups, die sich mit einer gänzlich neuen Marke eine treue und vor allem konvertierende Community auf Instagram aufgebaut haben. Dazu zählt beispielsweise der Uhrenhersteller Kapten & Son (@kaptenandson) aus Münster, der seine Markenbekanntheit mit gezieltem Influencer-Marketing via Instagram erheblich steigern und in das Relevant Set seiner Wunschzielgruppe gelangen konnte (mehr dazu in Kapitel 6 »Influencer-Marketing«).

Marken gehören seit jeher hinsichtlich der Größe ihrer Communities, der Interaktion mit ihren Followern und der Nutzungsintensität ihrer Inhalte zu den erfolgreichsten Instagrammern.

Die schon in Kapitel 1 erwähnte positive Grundstimmung gegenüber Marken auf Instagram bietet Ihnen die Chance, Ihre Kunden emotional anzusprechen und im Dialog mit ihnen Ihr Markenimage aufzubauen und weiterzuentwickeln. Sie können dabei Ihre Geschichte und Ihr Selbstverständnis als Marke sowie deren Werte und Attribute über Bilder, Texte oder Videos erzählen und die Ideen und Vorstellungen Ihrer Kunden dabei einfließen lassen. Und das passiert ganz ohne Nebengeräusche. Denn Ihr Bild oder Video steht immer im Zentrum des Betrachters und füllt dessen Smartphone-Screen fast vollständig aus.

Indem Sie Instagram über ein eigenes Profil nutzen und Ihre Kreativität im Zusammenhang mit Ihrer Marke ausdrücken, sind Sie automatisch Teil der Community und auf Augenhöhe mit Ihren Followern und denen, die Ihre Bilder und Videos darüber hinaus betrachten. Das ist zum einen die perfekte Basis, um zu Ihren Kunden durchdringen zu können, und zum anderen, dauerhafte Beziehungen zu ihnen herzustellen.

**Abb. 3.26:** Webprofil-Ansicht der Marke Kapton & Son (@kaptonandson)

Das Besondere an Instagram ist dabei, dass Sie Ihren Kunden besonders nah kommen können und umgekehrt. Denn Instagram steht für Authentizität, Menschlichkeit und Humor. Menschen gewähren anderen Menschen hier einen Einblick in ihr Leben. Und so kann Ihre Marke bzw. Ihre Markenpersönlichkeit ebenfalls einen Einblick in Ihr Leben geben. »Die Marke erlebbar machen«, lautet oftmals eine Anforderung an Marketingverantwortliche. Mit seinen reichhaltigen visuellen Storytelling-Tools bietet Ihnen Instagram die Möglichkeit, diese Anforderung umzusetzen und Ihre Marke auf unterschiedlichen Ebenen emotional zu inszenieren.

### Abverkauf

Durch seine ursprünglich vergleichsweise weitgehende Isolation vom Web, indem Links bisher nur an einer einzigen Stelle, nämlich Ihrer Profilbeschreibung (bzw. Biografie) sowie in Ihren Instagram Stories einsetzbar waren, wurde Instagram in der Regel nicht primär als geeigneter Abverkaufskanal betrachtet. Mit der In-App-Shopping-Funktion von Instagram (siehe dazu auch Abschnitt 2.15 »Instagram Shopping«), die es ermöglicht, Produkte sowohl in Foto- und Video-Posts als auch in Stories, Reels oder Lives zu taggen, hat sich dies jedoch maßgeblich geändert. Instagram wird perspektivisch ein noch größeres Abverkaufs-Potenzial entfalten als bisher und wie in Kapitel 1 beschrieben zu einer globalen Shopping-Plattform avancieren.

Ein Blick in die Kommentare unter den Foto- und Videobeiträgen der inzwischen vielfach vertretenen Unternehmen auf Instagram zeigt, wie stark das unmittelbare Produkt- und Kaufinteresse der Community tatsächlich ist.

Instagrammer drücken dabei ihr Gefallen (»nice!«, »love!«), ihren Besitz (»die habe ich auch, sind super!!!«) und mit der laut Instagram am häufigsten gestellten Frage »Wo kann ich das kaufen?« sehr oft ihre Kaufbereitschaft für ein bestimmtes Produkt aus. Zudem empfehlen sie es aktiv weiter, indem sie in den Kommentaren direkt ihre Instagram-Freunde markieren und zum Kauf anregen (»@krissiekobilke ist das nicht was für Dich?« oder »@krissiekobilke wollen wir das kaufen?«).

**Abb. 3.27:** Instagram-Post von dm Deutschland (@dm_deutschland, Webprofil-Ansicht)

Instagrammer im Allgemeinen und Händler im Besonderen, die die Shopping-Funktionalität von Instagram noch nicht nutzen, verweisen mit der Bezeichnung »Link in Bio« oder auch #linkinbio deshalb in ihren Bildunterschriften auf einen Link in ihrer Profilbeschreibung bzw. Biografie zur direkten Kaufoption oder zu weiterführenden Inhalten zu ihrem Foto- oder Video-Post (siehe dazu auch Kapitel 2, Abschnitt 2.2.8 ).

Insbesondere die Zusammenarbeit mit Influencern und Creatoren hat das Potenzial, Abverkäufe maßgeblich zu steigern. Laut einer aktuellen Studie des Bitkom hat mehr als ein Viertel der Social-Media-Nutzer in Deutschland schon einmal ein Produkt auf Empfehlung eines Influencers oder einer Influencerin gekauft. Abgesehen von Marken- und Influencer-Content entfalten gerade auch die Produktfotos, Stories und Reels der übrigen Instagrammer eine inspirierende und vor allem besonders glaubwürdige Wirkung auf ihre meistens aus Freunden und Familie bestehende Followerschaft. Eine Studie des auf User-Generated-Content-Management spezialisierten Hamburger Unternehmens squarelovin zeigt, dass gerade jüngere Käufergruppen bei Kaufentscheidungen eher, nämlich zu 61 Prozent, auf Social Media Content, der von ihren Freunden oder Bekannten stammt, vertrauen.

Eine Studie der Universität Wisconsin und dem Visual-Commerce-Unternehmen Olapic, das sich analog zu squarelovin darauf spezialisiert hat, Produktfotos, die von Käufern auf Instagram oder in anderen sozialen Netzwerken gepostet wurden, systematisch zu suchen und in Onlineshops zu integrieren, fand darüber hinaus heraus, dass ästhetische Produktfotos, auf denen Kunden ein Produkt nutzen oder tragen, die Conversion-Rate in Onlineshops um fünf bis neun Prozent erhöht. Händler integrieren deshalb inzwischen vermehrt nutzergenerierte Produktfotos auf den Produkt-Detail-Seiten ihrer Shops.

**Hinweis**

Weitere Informationen zu User-Generated-Content-Taktiken finden Sie in Kapitel 5 »Aufbau einer Community auf Instagram«.

Die positive Stimmung innerhalb des Netzwerks kombiniert mit ästhetischen Produktfotos oder -videos regen jedoch nicht nur online Impulskäufe via Instagram an. Da Instagrammer mobil sind, und zwar nicht nur im Hinblick auf ihr Smartphone, sondern auch im Sinne von Beweglichkeit, draußen sein, die Welt erkunden, bieten sie auch Potenzial für den stationären Handel. Laut der in Kapitel 2 bereits zitierten Ipsos-Studie »Project Instagram« besuchte mehr als ein Drittel (34 Prozent) der Instagrammer aufgrund eines via Instagram entdeckten Produkts oder Service ein stationäres Geschäft. 18 Prozent tätigten einen Offline-Kauf.

Eine weitere bereits jetzt verfügbare Möglichkeit, potenzielle Käufer von Instagram direkt in Ihren Shop zu leiten, ergibt sich mit den von Instagram etablierten Werbeformen, wie beispielsweise Link Ads und Dynamic Ads, die einen Call-to-Action mit einer Verlinkung zu Ihrer Website enthalten. Diese und weitere Werbeformen werden in Kapitel 7 detailliert vorgestellt.

#### Traffic

Der einzige direkt messbare Traffic über Instagram, abgesehen von bezahlten Werbe-Posts, Verlinkungen in Stories sowie Produkt-Tags, sofern Sie Instagram Shopping einsetzen, wird über den Link in Ihrer Profilbeschreibung (bzw. Biografie) generiert, was Instagram im Vergleich mit anderen Traffic-Quellen auf den ersten Blick nicht standhalten lässt.

Sie sollten dennoch keine Chance ungenutzt lassen, auf Ihre URL aufmerksam zu machen. Denn wie schon in Kapitel 1 erwähnt, entdecken 74 Prozent der Instagrammer Marken oder Produkte auf Instagram und mehr als die Hälfte davon rufen anschließend die dazugehörige Markenwebsite oder App auf. Dabei tippen sie entweder den Link in der Biografie an oder geben die Marken-URL oder den Markennamen explizit in die Google-Suche oder in die Suche der App-Stores ein.

**Tipp**

Weisen Sie nicht nur in Ihrer Biografie, sondern auch in Ihren Bildunterschriften immer wieder auf den Link zu Ihrer Webseite hin und machen Sie damit Ihre URL bekannt. Auch wenn URLs in Bildunterschriften nicht anklickbar sind, fördern Sie damit dennoch mittelbar die Besuche auf Ihrer Website.

Teilen Sie Ihren Beitrag darüber hinaus mit anderen Netzwerken, sind die Links Ihrer Bildunterschrift oder Ihres Kommentars wiederum anklickbar, was den Traffic auf Ihrer Website positiv beeinflusst.

Weisen Sie auch immer wieder auf Produkte oder Aktionen auf Ihrer Website hin. Um in diesem Fall längere Produkt- oder Aktionslinks zu kürzen (und wie in Kapitel 2, Abschnitt 2.2.8 beschrieben, via UTM-Parameter auch zu messen), eignen sich die Dienste bitly (`www.bitly.com`) oder owly (`https://www.hootsuite.com/de/pages/owly`).

Darüber hinaus macht es in bestimmten Posts (wie z.B. Zitate-Posts) Sinn, die URL Ihrer Website als Wasserzeichen oder klassiches Grafik-Element in Ihre Fotos oder Videos zu integrieren. Das funktioniert beispielsweise mit dem bereits erwähnten Design-Programm Canva (`https://www.canva.com`) oder den kostenpflichtigen Varianten der Apps Over, Adobe Express oder Mojo.

Auch wenn der Link in Ihrer Biografie verglichen mit anderen Kanälen zunächst vielleicht nicht zu Ihren Traffic-Treibern zählt, macht es Sinn, die Besucher, die darüber auf Ihre Seite gelangen, kontinuierlich zu messen. Der Traffic, der über den Link in Ihrer Biografie generiert wird, kann über die Statistiken Ihres Business-Profils nachvollzogen werden. Darüber hinaus sollten Sie in Erwägung ziehen, die Produkt- oder Aktions-URLs in Ihrer Biografie mit einem speziellen Kampagnen-Parameter bzw. UTM-Parameter zu versehen. So können Sie über Ihre Website-Statistiken nachvollziehen, wie hoch der über Instagram generierte Traffic einer bestimmten Aktion war. Erfahrungsgemäß kommen durchschnittlich zehn bis 20 Prozent des gesamten Website-Traffics von Instagram. Sofern Sie Instagram Shopping einsetzen und eine starke Affinität zu Beauty-, Fashion- oder Lifestyle-Themen haben, kann Instagram aber auch zu Ihrer Haupt-Traffic-Quelle avancieren.

Der Großteil dieses Traffics, in der Regel mindestens 90 Prozent, stammt dabei von mobilen Geräten, denn Instagram wird fast ausschließlich über seine mobile App genutzt. Deshalb ist es sehr wichtig, dass der Link, den Sie in Ihrem Profil einsetzen, auf eine mobil optimierte Seite führt. Auch die Netzwerke, auf denen Sie Ihre Fotos und Videos via Instagram teilen, werden inzwischen überwiegend mobil genutzt. Der Anteil der Facebook-Nutzer beispielsweise, die das soziale Netzwerk mit dem Smartphone oder Tablet nutzen, beträgt laut Facebook inzwischen über 90 Prozent.

Auch unabhängig von Ihrer Präsenz auf Instagram sollten Sie, falls noch nicht geschehen, in diesem Punkt schnellstmöglich aufrüsten, da immer mehr Menschen mit mobilen Endgeräten auf Websites zugreifen.

- Laut KPCB wächst der Anteil mobiler Webseitenzugriffe pro Jahr weltweit um das 1,5-Fache.
- Laut der GfK verbringen 14- bis 29-Jährige inzwischen dreiviertel ihrer gesamten Online-Zeit auf dem Smartphone.
- Und auch bei den über 55-Jährigen entspricht die mobile Mediennutzung bereits mehr als der Hälfte ihrer Online-Zeit.
- Google hat zudem die mobile Optimierung von Seiten als Ranking-Faktor eingeführt und stuft Webseiten, die nicht für die mobile Nutzung ausgelegt sind, in den Suchergebnissen herunter, selbst wenn der Nutzer diese über einen Desktop-PC aufruft.

Ob Ihre Seite für die mobile Nutzung geeignet ist und welche Optimierungsmöglichkeiten Sie diesbezüglich haben, können Sie über den kostenlosen »Mobile Friendlyness Test« auf Google herausfinden (`https://www.google.com/webmasters/tools/mobile-friendly/?hl=de`).

### Leads

Instagram bietet, wie schon in den vorangegangenen Abschnitten beschrieben, ein äußerst transaktionsaffines Umfeld. Der Link in Ihrer Biografie bildet dabei das zentrale Element, um mithilfe von Mehrwerten für Ihre Community Leads, insbesondere qualifizierte E-Mail-Adressen, zu generieren. Damit gewinnt Instagram auch für B2B-Unternehmen zunehmend an Relevanz.

Als gängigste und zielführendste Strategie hat sich dabei das Angebot von relevanten Freebies als »Lead Magnet« über den Link in der Biografie etabliert. Dabei analysieren Unternehmen, auch im regelmäßigen Austausch mit ihrer Instagram-Community, die Problemstellungen ihrer Kunden (siehe dazu auch Abschnitt 3.4 »Analyse und Definition von Zielgruppen«) und bieten dazu Lösungen in Form von, in der Regel, kostenlosen

- Webinaren
- Lehr-Videos
- Whitepapern
- Templates
- Toolkits
- Reports
- kostenlosen Produktdemos
- Buchkapiteln

oder anderen qualitativen Inhalten an.

Um das Freebie zu erhalten, muss der interessierte Nutzer, wie im Beispiel des Foundr Magazines (@foundr) seine E-Mail-Adresse hinterlassen. Auf diese Weise lässt sich der Adressbestand im Unternehmen gezielt aufstocken und bei entsprechender Einwilligung des Nutzers zu weiteren Marketingzwecken verwenden.

Die so generierten Leads können im Anschluss etwa mithilfe weiterer vermittelter Mehrwerte, zum Beispiel über das Abonnement eines Newsletters oder weiteren lösungsorientierten Inhalten, mittelfristig schließlich zu zahlenden Kunden konvertiert werden.

**Wichtig**

Wichtig ist es, mit einem entsprechenden Call-to-Action über die zahlreichen Content-Formate auf Instagram wie Posts, Stories, Highlight-Stories, Bildbeschreibungen, Ihre Biografie, Hashtags oder auch Werbung gezielt auf Ihr Freebie hinzuweisen.

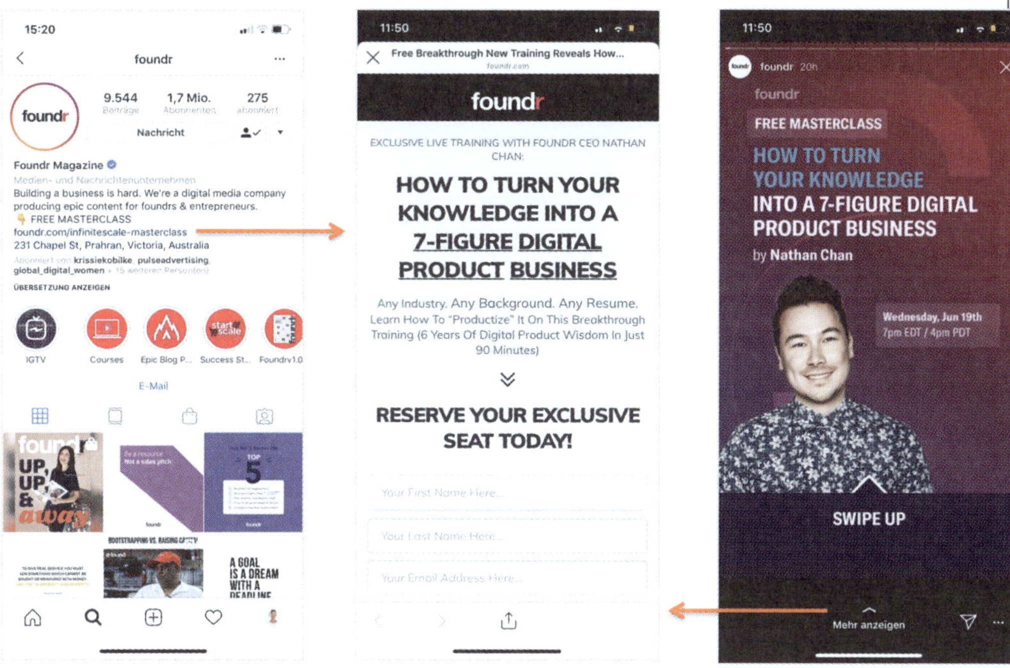


**Abb. 3.28:** Profil-Ansicht, Landingpage sowie Story-Sequenz von Foundr Magazine (@foundr)

Spätestens an dieser Stelle zahlt sich eine nachhaltige und auf die Bedürfnisse Ihrer Zielgruppe ausgerichtete Content-Strategie auf Instagram aus. Indem Sie Ihren bestehenden und potenziellen Kunden über das Angebot von Freebies immer wieder beweisen, dass Sie nicht nur verkaufen, sondern ernsthaft Hilfestellung bieten wollen, gewinnen Sie langfristig Kunden via Instagram.

### Leads via Instagram Direct

Auch über Instagram Direct können Sie beispielsweise bei Bestellwünschen oder konkreten Fragen und Hilfegesuchen Ihrer Kunden E-Mail- und/oder Adressdaten austauschen. (Der offene Austausch von privaten Daten, insbesondere Adressdaten, beispielsweise über Kommentare, ist laut den Nutzungsbedingungen von Instagram jedoch untersagt.) Einige Unternehmen versuchen Leads zu generieren, indem sie Instagrammer mit einer möglichst persönlichen Direktnachricht kontaktieren, ihre Kontaktdaten hinterlassen und konkrete Hilfestellung anbieten. Allerdings ist von dieser Strategie eindeutig abzuraten, da jede kommerzielle Nachricht bzw. Direktansprache von Usern (selbst wenn es sich dabei um einen Mehrwert für Ihren potenziellen Kunden handelt) ohne deren konkrete Zustimmung gesetzlich verboten ist.

#### Leads via Gewinnspiel

Gewinnspiele eignen sich, wie auch auf anderen Social-Media-Plattformen, auf Instagram eher bedingt zur validen Adress-Generierung, insbesondere wenn es Ihr Ziel ist, zahlungsbereite Kunden zu gewinnen. Für die auf der Plattform seit jeher stattfindenden Foto- und Video-Wettbewerbe ist die Angabe einer validen E-Mail-Adresse oder gar Adresse zudem in der Regel nicht nötig und wird daher auch nicht akzeptiert. Zwar können Gewinnspiele analog zu Freebies auch über den Link in der Biografie angeteasert werden, allerdings ist die Qualität der generierten Adressen, je nach Bezug des Gewinns zu Ihrem Unternehmen, oftmals gering. Mehr zum Thema Gewinnspiele finden Sie in Abschnitt 5.11 »Gewinnspiele«.

#### Leads via Call-to-Action-Buttons Ihres Business-Accounts

Wie schon beschrieben, lassen sich mithilfe diverser verfügbarer Call-to-Actions-Buttons, zum Beispiel via Eventbrite, Appointments by Facebook und vielen mehr, Leads direkt über die Kontaktoptionen Ihres Business-Profils generieren.

#### Leads über Action-Buttons in Ihren Stories

Eine weitere interessante Option steht Ihnen darüber hinaus innerhalb der Stories über den Sticker »Angebot einholen« zur Verfügung. Der Sticker ist anpassbar, so dass Sie Ihre konkrete Dienstleistung, für die Ihre Follower ein Angebot einholen sollen, formulieren können. Tippt ein Nutzer auf ANGEBOT EINHOLEN, wird automatisch ein Lead-Formular erstellt, das Sie in Ihrem Profil über PROFIL BEARBEITEN und hier unter dem Punkt ACTION-BUTTONS individuell anpassen können. Das Formular enthält bereits vorhandene Instagram-Daten, wie den Namen des Accounts. Sie können darüber hinaus entscheiden, ob Sie die Leads um eine Telefonnummer, E-Mail-Adresse oder Postleitzahl weiter qualifizieren wollen. Darüber hinaus können Sie bis zu drei Fragen stellen, die von dem Nutzer im Formular beantwortet werden sollen. Wird das Formular abgeschickt, wird der neue Lead in Ihrem Aktivität-Reiter sichtbar und ist darüber hinaus über Ihr Professional-Dashboard bis zu 90 Tage lang abrufbar und kann als CSV-Datei an eine externe E-Mail-Adresse versandt werden.

#### Viralität

Die Viralität von Posts entsteht auf Instagram in erster Linie durch ein hohes Interaktionsniveau der User und den damit verbundenen Signalen an den Algorithmus. Je mehr Aufmerksamkeit ein Post bekommt, desto eher wird er in den Homefeeds der jeweiligen Follower sowie im Instagram-Explorer erscheinen oder via Instagram Direct oder auch WhatsApp mit Freunden geteilt.

Im Vergleich zu TikTok ist ein Teilen über externe Apps und Netzwerke jedoch eher umständlich, was Instagram in dieser Hinsicht bisher zu einer Art »Closed

Shop« machte. Zudem ist das Reposten von Inhalten im Vergleich zu Facebook, Twitter oder Pinterest in der App funktional nicht vorgesehen. Aufgebrochen wird diese Strategie durch die Möglichkeit, Posts und Reels anderer Nutzer auch via Stories zu teilen. Instagram arbeitet (Stand September 2022) an einer Option, zukünftig auch Posts zu reposten.

Reels haben aufgrund ihrer Aussteuerung über den Content Graph und die Möglichkeit, mit anderen Nutzern durch Musik oder Remixen zu kollaborieren, ein höheres Potenzial, »viral zu gehen«. (Siehe dazu auch Abschnitt 2.12 »Instagram-Algorithmus«).

### 3.7.2 Ziele herleiten

Instagram kann inzwischen zu allen strategischen Zielen im Unternehmen beitragen, sei es:

- neue Kunden zu gewinnen,
- Kunden zu binden,
- Prozesse zu verbessern oder gar Produktinnovationen hervorzubringen,
- über Employer Branding neue Mitarbeiter zu gewinnen und zu binden,
- Ihre Reputation in der Öffentlichkeit zu verbessern
- oder um finanzielle Mittel etwa Spenden zu werben.

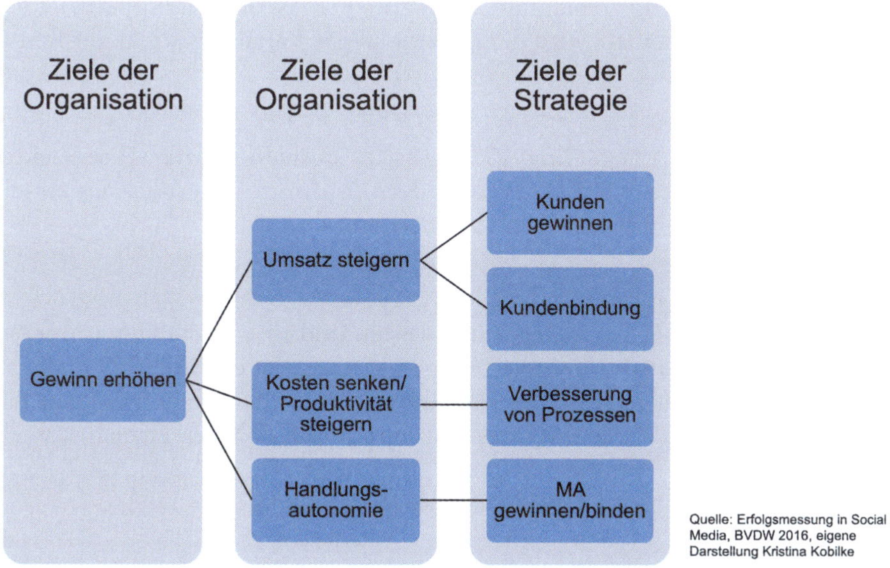


**Abb. 3.29:** Ableitung strategischer Ziele aus übergeordneten Unternehmenszielen (Eigene Darstellung nach BVDW-Leitfaden »Erfolgsmessung in Social Media«)

Damit zahlt es, wie in Abbildung 3.29 dargestellt, auf die übergeordneten Ziele Ihres Unternehmens ein, wie z.B. den Umsatz zu steigern oder die Kosten zu senken oder die eigene Handlungsautonomie zu sichern, indem über Instagram zum Beispiel neue Mitarbeiter gefunden werden.

### Exkurs: Einer oder mehrere Accounts

In Unternehmen entstehen häufig Konflikte, da verschiedene Abteilungen mit verschiedenen Zielen das Potenzial von Instagram nutzen wollen. Häufig betrifft das die Bereiche PR, Marketing, Vertrieb und HR. Während die Personal-Abteilung neue Mitarbeiter gewinnen will, möchte das Marketing Markenfans aufbauen, der Vertrieb mehr Leads generieren und die PR-Abteilung Themen setzen.

Oftmals stellt sich die Frage, ob das Unternehmen gegebenenfalls mit mehreren Instagram-Accounts aktiv werden sollte, beispielsweise einem allgemeinen Unternehmensaccount und einem Karriere Account. Das macht vor allem dann Sinn, wenn sich beide Accounts thematisch wenig überschneiden, Sie eine Vielzahl von Stellen zu besetzen haben und die Accounts hinsichtlich der Marken-Elemente konsistent sind.

Gleichzeitig ist bei dieser Vorgehensweise jedoch zu bedenken, dass für jede erfolgreiche Instagram-Präsenz entsprechende Ressourcen benötigt werden. Eine Bündelung abteilungsübergreifender Kräfte für die Arbeit an einem gemeinsamen Account ist hier häufig empfehlenswerter.

Auch die Entscheidung, Instagram ausschließlich als Recruiting-Kanal für die Generation Z zu betreiben, wird dem Potenzial des Kanals als wichtiger Kontaktpunkt in der Consumer Decision Journey (siehe dazu Abschnitt 3.4.1 »Exkurs: Consumer Decision Journey«) in der Regel nicht gerecht.

Im Rahmen Ihrer Strategie-Entwicklung ist es deshalb wichtig, Ihre Ziele mit den unterschiedlichen internen Stakeholdern in Ihrem Unternehmen zu teilen und frühzeitig deren Erwartungen abzuklopfen.

### S.M.A.R.T.e Ziele

Damit Sie Ihren Erfolg auf Instagram bewerten und Ihre Aktivitäten immer wieder optimieren und auch intern verteidigen können, ist es erforderlich, die strategischen Ziele der verschiedenen Abteilungen Ihres Unternehmens auf eines oder mehrere Ziele, die Sie mit Ihren Instagram-Maßnahmen erreichen wollen, herunterzubrechen. Ihre Ziele sollten dabei schriftlich und S.M.A.R.T. formuliert sein. S.M.A.R.T. heißt dabei, dass Ihre Ziele

- **spezifisch**
- **messbar**
- in Ihrer Organisation **akzeptiert**

- **realistisch** erreichbar
- und mit einem zeitlichen Bezug **terminiert** sind.

Äußerst hilfreiche Tools sind an dieser Stelle die von der Fokusgruppe Social Media des Bundesverbandes Digitale Wirtschaft (BVDW) bereits im Jahr 2016 veröffentlichte, aber immer noch hoch relevante Matrix sowie der gleichnamige Leitfaden »Erfolgsmessung in Social Media«:

`https://www.bvdw.org/fileadmin/bvdw/upload/publikationen/social_media/Infografik_Social_Media_Erfolgsmessung_2016.pdf`

sowie

`https://www.bvdw.org/fileadmin/bvdw/upload/publikationen/social_media/Social_Media_Erfolgsmessung_2016.pdf`

Mit diesen Instrumenten ist es Ihnen möglich,

- Ihre strategischen Unternehmensziele systematisch für Social Media zu operationalisieren,
- Erfolgskennzahlen zu definieren,
- klar messbare Kennzahlen und Key-Performance-Indikatoren zur Überwachung Ihrer Zielerreichung zu finden,
- Instrumente und Methoden zur Messung Ihrer Ziele zu eruieren.

### Maßnahmenziele ableiten

Ein erster Schritt ist dabei, zum Beispiel mithilfe der Matrix (wie in Abbildung 3.30), aus einem übergeordneten strategischen Ziel, das einem Ihrer Unternehmensziele dient, konkrete Maßnahmenziele abzuleiten, mit denen Sie dieses übergeordnete Ziel erreichen können.

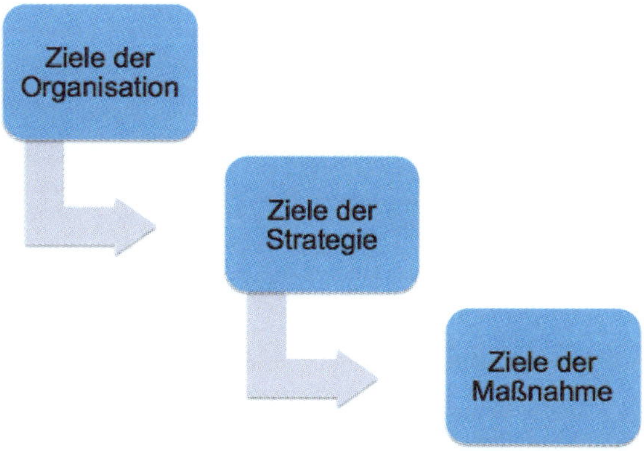


**Abb. 3.30:** Ableitung operationaler Ziele aus einem Unternehmensziel (© Kristina Kobilke nach BVDW-Leitfaden »Erfolgsmessung in Social Media«)

Ein wichtiges strategisches Ziel in Marketing und Vertrieb ist zum Beispiel, neue Kunden für Ihr Unternehmen zu gewinnen, um mehr Umsatz zu generieren und den Marktanteil zu erhöhen. Ein sinnvolles daraus abgeleitetes Maßnahmenziel für Instagram lautet, mit Ihren Aktivitäten zunächst die Bekanntheit Ihres Unternehmens, Ihrer Marke oder Ihrer Produkte in einer bestimmten Zielgruppe zu steigern.

### Wirkungsindikatoren

Bezogen auf das Ziel Bekanntheit sind Indikatoren für die Wirkung Ihrer Maßnahmen vor allem die auf Instagram generierte Reichweite und Aufmerksamkeit in der Community. Mit dem Indikator »Reichweite« verbundene Messwerte sind wiederum:

- die Anzahl Ihrer Follower
- die Zahl der Impressions Ihrer Beiträge
- die Anzahl Views Ihrer Reels
- die Anzahl der über Ihre Beiträge erreichten Nutzer (Netto-Reichweite)
- die Anzahl der mit Ihren Inhalten erreichten Nicht-Follower
- Ihre Profilaufrufe

| Strategiezielziel | Maßnahmenziel | KPI | Kennzahl für die Datenerhebung | Intrument | Messobjekt |
|---|---|---|---|---|---|
| Kunden-gewinnung | Bekanntheit steigern | Reichweite | Markenbekanntheit | Befragung | Bezugsgruppen |
| | | | Netto-Reichweite (Unique User), Brutto-Reichweite (Impressions – oft unterteilt nach Organic, Paid), Views (Video-Aufrufe) | Webtracking/ Social Media Analytics | Medienkanal |
| | | | Reichweite innerhalb der Zielgruppe | Tracking | Medienkanal |
| | | | Anzahl bzw. Wachstumsrate (Growth of Fans, Followers, Advocates etc.) | Social Media Analytics | Medienkanal |
| | | Aufmerk-samkeit | Werbeerinnerung (Aided or unaided Recall / gestützt und ungestützte Bekanntheit) | Befragung | Bezugsgruppen |
| | | | Share of Buzz | Monitoring | Medienkanal |
| | | | Social-Media-Interaktionsrate (Likes, Shares, Kommentare, Bewertungen usw.) pro eigenem Posting/Aktion oder pro Kanal | Social Media Analytics/ Monitoring | Medienkanal |
| | | | Anzahl Nennungen | Monitoring | Medienkanal |

Quelle: Erfolgsmessung in Social Media, BVDW 2016

**Abb. 3.31:** Herleitung operationaler Ziele am Beispiel des strategischen Ziels »Kunden gewinnen« (©BVDW-Leitfaden »Erfolgsmessung in Social Media«)

Mit dem Indikator »Aufmerksamkeit« verbundene Messwerte sind:

- die Anzahl von Interaktionen, wie Likes, Shares oder Kommentare unter Posts und Reels
- die Anzahl der Erwähnungen Ihres Unternehmens in Kommentaren oder Stories
- oder auch die Werbeerinnerung im Falle von Kampagnen

| Strategieziel | Maßnahmenziel | KPI | Kennzahl für die Datenerhebung | Instrument | Messobjekt |
|---|---|---|---|---|---|
| Kunden-gewinnung | Ins Relevant Set gelangen (Interesse/Präferenz) | Involvement/Engagement erreichen als Maß für das Interesse sowie als Voraussetzung für die Einflussnahme (amec = Consideration) | Verweildauer | Webtracking/Social Media Analytics | Medienkanal |
| | | | Social-Media-Interaktionsrate (Likes, Shares, Kommentare, Bewertungen usw.) pro eigenem Posting/eigener Aktion oder pro Kanal | Social Media Analytics/Monitoring | Medienkanal |
| | | | Click-through-Rate (CTR) | Webtracking/Social Media Analytics | Medienkanal |
| | | | Pos. Nennungen | Monitoring | Medienkanal |
| | | | Downloads | Webtracking/Social Media Analytics | Medienkanal |
| | | | Frequency/Besuchshäufigkeit/Wiederkehrrate | Webtracking/Social Media Analytics | Medienkanal |
| | | | Kontaktaufnahme (Anrufe, E-Mails, Posts, ...) | Tracking | Bezugsgruppe |
| | | | Abonnenten/Leser von Newsletter/Hauszeitschrift/Abos von RSS-Feeds etc. | Tracking | Medienkanal |
| | | | Teilnahme an Events | Tracking | Bezugsgruppe |
| | | Präferenz (Zielgruppe) | Markenbekanntheit | Befragung | Bezugsgruppe |
| | | | Wachstum der Community (Growth of Fans, Followers, Advocates etc.) | Social Media Analytics | Medienkanal |
| | | | Kaufbekundungen | Befragung/Monitoring | Bezugsgruppe |
| | | | Empfehlungen (Net Promoter Score (NPS), Empfehlungsäußerung (Text)) | Social Media Analytics/Monitoring/Befragung | Medienkanal/Bezugsgruppe |
| | | | Pos. Produkt-/Unternehmensbewertungen (z.B. in Kundenrenzensionen) | Social Media Analytics/Monitoring/Webtracking | Medienkanal |

Quelle: Erfolgsmessung in Social Media, BVDW 2016

**Abb. 3.32:** Herleitung operationaler Ziele am Beispiel des strategischen Ziels »Kunden gewinnen« (©BVDW-Leitfaden »Erfolgsmessung in Social Media«)

Indikatoren dafür, dass Sie mit Ihren Maßnahmen ins Relevant Set Ihrer Community gelangen, sind wiederum Involvement und Präferenz, was sich an Kennzahlen zeigt wie

- der Verweildauer, insbesondere in Stories und Reels, aber auch in Live-Sessions und auf der Website

- Interaktionen, insbesondere auch Saves bzw. gespeicherte Inhalte von beispielsweise Reels oder Carousel-Posts
- Kontaktaufnahmen über Stories oder direkt via Instagram Direct
- Klicks zu Ihrer Website über Stories oder den Link in Ihrer Biografie
- der Anzahl Empfehlungen in Kommentaren oder Shoutouts Ihres Profils in Stories (Siehe dazu auch Abschnitt 5.6 »Shoutouts«)
- konkrete Kaufbekundungen in Kommentaren oder via Stories oder Reels

Weitere für Instagram wichtige Maßnahmenziele sind darüber hinaus

- Leads zu generieren,
- Produktkäufe zu erhöhen,
- die Kundenzufriedenheit zu steigern, was dem übergeordneten strategischen Ziel der Kundenbindung Rechnung trägt.

Letzteres zeigt sich zum Beispiel in der Loyalität Ihrer Community durch positive Kommentare und die Bereitschaft, beispielsweise User Generated Content zu teilen und Ihre Marke oder Ihr Produkt aktiv weiterzuempfehlen.

#### Key-Performance-Indikatoren und Kennzahlen

Um die Erreichung Ihrer Maßnahmenziele überwachen und sich auch mit Ihrem Wettbewerb vergleichen zu können, benötigen Sie Kennzahlen und Key-Performance-Indicator (KPIs).

Was ist der Unterschied zwischen einer Kennzahl und einem KPI? Eine Kennzahl setzt zwei Messwerte, wie zum Beispiel die Anzahl aller Interaktionen eines Posts mit der Reichweite Ihres Posts ins Verhältnis und spiegelt so die operative Performance Ihrer Inhalte wider.

Ein Key-Performance-Indikator verknüpft Messwerte wiederum mit einem strategischen Ziel, wie etwa die Steigerung der Markenbekanntheit und drückt sich zum Beispiel in einem prozentualen Reichweitenzuwachs aus.

Zu den wichtigsten Kennzahlen und KPIs in Bezug auf Instagram zählen:

- die Reach-Rate Ihrer Inhalte
- die View-Rate in Bezug auf Stories, Videos, insbesondere Reels
- die Wachstumsrate Ihrer Follower (Follower-Growth-Rate)
- die Engagement-Rate und die Engagement-Rate on Reach
- die Conversion-Rate in Bezug auf Leads und Abverkäufe
- Ihr »Share of Buzz« zu einem für Sie wichtigen Thema
- Ihr Share of Voice im Verhältnis zum Wettbewerb
- die Hashtag-Growth-Rate

### 3.7.3 Definition wichtiger Kennzahlen und KPIs

#### Follower-Growth-Rate

Die Follower-Growth-Rate bemisst den Zuwachs an Followern in einem bestimmten Zeitraum im Verhältnis zur Gesamtanzahl Ihrer Follower. Als eine sehr gute Follower-Growth-Rate gilt auf Instagram ein durchschnittliches monatliches Wachstum Ihrer Followerschaft zwischen 6 und 8 Prozent. Je größer Ihr Account wird, desto schwerer wird es sein, dieses Wachstum aufrechtzuerhalten. Die Follower-Growth-Rate lässt sich idealerweise mit einem professionellen Tool überwachen (siehe dazu auch Abschnitt 3.11 »Organisation und Ressourcen«).

Um ein überproportionales Follower-Wachstum zu erzielen, sind abseits von regelmäßigen Reels und Stories in der Regel auch intensivere Maßnahmen zum Ausbau Ihrer Community notwendig. Dazu zählen beispielsweise die gezielte Zusammenarbeit mit Influencern, Creatoren, das Schalten von Werbung sowie die verstärkte Promotion Ihres Accounts über weitere On- und Offline-Kanäle. (Nähere Informationen dazu finden Sie in Kapitel 5 »Aufbau einer Community auf Instagram«.)

#### Engagement-Rate

Die Engagement-Rate setzt die Anzahl aller Interaktionen (Likes, Shares, Kommentare) eines Inhalts ins Verhältnis zur aktuellen Followerzahl. Allerdings ist die weitaus aussagekräftigere Kennzahl die Engagement-Rate auf Basis der tatsächlichen Reichweite eines Inhalts (Engagement-Rate on Reach, siehe dazu die folgenden Ausführungen).

Die Menge an Interaktionen im Verhältnis zur Anzahl der Follower oder der erreichten Sichtkontakte gilt als Äquivalent für die Ihnen entgegengebrachte Aufmerksamkeit seitens der Nutzer und wird von den meisten Unternehmen als Gradmesser für die richtige Content-Strategie genutzt.

Allerdings weist die Kennzahl Schwächen auf, etwa durch die Tatsache, dass User »vergessen« zu liken, zu teilen oder zu kommentieren, obwohl oder gerade weil sie sich mit einem interessanten Inhalt intensiv auseinandergesetzt haben. Oder in der entgegengesetzten Variante, schnell ein Like vergeben, ohne den betreffenden Inhalt bewusst konsumiert zu haben.

Um den Grad der Aufmerksamkeit noch besser einordnen zu können, kann es empfehlenswert sein, Kommentare, Shares und Saves in der Berechnung Ihrer Engagement-Rate stärker zu gewichten, indem sie zum Beispiel innerhalb der Formel mit einem bestimmten Faktor multipliziert werden. Sie können auch eine eigene Engagement-Rate etablieren, die ausschließlich Kommentare oder Shares oder Saves berücksichtigt.

**Hinweis**

Die am Markt verfügbaren Social-Media-Analyse-Tools nutzen oftmals eigene Formeln, mit denen sie Kennzahlen, wie die Engagement-Rate berechnen. Hier lohnt es sich, nachvollziehen, wie diese Kennzahlen genau ermittelt werden. Die meisten Tools weisen diese Methodik über ein kleines Info-Symbol an der betreffenden Kennzahl aus. Auf diese Weise können Sie Abweichungen zu Ihren eigenen Berechnungen nachvollziehen. Bedenken Sie gerade auch im Zusammenhang mit der Konkurrenzbeobachtung, dass die Tools nur auf öffentlich zugängliche Metriken zugreifen können und Werte sich deshalb stark von Ihren eigenen unterscheiden können.

Der auf Wettbewerbsanalysen spezialisierte Social-Media-Analytics-Anbieter Rival IQ bringt regelmäßig Social-Media-Benchmark-Reports heraus, aus denen sich, wie in Abbildung 3.33 beispielsweise durchschnittliche Engagement-Raten pro Branche ermitteln lassen.

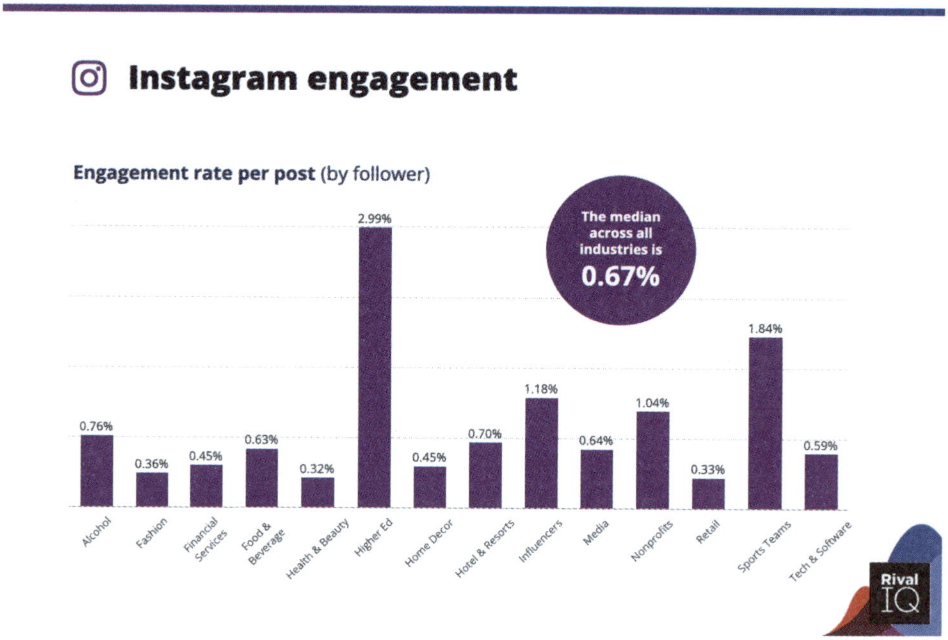


**Abb. 3.33:** Durchschnittliche Engagement-Raten pro Post auf Basis von Followern (»2022 Social Media Industry Benchmark Report«)

### Engagement on Reach Rate

Wie schon in den vorangegangenen Ausführungen erläutert, setzt die Engagement-on-Reach-Rate alle Interaktionen Ihres Posts, Reels oder Ihrer Story mit der real erreichten Anzahl von Instagram-Konten ins Verhältnis. Die Engagement-on-Reach-Rate ist damit auch ein spannender KPI für die Bewertung von Influencern (siehe dazu auch Kapitel 6 »Influencer-Marketing«).

**Tipp**

Um Ihre Engagement-Rate auch mit Ihren anderen digitalen Marketing-Maßnahmen vergleichbar zu machen, sollten Sie Ihre Engagement-Rate nicht nur auf Basis der erreichten Konten ermitteln, sondern auch auf Basis von Impressions.

### Reach-Rate

Die Reach-Rate drückt die tatsächlich mit einem Post, Reel oder einer Story erzielte Reichweite im Verhältnis zu Ihrer aktuellen Followerzahl aus. Eine sinkende oder steigende Reach-Rate lässt Rückschlüsse zur Effizienz Ihrer Content-Strategie zu. Denn die erzielte Reichweite Ihrer Posts hängt maßgeblich von deren Bewertung durch den Instagram-Algorithmus ab. Wesentliche Kriterien für den Algorithmus sind dabei das Engagement sowie die Verweildauer der Instagrammer mit Ihren Posts, Reels und Stories.

### Hashtag-Growth-Rate

Die Hashtag-Growth-Rate gibt Aufschluss darüber, wie sich Ihre Bekanntheit und Sichtbarkeit auf der Plattform verändert bzw. wie Ihre Community auf Instagram wächst. Sie drückt den Zuwachs der in einem bestimmten Zeitraum mit Ihrem Markenhashtag versehenen Posts im Verhältnis zu deren Gesamtzahl auf der Plattform aus. Auch hieraus ließe sich ein konkretes Ziel ableiten, beispielsweise:

»Mit unserer Aktion XY steigern wir die Anzahl der mit unserem Markenhashtag markierten Posts binnen vier Wochen um zehn Prozent.«

oder:

»Wir steigern unsere Hashtag-Growth-Rate bis Ende des Jahres um fünf Prozent.«

### Hashtag-Engagement-Rate

Spannend ist auch die Analyse der Engagement-Raten von Inhalten, die mit einem bestimmten Hashtag, beispielsweise Ihrem Markenhashtag oder einem Branchenhashtag, versehen wurden. Die Hashtag-Engagement-Rate setzt dabei die Anzahl der Likes und Kommentare eines mit dem betreffenden Hashtag versehenen Posts ins Verhältnis zur Gesamtreichweite der mit diesem Hashtag versehenen Posts. Um diesen KPI zu ermitteln, ist der Einsatz professioneller Tools, wie Sprout Social, Simply Measured, Talkwalker oder Iconosquare unumgänglich .

Insbesondere Tools mit einer starken Social-Listening-Komponente wie Talkwalker oder Sprout Social ermöglichen darüber hinaus, Meinungsführer zu identifizieren, die ihre Inhalte mit Ihrem Markenhashtag oder einem Branchenhashtag versehen haben.

Diese Insights helfen Ihnen einerseits dabei, Ihre Hashtag-Strategie zu optimieren, und andererseits, die für Ihr Unternehmen oder Ihre Marke richtigen Influencer zu identifizieren (siehe dazu auch Kapitel 6 »Influencer-Marketing«).

### Share of Voice

Gerade durch die erhöhte Markenaffinität der Instagrammer und den damit verbundenen verstärkten Einsatz von Markenhashtags in Bildunterschriften sowie Erwähnungen von Marken in Posts und Stories kann Instagram einen wesentlichen Beitrag dazu leisten, den Anteil der Gespräche über Ihre Marke zu erhöhen. Der Share of Voice gibt dabei die Anzahl der Nennungen Ihrer Marke im Verhältnis zur Gesamtzahl der Nennungen Ihrer wichtigsten Wettbewerber an. Diesen KPI können Sie entweder manuell ermitteln oder aber auf Social-Listening-Tools wie zum Beispiel Talkwalker zurückgreifen.

### Share of Buzz

Der Share of Buzz gibt wiederum an, wie oft Ihre Marke oder Ihr Unternehmen im Zusammenhang mit einem für Sie wichtigen Positionierungsthema im Verhältnis zu Ihren vier wichtigsten Wettbewerbern genannt wurde.

### Bounce-Rate

Bedeutend im Zusammenhang mit Ihrer Zieldefinition ist auch die Betrachtung von Kennzahlen und KPIs über die Plattform Instagram hinaus. Beispielsweise ist es wichtig, die Qualität des über Instagram generierten Traffics über Ihr Webanalyse-Tool (zum Beispiel Google Analytics) im Blick zu behalten. Diese drückt sich unter anderem in der Absprungrate bzw. Bounce-Rate auf Ihrer Website aus. Ist die Absprungrate besonders hoch, konnten Sie die Erwartungen der über Instagram generierten Besucher auf Ihrer Website offenbar nicht erfüllen. Dies kann inhaltliche, aber auch technische Ursachen haben, beispielsweise:

- gelangen die User nicht direkt auf den in Ihrer Biografie oder in einer Story angeteaserten Inhalt auf Ihrer Website
- die Inhalte und auch das Look & Feel Ihrer Website unterscheiden sich maßgeblich von Ihren Instagram-Inhalten

- Ihre Landingpage ist nicht mobil optimiert, baut sich zu langsam auf oder ist nur unzureichend über den Mobile Screen les- und nutzbar.

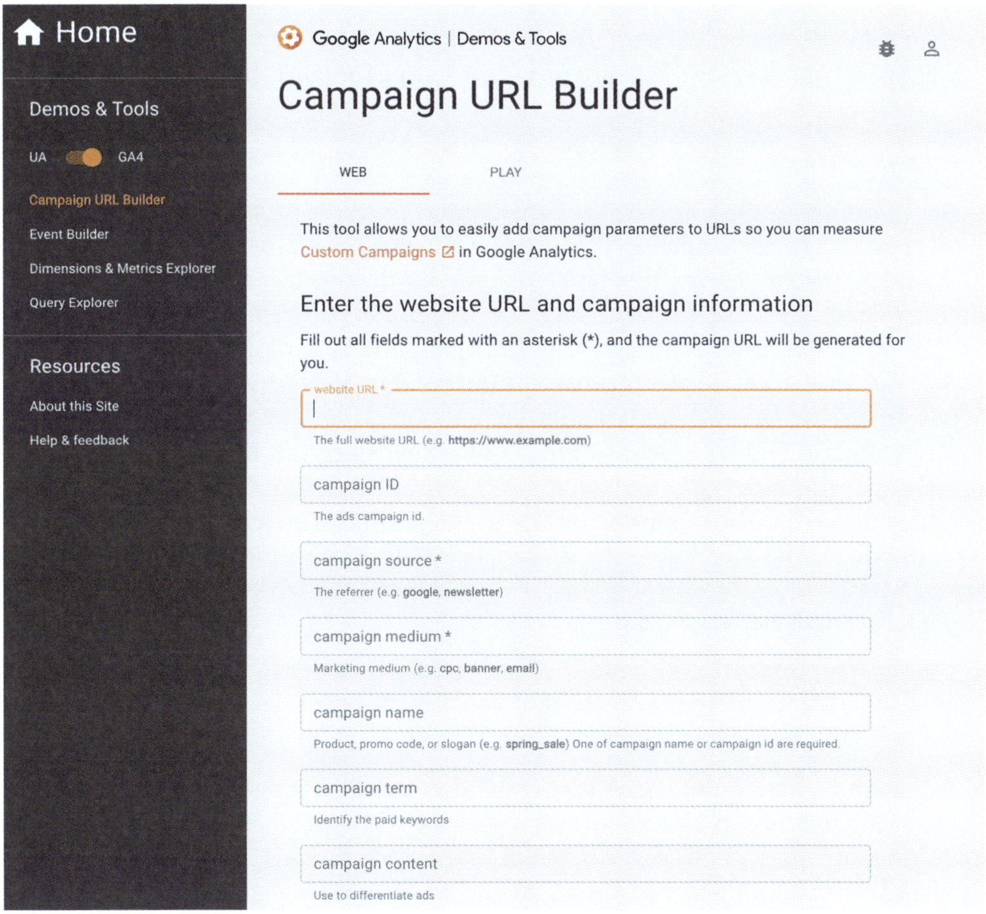


**Abb. 3.34:** UTM-Parameter-Builder von Google Analytics

**Wichtig**

Damit Sie sowohl den organisch generierten Traffic von Instagram als auch den bezahlten Traffic von Werbekampagnen, die Sie auf Instagram schalten, in Ihrem Webanalyse-Tool identifizieren können, sollten Sie den Link in Ihrer Biografie, Links in Ihren Stories sowie auch die Links Ihrer Werbeanzeigen jeweils mit einem eindeutigen Kampagnen-Parameter bzw. einer eindeutigen Kampagnen-URL versehen.

Dazu können Sie in der Regel auf sogenannte »URL Campaign Builder« oder auch URL-Generatoren Ihres Webanalyse-Anbieters zurückgreifen.

Sofern Sie beispielsweise Google Analytics einsetzen, wäre dies der Google Campaign URL Builder:
`https://ga-dev-tools.appspot.com/campaign-url-builder/`.

Im Falle von Matomo (ehemals Piwik):
`https://ga-dev-tools.appspot.com/campaign-url-builder/`.

#### Conversion-Rate

Die Conversion-Rate misst die Umwandlung von Besucherströmen auf Ihrer Website zu Interessenten und Kunden. Conversions können dabei harte Abverkäufe in Ihrem Shop, aber auch einem Kauf vorgelagerte Handlungen wie Downloads von Whitepapern, Registrierungen für Ihr Webinar oder Anmeldungen zu Ihrem Newsletter sein. Die Conversion-Rate wird dabei aus der Anzahl der auf Instagram zurückführbaren Conversions im Verhältnis zur Anzahl der via Instagram generierten Unique Visitors auf Ihrer Website / in Ihrem Shop errechnet. Auch hier macht es Sinn, mit entsprechenden Kampagnen-URLs zu arbeiten, um möglichst individuelle Conversion Rates zu ermitteln und in der Folge besser Einflussfaktoren auf diesen KPI zu identifizieren. Die Conversion-Rate wird in der Regel über Ihr Webanalyse-Tool ausgewiesen.

#### Durchschnittlicher Warenkorb

Der durchschnittliche Warenkorb errechnet sich aus dem auf Instagram zurückführbaren Umsatz durch die Anzahl von Bestellungen der via Instagram generierten Unique Visitors in Ihrem Shop.

Arbeiten Sie häufig mit Gewinnspielen oder verfolgen keine stringente Content-Strategie auf Instagram, kann sich dies in einem geringen durchschnittlichen Warenkorb der via Instagram generierten Bestellungen niederschlagen. Ein hoher durchschnittlicher Warenkorb kann wiederum ein Zeichen dafür sein, dass Sie die richtige Marken- und Produktkommunikation auf Instagram verfolgen.

Um Ihre jeweiligen KPIs zu ermitteln, kontinuierlich zu überwachen und sich auch mit Ihrer Konkurrenz zu benchmarken, ist es empfehlenswert, in ein oder mehrere professionelle Analyse-Tools zu investieren. (Nähere Informationen dazu finden Sie in Abschnitt 3.10 »Evaluation« und Abschnitt 3.11 »Organisation und Ressourcen«.)

Zwar stehen Ihnen über Ihr Business-Profil Statistik-Tools bzw. Insights zur Verfügung, mit denen Sie eine Vielzahl von Kennzahlen wie die Reichweite Ihrer Posts, die Aufrufe Ihres Profils sowie weitere Handlungen nachvollziehen können. Die Ableitung von KPIs muss jedoch zum Teil noch manuell oder über ein externes Tool erfolgen. Zudem reicht die Historie der Daten aktuell nur maximal

90 Tage zurück. Für eine langfristige Analyse sollten Ihre wichtigsten Kennzahlen und KPIs in ein externes Reporting überführt werden.

### 3.7.4 Ziele setzen und SMART formulieren

In der Praxis setzt sich ein Großteil der Unternehmen 3 bis 4 Maßnahmenziele via Instagram, um die Consumer Decision Journey zu unterstützen:

**Bekanntheit steigern**

- durch die Steigerung der Impressions pro Post oder Reel
- Steigerung der Views pro Reel oder Video
- Steigerung der Anzahl Follower
- Steigerung Engagement

Wichtigste Kennzahlen und KPIs: Engagement-Rate, Reach-Rate, Follower-Growth-Rate, Reichweitenzuwachs, Steigerung der Markenbekanntheit

**Ins Relevant Set gelangen**

- durch die Steigerung der Verweildauer in Stories, Posts, wie zum Beispiel Carousel Posts, Videos und insbesondere Reels
- Steigerung der Klicks zur Website
- Steigerung Engagement

Wichtigste Kennzahlen und KPIs: View-Rate, Engagement-Rate, Klickrate, Absprungrate (Bounce-Rate auf der Website), Wiederkehrrate (Website)

**Leads/Abverkäufe generieren**

- Steigerung von Newsletter-Anmeldungen
- Steigerung von Angebotsanfragen
- Steigerung von direkten Kontaktaufnahmen
- Steigerung von Produktkäufen via Instagram
- Steigerung der Anzahl Bewerber
- Steigerung Anzahl (Neu-)Kunden

Wichtigste Kennzahlen und KPIs: Conversion-Rate, Umsatzzuwachs, durchschnittlicher Warenkorb, Neukundenzuwachs, Bewerberzuwachs

**Kundenzufriedenheit steigern**

- Steigerung der Empfehlungen versus Negativempfehlungen
- Steigerung von User Generated Content

Wichtigste Kennzahlen und KPIs: Empfehlungsrate, Hashtag-Growth-Rate, Sentiment-Index

Im Sinne einer S.M.A.R.T.en Formulierung könnte Ihre Zieldefinition, zum Beispiel, nun wie folgt lauten:

»Um unsere Markenbekanntheit zu erhöhen, steigern wir unsere Reichweite pro Post auf Instagram bis zum 30.06.2023 um 20 Prozent, die Anzahl Views unserer Reels um 50 Prozent und die Anzahl unserer Follower um 25 Prozent. Durch den gezielten Einsatz von Call-to-Actions erhöhen wir das Engagement um 20 Prozent auf eine durchschnittliche Engagement-Rate von 2 Prozent. Mit der Konzeption von Mehrwert-Reels erhöhen wir zudem die View-Rate um 20 Prozent. Weiterhin steigern wir die Anzahl der über Instagram generierten Newsletter-Anmeldungen um 20 Prozent.«

Gerade wenn Sie noch am Anfang Ihrer Instagram-Aktivitäten stehen, kann es Ihnen schwerfallen, Ziele zu definieren. Hier kommt Ihnen Ihre Wettbewerbsbeobachtung im Rahmen des Social-Media-Audits zugute. Ihr Anspruch könnte sein, sich mindestens so gut aufzustellen wie der Branchendurchschnitt oder Ihr wichtigster Wettbewerber. Auch Benchmark-Studien, wie der bereits erwähnte Social-Media-Industry-Benchmark-Report von Rival IQ können Ihnen helfen, Vergleichswerte zu finden, an denen Sie sich orientieren können.

### 3.7.5 Tools und Methoden zur Erfolgsmessung

Ein weiteres wichtiges Element Ihrer Zieldefinition ist es, festzuhalten, auf welche Art und Weise Ihre Kennzahlen und KPIs gemessen werden können. Auch hierzu liefert Ihnen der Leitfaden des BVDW zur Social-Media-Erfolgsmessung wertvolle Impulse. In der Spalte »Instrument, Erhebungsmethode« können Sie ablesen, welche Tools und Methoden benötigt werden, um die von Ihnen gewählten Kennzahlen und KPIs zu messen.

Mithilfe der Instagram-Insights Ihres Business-Accounts lassen sich bereits viele Fragen beantworten. Allerdings kostet es Zeit, die Daten in ein aussagekräftiges Reporting zu übertragen. Die Empfehlung wäre hier, direkt auf ein professionelles Social-Media-Management-Tool, wie beispielsweise Facelift Cloud, Meltwater, Falcon.io, Swat.io oder weitere, zurückzugreifen.

Weiterhin benötigen Sie die Daten aus Ihrem Webanalyse-Tool wie zum Beispiel Google Analytics, um beurteilen zu können, wie sich durch Ihre Maßnahmen auf Instagram KPIs wie Traffic, Visits oder Abverkäufe verändert haben.

Gerade wenn Sie Ziele, wie die Erhöhung Ihrer Markenbekanntheit via Instagram anstreben, ist auch der Einsatz externer Marktforschungstools zu bedenken. Um Veränderungen in der Markenbekanntheit- oder -wahrnehmung via Instagram festzustellen, ist beispielsweise eine Null-Messung zu Beginn Ihrer Aktivitäten erforderlich.

Sobald Sie festgelegt haben, mit welchen Tools und Methoden Sie Ihre Maßnahmen beobachten und bewerten wollen, sollten Sie Personen in Ihrem Team benennen, die für die Erhebung und Messung der Daten verantwortlich zeichnen.

Weitere Informationen zur Evaluation Ihrer Maßnahmen finden Sie in Abschnitt 3.11 »Organisation und Ressourcen«.

## 3.8 Ableitung konkreter Themen, Stories, Inhalte und Formate

In diesem Schritt geht es nun darum, aus der Summe aller Ihrer Vorüberlegungen Ideen für mögliche Themen, Stories, Inhalte und Formate auf Instagram abzuleiten und diese idealerweise in einem möglichst konkreten Redaktionsplan festzuhalten.

Eine erste große Herausforderung ergibt sich daraus, eine meistens auf ein Jahr ausgelegte Marketing- und Kommunikationsstrategie mit drei bis vier Highlight-Kampagnen auf eine kontinuierliche, mindestens wöchentliche oder gar tägliche Kommunikation auf Instagram herunterzubrechen.

Aus der Consumer-Decision-Journey-Betrachtung geht hervor, dass potenzielle Konsumenten unabhängig von punktuellen Kampagnen nach Unternehmen, Produkten oder Marken auf Instagram suchen, Unternehmen also eine dauerhafte Präsenz dort sicherstellen und mit ihren Inhalten jederzeit auf Bedürfnisse im Entscheidungsprozess reagieren sollten.

### 3.8.1 Ableitung von Themen

Ihre Inhalte-Strategie für Instagram sollte grundsätzlich Teil einer übergeordneten Content-Marketing-Strategie sein. Oftmals verleiten die kreativen Umsetzungsmöglichkeiten auf Instagram dazu, eine Content-Marketing-Strategie für Ihr Unternehmen vom Kanal her zu denken. Um aber effizient und mit einer konsistenten Stimme über mehrere Kanäle und im Sinne Ihrer strategischen Unternehmensziele kommunizieren zu können, sollten Sie den »umgekehrten« Weg gehen und bei Ihrer Positionierung sowie Ihren Personas beginnen.

In der Praxis bedeutet dies, dass Sie im Idealfall bereits auf Themen und Stories zurückgreifen können, die über Instagram inszeniert und distribuiert werden können.

#### Ableitung von Themen auf Basis der Core Story

Ein sehr anschauliches Modell für einen strategischen Content-Marketing-Ansatz hat Mirko Lange, einer der wichtigsten Content-Strategen in der DACH-Region und Gründer der Content-Operations-Plattform Scompler, entwickelt.

Demnach beginnt die Ableitung von Themen aus übergeordneten Themenfeldern, die sich wiederum an der Leitidee Ihres Unternehmens bzw. Ihrer Core Story orientieren. Ihre Leitidee bzw. Core Story verdichtet die Kernbotschaft Ihres Unternehmens und mündet oftmals in einem aktivierenden Slogan. Sie leitet sich vor allem aus den Überlegungen in den Abschnitten 3.3 und 3.4 ab,

- nämlich Ihrer Vision und Mission, Ihren USPs, Ihren Werten,
- sowie den Bedürfnissen und Schmerzpunkten Ihrer Persona(s)
- und Ihrem Versprechen, diese Bedürfnisse zu stillen bzw. Schmerzpunkte zu lindern.

Auf Basis dieser strategischen Überlegungen werden Themen idealerweise abteilungsübergreifend gesammelt und auf ihre Relevanz im Rahmen der Content-Marketing-Strategie überprüft.

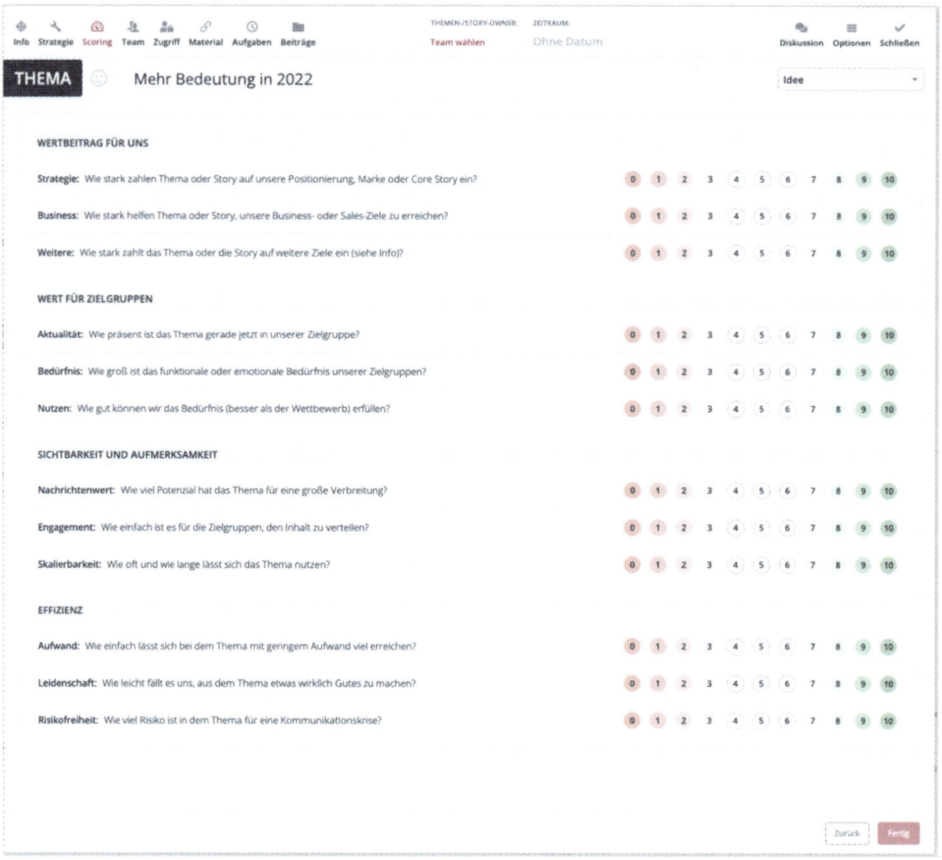


**Abb. 3.35:** Scoring-Ansicht des Scompler Themenscores, in der Themen bewertet werden können (https://scompler.com/themenscore/)

**Tool-Tipp**

Ein kostenloses, sehr spannendes Tool ist in diesem Zusammenhang der ebenfalls von Mirko Lange und seinem Team entwickelte Scompler Themenscore. Hiermit lässt sich der Wertbeitrag von vorgeschlagenen Themen zu für Sie wichtigen strategischen Zielen evaluieren. Etwa ob Themen auf Ihre Kommunikationsziele einzahlen, einen Wert für Ihre Zielgruppe liefern , Potenzial für mehr Sichtbarkeit und Aufmerksamkeit bieten und zudem auch effizient umgesetzt werden können.

Alle beteiligten Mitarbeiter bewerten die gesammelten Themen nach zuvor gemeinsam definierten Kriterien auf einer Skala von 0 bis 10 und können so einen Durchschnittsprozentwert pro Thema errechnen. Bewegt sich der Score im »grünen Bereich«, kann das Thema als richtig und wichtig erachtet werden. Bewegt es sich eher im orangen oder gar roten Bereich, sollte das Thema eher zurückgestellt oder verworfen werden.

#### Ableitung von Themen auf Basis der Nutzerinteressen

Ein weiterer oder auch paralleler Ansatz wäre, sich bei der Themenwahl auf Ihre ausführliche Persona-Betrachtung zu beziehen. Wo liegen die Bedürfnisse und Schmerzpunkte Ihrer Persona? Welche Fragen stellt sie sich in Bezug auf Ihr Unternehmen und Ihr Produkt?

Ein sehr hilfreiches Instrument, Ihre Persona(s) genau in diesem Punkt zu analysieren und daraus schließlich Ideen für geeignete Inhalte abzuleiten, ist das kostenlose webbasierte Tool AnswerThePublic (`answerthepublic.com`), das in erster Linie zur Suchmaschinenoptimierung von Webseiten und Blogs eingesetzt wird. Das Tool gibt, vereinfacht ausgedrückt, Aufschluss darüber, welche Fragen Menschen im Zusammenhang mit bestimmten Keywords in die Suchmaschinen Google und Bing eingeben. Sie können damit in Erfahrung bringen, welche Fragen Menschen mit Ihrem Produkt, Ihrer Branche, Ihrer Dienstleistung in Verbindung bringen. Das wiederum gibt Ihnen Anregungen dazu, Inhalte zu entwickeln, die genau diese Fragen beantworten.

Geben Sie beispielsweise die Begriffe »Elektroauto kaufen« in die Suche des Tools ein (und stellen als Zielland DE für Deutschland ein), erhalten Sie allein 50 Fragen, die sich Menschen im Zusammenhang mit dem Autokauf stellen.

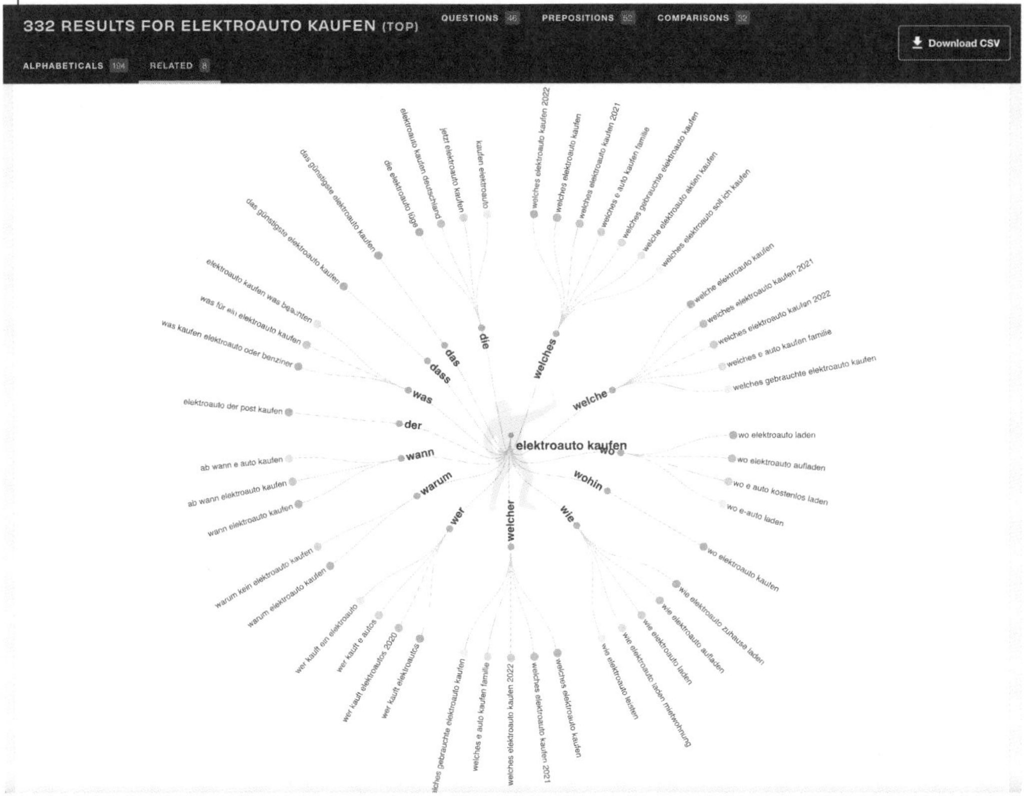


**Abb. 3.36:** Suchanfragen via Google und Bing, die sich Menschen im Zusammenhang mit dem Elektroautokauf stellen (Quelle: answerthepublic.com)

Darüber hinaus fächert das Tool noch weitere Fragen in Kombination mit Präpositionen wie ohne, mit, auf, bis, für und weitere auf.

Einziges Manko, Sie können noch nicht abschätzen, wie häufig die Fragestellungen eingegeben wurden. In einem weiteren Schritt wäre es deshalb empfehlenswert, das Suchvolumen zu bestimmten Fragestellungen bzw. Keyword-Phrasen zu ermitteln mit dem Ziel, Themencluster zu bilden. Hierzu eignet sich zum Beispiel der Google Keyword Planner.

In der Regel wird genau diese Analyse auch für die Suchmaschinenoptimierung (SEO) Ihrer Website herangezogen, sodass Sie im günstigsten Fall auf die Erkenntnisse Ihrer Kollegen zurückgreifen können.

Keywords oder Keyword-Phrasen mit dem größten Suchvolumen geben Ihnen einen sehr guten Anhaltspunkt für Themenkomplexe, die Sie auf Ihrer Website, aber auch auf Instagram bespielen sollten.

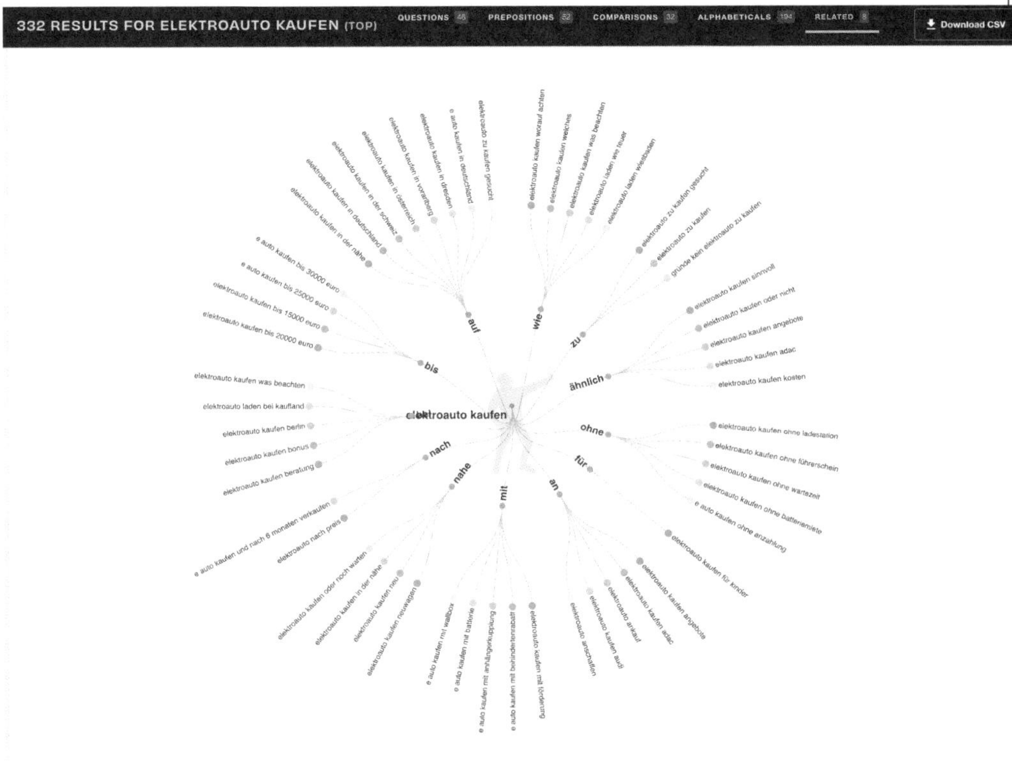


**Abb. 3.37:** Suchanfragen in Kombination mit bestimmten Präpositionen, die sich Menschen im Zusammenhang mit dem Elektroautokauf stellen (Quelle: answerthepublic.com)

## 3.8.2 Operationalisierung von Themen und Stories

Sind die Themen gefunden und ausgewählt, sollten Sie diese in einem abteilungsübergreifenden Themenplan sammeln. Dazu eignen sich Tools wie Asana oder das bereits erwähnte Scompler oder auch eine klassische Excel-Tabelle.

Im nächsten Schritt geht es nun darum, Ihre Themen für Ihre Persona(s) greifbar zu machen. Das funktioniert, indem Sie zu Ihren Themen konkrete Stories finden – abstrakte Themen also anhand von konkreten Geschichten mit Leben füllen. Die Stories sollten dabei an die Lebenssituation Ihrer Persona(s), an ihre Ziele, Bedürfnisse und Schmerzpunkte anknüpfen und zudem an die jeweilige Phase der Consumer Decision Journey angepasst sein.

Ein weiterer wichtiger Schritt ist die inhaltliche Ausgestaltung Ihrer Stories. Wie bekommen Ihre Geschichten aus Sicht Ihrer Persona(s) noch mehr Substanz?

Indem Sie Ihren Content so kreieren, dass er den Entscheidungsprozess Ihrer potenziellen Konsumenten sinnvoll begleitet und dabei darauf ausgelegt ist, einen echten Mehrwert zu liefern.

Hierzu benötigen Sie vier unterschiedliche Content-Arten:

- Informationellen Content, der Wissen und Inspiration vermittelt (auch educational und inspirational Content genannt), dieser Content unterscheidet sich in informationellen Trend-Content und informationellen Evergreen-Content
- Emotionalen Content, der Beziehung & Sinn vermittelt
- Social Content, der Ihre Community unterhält
- Transaktionalen Content, der Ihre Produkte promotet

Je nach Ausrichtung Ihres Unternehmens, ob B2B-Unternehmen, Publisher, Händler oder Institution, variiert der Schwerpunkt dieser Content-Arten innerhalb Ihrer Instagram-Präsenz. Während Händler auf Instagram vorwiegend auf transaktionalen Content setzen sollten, überwiegt bei B2B-Unternehmen, Publishern und Institutionen der informationelle Content.

**Wichtig**

Wichtig ist jedoch, unabhängig von der Ausrichtung Ihres Unternehmens auch Inhalte in Ihrer Strategie zu berücksichtigen, die einen emotionalen Nutzen für Ihre Community bieten und auf deren Basis User eine Beziehung zu Ihnen aufbauen können. Denn hier liegt, wie schon in Abschnitt 3.4.1 »Exkurs: Consumer Decision Journey« erläutert, Ihre Chance, sich als (lebenslanger) Partner zu positionieren und sich in einem Käufermarkt vom Wettbewerb zu differenzieren.

Ein sehr inspirierendes Tool, das Ihnen dabei hilft, für Ihre Themen und Geschichten methodisch Inhalte und Formate zu entwickeln, die sich an den Bedürfnissen Ihrer Persona(s) orientieren, ist der Content Radar, ebenfalls von Mirko Lange. Der Radar betrachtet Content zwar sinnvollerweise nicht kanalspezifisch, lässt sich aber theoretisch auf Instagram als vielseitige Content-Plattform übertragen.

Der Content-Radar kategorisiert wie in Abbildung 3.38 vor allem den Nutzen von Content aus Sicht der User mithilfe von vier Dimensionen:

- News/Information »Ich weiß Bescheid«
  Vordergründig/funktionaler Content mit kurzer Lebensdauer (schnell konsumierbare Inhalte, News, Ankündigungen ...)
- Wissen/Enabling »Ich habe etwas gelernt«
  Funktional/tiefgründiger Content (Inhalte mit langer Lebensdauer, die Orientierungs- und Entscheidungshilfe geben, Zusammenhänge, Kompetenz vermitteln, Ausführlichkeit und Tiefe ermöglichen ...)

- Beziehung/Sinn »Ich habe es verstanden«
  Emotional/tiefgründiger Inhalt (Inhalte mit langer Lebensdauer, die Werte, Motive und Überzeugungen transportieren, Bestätigung und Anerkennung stiften, Identifikation ermöglichen ...)
- Unterhaltung/Spaß »Macht mir Spaß«
  Vordergründig/emotionaler Inhalt (Inhalt mit kurzer Lebensdauer, der Selbstdarstellung ermöglicht, ausgefallen und humoristisch ist)

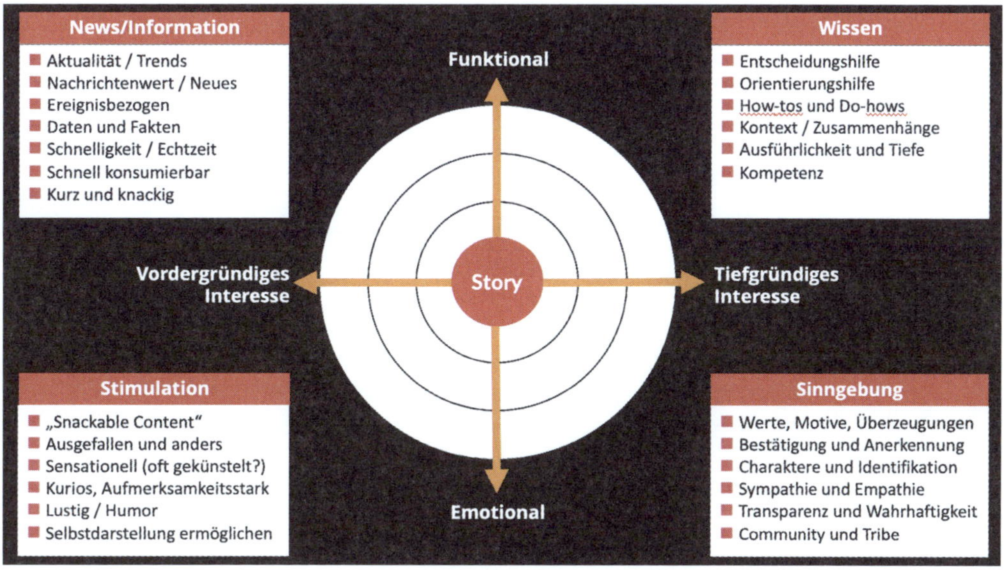


**Abb. 3.38:** Auszug aus der SCOM-Präsentation »Content-Radar« von Mirko Lange, Scompler GmBh, `www.scompler.de`

Instagram bietet in allen vier Bereichen ideale Formate, um Ihre Themen so zu inszenieren, dass sie einen Mehrwert für Ihre Community darstellen.

Mirko Lange empfiehlt, sich auf einen der vier Bereiche zu fokussieren und sich gegenüber dem Wettbewerb als führend zu positionieren und das Budget für die Content-Produktion und Distribution auf diesen Bereich zu allokieren.

Mit Blick auf einen geeigneten Content- und Format-Mix auf Instagram empfiehlt es sich, durchaus alle vier Bereiche zu bespielen. Im Bereich Wissen/Enabling eignen sich folgende Inhalte und Formate auf Instagram:

- Tutorials oder Tipps zu Fragestellungen/Bedürfnissen, Schmerzpunkten Ihrer Persona in Reels, Stories, Lives oder Carousel-Posts
- Interaktive Quizze, insbesondere in Stories

- Infografiken
- Kuratierte Inhalte aus Ihrer Branche und Community, die Sie insbesondere in Stories weiterempfehlen
- Kuratierte eigene und fremde Inhalte in Guides
- Interviews mit Experten in Live-Sessions
- Influencer- und User Generated Content in Posts oder Stories
- Highlight-Stories mit aktuellen Projekten

Im Bereich Beziehung/Sinn:

- Kundenstimmen in Stories oder Carousel-Posts
- Community-Feedback, das Sie in Stories teilen
- Ausschnitte aus Podcasts in Posts mithilfe von Audiogrammen (siehe dazu auch Abschnitt 4.4 »Reels«)
- Zitate-Posts, die Ihre Werte und Motive vermitteln
- Behind-the-Scenes-Eindrücke in Stories, Videos und Reels

Im Bereich Unterhaltung/Spaß:

- Augmented-Reality-Filter
- Memes
- Zitate-Posts
- Reels

Im Bereich News/Information

- Infografiken
- Posts mit den wichtigsten Fakten
- Stories mit Count-Down-Sticker (beispielsweise bei einem Produktlaunch)

Mit dem Content Radar gelingt es Ihnen nun gegebenenfalls leichter, konkrete Beiträge für Ihre Themen und damit verbundene wertvolle Inhalte für Ihre Persona(s) auf Instagram zu planen. Idealerweise nutzen Sie dabei möglichst viele unterschiedliche Formate und ermöglichen Nutzern so mehrere Kontakt-Punkte mit Ihren Themen. Zudem lässt sich über Reels, Posts und Stories ein perfekter »Content-Funnel« für Ihre Thema kreieren. Über Reels wecken Sie Interesse, über Posts vertiefen Sie dieses Interesse und über Stories konvertieren Sie Ihre Interessenten zu Fans Ihrer Marke und schließlich zu potenziellen Kunden.

**Wichtig**

Grundsätzlich sollten Sie für Sie relevante Themen nicht nur mit einem einzelnen Post oder einem einzigen Reel auf Instagram inszenieren, sondern über einen längeren Zeitraum, zum Beispiel mehrere Tage oder sogar Wochen, mit verschiedenen Formaten präsent sein. (Siehe dazu auch das Thema Content Planung in Kapitel 4, Abschnitt 4.10 »Content Planung«). Auch wenn Ihre Posts oder Stories durch andere Themen durchbrochen werden, versuchen Sie Ihrer Community über mehrere Kontaktpunkte und Content-Formate einen Zugang zu diesem Thema zu verschaffen. Konzipieren Sie für Ihre wichtigen Themen Content-Journeys innerhalb Instagrams und auch darüber hinaus.

Ein gutes Beispiel dafür ist das in Kapitel 4, Abschnitt 4.2.6 »Illustrationen« erwähnte Reihe von Illustrationen der Heinrich-Böll-Stiftung (@boellstiftung). Das übergeordnete Thema war hier der »Earth Overshoot Day 2022«. Die Stiftung (in diesem Fall die Heinrich-Böll-Stiftung Washington, @boell_us) brach dieses Thema auf die Story herunter, dass »Frauen oft an vorderster Front sozialer und ökologischer Bewegungen stehen«, jedoch nicht gerecht bezahlt und genügend gewürdigt werden. Um diese Story zu transportieren, setzte die Stiftung eine Interview-Reihe mit Kurzinterviews weiblicher Changemaker um. Anstelle von Fotos der Protagonistinnen illustrierte die Künstlerin Molly Crabapple, selbst Teil der Bewegung, die Interview-Partnerinnen. Auf Instagram wurden diese Illustrationen mit O-Tönen aus den Interviews als Teaser für die auf der Website befindlichen Interviews platziert. Dazwischen wurden grafische Posts sowie Reels mit Fakten zum Earth Overshoot Day lanciert.

Sobald Sie Ihrer Überlegungen zur Inszenierung von Stories zu übergeordneten Themen konkretisiert haben, sollten Sie Ihre dazu geplanten Beiträge wie zum Beispiel ein Carousel-Post, Reels, Foto-Posts, Lives oder eine Story schließlich in einem Redaktionsplan festhalten. Dieser hilft Ihnen dabei, Ressourcen schon im Voraus zu planen, Inhalte mittel- und langfristig vorzubereiten, zu produzieren sowie die Distribution festzulegen.

## 3.9 Distribution Ihrer Inhalte und Community Management

Ein wichtiger Teil Ihrer Strategie ist die Überlegung, auf welche Weise Sie Ihren Inhalten zu mehr Sichtbarkeit und Aufmerksamkeit auf Instagram verhelfen können. Zum einen stellt sich hier die Frage nach der richtigen Posting Frequenz sowie dem richtigen Format-Mix.

### 3.9.1 Posting-Frequenz

Die Häufigkeit, mit der Sie Ihre Inhalte veröffentlichen, hängt maßgeblich von Ihren Zielen und vor allem Ihren Ressourcen ab. Je ambitionierter Ihre Ziele auf

Instagram sind, desto mehr Ressourcen sollten Sie auch für Ihre Präsenz auf Instagram bereitstellen.

Grundsätzlich goutiert der Instagram-Algorithmus die regelmäßige Veröffentlichung von Inhalten.

**Wichtig**

Um Ihr Community-Wachstum voranzutreiben, ist es wichtig, dass Sie regelmäßig, zum Beispiel mehrmals wöchentlich Posts und Stories sowie, wenn möglich, mehrmals monatlich Reels posten. Auch wenn Sie schon über eine reichweitenstarke Community verfügen – bleiben Sie Ihrem Rhythmus treu. Der Instagram-Algorithmus belohnt Stand heute die Konsistenz in Ihrem Posting-Verhalten mit einer besseren Sichtbarkeit auf der Plattform und »bestraft« in gleichem Maße Inaktivität oder unregelmäßiges Posten. In der Folge sinkt Ihr Engagement-Niveau (weniger Likes und Kommentare) und das Wachstum Ihrer Community stagniert. Anstelle von Quantität sollten Sie sich jedoch eher von der Qualität Ihrer Inhalte leiten lassen und die häufig geforderte tägliche Posting-Frequenz diesem Anspruch unterordnen.

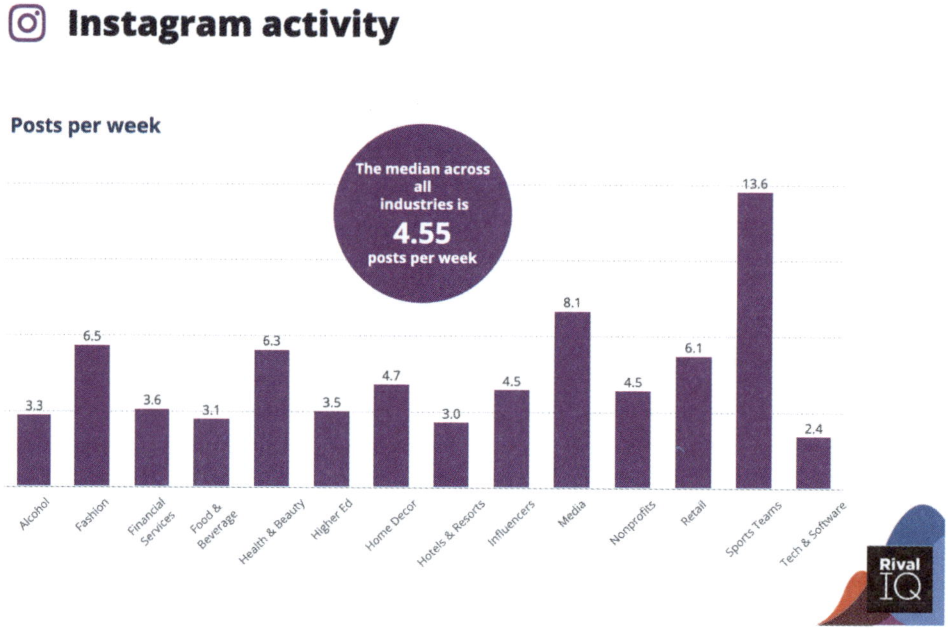


**Abb. 3.39:** Auszug aus dem Social Media Industry Benchmark Report von Rival IQ zur durchschnittlichen Posting-Frequenz von Unternehmen auf Instagram

Wertvolle Hinweise zur Posting-Frequenz liefert Ihnen auch der Social-Media-Audit zu Beginn Ihrer Strategie-Entwicklung. Aus dem bereits erwähnten Social Media Industry Benchmark Report von Rival IQ geht hevor, dass Unternehmen branchenübergreifend zwischen 4 und 5 Posts pro Woche veröffentlichen.

### 3.9.2 Community Management

Grundsätzlich ist es hilfreich, die Zeiten, an denen Ihre Community besonders aktiv auf Instagram ist, für Ihre Postings auszunutzen. Die Wochentage sowie Uhrzeiten, an denen Ihre Follower Instagram am intensivsten nutzen und somit eine höhere Wahrscheinlichkeit für die Wahrnehmung Ihrer Inhalte besteht, können Sie den Statistiken Ihres Business-Profils entnehmen (mehr dazu in Abschnitt 3.10 »Evaluation«). Wesentlich wichtiger ist jedoch, Ihre Postingzeiten auf die Kapazitäten Ihres Community Managements abzustimmen. Die Reichweite Ihrer Beiträge wird auch davon beeinflusst, wie stark sie im Anschluss an die Veröffentlichung Ihrer Inhalte mit Ihrer Community interagieren - etwa auf Kommentare oder Direktnachrichten antworten oder Kommentare liken. Diese Aktivitäten wirken sich nachweislich positiv auf Ihre Sichtbarkeit aus.

### 3.9.3 Format-Mix

Hinsichtlich des Format- und Kanal-Mixes zahlt sich auf Instagram das Bespielen sämtlicher Formate und Kanäle aus. Indem Sie Ihren Content wiederverwenden oder neu arrangieren haben Sie die Chance, dieser Empfehlung durchaus zu folgen.

Wie schon in Kapitel 1 beschrieben, ermöglicht Ihnen Instagram mit seinen unterschiedlichen Formaten, einen kompletten (Kauf-)Entscheidungsprozess zu begleiten:

- mit Reels können Sie ideal die Aufmerksamkeit von Nutzern wecken, die noch nicht zu Ihrer Community zählen und sie auf Ihr Profil führen
- über Highlight-Stories, Carousel-Posts und Posts das Interesse an Ihrem Unternehmen und Ihren Produkten vertiefen sowie das Informationsbedürfnis zu den wichtigsten Fragestellungen in der Bewertungsphase stillen
- über Stories und Instagram Direct in den Dialog treten und eine Beziehung zu Ihrer Community aufbauen
- mit Lives Ihren Experten-Status untermauern und Ihre Beziehung zur Community vertiefen
- über Instagram Shopping oder Links in der Biografie und in den Stories direkt zur Kaufoption verweisen
- über Stories, User-Generated Content und Highlight-Stories Erfahrungsberichte Ihrer Kunden teilen.

Das derzeitige »Erfolgstrio« auf Instagram sind in jedem Fall Carousel-Posts, Stories und Reels. Wie Sie diese Formate am besten umsetzen können, erfahren Sie in Kapitel 4.

Um für Ihre Inhalte darüber hinaus mehr Reichweite und Aufmerksamkeit zu generieren und damit auch dem Aufwand, den Sie in die Erstellung des Contents investiert haben, ein Äquivalent gegenüberzustellen eignen sich folgende Maßnahmen:

- Promotion – Sie »verlängern« die Reichweite Ihrer Inhalte über Werbung (siehe dazu Kapitel 7).
- Seeding – Sie teasern Ihren Inhalt entweder über Instagram eigene Kanäle oder auch über Ihre weiteren Netzwerke und Touchpoints an.
- Outreach – Sie binden Influencer, Creator oder Blogger ein, die Ihre Inhalte idealerweise freiwillig in ihren Stories oder aber als Branded Content in ihren Communities teilen (Letzteres, sofern es sich um Influencer Generated Content handelt).

Die Distribution Ihrer Inhalte sollte im Planungsprozess also direkt mitbedacht und in Ihrem Redaktionsplan in einer extra Spalte definiert werden.

**Hinweis**

Grundsätzlich sollten Sie neben den Kosten für die Erstellung Ihrer Inhalte immer auch Kosten für die Distribution Ihrer Inhalte einkalkulieren. Dabei sollte das Budget für die Distribution Ihres Inhalts mindestens so hoch sein wie die Kosten, die für die Erstellung Ihres Inhalts angefallen sind.

## 3.10 Evaluation

Sobald Sie mit der Umsetzung Ihrer Maßnahmen auf Instagram beginnen, beginnt auch die spannende Phase der Evaluierung Ihrer Ergebnisse.

### 3.10.1 Instagram Analytics

Über die Statistiken Ihres Business-Accounts können Sie bereits eine Vielzahl wichtiger Messwerte in Bezug auf Reichweite und Engagement einsehen. Dazu zählen folgende:

Reichweite

- die Anzahl der mit Ihren Inhalten erreichten Konten sowie Impressions
- die erreichte Zielgruppe, hinsichtlich Ort, Alter und Geschlecht
- die erreichte Anzahl Follower und Nicht-Follower

- die Content-Reichweite von Reels, Posts, Stories und Videos
- die Top-Inhalte
- die Anzahl Profil-Aufrufe
- die Klicks auf die Buttons und den Link in Ihrem Profil
- die Anzahl neuer und verlorener Follower
- Ort, Alter und Geschlecht Ihrer Follower
- aktivste Zeiten Ihrer Follower

Engagement

- die Anzahl der Konten, die mit Ihren Inhalten interagiert haben
- die interagierende Zielgruppe hinsichtlich Ort, Alter und Geschlecht
- die Anzahl der interagierenden Follower und Nicht-Follower
- die Anzahl aller Content-Interaktionen, heruntergebrochen auf Posts, Stories, Reels, Videos und Live-Sessions
- die Top-Inhalte in Bezug auf Engagement

Darüber hinaus zeigen Ihnen die Statistiken KPIs wie

- den Reichweitenzuwachs Ihres Accounts
- den Zuwachs an Interaktionen
- den Followerzuwachs

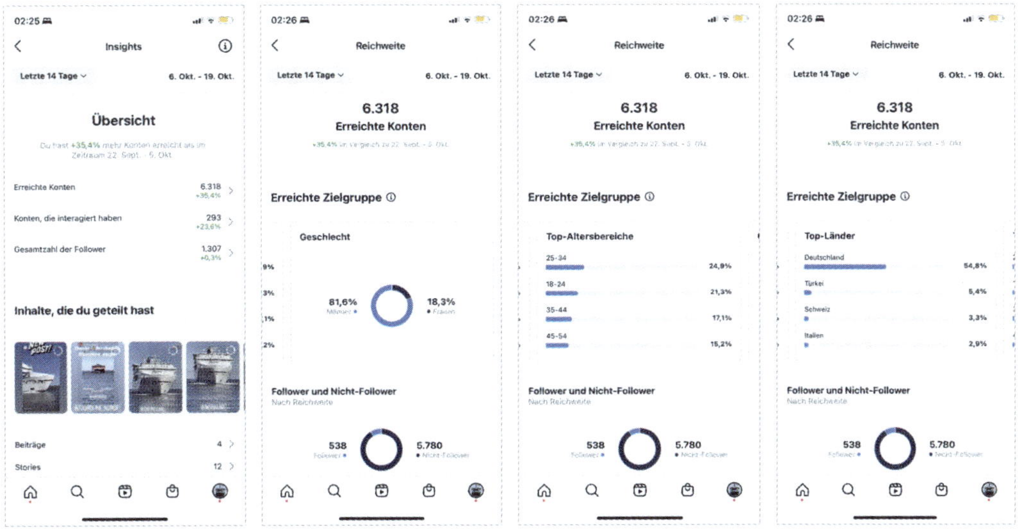


**Abb. 3.40:** Reichweiten-Insights der Statistiken im Business-Profil

> **Hinweis**
>
> Statistiken sind ab einer Account-Größe von 100 Followern über Ihr Business-Profil verfügbar.

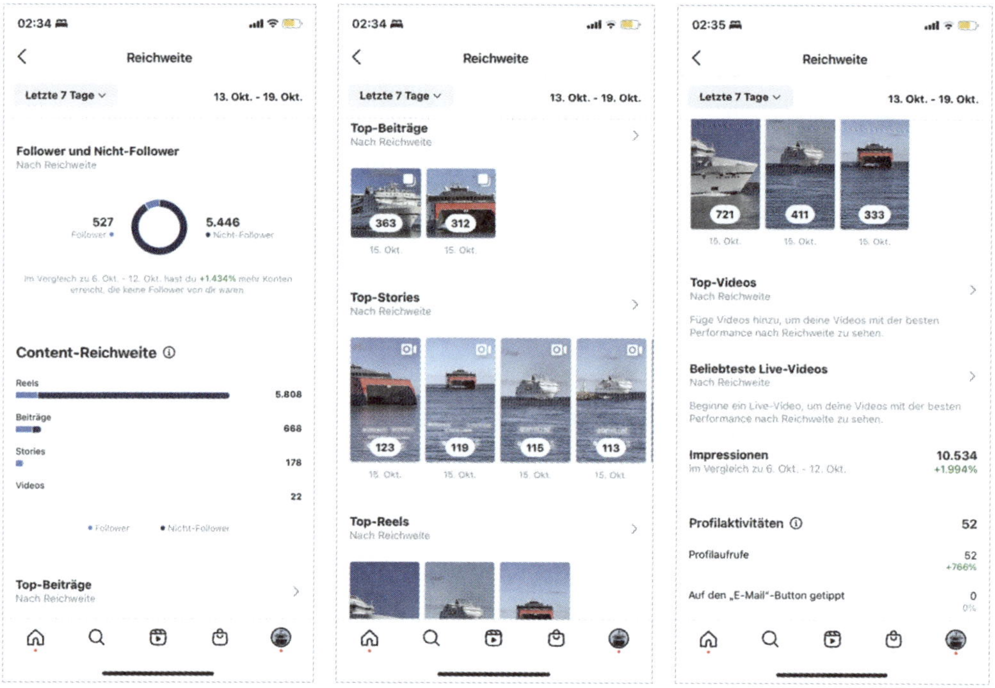


**Abb. 3.41:** Content-Reichweite und Top-Inhalte in den Statistiken des Business-Profils

Der größte Teil der Analysedaten Ihrer Insights bezieht sich auf die vergangenen 7, 14, 30 oder 90 Tage. Lediglich im Falle Ihrer Foto- und Video-Posts können Sie die Kennzahlen bis zu 2 Jahre zurückverfolgen.

Um Learnings aus Ihren Insights zu generieren und KPIs aus den vorhandenen Metriken abzuleiten, sollten Sie, wie schon erwähnt, ein externes Instagram-Reporting aufsetzen. In dieses Reporting übertragen Sie alle relevanten Daten wie Reichweite, Impressions, Interaktionen, Klicks pro Content-Format und errechnen die für Sie relevanten KPIs. Zudem ist es empfehlenswert, Ihre Daten auf einer monatlichen Basis zu analysieren und Veränderungen zum Vormonat nachzuhalten.

Weiterhin ist es sinnvoll, Screenshots und Kennzahlen Ihrer Top-5-Posts, Stories und Reels pro Monat nachzuhalten sowie weitere Learnings in schriftlicher Form festzuhalten. Auf diese Weise sind Sie besser in der Lage, Zusammenhänge und Trends im Rahmen Ihrer Content-Strategie identifizieren zu können.

### 3.10.2 Professionelle kostengünstige Tools

Mit Tools wie Iconosquare oder Later können Sie einen Großteil Ihres Instagram-Reportings mit einem überschaubaren finanziellen Einsatz (Later ab 20 Euro und Iconosquare ab 50 Euro monatlich) automatisieren. Die aufwendige manuelle Übertragung der diversen Kennzahlen entfällt dabei.

Auch die vielseitig einsetzbare Business-Intelligence und Analytics-Plattform Tableau kann Ihnen ab ca. 70 Euro pro User und Monat eine große Hilfestellung bei der Entwicklung eines aussagekräftigen Social Media-, respektive Instagram Reportings sein. Das Tool wird gegebenenfalls auch schon in anderen Bereichen Ihres Unternehmens genutzt, so dass sich hier gegebenenfalls Synergien ergeben.

### 3.10.3 Professionelle Social-Media-Management- und Analytics-Tools

Inzwischen haben sich leistungsstarke Tools wie Facelift Cloud, Sprout Social, Falcon.io, Swat.io, Hootsuite, Brandwatch, Talkwalker und viele mehr am Markt etabliert, mit denen Sie eine Vielzahl von Aufgaben inklusive der Erfolgsmessung über diverse Social-Media-Kanäle hinweg abbilden können. Sei es die

- Konkurrenz-Analyse
- Analyse Ihres Share of Voice oder Share of Buzz (siehe dazu Abschnitt 3.7.3 »Definition wichtiger Kennzahlen und KPIs«)
- Performance Ihrer Marken-Hashtags (oder für Ihre Branche relevante Hashtags)
- Influencer-Recherche
- Sentiment-Analyse
- uvm.

Die Tools sind in der Regel zwar kostenintensiver, zahlen sich im Hinblick auf die Effizienz Ihrer Social-Media-Aktivitäten jedoch durchaus aus.

Einen sehr guten Überblick über den Leistungsumfang und die Einsatzmöglichkeiten der Tools finden Sie bei OMR Reviews.

## 3.11 Organisation und Ressourcen

Ein wichtiger Teil Ihrer Strategieentwicklung ist es, frühzeitig darüber nachzudenken, welche Prozesse und damit verbundene personelle als auch finanzielle Ressourcen Sie benötigen werden, um Ihre Instagram-Strategie bestmöglich und nachhaltig umzusetzen.

Art und Umfang Ihrer Prozesse und Ressourcen richten sich dabei nach der Größe Ihres Unternehmens, wie stark Sie Ihre Social-Media-Aktivitäten professionalisieren wollen und welchen Stellenwert Instagram in Ihrer Marketing- und Kommunikationsstrategie einnimmt.

Im Folgenden finden Sie eine Auswahl an Fragestellungen, die Sie dabei näher beleuchten sollten:

### 3.11.1 Erstellung von Inhalten

Im Rahmen Ihrer Inhalte-Strategie eruieren Sie bereits, wer zu Ihren Content-Lieferanten innerhalb und außerhalb Ihres Unternehmens zählen kann. Dabei haben folgende Faktoren Einfluss auf Ihre Ressourcen:

- Produzieren Sie Ihre Inhalte inhouse? Wenn ja, wer in Ihrem Team oder Unternehmen kann dafür wie viel Zeit aufwenden?
- Gibt es bereits einen guten Fundus an Inhalten in Ihrem Unternehmen?
- Können Sie in höherem Maße auf User Generated Content zurückgreifen?
- Arbeiten Sie für die Inhalte-Erstellung mit einer Agentur zusammen?
- Beauftragen Sie für bestimmte Inhalte einen professionellen Fotografen?
- Wollen Sie verstärkt mit Influencern zusammenarbeiten, die einen Teil Ihres Contents liefern sollen?
- Greifen Sie für die Erstellung Ihrer Inhalte verstärkt auf Stock- und Musikdatenbanken mit für die Social-Media-Nutzung lizenzierten und gegebenenfalls kostenpflichtigen Inhalten zurück?
- Benötigen Sie kostenpflichtige Grafikprogramme und Apps für die Erstellung Ihrer Inhalte?
- Werden für die Erstellung von Fotos, Videos und Stories professionelle Kameras, Stative, Mikros oder andere technische Geräte und Hilfsmittel benötigt?

### 3.11.2 Community-Management

Ein vielfach unterschätzter Punkt bei der Planung Ihrer Prozesse und Ressourcen ist das Community-Management (siehe dazu auch Abschnitt 5.3 »Community Management«). Ohne dafür geeignete Prozesse und Ressourcen verschenken Sie Ihr wichtigstes Wachstumspotenzial.

Gibt es in Ihrem Team einen Mitarbeiter, der prompt auf Fragen und Kommentare aus Ihrer Community reagieren kann? Für das Community-Management auf Instagram sollten Sie perspektivisch zwischen ein bis drei Stunden täglich veranschlagen.

### 3.11.3 Social-Media-Monitoring, -Management und -Analytics

Je professioneller Sie auf Instagram und auch darüber hinaus agieren wollen, desto mehr empfiehlt sich die Zusammenarbeit mit Tool-Anbietern in den Bereichen Social-Media-Monitoring (auch Social-Media-Listening), Social-Media-Management und Social-Media-Analytics.

Inzwischen haben sich am Markt eine Reihe von Tool-Anbietern etabliert, die alle drei Bereiche auch über verschiedene Social-Media-Kanäle hinaus abdecken können.

Dazu zählen beispielsweise die bereits genannten Brandwatch, Sprout Social, Facelift Cloud, Fanpage Karma, Hootsuite, Talkwalker und viele mehr.

Sofern sich Ihr Social-Media-Engagement hauptsächlich auf Instagram fokussiert, sind auch spezialisierte Tool-Anbieter wie Iconosquare, Later oder Planoly interessant für Sie.

Wichtig ist, dass Sie im Falle umfangreicher Tool-Lösungen über die nötigen personellen Ressourcen verfügen, die ein solches Tool regelmäßig bedienen und entsprechende Rückschlüsse bilden können. Auch hierfür sollten Sie mehrere Stunden pro Woche veranschlagen.

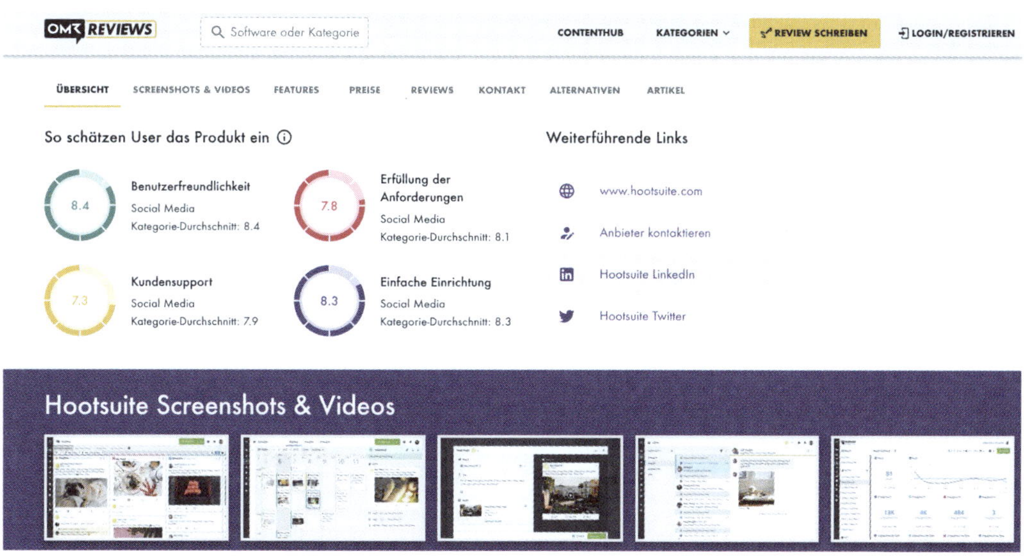


**Abb. 3.42:** Screenshot von OMR Reviews (https://omr.com/de/reviews)

**Tipp**

Um ein Social-Media-Management- und Analytics-Tool auf Basis Ihrer zuvor definierten Anforderungen auszuwählen, ist die Plattform OMR-Reviews zu empfehlen. Hier finden Sie zu allen wichtigen Business-Tools, sortiert nach Kategorien, Reviews von Unternehmen, die das Tool im Einsatz haben und können auf dieser Basis ein relevantes Set an Anbietern zusammenstellen. Im nächsten Schritt ist es sinnvoll, durch persönliche Gespräche mit den Anbietern Ihren Bedarf zu präzisieren und individuelle Lösungen für Ihr Anforderungsprofil zu finden (`https://omr.com/de/reviews`).

### 3.11.4 Redaktionsplanung

Um Ihre Strategie bestmöglich umsetzen zu können, empfiehlt es sich, den Prozess Ihrer Redaktionsplanung noch einmal für alle Beteiligten zu veranschaulichen und Verantwortlichkeiten festzulegen. Im in der Abbildung 3.43. gezeigten Modell gibt es einen Kanal-Verantwortlichen für Instagram sowie einen Themen-Verantwortlichen für ein definiertes Thema, der auch über Instagram hinaus für die Inszenierung von Content zuständig ist. Je kleiner Ihr Team ist, desto eher werden alle Aufgaben des Redaktionsplanungsprozesses auf einen oder wenige Mitarbeiter entfallen.

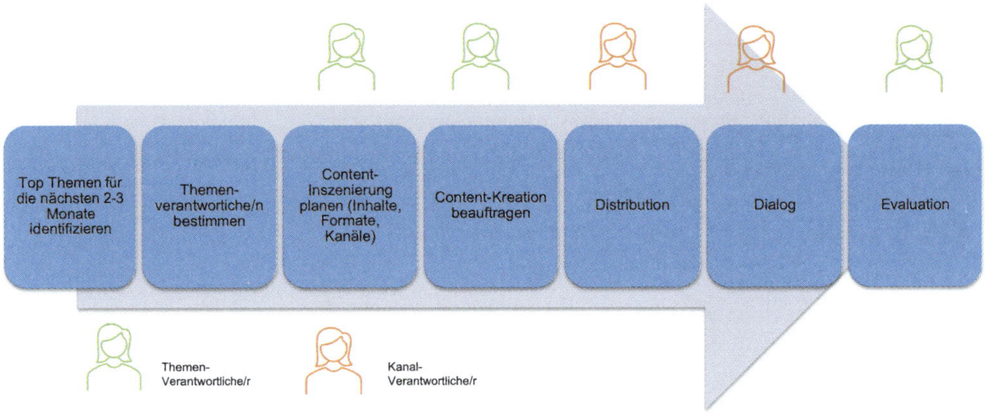


**Abb. 3.43:** Beispiel für einen Redaktionsplanungsprozess

### 3.11.5 Routinen

Ein weiterer wichtiger Schritt im Rahmen Ihres Strategie-Prozesses ist die Festlegung von Routinen, die je nach Art Ihres Unternehmens, Ihrer Ziele und Ihrer Ressourcen variieren können. Folgende Routinen haben sich bei vielen Unternehmen bewährt:

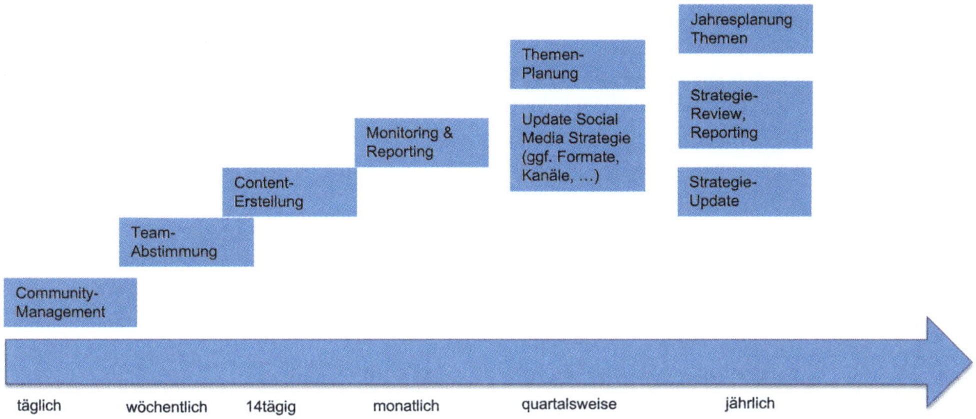


**Abb. 3.44:** Beispiel für mögliche Routinen im Rahmen Ihrer Instagram-Aktivitäten

### 3.11.6 Zeitbudget

Instagram ist zeitintensiv. Das betrifft sämtliche Schritte von der Strategie über die Planung, Umsetzung, Bewertung und Optimierung von Maßnahmen. Um ein realistisches Bild über den zeitlichen Aufwand von Instagram zu bekommen, lohnt es sich, eine möglichst detaillierte Zeitbudget-Kalkulation aufzusetzen und zu entscheiden, an welchen Stellen, Aufgaben outgesourct werden könnten.

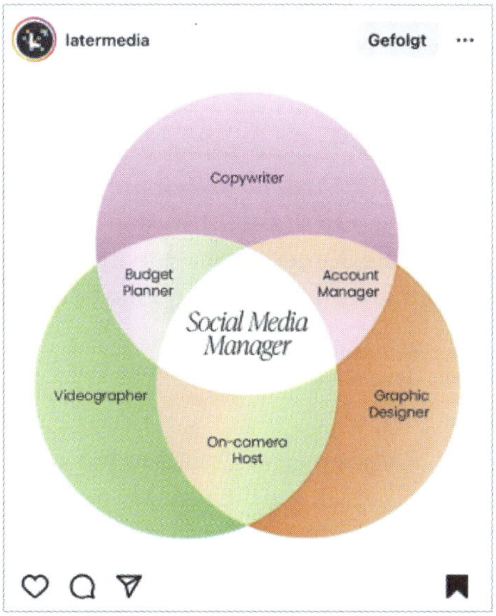


**Abb. 3.45:** Anforderungsprofil eines Social Media Managers, gepostet von Later (@latermedia) auf Instagram

### 3.11.7 Weiterbildung

Die kontinuierliche Weiterbildung Ihrer Mitarbeiter sollte ein integraler Bestandteil Ihrer gesamten Social-Media-Marketing-Strategie sein. Dazu zählt die Teilnahme an Webinaren, Workshops, Seminaren sowie Kongressen oder Messen.

Empfehlenswert sind in diesem Zusammenhang zum Beispiel folgende Weiterbildungsmöglichkeiten:

- Das Weiterbildungsangebot der Online Marketing Rockstars (OMR) »OMR Education«
- Der OMR Education Podcast
- Die Konferenzen sowie der Content-Hub der OMKB
- Der Podcast rund um Werbung mit Facebook, Instagram und TikTok von Adsventure.de (@adsventurede), respektive Florian Litterst `https://www.adsventure.de/podcast/`

### 3.11.8 Werbung

Teil Ihrer Instagram-Strategie sollte nicht nur der Aufbau organischer Reichweite und Sichtbarkeit auf Instagram sein, sondern auch die gezielte Ansprache Ihrer (potenziellen) Kunden mit Werbung. Denn durch die geschickte Kombination von werblichem und organischem Content können Sie einerseits das organische Wachstum Ihres Accounts vorantreiben, andererseits Ihre Marketing-Aktionen hervorheben und das Erreichen Ihrer Unternehmens-Ziele systematisch fördern.

### 3.11.9 Equipment

Unabhängig davon, ob Sie Ihre Inhalte selbst erstellen wollen oder professionelle Dienstleister in Anspruch nehmen, sollten Sie in ein aktuelles Smartphone (idealerweise sowohl iOS als auch Android) investieren, um auf dem neuesten technischen Stand zu sein, die Neuerungen von Instagram stets austesten zu können und Ihre Aktivitäten auf Instagram und darüber hinaus bestmöglich zu monitoren.

### 3.11.10 Budgetplanung

Schließlich münden Ihre Ressourcen-Betrachtungen in einer Budgetplanung. Hier sollten sowohl Personalkosten einfließen, als auch Kosten für die Content Produktion, Strategie und Beratung, Technologien und Tools sowie das Budget für Werbemaßnahmen. Ein Beispiel-Template, wie in Abbildung 3.46, für die Planung Ihres Instagram- oder auch Social -Media-Budgets finden Sie bei Sinnwert Marketing: `https://www.sinnwert-marketing.de/download/checklisten-und-vorlagen/`

| Social Media Budget-Kalkulator | 2022 | | | |
|---|---|---|---|---|
| Beschreibung | Plan | Ist | Differenz | Bemerkungen |
| **Personalkosten** | | | | |
| Recruiting | **0,00 €** | 0,00 € | 0,00 € | |
| Schulung & Weiterbildung | **0,00 €** | 0,00 € | 0,00 € | |
| Reisekosten | **0,00 €** | 0,00 € | 0,00 € | |
| Löhne und Gehälter | **0,00 €** | 0,00 € | 0,00 € | |
| Umlagen | **0,00 €** | 0,00 € | 0,00 € | |
| Sonstige Personalkosten | **0,00 €** | 0,00 € | 0,00 € | |
| **Zwischensumme: Personalkosten** | **0,00 €** | **0,00 €** | 0,00 € | |
| **Strategie und Beratung** | | | | |
| Marktanalyse und Marktforschung | **0,00 €** | 0,00 € | 0,00 € | |
| Strategie-Beratung | **0,00 €** | 0,00 € | 0,00 € | |
| Strategie/Konzept-Entwicklung | **0,00 €** | 0,00 € | 0,00 € | |
| Rechtsberatung | **0,00 €** | 0,00 € | 0,00 € | |
| Sonstige Strategie- und Beratungskosten | **0,00 €** | 0,00 € | 0,00 € | |
| **Zwischensumme: Strategie und Beratung** | **0,00 €** | **0,00 €** | 0,00 € | |
| **Content Produktion/Kreation** | | | | |
| **Zwischensumme: Content Produktion/Kreation** | **0,00 €** | **0,00 €** | 0,00 € | |
| **Technologien und Tools** | | | | |
| Monitoring-Tools | **0,00 €** | 0,00 € | 0,00 € | |
| Social Media Management-Tools | **0,00 €** | 0,00 € | 0,00 € | |
| Software | **0,00 €** | 0,00 € | 0,00 € | |
| Hardware | **0,00 €** | 0,00 € | 0,00 € | |
| Lizenzen | **0,00 €** | 0,00 € | 0,00 € | |
| (Premium-)Mitgliedschaften | **0,00 €** | 0,00 € | 0,00 € | |
| Hostingkosten | **0,00 €** | 0,00 € | 0,00 € | |
| Sonstige Technologiekosten | **0,00 €** | 0,00 € | 0,00 € | |
| **Zwischensumme: Technologien und Tools** | **0,00 €** | **0,00 €** | 0,00 € | |
| **Anzeigen** | | | | |
| **Zwischensumme: Anzeigen** | **0,00 €** | **0,00 €** | 0,00 € | |
| **Sonstiges** | | | | |
| **Zwischensumme: Sonstiges** | **0,00 €** | **0,00 €** | 0,00 € | |
| **Total** | **0,00 €** | **0,00 €** | **0,00 €** | |
| 19 % Mehrwertsteuer | 0,00 € | 0,00 € | | |
| Brutto-Summe | 0,00 € | 0,00 € | | |
| www.sinnwert-marketing.de | | | | |

**Abb. 3.46:** Beispiel-Template für die Planung Ihres Instagram-Budgets von Sinnwert Marketing

Kapitel 4

# Formatentwicklung- und Umsetzung

Das folgende Kapitel widmet sich der Umsetzung Ihrer Instagram-Strategie insbesondere in Bezug auf die Erstellung von Content-Formaten und soll Ihnen Impulse, Tipps und Tools sowie konkrete Handlungsempfehlungen für die Content Creation liefern.

## 4.1 Erstellen qualitativer Fotos

Ein wichtiges Element für das Gelingen Ihrer Instagram-Strategie und dem damit verbundenen nachhaltigen Community-Aufbau sind nach wie vor visuell ansprechende Fotos. Sie sind nicht nur relevant für Einzel-Posts, sondern bilden auch oftmals die Basis für Grafik-Posts, Reels oder Stories. Die Anforderungen der Instagram-Community an Sie als Unternehmen sind hinsichtlich der Ästhetik Ihrer Inhalte noch einmal höher.

Es geht jedoch nicht nur um handwerklich gut produzierte Fotos, sondern vor allem um die Auswahl des richtigen Bildmotivs. Dieses sollte sich an der Lebenswelt Ihrer Persona orientieren bzw. einen Bezug zum Leben Ihrer Persona herstellen und die Geschichte, die Sie erzählen wollen, unterstreichen. Das ist auf Instagram inzwischen viel wichtiger geworden als ein hochgestochenes Foto, das keine Emotion auslöst.

Das gilt insbesondere auch für Fotos, auf denen Ihre Produkte dargestellt sind. Bringen Sie Ihr Produkt in einen Kontext, entweder, indem Sie das Produkt in einer Alltagsumgebung Ihrer Persona inszenieren oder zeigen, wie Ihr Produkt von einem Kunden benutzt wird.

Inspirationen, wie Ihr Foto idealerweise gestaltet sein sollte, um die Bildsprache Ihrer Branche auf Instagram zu sprechen, finden Sie schon im Rahmen Ihres Social-Media-Audits (siehe dazu Kapitel 3, Abschnitt 3.2 »Instagram Audit & SWOT-Analyse«). Nutzen Sie die Instagram-Suche und schauen Sie sich die Beiträge, die mit Trend-Hashtags aus Ihrer Branche markiert wurden, genauer an. Auch Tools und Apps, wie Mojo oder Canva liefern Ihnen Inspirationen zu aktuellen Bildsprache-Trends auf Instagram.

Unabhängig davon ist jedoch Ihre eigene Bildsprache (siehe dazu Kapitel 3, Abschnitt 3.5 »Bildsprache und Tonalität«) von zentraler Bedeutung für die Erstellung Ihrer Fotos. Denn Bilder sind elementarer Bestandteil Ihrer Unternehmensidentität und sorgen nicht nur für einen Wiedererkennungseffekt, sondern aktivieren User, sich im (Kauf-)Entscheidungsprozess weiterzubewegen.

Wahllos erstellte und gepostete Fotos auf Instagram können dagegen Ihrem Marken-Image schaden.

Sie haben inzwischen mehrere Möglichkeiten, an hochwertige Fotos für Instagram zu gelangen.

### 4.1.1 Fotos selbst erstellen

Mit den in der Instagram-App integrierten Bearbeitungstools oder auch externen Apps, die nachfolgend noch vorgestellt werden, können Sie auch als Laie Fotos und Videos erstellen, die trotzdem hohen Qualitätsstandards entsprechen. Das hat den Vorteil, in der Schnelllebigkeit des Social-Media-Alltags handlungsfähig zu bleiben und auch Behind-the-Scenes-Formate oder Making-ofs begleiten zu können. Die Herausforderung besteht hier jedoch darin, die Bildsprache Ihres Unternehmens passgenau umzusetzen.

**Bildrechte:**

Darüber hinaus ist es essenziell, dass Sie bei der Erstellung und Nutzung Ihrer Fotos (und auch Videos) die Bildrechte beachten. Das betrifft insbesondere Urheberrechte, wenn beispielsweise Kollegen aus Ihrem Team Fotos für Instagram erstellen und Sie dieses Material nutzen, sowie Rechte am Motiv.

Letztere beziehen sich auf alle Personen, Gegenstände, Marken, Gebäude oder Grundstücke, die auf Ihren Fotos oder Videos zu sehen sind. In beiden Fällen benötigen Sie entsprechende schriftliche Einwilligungen der Rechteinhaber zur Nutzung der Bilder und Videos. Dabei muss den Rechteinhabern auch klar sein, für welche Zwecke Sie diese einsetzen werden, zum Beispiel Social Media, Ihre Website oder Werbekampagnen.

Sind Mitarbeiter mit der Foto- und Videoerstellung beauftragt, sollten Sie deren Einwilligung im Arbeitsvertrag regeln.

#### Aufnehmen und Bearbeiten von Fotos

Die folgenden Tipps beziehen sich in erster Linie auf die Smartphone-Fotografie in Kombination mit Instagram, können aber durchaus auch auf das Fotografieren mit einer professionellen Kamera angewandt werden. Sie sollen Ihnen dabei helfen, ohne großen Aufwand gute Bilder zu machen.

### Die Drittel-Regel

Die wichtigste Regel bei der Aufnahme von Fotos ist die sogenannte Drittel-Regel. Dabei geht es in erster Linie darum, Ihrem Bild einen Spannungsbogen zu geben. Da unsere Smartphone-Kamera den Fokus in der Regel automatisch in die Mitte des Bildes setzt, neigen wir dazu, unser Motiv ebenfalls mittig auszurichten. Damit erscheinen Bilder im Ergebnis jedoch häufig langweilig für den Betrachter. Besser ist es, wenn Sie Ihr Bild gedanklich in Drittel teilen und Ihr Motiv bewusst in ein Drittel am Rand Ihres Bildes setzen. Hilfreich ist dafür die Raster-Einstellung in der Kamera-Ansicht der Instagram-App oder Ihres Smartphones. Sie teilt Ihr Bild in neun gleiche Quadrate bzw. Rechtecke ein, bestehend aus zwei horizontalen Linien und zwei vertikalen Linien.

Ihre Bildaufteilung gelingt optimal, wenn Sie Ihr Bild an diesen Linien ausrichten, wobei die wichtigsten Elemente Ihres Fotos, inklusive Ihres Hauptmotivs, an deren Schnittpunkten liegen sollten. Der Horizont in Ihrem Bild sollte dabei immer exakt auf der unteren oder oberen horizontalen Linie Ihres Rasters verlaufen, sodass zwei oder ein Drittel des Bildes darüber liegen. Ebenso verhält es sich mit senkrecht verlaufenden Linien, zum Beispiel einer Hauswand in Ihrem Bild, die sich eher links oder rechts befinden sollte, jedoch keinesfalls in der Mitte. Vermeiden Sie unbedingt einen schiefen Horizont in Ihrem Bild, denn dies schmälert die Qualität Ihres Bildes enorm.

### Näher dran

Verzichten Sie lieber darauf, Ihr Motiv mit Ihrem Smartphone oder Ihrer Kamera heranzuzoomen. Das Zoomen wird die Auflösung Ihres Bildes deutlich verschlechtern. Gehen Sie lieber ganz nah an das entsprechende Objekt heran. Je näher Sie an Ihr Motiv herantreten, desto näher fühlt sich auch der Betrachter Ihres Bildes. Entfernung schafft dagegen Distanz zu demjenigen, den Ihr Bild emotional berühren soll.

### Simplizität

Ihr Foto wirkt besonders anziehend auf Ihren Betrachter, wenn Sie Wichtiges von Unwichtigem unterscheiden und Ihr Fotomotiv möglichst von weiteren Ablenkungen isolieren. Zu viele Informationen in Ihrem Bild überfrachten den Betrachter. Orientieren Sie sich am besten am allgemeinen Minimalismus-Trend auf Instagram (Hashtags #minimalism, #minimallove ...).

### Natürliches Licht

Vermeiden Sie möglichst, Ihre Fotos mit Blitz aufzunehmen, denn dieser verleiht Ihren Bildern oftmals einen blassen, leblosen Ausdruck. Das ist besonders auch bei Food-Fotografie wichtig. Die besten Fotos entstehen eher draußen mit natürlichem Licht und das idealerweise in der Morgen- oder Abenddämmerung. Sofern keine Möglichkeit besteht, Ihr Foto unter diesen Bedingungen aufzunehmen, eignet sich der Einsatz von Apps, die einen Nachtmodus beinhalten, wie zum Beispiel Camera MX für Android oder NightCap Kamera für iOS.

#### Ausrichtung Ihres Bildes

Die Ausrichtung Ihres Fotomotivs an den zuvor beschriebenen Linien und Schnittpunkten Ihres Rasters sowie dem passenden Licht kann unter Umständen eine Menge Geduld erfordern. Umso ärgerlicher ist es dann, wenn Sie die perfekte Position Ihres Smartphones wieder verlieren, indem Sie mit Ihrem Finger auf den Auslöser tippen.

Abhilfe schafft hier ein einfacher Trick. Nutzen Sie einfach die Kopfhörer Ihres Smartphones als Fernbedienung und drücken Sie zur Aufnahme Ihres Fotos auf das »+«-Symbol (iOS) bzw. »+« oder »-«(Android) Ihres Lautstärke-Reglers. Das funktioniert beim Betriebssystem iOS ab der Version 5 und bei Android ab der Version 4.3 Jelly Beans. Darüber hinaus können Sie auch über die Anschaffung eines Handystativs nachdenken, zum Beispiel das System-S-Tripod-Stativ.

#### Bildbearbeitung

Hier ist weniger oftmals mehr. Versuchen Sie deshalb am besten, sparsam mit Filtern und Effekten umzugehen. Was Ihr Foto zusätzlich lebhafter wirken lässt, ist der dosierte Einsatz der Tilt-Shift-Funktion sowie eine leichte Vignette Ihres Bildes. Dabei werden die Ecken Ihres Bildes leicht abgedunkelt. Diese Schattierung erzielen Sie am besten durch sanfte Instagram-Filter wie Rise oder Mayfair, die Vignette-Funktion unter den Instagram-Bildbearbeitungswerkzeugen, oder auch durch Apps zur Fotobearbeitung, wie Adobe Lightroom, Afterlight oder VSCO.

#### Viel ausprobieren

Versuchen Sie, möglichst viele Fotos Ihrer Lieblings-Instagram-Profile nachzustellen und zu bearbeiten. Auf diese Weise lernen Sie eine Menge über die optimale Ausrichtung Ihres Motivs, gute Lichtverhältnisse und das Zusammenspiel von Filtern und Effekten.

#### Projekte

Sehen Sie jedes einzelne Foto wie ein Projekt und machen Sie gleich mehrere Schnappschüsse von ein und demselben Motiv. Variieren Sie dabei Ihre Perspektive oder die Lichtverhältnisse. Oftmals ist ein gutes Foto auch ein Glückstreffer, den Sie so gar nicht beabsichtigt hatten.

Nutzen Sie auch die Serienbild-Funktion Ihres Smartphones. Sie können dazu einfach den Auslöser gedrückt halten. Ihr Smartphone nimmt dabei in Sekundenschnelle mehrere Fotos nacheinander auf. So können Sie auch Motive, die sich in Bewegung befinden, zum Beispiel eine Band auf einem Konzert, Tiere im Zoo oder auch ein Selfie, gut einfangen und sich anschließend das beste Foto Ihrer Serie aussuchen.

**Ein gutes Auge**

Sie können am besten ein gutes Auge für Motive und ansprechende Fotos entwickeln, indem Sie sich gute Fotos anschauen. Folgen Sie dazu den Top-Instagrammern in Ihrer Branche. Diese können Sie beispielsweise über Hashtags oder auch eine Google-Recherche ausfindig machen (siehe dazu auch Abschnitt 3.6 »Recherche von Hashtags und Keywords«). Auch Fotos in hochwertigen Zeitschriften oder Fotoausstellungen sind eine sehr gute Wahl, Ihr Auge zu schulen. Zudem sind die Profile von Instagram (@instagram) sowie Instagram Deutschland (@instagramde) oftmals eine gute Quelle für ästhetische Foto-Beiträge auf der Plattform.

### 4.1.2 Apps zur Bearbeitung Ihrer Fotos

Wie schon vorangehend erwähnt, gibt es eine Vielzahl von Apps, die Ihnen bei der Erstellung professionell wirkender Fotos behilflich sein können.

- VSCO (iOS, Android)

VSCO Cam ist eine Fremium App für hochwertige mobile Foto- und Videografie, die von der Visual Supply Company produziert wurde. Sie ist sowohl für iOS als auch Android verfügbar und enthält neben einer Vielzahl von professionellen Tools auch hochwertige Lightroom-Filter. Jeder einzelne Filtereffekt kann auch noch einmal feinjustiert werden. VSCO Cam zielt dabei weniger auf das Verfremden, sondern mehr auf eine möglichst originalgetreue Darstellung der Fotos und Videos ab.

Über VSCO Cam können Fotos und Videos bearbeitet, mit weiteren Formen überlagert und zu einer Video-Collage montiert werden. Zudem lassen sich die bearbeiteten Fotos und Videos mit anderen Netzwerken, insbesondere Instagram teilen.

- Adobe Lightroom
- Adobe Photoshop Express
- Afterlight (iOS, Android, Windows)

### 4.1.3 Professionelle Fotografen

Eine weitere Möglichkeit, Ihren Instagram Account möglichst qualitativ zu bespielen, ist die Beauftragung professioneller Fotografen.

Entweder können Sie inhouse auf einen Fotografen zurückgreifen oder Sie suchen sich externe Unterstützung. Es ist empfehlenswert, einen Fotografen zu beauftragen, der einerseits Ihre Bildsprache fotografisch umsetzen kann und zudem ein Gespür für die Anforderungen an Social-Media-Inhalte hat.

Je nach Ihrer Content-Strategie können Sie nun Fotos in Auftrag geben, die Sie für Ihre geplanten Geschichten, von einem Event oder/und Ihren Evergreen-Content benötigen.

Letzterer könnte folgende Motive beinhalten:

- Produkte (keine Freisteller, sondern im Kontext)
- Produkt-Details
- Produkte während der Anwendung
- Räume, Büros
- Fertigungshallen
- Mitarbeiter
- Veranstaltungen, wie Fortbildungen, Messen, Events
- Materialien oder Rohstoffe

Hier macht sich der in Kapitel 3, Abschnitt 3.5.1 »Bildsprache«, beschriebene ausformulierte Leitfaden zu Ihrer Bildsprache bezahlt, den Sie nun für das Briefing externer Dienstleister nutzen können.

### 4.1.4 Stockfotos

Ist es ratsam, auf Stockfotos zurückzugreifen? Der Vorteil von Stockfotos liegt darin, dass Sie in Anbetracht der Frequenz, mit der Sie Social-Media-Inhalte erstellen müssen, schnell auf Bildmaterial zurückgreifen können. Der Nachteil ist jedoch, dass diese Strategie durchaus von mehreren Unternehmen verfolgt wird und Sie Gefahr laufen, dass Ihr gewähltes Foto auch von anderen genutzt wird. Das könnte Ihrem Marken-Image sogar schaden. Sollten Sie dennoch auf Stockfotos setzen, wäre eine Empfehlung, sich auf einen bestimmten Stil bzw. idealerweise einen Fotografen zu fokussieren und damit Stringenz in Ihre Bildsprache auf Instagram zu bringen. Darüber hinaus macht es Sinn, Ihre Bild-Recherche möglichst akribisch durchzuführen und nicht Material von den ersten Suchergebnisseiten der Bilddatenbanken zu wählen. So grenzen Sie die Wahrscheinlichkeit zumindest etwas ein, dass Ihr Bild auch bei anderen Unternehmen auftaucht.

### 4.1.5 User Generated Content (UGC)

Eine Variante, qualitative, inspirierende und auch glaubwürdige Fotos für Ihr Profil zu gewinnen, ist User Generated Content. Indem Sie Ihre Community dazu aufrufen, unter Ihrem Marken-Hashtag Inhalte mit Ihrem Produkt oder Ihrer Dienstleistung, Ihrer Aktion zu teilen, kreieren Sie

- einen Fundus an Content, den Sie mit Einwilligung der Nutzer in Ihrem Profil oder weiteren Inhalten teilen können
- Sichtbarkeit innerhalb Ihrer Community
- Glaubwürdigkeit
- Weiterempfehlungen Ihres Produkts, Ihrer Dienstleistungen, Ihrer Aktion und damit wichtigen Content für die Bewertungsphase innerhalb der Consumer Decision Journey neuer Konsumenten

In der Tourismusbranche, wie zum Beispiel bei Sachsen Tourismus (@saxonytourism), ist User Generated Content eine feste Säule in der Content-Strategie. Auch Unternehmen wie Westwing (@westwingde) oder die Hamburger Sparkasse (@Haspa) setzen darauf.

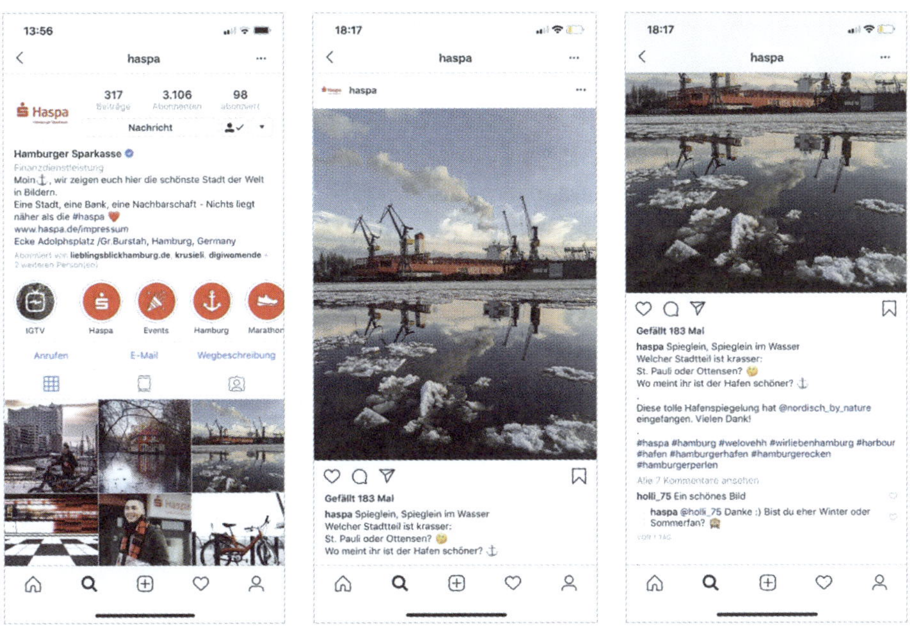


**Abb. 4.1:** User Generated Content auf dem Instagram-Profil der Hamburger Sparkasse (@haspa)

> **Wichtig**
>
> Um User Generated Content für Ihre Inhalte einzusetzen, ist es auch hier besonders wichtig, auf Bildrechte zu achten. Es reicht nicht aus, dass ein Nutzer seinen Beitrag mit Ihrem Marken-Hashtag markiert hat, um ihn in Ihrem Profil teilen zu dürfen. Sie benötigen in jedem Fall eine schriftliche Erlaubnis. Das kann auch vergleichsweise formlos via Instagram Direct erfolgen.

Sie können sich an folgenden Schritten orientieren, um UGC zu teilen:

- Bilder sichten (zu bestimmten Schlagworten in der Instagram-Suche oder Bilder, die mit Ihrem Marken-Hashtag markiert wurden)
- Bilder auswählen
- Nachricht via Instagram Direct an den Nutzer senden (»Dürfen wir Ihr/Dein Foto mit dem Motiv xxx für unseren Instagram Kanal verwenden?«)
- Schriftliche Antwort abwarten
- Screenshot des Beitrags erstellen (es dürfen keine Veränderungen am Bild vorgenommen werden)
- Screenshot via Instagram teilen (zuvor Bildränder beschneiden)
- Nutzer im Bild markieren
- Sich beim Nutzer in der Bildbeschreibung für das Bild bedanken
- Vermeiden Sie Repost-Apps, da die Nutzung von Drittanbieter-Apps seitens Instagram nicht erwünscht ist. Instagram arbeitet derzeit selbst an einer Repost-Funktion (Stand Oktober 2022).

### 4.1.6 Employee Generated Content (EGC)

Analog zu User Generated Content funktioniert auch der Einsatz von Employee Generated Content. In diesem Fall greifen Sie auf die Beiträge Ihrer Mitarbeiter zurück, die diese auf Instagram geteilt haben. Analog zu UGC müssen Sie auch hier eine Erlaubnis einholen, bevor Sie die Beiträge für Instagram oder darüber hinaus nutzen.

Gerade in Bezug auf Employer Branding zahlt Employee Generated Content besonders effektiv auf Ihre Arbeitgeber-Marke ein und ist für potenzielle Bewerber in ihrer Recherche-Phase besonders glaubwürdiger und sympathischer Content, der sie in ihrer Entscheidung bestärkt. Sie sollten Ihre Mitarbeiter deshalb dazu einladen, an Ihren Instagram-Aktivitäten mitzuwirken. Das stärkt zudem auch das Wir-Gefühl innerhalb Ihres Unternehmens.

> **Hinweis**
>
> Indem Sie Social-Media-Guidelines in Ihrem Unternehmen etablieren, der auch Beispiele für gelungene Instagram-Posts von Mitarbeitern enthält, ermutigen Sie Ihre Kollegen, auch mit dem Posten zu beginnen oder ihr Engagement noch zu verstärken. Anhand der Beispiele fällt es ihnen leichter, selbst Ideen zu entwickeln. Eine Vorlage für Social-Media-Guidelines finden Sie zum Beispiel hier: `https://blog.hootsuite.com/de/social-media-richtlinien/`. Darüber hinaus sollten Sie auch einen Branded-Hashtag etablieren, wie bei den Karriereportalen von Bosch (@Boschkarriere) #LikeABosch oder der Marketing-Software HubSpot (@Hubspotlife) #hubspotlife oder bei Microsoft (@Microsoftlife) #MicrosoftLife, mit dem Mitarbeiter ihre Inhalte markieren können.

Darüber hinaus können Sie die Fotos (oder auch Videos) Ihrer Mitarbeiter mit deren Erlaubnis auch zu größeren Content-Stücken zusammenfassen, etwa Reels, Stories oder Videos.

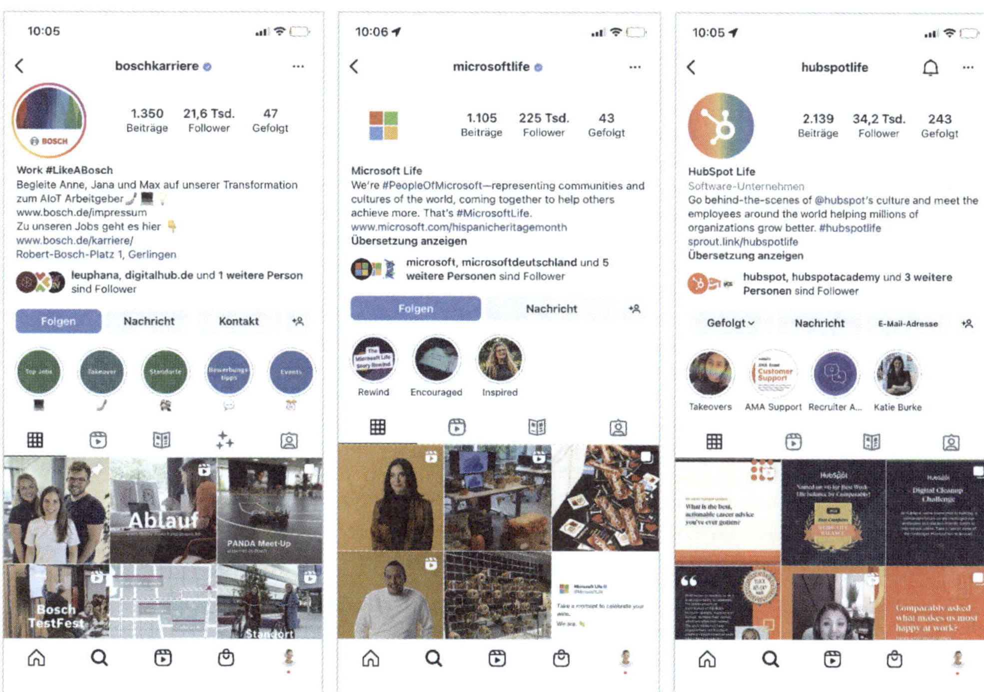


**Abb. 4.2:** Profil-Seiten der Karriere-Accounts von Bosch, Microsoft und HubSpot

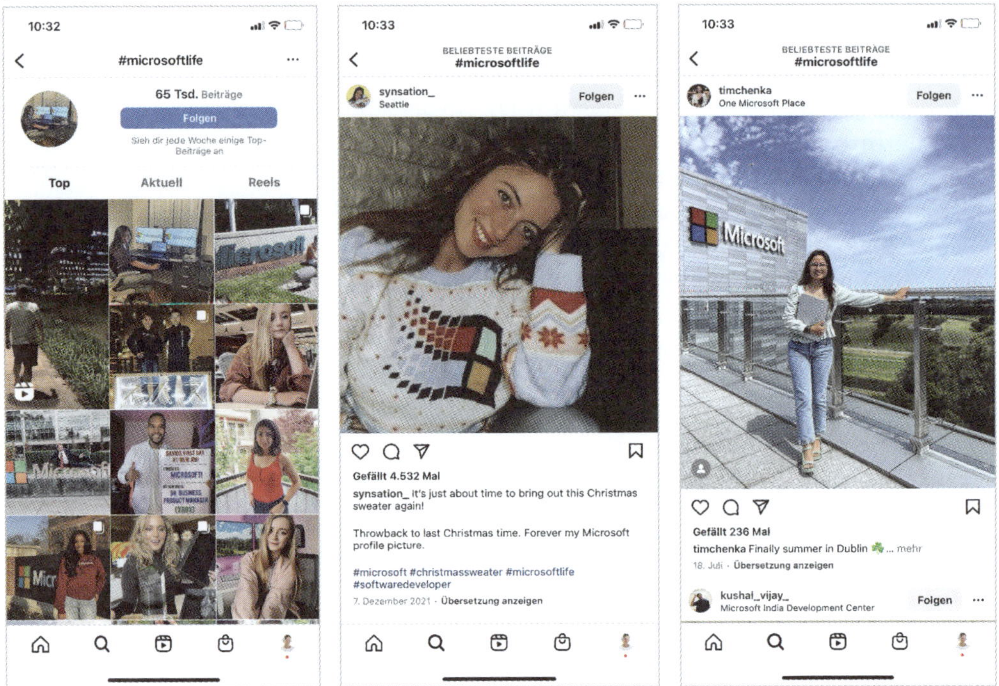


**Abb. 4.3:** Hashtag-Seite und Posts mit Employee Generated Content unter dem Hashtag #microsoftlife

### 4.1.7 Influencer Generated Content (IGC)

Im Falle von Influencer Generated Content können Sie auf die Branded-Content-Tools von Instagram zurückgreifen. Wie im Beispiel von Visual Statements (@visualstatements) kreiert der Influencer für oder gemeinsam mit der Marke einen Inhalt, der in beiden Profilen, sowohl dem des Creators als auch der Marke, geteilt wird.

Hiermit wird deutlich, dass Inhalte in Form einer bezahlten Kooperation mit Ihnen und einem Creator entstanden sind und es sich nicht um Schleichwerbung handelt. Natürlich kann ein Influencer/Creator Sie auch freiwillig erwähnen oder aktiv promoten, ohne dass Sie hierfür eine Kooperation vereinbart haben. Sofern Sie diese Inhalte für Ihr Profil oder Ihre Stories nutzen wollen, ist auch hier eine kurze schriftliche Erlaubnis seitens der Influencer oder Creator empfehlenswert (siehe dazu auch Kapitel 6).

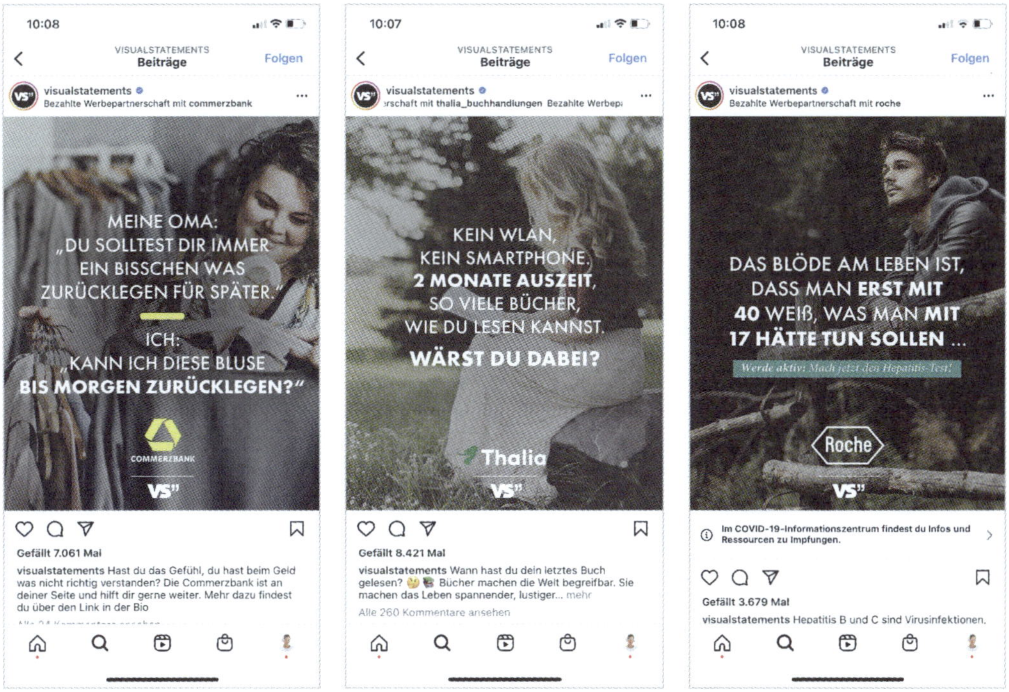


**Abb. 4.4:** Influencer Generated Content am Beispiel Visual Statements

## 4.2 Erstellen von Grafiken

Ein Blick auf die Instagram Explore Page genügt, um zu erahnen, welchen Stellenwert Grafiken inzwischen auf Instagram haben. Dieser Umstand erleichtert es Unternehmen, auf Instagram einer konsistenten Bildsprache zu folgen und Inhalte effizient mithilfe von Templates zu produzieren.

Grafiken eignen sich für alle Content-Arten –

- von informationellem Content, der News, Wissen, Hilfestellung und Inspiration vermittelt (im Modell von Mirko Lange betrifft das vor allem die Bereiche News und Information sowie Wissen und Enabling),
- über Social Content, der gerne und schnell geteilt wird (zum Beispiel Share Pics, siehe dazu auch Abschnitt 4.2.2 »Share Pics«),
- oder transaktionalem Content, der Ihr Produkt promotet und zum Kauf anregt.

Grafiken eignen sich aber hervorragend dazu, eine Beziehung zu Ihrer Community aufzubauen, etwa durch Zitate oder Memes, die Ihre Haltung zu bestimmten Themen zum Ausdruck bringen.

Ein Tool, mit dem Sie fast alle Grafiken umsetzen können und das von vielen Unternehmen und Influencern genutzt wird, ist Canva (siehe dazu Abschnitt 4.2 »Erstellen von Grafiken«).

## 4.2.1 Zitate-Posts

Ein Weg,

- die Frequenz Ihrer Beiträge auf Instagram zu erhöhen,
- ressourcenschonend zu arbeiten,
- Ihre Community zu inspirieren,
- Ihre Werte zu transportieren und
- damit eine Beziehung zu Ihrer Community aufzubauen
- Engagement in Form von Likes und Shares zu generieren,

sind Zitate-Posts.

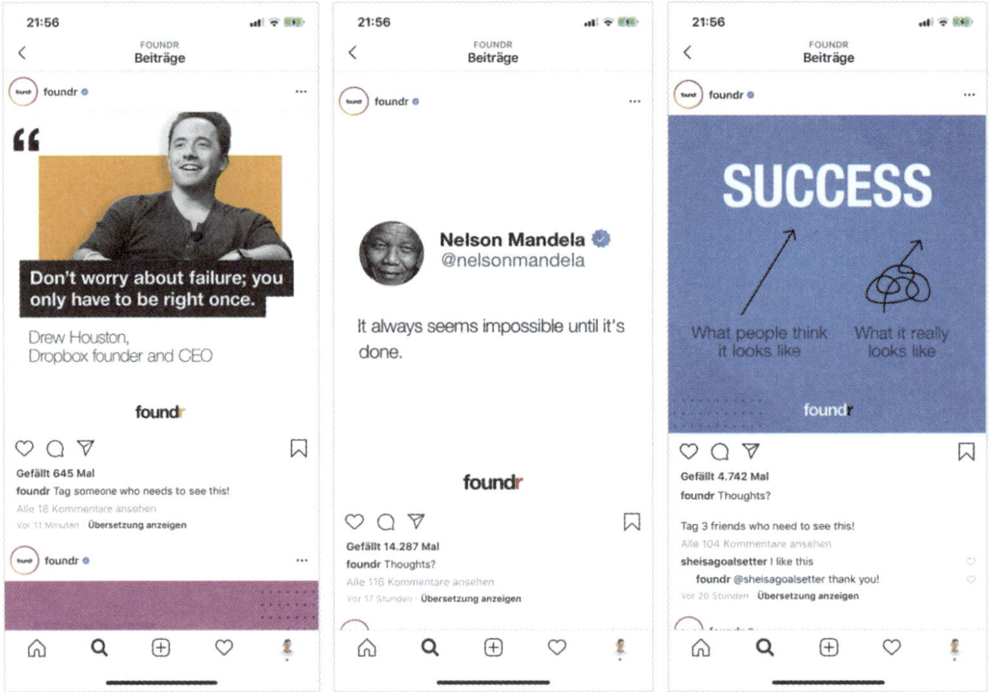


**Abb. 4.5:** Zitate-Posts des Medienunternehmens Foundr (@Foundr)

Das australische Medienunternehmen Foundr (@foundr) hat es auf Basis von inspirierenden und motivierenden Zitaten geschafft, eine Unternehmer-Community mit über 3,6 Millionen Mitgliedern auf Instagram aufzubauen. Hier wird auch deutlich, wie wichtig eine dezidierte Persona-Entwicklung ist. Indem die Zitate auf die Schmerzpunkte der Unternehmer abgestimmt wurden, fühlte sich die Community verstanden und konnte eine Beziehung zu Foundr aufbauen. Auf dieser Basis gelang es Foundr, Leads und schließlich Abverkäufe für seine Produkte, wie zum Beispiel Masterclasses zu relevanten Unternehmer-Themen, zu generieren. Auch das ursprüngliche Herzstück von Foundr, das Foundr-Magazin, einem Print-Magazin mit Geschichten rund um inspirierende Unternehmer-Persönlichkeiten, konnte sich mithilfe der Instagram-Community etablieren.

Für Zitate-Posts eignen sich nicht nur Aussprüche berühmter Persönlichkeiten (beachten Sie hier jedoch das Zitatrecht), sondern auch O-Töne von Experten, Mitarbeitern, wie in den Beispielen von Bosch (@boschkarriere) sowie HubSpot (@hubspot), Kunden, Text-Passagen oder Überschriften aus Blog-Artikeln, Highlights aus Videos und viele mehr. (Siehe dazu auch das Thema Content Planung und Recycling in Kapitel 4).

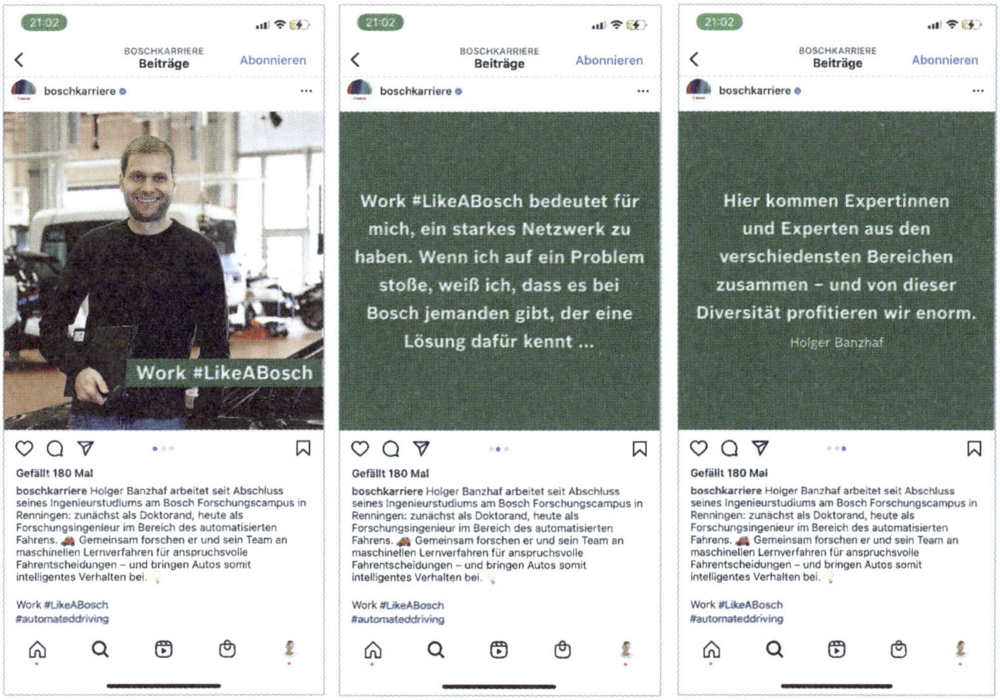


**Abb. 4.6:** Carousel-Post mit Mitarbeiter-Zitaten im Karriere-Account von Bosch (@boschkarriere)

> **Hinweis**
>
> Auch in Bezug auf Zitate müssen Sie sich mit den rechtlichen Rahmenbedingungen vertraut machen. Zitate werden zwar häufig via Pinterest, Instagram oder Facebook geteilt, das heißt jedoch nicht zwangsläufig, dass der Zitate-Geber seine Zustimmung zur Veröffentlichung seines O-Tons oder Textes gegeben hat. Das heißt, Sie sollten sich vor Veröffentlichung Ihres Zitats eine entsprechende Erlaubnis einholen. Eine Ausnahme bilden Zitate-Geber, die bereits seit 70 Jahren verstorben sind.

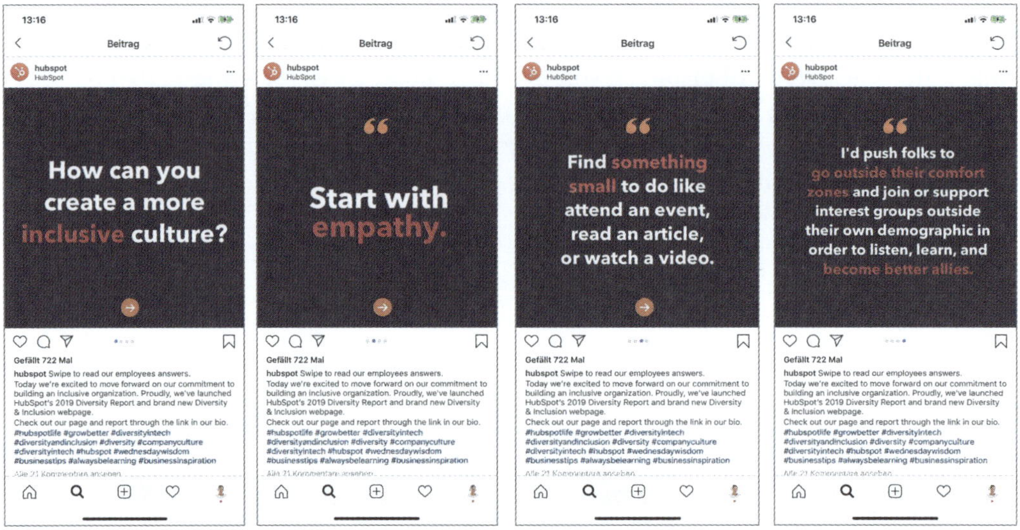


**Abb. 4.7:** Carousel-Posts mit Mitarbeiter-Zitaten zum Thema Inklusion bei HubSpot (@hubspot)

Indem Sie ein einheitliches Template für Ihre Zitate entwickeln, schaffen Sie einen Wiedererkennungswert im Homefeed Ihrer Community und gleichzeitig Konsistenz für Ihr Profil.

### 4.2.2 Share Pics

Share Pics sind ein probates Mittel, um Engagement in Form von Likes und Shares zu generieren. Es handelt sich hier in der Regel ebenfalls um Zitate-Posts, allerdings mit besonders markanten Hintergrundgrafiken sowie prägnanten Texten in auffälliger Typografie, wie im Beispiel von Greenpeace Deutschland (@greenpeace.de), die eine aktivierende oder auch polarisierende Botschaft haben. Das alles mit dem vorrangigen Ziel, möglichst viel Aufmerksamkeit und Viralität zu erzeugen. Share Pics sind ideal dafür geeignet, auf schnelle und einprägsame Weise Ihre Werte zu vermitteln und damit einen Grund zu liefern, sich mit Ihnen zu verbinden und Teil Ihrer Community zu werden (siehe dazu auch Abschnitt 3.3 »Finden und Formulieren einer Unternehmensvision und -mission«).

**Abb. 4.8:** Beispiel eines Share-Pics bei Greenpeace Deutschland (@greenpeace.de)

Eine Gefahr bei Share Pics besteht jedoch darin, dass Sie aufgrund ihrer »Zuspitzung« auch missverstanden werden können.

### 4.2.3 Memes

Ein absoluter Trend auf allen Social-Media-Plattformen und darüber hinaus sind Memes. Dabei handelt es sich um Grafiken, oftmals bestehend aus Bildern, Videos oder Gifs, die mit zusätzlichem Text versehen sind und die auf eine satirische Art und Weise

- Situationen und Gefühle aus dem Lebensalltag der Menschen aufgreifen wie im Beispiel des Meme-Accounts My Therapist Says (@mytherapistsays) oder der Online-Marketing-Plattform OMR (@omrockstars)
- oder auch gesellschaftliche oder politische Missstände kritisieren wie im Beispiel der Satiresendung extra3 (@extra3)

Dabei werden den Nutzern oftmals vertraute Medieninhalte, wie Szenen aus bekannten Filmen oder Fotos aus der aktuellen Nachrichtenberichterstattung in einen neuen Kontext gesetzt, mit dem Ziel, zum Nachdenken anzuregen oder zu unterhalten. Genau genommen ist ein Meme mit einem Insiderwitz vergleichbar. Der Rezipient braucht eine gewisse Vorkenntnis, indem er zum Beispiel die aktuelle Nachrichtenlage kennt oder zur angesprochenen Zielgruppe gehört und mit deren Alltag, Sorgen und Ängsten vertraut ist, um das Meme zu verstehen. Das erfordert vom Meme-Ersteller wiederum ein besonderes Fingerspitzengefühl.

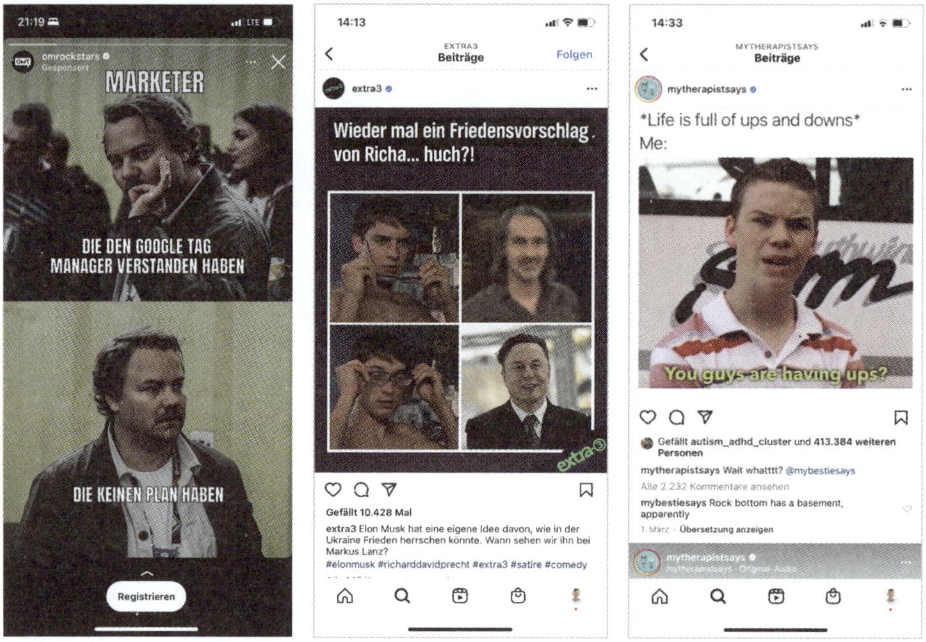


**Abb. 4.9:** Story Ad der @omrockstars sowie Posts von @extra3 und @mytherapistsays

Wie auch im Falle der Zitate sollten Sie für die Erstellung von Memes in die Lebenswelt Ihrer Persona eintauchen und sich mit ihrem Medienkonsum, ihren Herausforderungen, Sorgen und Ängsten vertraut machen. Memes eignen sich hervorragend, um die Schmerzpunkte Ihrer Persona wie im Beispiel der OMR (@omrockstars) zu adressieren. Inspirationen und Vorlagen für Memes finden Sie auch auf Canva.

**Hinweis**

Memes bewegten sich hinsichtlich des Urheberrechts in einer Grauzone. Mit der Urheberrechtsreform 2021 wurde »die Vervielfältigung, die Verbreitung und die öffentliche Wiedergabe eines veröffentlichten Werkes zum Zweck der Karikatur, der Parodie und des Pastiches« grundsätzlich erlaubt. (Unter *Pastiches* werden Imitationen von Mal- oder Schreibstilen verstanden.) Allerdings bleibt immer noch das Risiko, das Recht am eigenen Bild von Menschen zu verletzen, die in Ihrem Meme gegebenenfalls zu sehen sind. Sie sollten bei der Auswahl Ihrer Ausgangsbilder, Videos oder GIFs aufgrund Ihrer kommerziellen Absichten deshalb sorgsam vorgehen und gegebenenfalls sogar eigene Inhalte erstellen.

### 4.2.4 Infografiken

Infografiken sind mit der anschaulichen Verdichtung von Informationen und ihrem Fokus auf wesentliche Kernaussagen prädestiniert für Instagram. Sie ermöglichen es, gerade auch im B2B-Kontext komplexe Zusammenhänge zu vermitteln und Ihren Experten-Status zu untermauern.

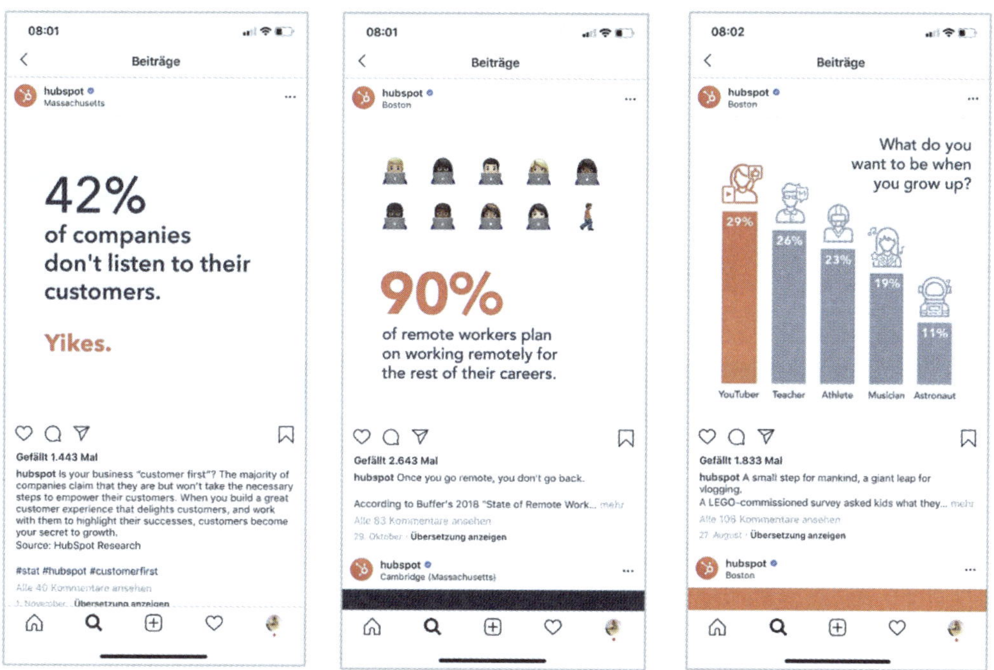


**Abb. 4.10:** Infografik-Posts bei Hubspot (@hubspot)

Infografiken lassen sich ebenfalls mit dem Allrounder-Tool Canva, aber auch Tools wie Venngage, Adobe Express oder Piktochart produzieren. Damit können Sie zum Beispiel Kernaussagen aus einem Bericht oder einer Studie, wie im Beispiel von Hubspot (@hubspot), »instagrammable« gestalten.

Auch Screenshots aus Studien können für einen Infografik-Post genutzt werden. In Canva (und auch allen alternativen Tools) ist es möglich, Ihre eigenen Inhalte hochzuladen und in ein ansprechendes Format zu bringen.

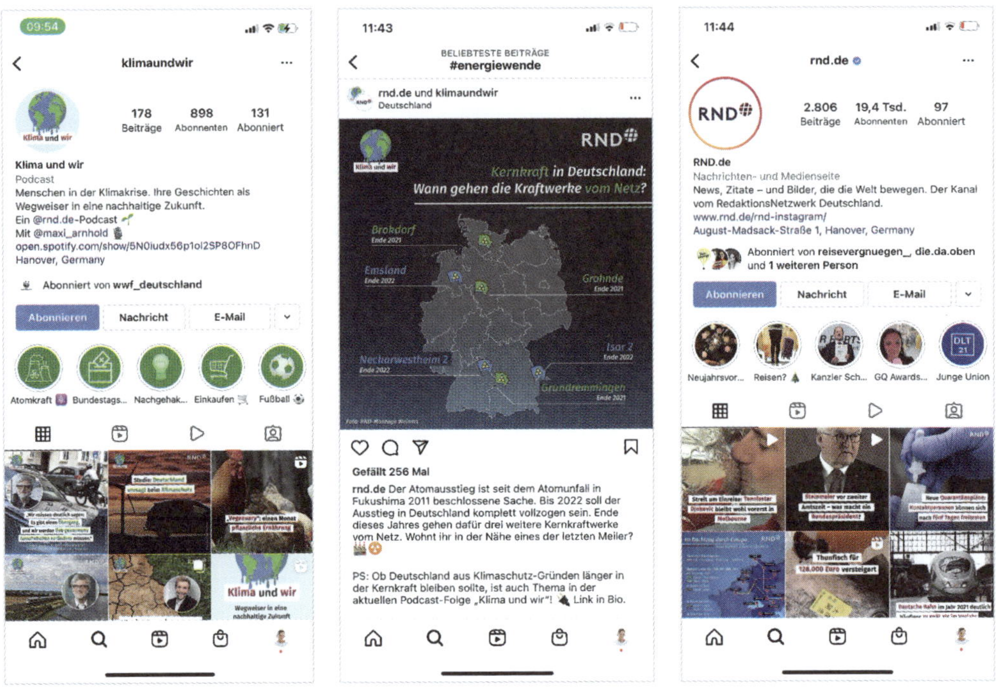


**Abb. 4.11:** Einsatz der Co-Autor-Funktion am Beispiel von »Klima und wir (@klimaundwir) sowie dem RND (@rnd.de)

## Co-Autor-Funktion

Mithilfe der Co-Autor-Funktion auf Instagram ist es auch möglich, Inhalte, zum Beispiel interessante Studien oder andere Insights, mit Partnern gleichzeitig zu veröffentlichen, unabhängig von einer bezahlten Kooperation. Damit haben Sie punktuell die Chance,

- wie im Beispiel von »Klima und wir« (einem Podcast des RND) Ihre unterschiedlichen Accounts zu stärken

- trotzdem einen Mehrwert für Ihre Community zu schaffen, auch wenn Sie selbst nicht über den Inhalt verfügen,
- Ihre Sichtbarkeit zu stärken, da die Community des Partners Ihre Instagram-Präsenz wahrnimmt,
- zu zeigen, dass Sie Ihre Partnerschaft wertschätzen

Um von dieser Funktion Gebrauch zu machen, kann Sie Ihr Partner, wie in Abbildung 4.12, im Moment des Teilens als Co-Autor einladen (oder Sie Ihren Partner, je nachdem wer über den Inhalt verfügt). Nehmen Sie die Einladung an, wird der Inhalt in beiden Accounts geteilt.

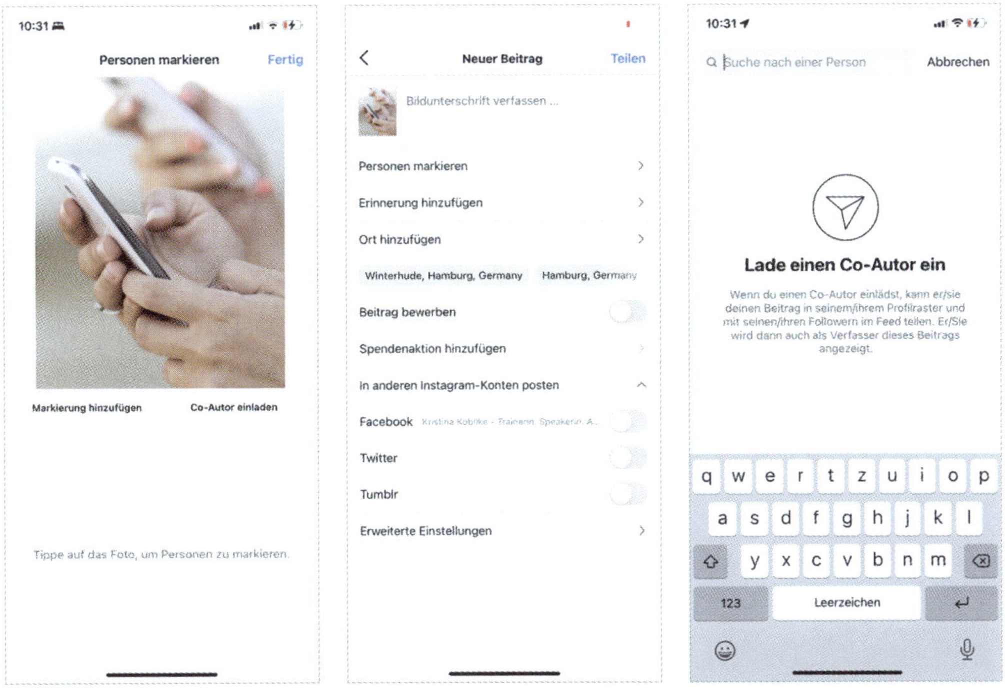


**Abb. 4.12:** Wie Sie einen Co-Autor zur Veröffentlichung eines gemeinsamen Posts einladen

### 4.2.5 Animierte Grafiken

Eine weitaus aufwendigere, aber auch besonders aufmerksamkeitsstarke Inszenierung von Geschichten sind animierte Grafiken, wie in den Beispielen von ZDFheute, dem Süddeutsche Zeitung Magazin und dem WDR-Wissenschaftsmagazin Quarks. Als Video werden animierte Grafiken im Reels-Feed geteilt sowie im Instagram-Explorer empfohlen und fallen somit unter den Content-

Graph-getriebenen Algorithmus. Sie können hiermit also neue Zielgruppen für sich begeistern.

Der große Vorteil dieser Grafiken besteht darin, dass sie

- die Verweildauer mit Ihrem Inhalt erhöht und
- somit mehr Aufmerksamkeit für Ihr Unternehmen und Ihre Marke generiert,
- das Engagement steigert,
- eher geteilt und gespeichert wird
- und gleichzeitig, aufgrund der Viewtime, ein Signal an den Algorithmus sendet, dass Ihre Inhalte wertvoll und verbreitungswürdig sind.

Ein Blick in die Kommentare zu den animierten Grafiken zeigt zudem die Wertschätzung dieser Inhalte seitens der Community.

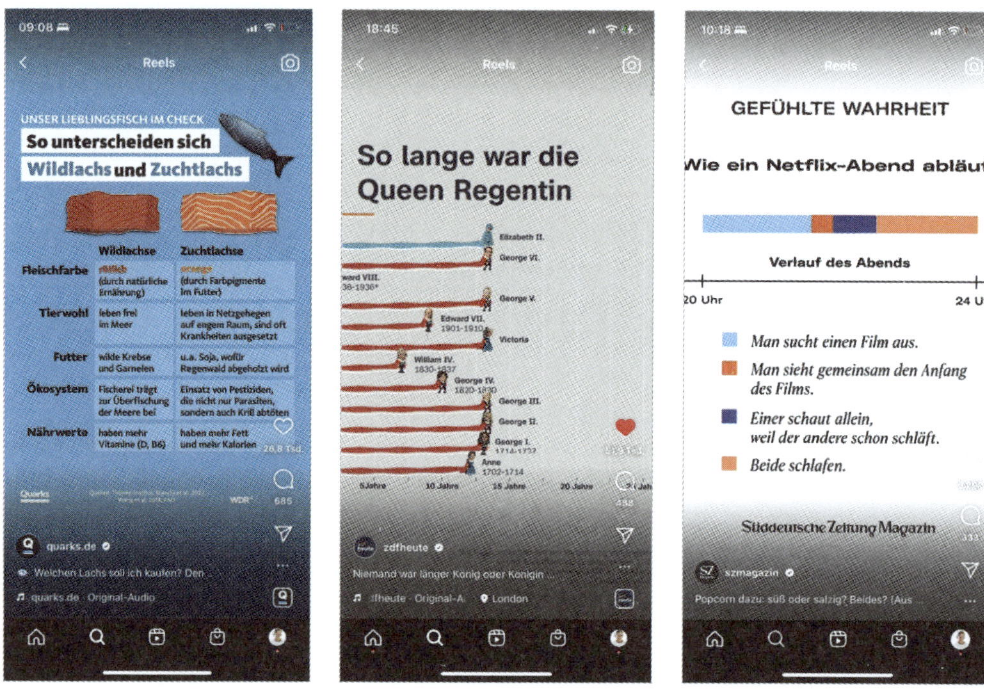


**Abb. 4.13:** Beispiele von Quarks (quarks.de), ZDFheute (@zdfheute) und dem SZ Magazin (@szmagazin)

Um eine solche Grafik zu erstellen, benötigen Sie die Hilfe eines Motion-Designers. Einfachere aber durchaus hochwertige animierte Grafiken lassen sich auch mit der App Mojo, die Ihnen Motion-Design in Form von animierten Layouts auf dem Smartphone zur Verfügung stellt, umsetzen.

### 4.2.6 Illustrationen

Eine Möglichkeit, sich von anderen Beiträgen auf Instagram noch weiter abzugrenzen und gleichzeitig eine visuelle Klammer für Ihr Profil oder auch ein bestimmtes Thema zu schaffen, sind künstlerische Illustrationen, wie im Beispiel der Heinrich-Böll-Stiftung. Die Zitate von Heinrich Böll wurden mit einer gezeichneten Illustration kombiniert und erregen so Aufmerksamkeit.

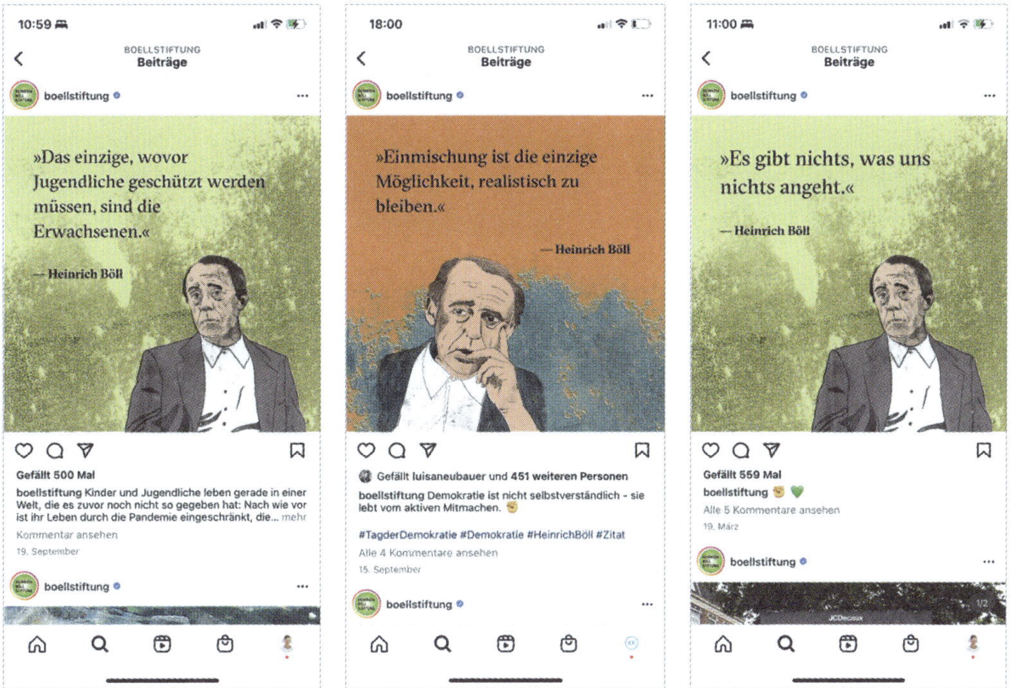


**Abb. 4.14:** Illustrations-Posts im Profil der Heinrich-Böll-Stiftung (@boellstiftung)

Grafische Designs und Illustrationen können Ihnen auch helfen, die Geschichten und Fakten zu einem bestimmten Thema, wie erneut im Beispiel der Heinrich-Böll-Stiftung das Thema »Earth Overshoot Day 2022«, visuell zu begleiten. (Siehe dazu auch Abschnitt 3.8.2 »Operationalisierung von Themen und Stories«)

**Abb. 4.15:** Webprofilansicht der Heinrich-Böll-Stiftung (@boellstifung) mit Beiträgen zum Thema »Earth Overshoot Day 2022«

## Hinweis

Grafikdesign-Elemente und Illustrationen werden in der Social-Media-Kommunikation immer wichtiger und gleichzeitig verwechselbarer. Es ist deshalb erfolgskritisch, dass sich Ihre Grafikdesign-Elemente und Illustrationen von der Konkurrenz abheben und einen Wiedererkennungswert über die Touchpoints mit Ihren Zielgruppen hinweg schaffen. Das ist zum Beispiel besonders gut bei den finanz-heldinnen (@finanzheldinnen) umgesetzt. Sie sollten deshalb auch einen festen Platz in Ihrer CI sowie in Ihrem Bildsprache-Leitfaden haben. Auch wenn Sie mit Tools wie Canva oder Mojo arbeiten, können Sie auf Ihre eigenen Design- und Brand-Elemente zurückgreifen.

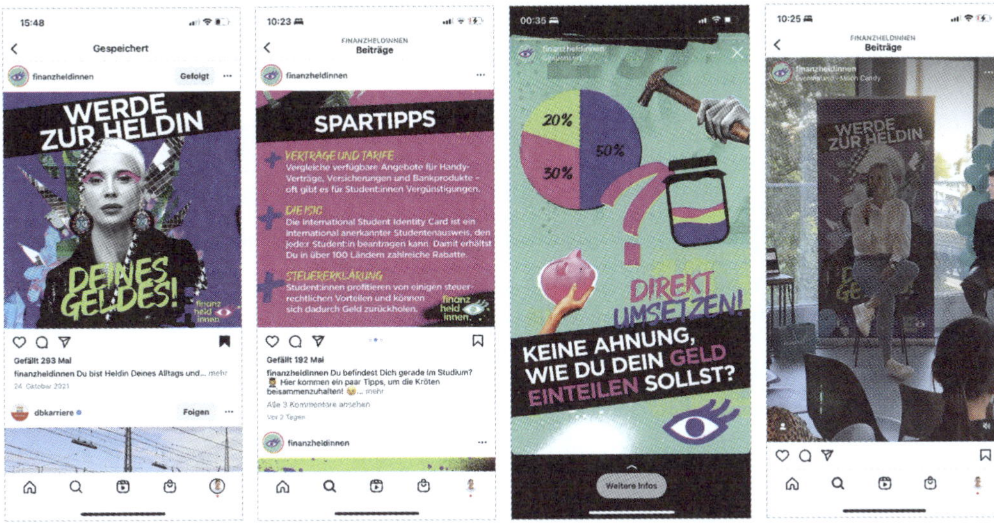


**Abb. 4.16:** Posts, Story-Ad und Story-Sequenz von einer Veranstaltung der Finanzheldinnen (@finanzheldinnen)

### 4.2.7 Carousel-Posts

Carousel-Posts sind neben Reels und Stories in vielerlei Hinsicht das Format der Stunde auf Instagram.

In Carousel-Posts können bis zu 10 Fotos, Videos und Grafiken kombiniert werden, durch die der User horizontal »slided« bzw. wischt. In Ihrem Profil werden Carousel-Posts mit einem Bilder-Icon am oberen Rand angezeigt.

Durch die Aneinanderreihung der Inhalte eignen sich Carousel-Posts ideal für How-tos, Tutorials oder Listicles und damit für informationelle Inhalte aller Art. Carousels sind aber auch hilfreich, um eine Beziehung zu Ihrer Community aufzubauen und Sinn zu vermitteln, wie in den Beispielen der Mitarbeiter-Zitate bei Hubspot oder Bosch. Sie sind auch für Storytelling prädestiniert, wie die The New York Times (@nytimes) immer wieder mit Carousels beweist, die über die einzelnen Slides eine zusammenhängende Geschichte erzählen.

Aufgrund ihrer Architektur schaffen Carousel-Posts

- Engagement, insbesondere in Form von Kommentaren und Saves, was Sie durch die Integration von Call-to-Actions noch verstärken können
- eine hohe Verweildauer, insbesondere wenn Sie Anleitungen und Tipps teilen (auch wenn Sie diese im Falle von Carousel-Posts leider nicht messen können)
- aufgrund ihres Mehrwerts eine höhere Follower-Bindung

- eine höhere Besucher/Follower-Conversion, da Besucher und damit potenzielle Interessenten Ihrem Profil eher folgen, da sie sich einen Mehrwert davon versprechen

Die Ideen für Carousel-Posts ergeben sich aus den übergeordneten Themen, die Sie mittel- bis langfristig festgelegt haben und die Sie mithilfe von konkreten Inhalten für Ihre Persona greifbar machen wollen.

Auch hier ist wieder Ihre Persona-Betrachtung essenziell. Welche Informationen braucht Ihre Persona von Ihnen in Bezug auf das Thema? Was könnte sie in ihrem Entscheidungsprozess weiterbringen? Was lindert ihre Schmerzpunkte?

- Sind es Hintergrundinformationen und Fakten zu Ihrem Thema?
- Sind es Anleitungen, wie man Ihr Produkt im Alltag anwendet?
- Sind es die wichtigsten Erkenntnisse aus einem Podcast, einem Vortrag, einer Messe, eines Events, die Ihre Persona nicht schafft zu besuchen oder zu konsumieren?
- Sind es konkrete Tipps, sich an einer Aktion zu beteiligen?
- Sind es Tipps zur Bewerbung in Ihrem Unternehmen?
- Sind es Werte, die Sie oder Ihre Mitarbeiter vertreten?
- Sind es Kundenstimmen zu Ihrem neuesten Produkt?
- Sind es Antworten auf Fragen, die Ihre Kunden am häufigsten in Bezug auf Ihr Produkt stellen?
- Sind es die Inhalte, die auf Ihrer Website am häufigsten gelesen wurden, im letzten Monat?

Um einen Carousel-Post zu erstellen, tippen Sie am oberen Rand Ihres Profils (oder alternativ Ihres Homefeeds) auf das Plus-Symbol, wählen anschließend das Format BEITRAG aus und gelangen zu Ihrer Foto- und Video-Galerie Ihres Smartphones. Hier können Sie nun die einzelnen Elemente für Ihr Carousel auswählen. In der Praxis lassen sich Carousel-Posts sehr gut am Desktop über das mehrfach erwähnte Canva erstellen und anschließend über die dazugehörige Canva-App auf Ihr Smartphone transferieren und mit Instagram teilen.

### 4.2.8 Begleitende Apps für die Erstellung von Grafik-Posts

#### Canva (iOS, Android)

Die schon mehrfach erwähnte Grafikdesign-Plattform Canva hat sich im Rahmen der Content Creation insbesondere für Social Media im Markt etabliert.

Sie bietet auch für Autodidakten ein perfekt geeignetes Design-Tool inklusive App- und Web-Version, mit dem Sie Texte, Grafiken, Logos und vieles mehr für Ihre Markenkommunikation erstellen sowie Fotos und auch Videos bearbeiten können. In der Pro-Version ist die Integration Ihrer Branding-Elemente sowie die Zusammenarbeit mit mehreren Team-Mitgliedern möglich.

Zudem lassen sich über die Whiteboard-Funktion Brainstormings im Team zu neuen Designs durchführen und Ideen sammeln sowie Inhalte in einem integrierten Inhaltsplaner vorausplanen.

Um Canva bestmöglich nutzen zu können, sollten Sie direkt die Pro- oder Teams-Version erwerben. Die Kosten belaufen sich bei einer Teamgröße bis zu fünf Anwendern auf ca. 140 Euro pro Jahr.

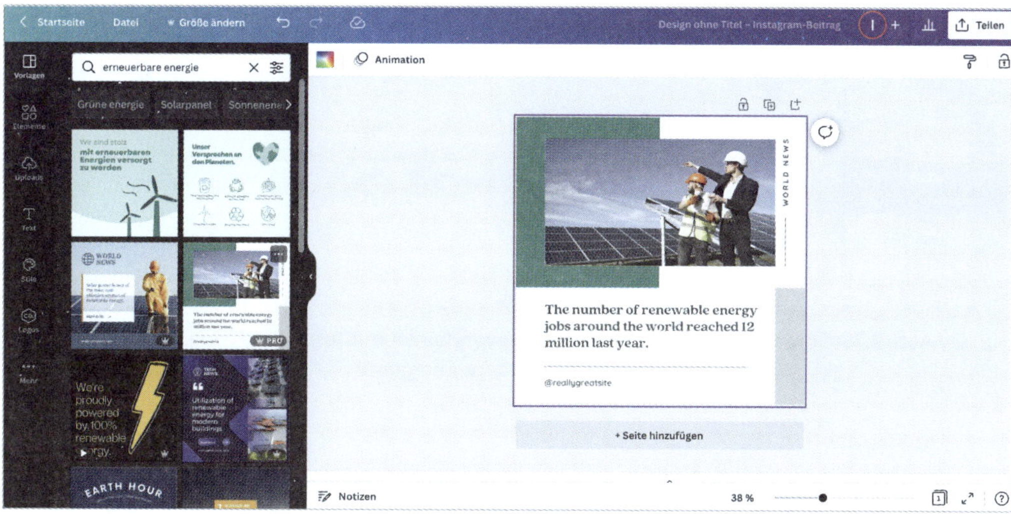


**Abb. 4.17:** Screenshot der Desktop-Version von Canva, Suchergebnisse zum Thema »Erneuerbare Energien«

Folgende Vorteile bietet Ihnen die Plattform: Sie können

- Ihre Brand-Elemente, inklusive Logo, Farben und Schriften als Markenunterlagen hochladen und individuelle Designs gestalten
- Templates für wiederkehrende Formate, wie Zitate, Carousels, Stories oder Listicles anlegen
- unterschiedliche Formate produzieren (Posts, Stories, Reels)
- auf Stockmaterial zurückgreifen, inklusive Material, das mit Ihrer CI harmoniert (siehe dazu auch die Anmerkungen in Abschnitt 4.1.4 »Stockfotos«)
- mithilfe von Keywords nach geeigneten Vorlagen für Ihre Branche suchen
- aus unterschiedlichen Stilen wählen, die dem Thema oder Ihrer Branche angemessen sind

- Animationen erstellen
- Videos erstellen
- Canva mit Ihrem Instagram-Account verbinden und ältere Beiträge schneller recyceln

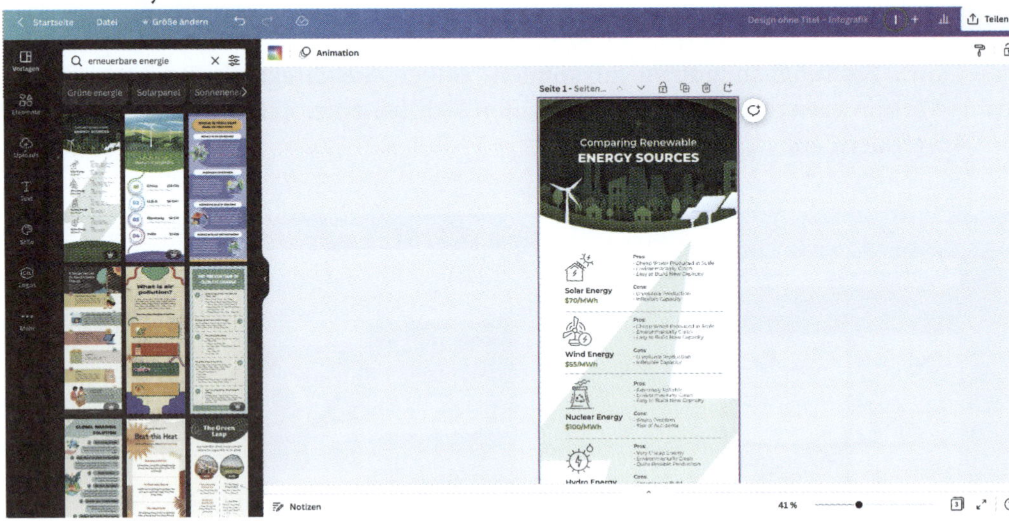


**Abb. 4.18:** Screenshot der Desktop-Version von Canva mit Infografik-Vorlagen zum Thema »Erneuerbare Energien«

> **Hinweis**
>
> In Unternehmen treten immer wieder Fragen zur lizenzrechtlichen Nutzung von Canva auf. Grundsätzlich ist die Nutzung der Design-Elemente und Stockmaterialien für die kommerzielle Nutzung erlaubt, sofern sie zur Erstellung von Social-Media-Posts oder Werbe-Posts verwendet werden, mit ihrer Hilfe also ein neuer Content entsteht.
>
> Ausnahmen ergeben sich, wenn Sie mit Canva erstellte Designs verkaufen wollen. Hierzu ist eine erweiterte Lizenz nötig. Stoßen Sie via Canva auf ein interessantes Stockfoto oder ein Design-Element, das Sie unbearbeitet nutzen wollen, ist auch hier eine zusätzliche Lizenz zu erwerben.

### Adobe Express

Ein Äquivalent zu Canva bildet Adobe Express mit einer großen Auswahl an Design-Templates, Bildern und Symbolen inklusive einer Web-Version, über die Sie Ihre Posts und Stories auch bequem am Desktop bearbeiten können. Die so erstellten Inhalte sind automatisch in der Adobe Express App verfügbar und können aus der App heraus auf Instagram geteilt werden. Auch hier haben Sie die

Option, Ihre Inhalte mit Ihrem eigenen Branding zu versehen sowie Team-Mitglieder zur Mitarbeit an Ihren Inhalten einzuladen.

### Adobe Creative Cloud

Eine gute Option ist der Erwerb einer einzelnen oder auch Team-Lizenz für die Adobe Creative Cloud. Damit haben Sie Zugang zu diversen Apps und Tools, wie Photoshop, Illustrator, After Effects, Adobe Express, Adobe Stock, Premiere Rush und vielen weiteren und können diese für die Foto- und Videobearbeitung sowie Grafikdesign nutzen. Adobe-Software wird zudem in vielen Marketing-Abteilungen genutzt, sodass Sie hier gegebenenfalls schon auf eine Lizenz zurückgreifen können.

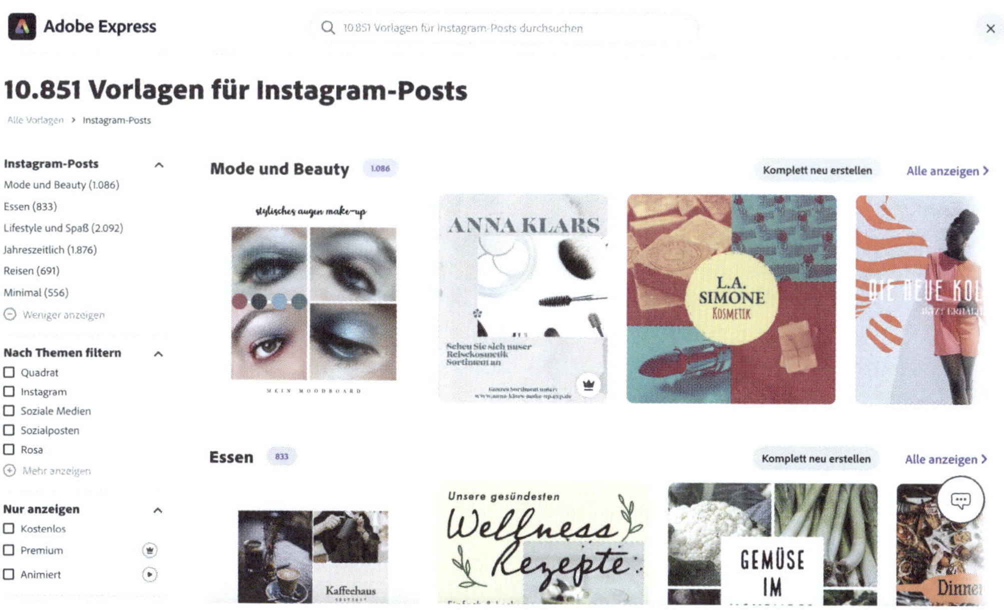


**Abb. 4.19:** Screenshot der Desktop-Ansicht von Adobe Express, Ansicht der Vorlagen für Instagram-Posts

### Over (iOS, Android)

Over hat sich zu einer äußerst umfangreichen Design-App (leider bisher ohne Web-Version) entwickelt, die es analog zu Canva und Adobe Express ermöglicht, die eigenen Markenelemente zu hinterlegen und alle verfügbaren Templates an Ihre CI anzupassen. Darüber hinaus finden Sie hier diverse Tutorials zur Umsetzung neuer Bildsprache- und Design-Trends, eine Vielzahl von Story-Templates, Short-Form-Videos und jede Menge weitere Design-Elemente.

## 4.3 Erstellen qualitativer Videos

Video-Content ist auf Instagram mit der in Kapitel 1 beschriebenen Ausrichtung von Instagram und der starken Präsenz von Reels allgegenwärtig. Aufwendig gestaltete Long-Form-Videos, wie ursprünglich mit der Einführung von IGTV beabsichtigt, konnten sich auf der Plattform jedoch nicht durchsetzen. Wesentlich wichtiger zur Steigerung von Sichtbarkeit und Engagement sind Short-Form-Videos mit einer Länge von 15 bis maximal 90 Sekunden.

Dieser Umstand lässt Unternehmen in der Regel aufatmen. Es muss also keine aufwendige Premium-Bewegtbild-Produktion sein, um mit Videos auf Instagram erfolgreich zu sein.

Das heißt nicht, dass Long-Form-Videos nicht auch ein Bestandteil Ihrer übergreifenden Content-Strategie sein sollten. Im Gegenteil – auf YouTube funktionieren längere Videos weiterhin sehr gut und zahlen auf das Vertrauen in Ihre Marke in hohem Maße ein. Instagram fungiert hier wiederum als Distributionskanal, zum Beispiel durch kurze Reels oder Stories, die den Long-Form-Inhalt anteasern.

**Vertikales Format**

Mit dem Erfolg von TikTok haben Videos auf dem Smartphone-Bildschirm noch einmal einen enormen Schub erhalten und alle Social-Media-Plattformen veranlasst, vertikale Short-Form-Video-Formate einzuführen. Dieser Wandel wird sich auch auf die Video-Nutzungsgewohnheiten über Social Media hinaus auswirken. Für Sie als Unternehmen bedeutet dies, die vertikale Nutzungssituation in Ihrer Bewegtbildstrategie mitzudenken oder gar an ihr auszurichten.

Instagram liefert nach der Einstellung bzw. Anpassung von IGTV sämtliche Videos mit einer Länge von bis zu 15 Minuten im Reelsfeed aus. Das bedeutet, dass Ihre Videos automatisch Reels sind und in einem 9:16-Format gestaltet sein sollten, um eine bestmögliche Wirkung zu erzielen.

Zwar lassen sich weiterhin Videos von bis zu einer Stunde auf Instagram hochladen (beispielsweise Aufzeichnungen einer Live-Session), allerdings werden diese vom Reelsfeed ausgeschlossen (Stand Oktober 2022).

## 4.4 Reels

Reels sind das derzeit meistbesprochene Format in Bezug auf Instagram (siehe dazu auch Abschnitt 2.8 »Instagram Reels«). Das Interesse an dem Short-Form-Videoformat, das Instagram erfolgreich von TikTok adaptierte, liegt darin begründet, dass Reels dank ihrer Content-Graph-basierten Aussteuerung über den Reelsfeed und die Explore Page besonders hohe Reichweiten und Follower-Zuwächse generieren.

Dieser Effekt kann noch verstärkt werden, wenn Reels mit Trend-Songs- oder Audiospuren erstellt werden und gegebenenfalls eine virale Verbreitung erfahren.

Allerdings lässt sich diese Dynamik nur bedingt für Unternehmen nutzen. Wie schon in Abschnitt 2.3 »Creator-Profil« erläutert, sind Business-Profile von der Nutzung vieler Trend-Songs ausgeschlossen. Zwar lassen sich Lizenzen für die betreffenden Musiktitel erwerben, dies ist jedoch mit zeitlichem und finanziellem Aufwand verbunden und trägt der Schnelllebigkeit der Reels-Trends kaum Rechnung.

Diese Tatsache sollte jedoch zu keiner Ernüchterung führen, sondern vielmehr befreiend wirken. Mit Reels auf Trends aufzuspringen, ist mit hohen Anforderungen an die Mitarbeiter oder Dienstleister verbunden, die in kürzester Zeit einen Trend auf das Unternehmen übertragen und entsprechende Inhalte produzieren müssen. Das lässt sich in den meisten Unternehmen aufgrund von Konzeptions- und Freigabeprozessen nur schwer bewerkstelligen. Wie auch bei Fotos oder Grafiken gelten zudem auch bei Reels Qualitätsansprüche seitens Ihres Unternehmens und auch seitens der User.

Betrachten Sie Reels losgelöst von Trend-Songs, können Sie das Format wesentlich planvoller angehen und trotzdem oder gerade deshalb Erfolge erzielen. Sie sind auch nicht gezwungen, Reels über die Instagram-App zu erstellen, sondern dürfen auch auf die Hilfe externer Apps oder Dienstleister zurückgreifen.

Über Apps wie Mojo, Quik, Videoshop oder Inshot beispielsweise lassen sich mit bestehenden Fotos und/oder kurzen Videosequenzen hochwertige Ergebnisse in HD-Qualität produzieren.

Ein wichtiges Ziel, das Sie mit Reels erreichen können, ist Bekanntheit. Reels generieren Reichweite und Aufmerksamkeit und erreichen hauptsächlich Nicht-Follower. Sie haben hier also einen wesentlichen Hebel, Ihre Community zu vergrößern und User in einen Kaufentscheidungsprozess eintreten zu lassen oder ihr Relevant Set um Ihre Marke zu erweitern.

Aufgrund ihrer Vielseitigkeit können Reels für alle Content-Arten, von informationellem Content über Social Content bis hin zu transaktionalem Content konzipiert werden und sind deshalb für alle Phasen der Consumer Decision Journey relevant.

### 4.4.1 Inszenierung von informationellem Content via Reels

Wie in Kapitel 3, Abschnitt 3.8.2 »Operationalisierung von Themen und Stories« beschrieben, reicht informationeller Content von kurzen News und Infos bis hin zu Tutorials, How-tos, Trends oder Tipps.

Durch ihre Eigenschaft, mehrere Videosequenzen zu einem Multiclipvideo zusammenfügen zu können, sind Reels für die schrittweise Erklärung von Sachverhalten oder die Aufzählung von Tipps oder Fakten prädestiniert.

#### Tutorials

Westwing (@westwing) beispielsweise veröffentlicht regelmäßig Rezept-Tutorials zu saisonalen Anlässen und dockt damit an die Interessen seiner Community über Interior-Themen hinaus an. Diese Vorgehensweise eignet sich hervorragend, um neue Nutzer anzusprechen, die auf der Suche nach Inspiration auf Ihre Marke stoßen. Insbesondere der Bezug zu saisonalen Anlässen kann zusätzliche Reichweite schaffen.

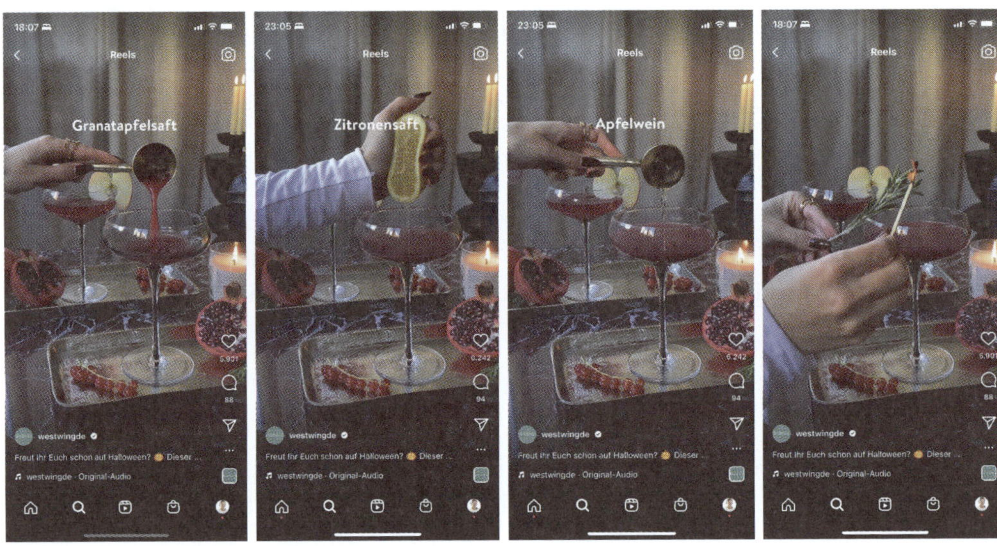


**Abb. 4.20:** Auszüge aus einem Reel von Westwing (@westwing)

#### Infotainment

Das World Economic Forum (@worldeconomicforum) wiederum inszeniert Fakten zu seinen Geschichten in Infotainment-Reels. Dabei werden animierte Texte mit Fotos und Videos zu einer Slideshow kombiniert. Reels und Videos dieser Art lassen sich ideal mit der App Mojo und durchaus mithilfe von Stockmaterial erstellen.

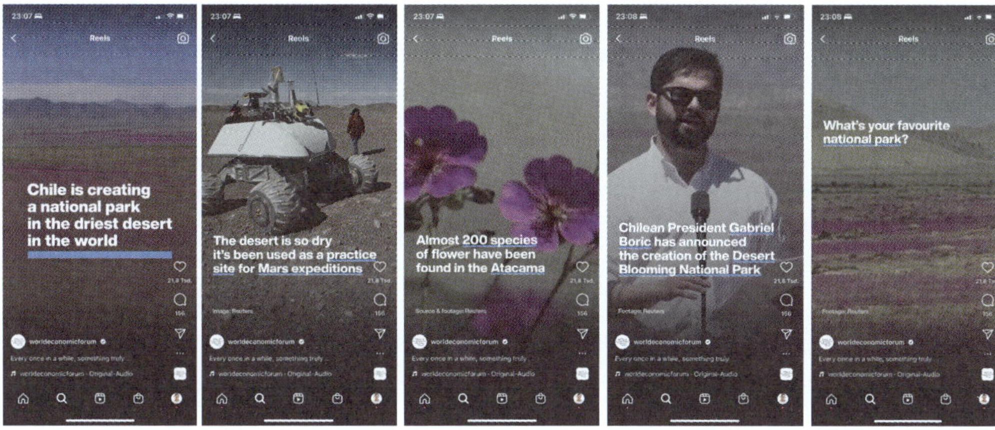


**Abb. 4.21:** Auszüge aus einem Reel des World Economic Forum (@worldeconomicforum)

### Slideshows

Ein Klassiker für inspirierenden informationellen Content und vergleichsweise einfach herzustellen sind Reels in Form einer Slideshow, bestehend aus Fotos und/oder Videos, die mit einer stimmungsvollen oder auch mitreißenden Musik unterlegt sind. Die Fotos und Videos sind im Takt der Musik arrangiert. Diese Reels eignen sich für Wochenrückblicke, Behind-the-Scenes-Content oder auch Nachberichterstattungen von Events, wie im Falle von Siemens (@siemens).

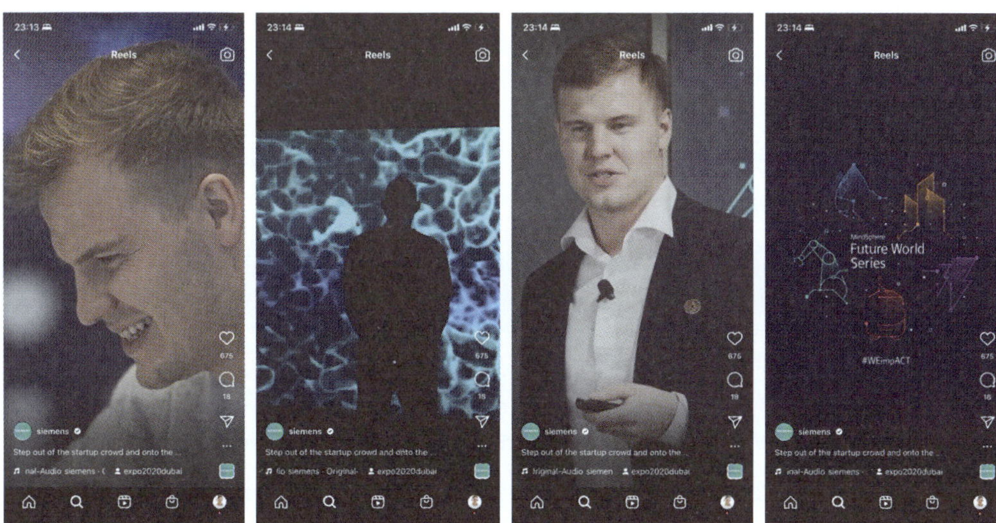


**Abb. 4.22:** Auszüge aus einem Reel von Siemens (@siemens)

## Dialoge

Die finanz-heldinnen (@finanzheldinnen) vermitteln Finanz-Tipps zum Beispiel in einer auf TikTok beliebten Art und Weise – in Form von Dialogen. Ein solches Reel lässt sich allein (ein und dieselbe Person spielt beide oder mehrere Dialogpartner) oder auch mit mehreren Kollegen umsetzen. Dieses Format eignet sich ausgezeichnet, um die Fragen und Sorgen Ihrer Persona, die Sie in Ihrer Persona-Betrachtung herausgearbeitet haben, in einem Rollenspiel darzustellen und eine Antwort darauf zu geben.

**Abb. 4.23:** Auszüge aus einem Reel der finanz-heldinnen (@finanzheldinnen)

## Direkte Ansprache Ihrer Zielgruppe

Die direkte Ansprache Ihrer Zielgruppe durch einen Protagonisten, untermalt mit Musik, animierten Texten und zusätzlichen Grafiken, eignet sich ideal, um Fakten zu vermitteln, wie erneut im Beispiel der finanz-heldinnen (@finanzheldinnen) oder des zum FUNK-Content-Netzwerk von ARD und ZDF gehörende Deutschland3000 (@deutschland3000). Sie können Ihre Zielgruppe damit nicht nur informieren, sondern auch direkt aktivieren, weitere Entscheidungen zu treffen – etwa Ihrem Profil zu folgen oder sich mit weiterführenden Inhalten zu beschäftigen, wie Ihre Website zu besuchen oder Ihren Podcast zu hören.

Durch die Einbindung echter Menschen wirkt Ihr Unternehmen nahbar, was Nutzern dabei hilft, sich mit Ihnen zu verbinden oder eine bestehende Beziehung zu vertiefen. Und auch potenzielle Mitarbeiter können sich auf diese Weise ein besseres Bild von der Stimmung in Ihrem Unternehmen und Ihrer Unternehmenskultur machen.

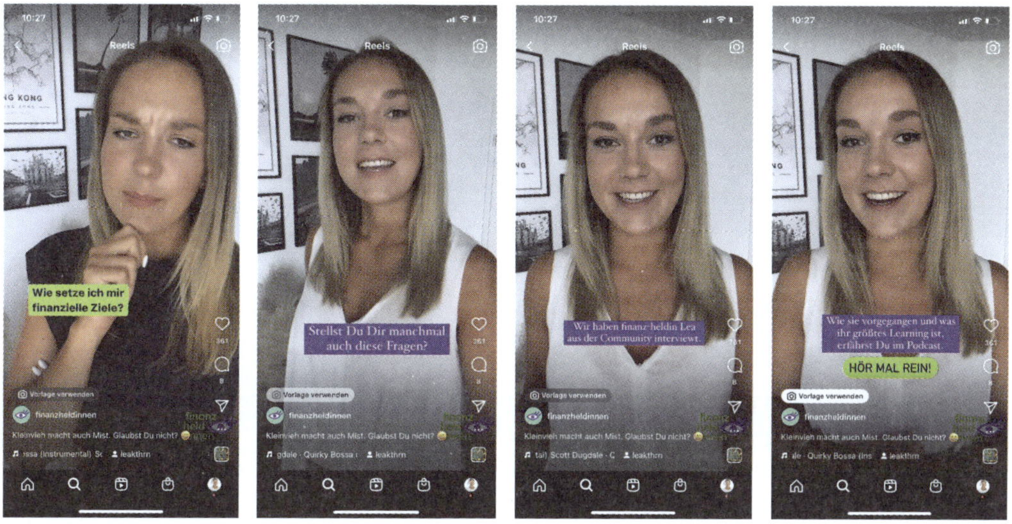


**Abb. 4.24:** Auszüge aus einem Reel der finanz-heldinnen (@finanzheldinnen)

## 4.4.2 Social Content in Reels

### Comedy

Reels sind darauf ausgelegt, zu unterhalten, und sind deshalb fester Bestandteil von Social Content. Social Content hat das Ziel, Ihre Community zum Lachen zu bringen. Das funktioniert sehr gut über die vorangehend erwähnten Dialoge. In diesem Fall greifen Sie jedoch nicht die Fragestellungen Ihrer Persona auf, sondern parodieren Alltagsthemen zu Hause oder im Büro, in denen sich Ihre Persona wiedererkennt.

### Reels Remix

Instagram bietet analog zu TikTok Kollaborationsfunktionen wie das Vermischen von Videos in Form eines Remixes an. Dabei können Sie auf das Reel eines anderen Nutzers reagieren, indem Sie es zum Beispiel nachstellen, Ihre Reaktion darauf filmen oder Ihre Meinung und Gedanken dazu äußern. Das Video wird dabei in der Mitte geteilt, auf der linken Seite ist das Originalvideo des Nutzers zu sehen, auf der rechten Seite Ihr Video. Eine weitere Variante ist, Ihr Video nach dem Originalvideo zu platzieren, unter TikTok Usern ist diese Variante auch als »Stitches« bekannt.

Die Remix-Funktion ermöglicht es Ihnen, Ihre Community aktiv einzubeziehen, etwa indem Sie sie bitten, Ihr Reel nachzustellen oder Ihre Geschichte zu Ende zu erzählen.

## 4.4.3 Transaktionaler Content in Reels

### Tutorials, How-tos und Making-ofs

Auch für diese Content-Art beweisen Reels ihre Stärke, z.B. mit Produkt-Tutorials, die Ihr Produkt oder Ihre Dienstleistung in der Anwendung oder Herstellung zeigen.

### Testimonials

Darüber hinaus hilft die Einbindung von Kunden und Testimonials, um potenziellen Kunden eine Kaufentscheidung zu erleichtern.

Westwing (@westwing) zeigt in regelmäßigen Homestories, wie seine Kunden ihre Wohnung mit Westwing-Möbeln einrichten. Hubspot (@hubspot) präsentiert die Ergebnisse, die zufriedene Kunden mit dem Einsatz der Hubspot-Software erzielt haben.

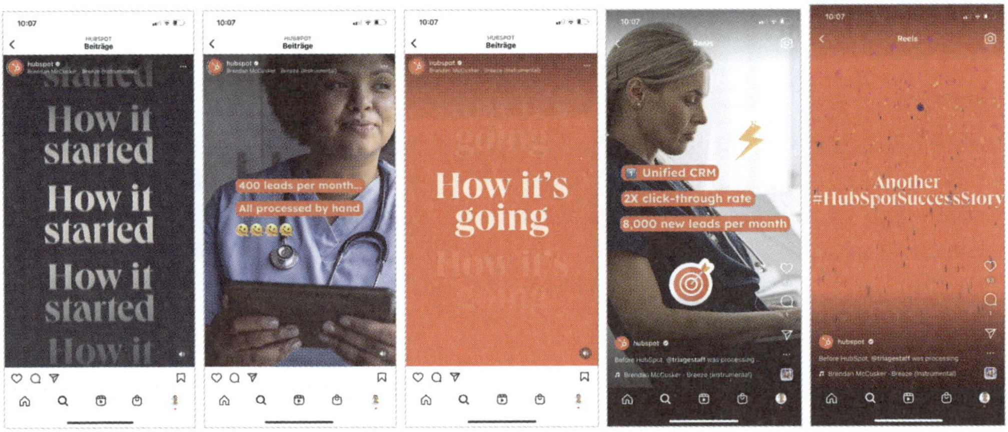


**Abb. 4.25:** Auszüge aus einem Reel von Hubspot (@hubspot)

### Vorher-Nachher-Videos

Auch Vorher-Nachher-Videos, die die Transformation eines Objekts oder Ihrer Kunden durch Ihr Produkt oder Ihre Dienstleistung zeigen, zahlen darauf ein.

### Life-Hack-Reels

Auf Instagram besonders beliebt sind Life-Hack-Reels, die Tipps und Kniffe zur Verbesserung des Alltags der Menschen vermitteln. Wenn es zu Ihrem Unternehmen passt, können Sie sich mit einem solchen Inhalt als hilfreicher Partner positionieren.

Rewe teilt in Reels beispielsweise Tipps, wie Lebensmittel länger haltbar bleiben und Reste verwertet werden können.

## 4.4.4 Ideen für Reels finden

Ähnlich wie bei allen anderen Formaten sollten Sie sich auch bei Reels an Ihrer Content-Strategie und Ihrer Persona-Betrachtung sowie dem aktuellen Thema, das Sie inszenieren wollen, orientieren.

Reels, die einen Mehrwert vermitteln, werden besonders lange angeschaut und auch abgespeichert. Beides sind starke Signale für den Algorithmus.

Da Reels vorrangig auf Basis der aktuellen Interessen der Nutzer ausgeliefert werden, ist Ihre Vorarbeit in Bezug auf die Interessen Ihrer Persona auch hier ein wichtiger Anhaltspunkt. Sie können, ähnlich wie bei Carousel-Posts, systematisch Inhalte für Reels entlang der Bedürfnisse und Schmerzpunkte Ihrer Persona entwickeln.

Was Ihnen zusätzlich helfen kann, sind

- Erkenntnisse aus Ihrem Social-Media-Audit – welche Reels haben bei der Konkurrenz besonders gut performt?
- Aktuelle Suchanfragen im Zusammenhang mit Ihrer Branche oder Ihrem Produkt (die Sie via Answer The Public oder Google suggest identifizieren können)
- Aktuelle Trends oder Events in Ihrer Branche
- Aktuelle Trends, die Sie auf Instagram wahrgenommen haben und die sich auf Ihr Unternehmen transferieren lassen
- Ideen aus Ihrem Team, aus dem Kundensupport oder dem Vertrieb
- Reels von Influencern in Ihrer Branche
- Saisonale Trends, wie im Beispiel von Westwing das Thema Halloween
- Beiträge auf Pinterest zu Ihrem Thema

## 4.4.5 Reels konzipieren

Sobald Sie sich für die Inszenierung Ihrer Geschichte oder Ihres Themas in Form eines Reels entschieden haben, sollten Sie in die Vorplanung einsteigen.

Dabei empfiehlt es sich, wie in Abbildung 4.26, ein Storyboard für Ihr Reel zu entwickeln.

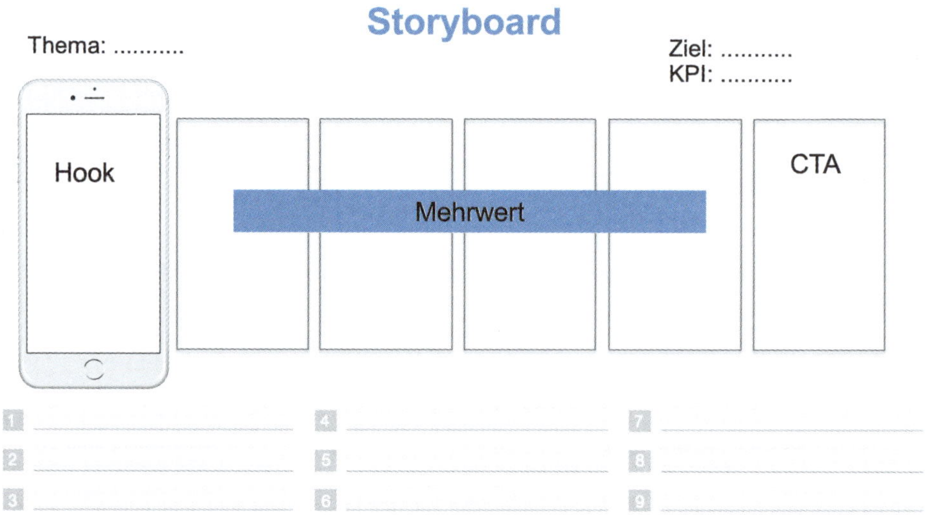


**Abb. 4.26:** Beispiel für ein Storyboard zur Planung von Reels, Carousel-Posts und Stories

Sie können so die einzelnen Sequenzen gezielt vorbereiten, eventuelle Location-Wechsel und externes Equipment einplanen, einen spannenden Einstieg bzw. eine sogenannte »Hook« wählen, eine Argumentationskette entwerfen und einen Call-to-Action festlegen. Denn Ihr Reel sollte im Rahmen Ihrer Maßnahmen auf ein Ziel einzahlen.

Wichtig: Die Hook Ihres Reels und die damit verbundene Anfangsszene ist entscheidend. Ihr Ziel muss es sein, in den ersten Sekunden die Aufmerksamkeit der Nutzer zu gewinnen.

Am besten schaffen Sie das

- über eine Frage oder Aussage zu einem Bedürfnis Ihrer Persona gefolgt von einer damit verbundenen Problemstellung bzw. einem Schmerzpunkt, die Ihre Persona lösen oder beseitigen möchte. Das Beispiel Foodboom (@foodboom) zeigt diese Mechanik anschaulich. Im direkten Anschluss an Ihre Hook »lindern« Sie mit Ihren Tipps oder Ihrer Argumentation diesen Schmerz oder lösen sogar das Problem und haben damit einen echten Mehrwert für Ihre Persona geschaffen.
- oder auch mit einem kurzen Teaser, welcher Mehrwert in den folgenden Reels-Sequenzen zu erwarten ist, zum Beispiel: »5 Tipps für konzentriertes Arbeiten«

- oder im Falle von Slideshows mit einem aufmerksamkeitsstarken Foto, das ein wichtiges Thema Ihrer Persona widerspiegelt, kombiniert mit eingängiger Musik

Darüber hinaus sollte die erste Szene direkt Ihren Protagonisten zeigen oder durch eine besondere grafische Gestaltung, wie im Beispiel von HubSpot in Abbildung 4.25, Aufmerksamkeit erregen.

Sobald Sie die Aufmerksamkeit Ihrer Betrachter durch Ihre Hook erst einmal gewonnen haben, können Sie den darauffolgenden Argumentationsteil durchaus auch ausführlicher gestalten können. Zum Schluss folgt Ihr Call-to-Action.

**Abb. 4.27:** Hook am Beispiel eines Reels von Foodboom (@foodboom)

### 4.4.6 Reels produzieren

#### Reels über die Reels-Kamera erstellen

Um ein Reel über die Reels-Kamera zu erstellen, tippen Sie entweder im Reels-Feed auf das Kamera-Symbol am oberen rechten Seitenrand oder auf das +-Symbol am oberen Seitenrand Ihrer Profilansicht, wählen anschließend »Reel« aus und gelangen so in die Reels-Kamerafunktion.

Hier haben Sie nun die Option, direkt über den Aufnahmebutton eine durchgehende oder mehrere kürzere Video-Sequenzen aufzunehmen, mit Musik, Effekten, Text und Stickern zu versehen oder analog zu Stories bestehende Fotos und Videos in die Reels-Kamera hochzuladen und weiter zu bearbeiten. (Laden Sie dazu einfach nacheinander alle Fotos und Videos aus Ihrer Smartphone-Bibliothek hoch und tippen Sie jeweils auf »Hinzufügen«. Anschließend können Sie jede einzelne Sequenz individuell bearbeiten.)

Ein wesentliches kreatives Element von Reels sind die Übergänge zwischen Ihren Videosequenzen, auch Transitions genannt. Besonders populär sind Effekte, wie »Drehen«, »Verzerren«, »Zoom« oder »Warp«. Instagram gibt Ihnen, wie in Abbildung 4.28 bereits eine Hilfestellung, kreative Übergänge auf Ihre Clips anzuwenden. Tippen Sie dazu nach dem Upload Ihrer Fotos und Videos oder der Aufnahme Ihrer Videos auf »Weiter« und in der folgenden Ansicht auf »Clips bearbeiten«. Hier können Sie einerseits die Reihenfolge Ihrer Videosequenzen ändern und Ihre Videos schneiden und andererseits Übergänge aus einer Reihe populärer Transitions wählen.

**Abb. 4.28:** Übergänge auswählen, Videosequenzen schneiden und bearbeiten in der Reels-Kamera

Im Anschluss können Sie ein Titelbild aus Ihrem Video oder aber Ihrer Smartphone-Bibliothek für Ihr Reel auswählen und entscheiden, ob Sie Ihr Reel auch im Profil teilen wollen. Letzteres ist in jedem Fall zu empfehlen, es sei denn, Sie sprechen explizit potenzielle neue Follower an. Bei dieser Strategie sollte Ihr Reel möglichst kurz sein, auf Ihre Marke neugierig machen sowie einen Call-to-Action, wie zum Beispiel »Folge uns«, enthalten.

Hinsichtlich der Bildbeschreibung Ihres Reels empfiehlt es sich, kurze prägnante Texte zu wählen, da diese im Reels-Feed ohne explizite Aufforderung nicht gelesen werden. Das Markieren von Personen und Orten ist klar zu empfehlen, da Ihr Reel damit einerseits in »Instagram-Karten« erscheint und andererseits markierte Personen Ihr Reel gegebenenfalls in ihren Stories teilen. Beides kann Ihre Sichtbarkeit erhöhen.

**Tipp**

Ein spannendes kreatives Element in Reels und Stories ist der Green Screen Effekt, den Sie über die Effekte-Funktion in der jeweiligen Kamera-Ansicht auswählen können. Damit können Sie den Hintergrund Ihres Videos freistellen und stattdessen Fotos oder Videos aus Ihrer Smartphone-Bibliothek hochladen. Auf diese Weise lassen sich einerseits Brand Elemente, wie vorbereitete Templates aus Canva in Ihrer CI in Ihr Reel integrieren, andererseits können Sie so auf die eingefügten Inhalte in Ihrem Reel Bezug nehmen und zum Beispiel Sachverhalte erklären.

### Reels-Vorlagen

Der Unterhaltungswert von Reels liegt nicht nur in ihrer inhaltlichen Ausgestaltung begründet, sondern auch in ihrer Inszenierung. Offensichtliches Merkmal ist dabei, dass Fotos, Videos, Texte, Gesten, Sprache, die die Inhalte transportieren, exakt auf den Takt eines bestimmten Songs oder einer bestimmten Audiospur abgestimmt sind.

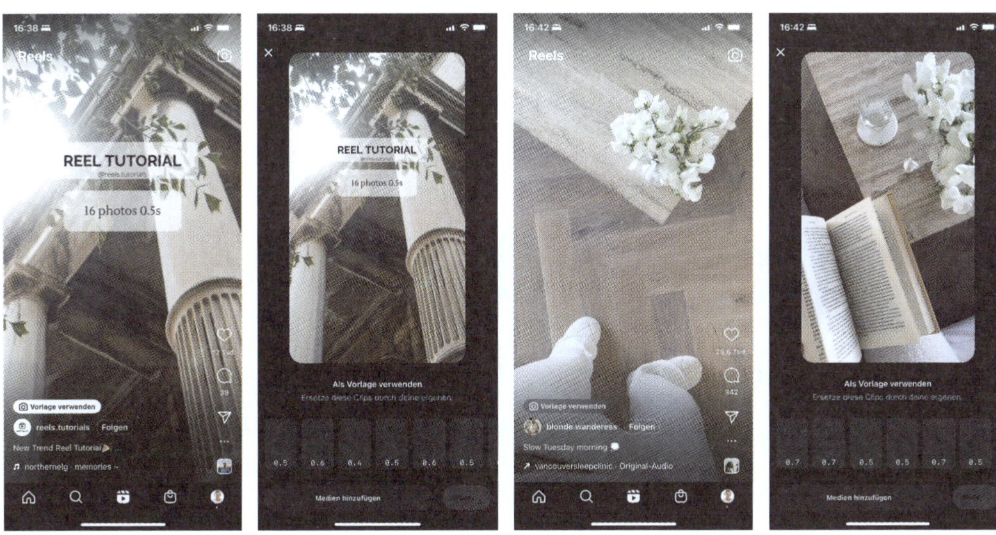


**Abb. 4.29:** Beispiele für Vorlagen im Reels-Feed

Das macht die manuelle Erstellung eines Reels über die Instagram-App durchaus anspruchsvoll.

Eine Hilfestellung wäre, die Vorlagen-Funktion von Instagram für Reels zu nutzen. Dabei können Sie Reels, die mit Sounds versehen sind, die auch Business-Profile nutzen können, wie in Abbildung 4.29 als Vorlage nutzen und mit Ihren eigenen Medien bestücken. Diese Vorgehensweise eignet sich besonders für inspirierende Slideshows von Fotos und Videos.

#### Externe Apps & Tools

Eine weitere Möglichkeit besteht darin, externe Apps für die Erstellung von Reels zu benutzen.

#### Quik GoPro

Quik ist eine äußerst einfach zu bedienende App (mit In-App-Käufen), mit der Sie in wenigen Minuten ein ansprechendes Video aus Ihren vorhandenen Fotos und Videos erstellen können. Sie wählen dazu einfach Fotos und/oder Videos aus Ihrer Bildergalerie auf Ihrem Smartphone aus, entscheiden sich für einen der 22 Video-Stile und lassen Ihre Inhalte anschließend in nur wenigen Sekunden von der App analysieren und zu einem Video zusammenfügen.

Dabei werden automatisch besondere Momente sowie Gesichter hervorgehoben, mit Spezial-Effekten wie zum Beispiel Video-Collagen und weichen Übergängen versehen und mit einer von Ihnen gewählten Musik synchronisiert. Hierbei ist es jedoch wichtig, dass Sie, wie nachfolgend noch erläutert, eine für die gewerbliche Nutzung lizenzierte Musik einsetzen. Sie können über die in diesem Kapitel genannten Quellen (oder auch darüber hinaus) eine lizenzierte Musik erwerben, auf Ihrem Smartphone speichern und anschließend in der App Quik im Bereich MUSIK unter EIGENE MUSIK auswählen und für Ihr Video verwenden.

Wenn nötig, können Sie Ihre Video-Sequenzen zudem umsortieren und ihnen einzeln Untertitel hinzufügen. Die letzte Sequenz mit dem GoPro Quik Outro kann dabei entfernt werden. Weiterhin lässt sich die Länge Ihres Videos auf eine für Instagram optimale Länge anpassen.

#### GEMA- versus CC-lizenzierte Musik

Das Gros der bekannten Musikstücke ist GEMA-geschützt (Gesellschaft für musikalische Aufführungs- und mechanische Vervielfältigungsrechte) und darf nur mit Genehmigung und dann in der Regel kostenpflichtig genutzt werden.

Darüber hinaus gibt es jedoch auch freie Musik im Netz, die seitens der Künstler unter den Bedingungen des Lizenzmodells der Organisation Creative Commons (CC) kostenfrei genutzt werden darf. Dieses Lizenzmodell beinhaltet vier Genehmigungsarten, die im Folgenden näher erläutert werden.

- **Namensnennung:** Die Musik darf nur für das Video genutzt werden, wenn der Urheber der Musik genannt wird.
- **Keine Bearbeitung:** Die Musik darf nicht verändert werden, zum Beispiel durch einen Remix.
- **Keine kommerzielle Nutzung:** Die Musik darf nicht für Werbespots oder generell werbliche Zwecke genutzt werden.
- **Weitergabe unter gleichen Bedingungen:** Sofern Sie einen Remix von einer Musik hergestellt haben, müssen Sie Ihr Werk unter die gleiche CC-Lizenz stellen, die auch der Künstler für die Musik, die Sie für Ihren Remix verwandt haben, genutzt hat. Wird Ihr Remix von einem anderen Internet-Nutzer weiterverarbeitet, muss dieser beispielsweise ebenfalls den Urheber des Original-Songs nennen.

CC-Musik finden Sie z.B. auf folgenden Portalen:

- **Jamendo:** Auf `jamendo.com` finden Sie Songs, die Sie nach dem CC-Rechtemodell auf Ihr Smartphone oder Ihren PC herunterladen und für Ihr Video nutzen können.
- **Free Music Archive:** Auf `freemusicarchive.org`, einer CC-Download-Plattform aus den USA, finden Sie ähnlich wie bei `jamendo.com` CC-lizenzierte Musik zur Weiterverarbeitung.
- **ccMixter:** Auf `ccmixter.org` können Sie Ihrer Kreativität freien Lauf lassen und CC-lizenzierte Musik remixen, mit anderen Nutzern teilen oder für Ihr Video weiterverarbeiten.
- **audeeyah:** Audeeyah bietet GEMA-freie Musik für die kommerzielle Nutzung für derzeit 13 € pro Musikstück. Auf der Plattform können Sie Musik nach Genres, Stimmungen oder Themen auswählen und auf Ihren Desktop oder Ihr Smartphone herunterladen.
- **Epidemic Sound:** Das Start-up Epidemic Sound richtet sich einerseits an Influencer bzw. Creator, insbesondere YouTuber und Instagrammer, die für ihre Video-Produktionen verstärkt Musik einsetzen. Andererseits ist Epidemic Sound auch die Plattform der Wahl für Agenturen und große Unternehmen. Besonderheit: Die lizenzfreie Musik kann in ihre Einzelteile bzw. Instrumentals zerlegt und für das Video individuell angepasst werden.

### Mojo

Auch die App Mojo ist für die Erstellung Ihrer Reels ausgesprochen empfehlenswert. Die App greift die Bildsprache-Trends insbesondere von Instagram und TikTok auf und liefert Ihnen bereits diverse Vorlagen für effektvolle Reels, die Sie mit Ihren eigenen Fotos und Videos befüllen können. Zudem ist es in der Pro-Version möglich, Ihre Brand-Elemente zu verwenden. Mojo verfügt darüber hinaus über eine Vielzahl aufmerksamkeitsstarker Texteffekte. Großer Vorteil – die in Mojo zur Verfügung gestellte Musik ist auch für die kommerzielle Nutzung lizenziert. Sie können jedoch auch Ihre eigene Musik in der App verwenden. Weiterhin haben Sie über die App die Möglichkeit, auf die Stockdatenbank von Unsplash zuzugreifen (siehe dazu Abschnitt 4.1.4 »Stockfotos«). Das ist insbesondere für die Erstellung von Infotainment-Videos äußerst hilfreich.

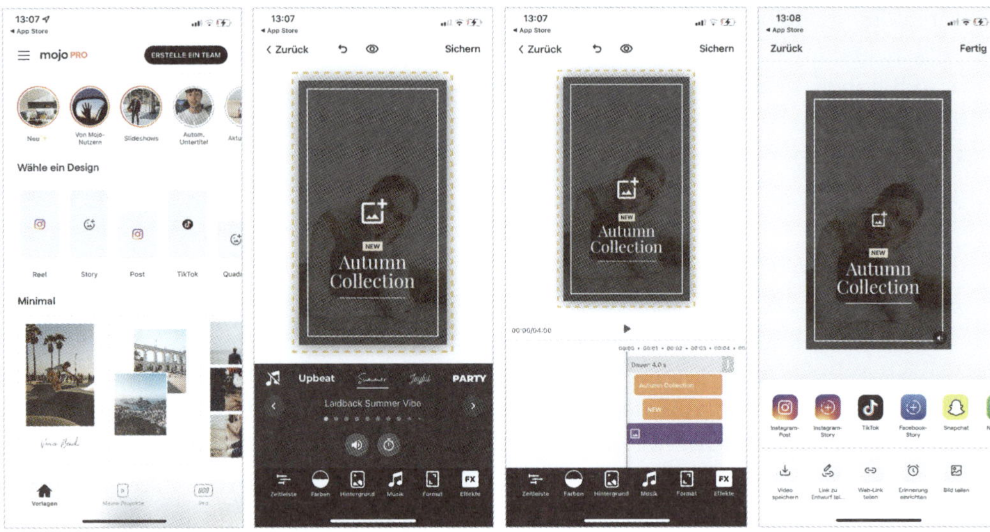


**Abb. 4.30:** Ansicht der Mojo-App (Pro-Version)

### Inshot und Videoshot

Mit den Apps Inshot und Videoshot lassen sich vor allem Übergänge zwischen Video-Sequenzen, Voiceover, Zeitraffer und Zeitlupen sowie Farbanpassungen realisieren.

### Pic Stitch

Mit der App Pic Stitch lassen sich analog zur Foto-Collage leicht mehrere Videos zu einer Video-Collage zusammenfügen. Auch Fotos können dabei hinzugefügt werden.

### Headliner-App

Ein fantastisches und sehr einfach zu bedienendes Tool, um Ihr Video (zum Beispiel ein Interview) mit Untertiteln zu versehen, ist die über den Desktop verfügbare Headliner-App (`https://www.headliner.app/`).

Um die Audio-Spur Ihres Videos zu transkribieren, laden Sie das Video in der Headliner-App hoch, lassen die Untertitel durch das Tool erstellen und können diese anschließend noch nachbearbeiten. Allerdings ist die Qualität der generierten Untertitel in der Regel bereits sehr gut.

**Hinweis**

Untertitel sind für Reels, aber auch alle anderen Bewegtbild-Inhalte auf Instagram und darüber hinaus zwingend erforderlich. Mit Tools und Apps wie der Headliner-App, Canva oder auch Caption können Sie Ihren Inhalten Untertitel vergleichsweise einfach hinzufügen.

Die Headliner-App wurde vorrangig für die visuelle Promotion von Podcasts oder weiteren Audio-Inhalten entwickelt. Dabei lassen sich Social-Media-Posts und Stories erstellen, denen eine Ton-Spur, zum Beispiel ein kurzer Auszug aus Ihrem Podcast oder auch eine ganze Folge Ihres Podcasts (sofern diese die Dauer von zwei Stunden nicht übersteigt), hinzugefügt werden kann.

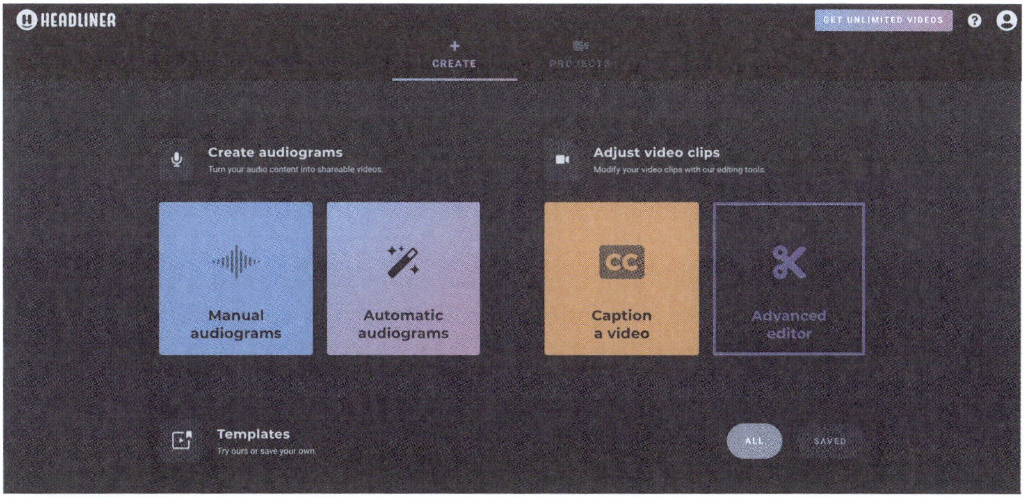


**Abb. 4.31:** Funktionsübersicht der Headliner-App (`https://www.headliner.app/`)

Das Blog-Magazin ohhhmhhh (@ohhhmhhh), das Podcast-Netzwerk Podstars (@podstars.omr) der OMR (Online Marketing Rockstars) sowie Matze Hielscher (@matzehielscher), Gründer von »Mit Vergnügen« nutzen Audiogramme regelmäßig, um wie in Abbildung 4.32 auf ihre neuen Podcast-Inhalte aufmerksam zu machen.

**Abb. 4.32:** Beispiel-Posts des Blog-Magazins ohhhmhhh (@ohhhmhhh), des Podcast-Netzwerks der OMR (Online Marketing Rockstars) sowie von Matze Hielscher (@matzehielscher)

### Captions

Eine derzeit leider nur für iOS verfügbare App zur Untertitelung ist Captions. Mit der App lassen sich Videosequenzen von bis zu einer Minute oder mehreren kürzeren Sequenzen aufnehmen. Die Untertitelung erfolgt anschließend absolut präzise und kann in ihrem Design noch angepasst werden. Die Sequenzen können anschließend nahtlos über den Editor zusammengeführt werden.

### Lapse it (iOS, Android)

Lapse it ist eine App, mit der Sie hochwertige Zeitrafferfilme zum Beispiel von der Entstehung Ihres Produkts, dem Setup Ihres Events oder der Reise zu einem Produktionsstandort mit Ihrem Smartphone erstellen können. Die App zaubert aus diesen normalerweise langsamen Bewegungen ein kurzes Video, das Sie auf Instagram teilen können.

### Hyperlapse (iOS)

Mit Hyperlapse, einer kostenlosen App von Instagram, können Sie in der für Instagram typischen benutzerfreundlichen, sehr einfachen Art und Weise hochwertige Zeitrafferfilme mit dem Smartphone erstellen und anschließend direkt via Instagram oder Facebook teilen. Dabei kann die Geschwindigkeit der aufgenommenen Videos bis auf das 12-Fache beschleunigt werden.

Das für Smartphone-Aufnahmen typische Verwackeln der Videos wird durch einen eingebauten Stabilisator reduziert und damit eine beachtliche Qualität der Zeitrafferfilme erzielt.

#### Stop Motion Studio (iOS, Android)

Stop Motion Studio ist die perfekte App, um Trickfilme zu produzieren. Sie können damit beispielsweise Spielzeugfiguren zum Leben erwecken. Die App bietet zusätzliche Bild-, Ton- und Spezialeffekte.

#### Externes Equipment

Um Kunden- oder Mitarbeiterstimmen einzufangen, Mitarbeiter-Dialoge oder Interviews mit Partnern zu filmen, sollten Sie auf externes Equipment wie eine gute Kamera, Stativ, Mikro und gute Beleuchtung setzen.

#### Externe Dienstleister

Aufwendigere Reels, für die zum Beispiel Kamerafahrten, Drohnenflüge oder weitere außergewöhnliche Einsätze gefordert sind, können durch Videographer gut umgesetzt werden. Sie finden diese Creator oftmals auf Instagram, indem sie über die Instagram Suche nach Videographern suchen. Auch auf die Videoerstellung für Social Media spezialisierte Agenturen sind eine gute Wahl.

### 4.4.7 Reels veröffentlichen

Reels erscheinen im Homefeed Ihrer Follower in der gleichen Form wie Fotos. Sie starten dabei automatisch mit Ton und laufen in Endlosschleife. Einziger Unterschied: Sie sind mit einem kleinen Video-Symbol in der rechten oberen Ecke markiert.

Indem Sie Reels nicht nur im Reels-Feed, sondern auch gleichzeitig in Ihrem Profil teilen, erzeugen Sie einerseits einen Mehrwert für Ihre Follower und andererseits einen Wiedererkennungswert für potenzielle neue Follower, die aus dem Reels-Feed, von der Instagram Explore Page oder Hashtag-Seiten zu Ihnen gelangt sind.

Wichtig ist, an dieser Stelle ein aussagekräftiges Titelbild für Ihr Reel auszuwählen, das auch in der Profil-Ansicht gut erkennbar ist. Sie können auch ein externes, zum Beispiel über Canva, erstelltes Titelbild einfügen, um so Ihr Profil konsistenter zu gestalten.

Wichtig: Analog zu allen anderen Content-Formaten, die Sie posten, sollten Sie unmittelbar nach Veröffentlichung auf Ihr Community-Management achten und auf Instagram präsent sein. Das beinhaltet vor allem, Kommentare zu Ihrem

Reel zu beantworten sowie selbst bei anderen Nutzern zu kommentieren oder Beiträge zu liken.

### 4.4.8 Reels evaluieren

Über die Insights Ihres Business-Profils (oder indem Sie direkt auf INSIGHTS ANSEHEN in der Beitragsansicht tippen) können Sie die Statistiken zu Ihren Reels einsehen. Wichtigste Kennzahlen sind dabei die Reichweite in Form von Wiedergaben bzw. Views sowie die Interaktionen in Form von Likes, Kommentaren und Shares.

## 4.5 Instagram Stories

Wie schon in Kapitel 2 erwähnt, gehören Instagram Stories Stand heute zu Ihren Top-3-Content-Formaten auf Instagram. Die Ausführungen zu Foto- und Grafik-Posts sowie Reels lassen sich im Wesentlichen auch auf Stories übertragen. Noch nicht ganz klar ist, inwieweit Stories perspektivisch als eigenständiges Format bestehen bleiben. Sie sind jedoch im Rahmen Ihres Content-Funnels ein entscheidendes Element, um die Beziehung zu Ihrer Community zu vertiefen.

Stories bieten Ihnen eine Reihe von Vorteilen:

- Sie erhöhen die Bindung zu Ihren Followern – hier haben Sie die Chance, aus Abonnenten Ihres Profils echte Fans Ihrer Marke und potenzielle Kunden zu machen.
- Stories erhöhen die Verweildauer und Interaktion mit Ihren Inhalten, was sich positiv auf die Sichtbarkeit Ihrer übrigen Inhalte auswirkt.
- Sie können in Stories Links platzieren und Ihre Follower damit zu Ihrer Website, in Ihren Shop oder anderen digitalen Touchpoints leiten.
- Stories können Ihnen als Steuerungselement für die Content Journey Ihrer Follower dienen, indem Sie in Ihren Stories Ihre aktuellen Posts oder Reels verlinken.

Wie stark sich Stories auf die Community-Bindung auswirken, zeigen die Erfolge der Influencer, deren Stories von einem großen Teil ihrer Follower täglich konsumiert werden. Influencer teilen dabei persönliche Foto- und Videosequenzen aus ihrem Alltag mit ihrer Community, und das über Jahre hinweg und oft auf einer täglichen Basis. Sie tragen damit der Sehnsucht der Menschen, sich über Social Media mit anderen Menschen zu verbinden, Rechnung. Und wie stark das Aktivierungspotenzial über Stories ist, zeigen schnell vergriffene Produkte, Schlangen vor Geschäften oder ausgebuchte Restaurants.

Für Unternehmen ist dieses Szenario jedoch nur schwer umzusetzen. Ein festes Gesicht für die eigene Marke zu etablieren, birgt Risiken und scheitert oftmals an mangelnden Ressourcen.

Dennoch lässt sich das Potenzial von Stories auch mit anderen Strategien ausschöpfen.

## 4.5.1 Inszenieren von informationellem Content mit Stories

### Umfragen, Quizze und Fragen

Stories eignen sich, wie auch Reels und Carousel-Posts für alle Content-Arten. Ihre besondere Stärke liegt jedoch in ihren Interaktionsmöglichkeiten mithilfe verschiedener Sticker. Diese eignen sich hervorragend dazu, Ihrer Community auf eine spielerische interaktive Art und Weise Wissen zu vermitteln, wie in den Beispielen von Quarks (@quarks.de), IBM (@ibm) oder Galileo (@galileo).

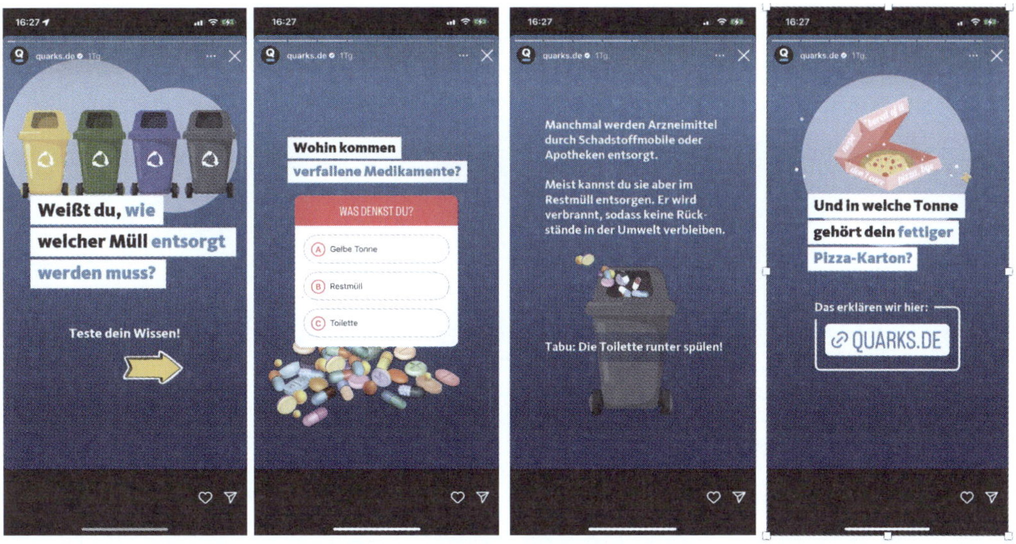


**Abb. 4.33:** Auszüge aus einer Story von Quarks (@quarks.de)

Gleichzeitig sorgen Sticker für eine lange Verweildauer in Ihren Stories und schließlich auch zu einer höheren Wahrscheinlichkeit, einer Handlungsaufforderung zu folgen.

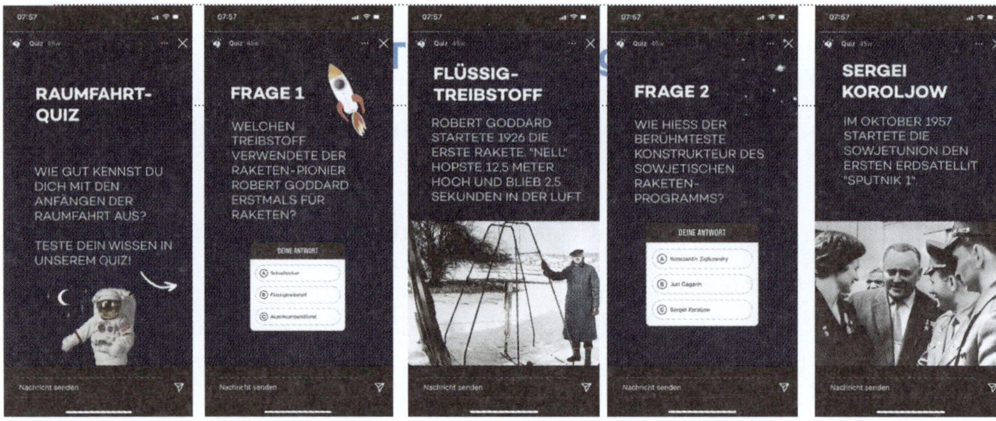


**Abb. 4.34:** Auszüge aus einer Story von ProSieben Galileo (@galileo)

Quizze, wie im Falle von Galileo, sind ideal, um zum Beispiel die eigene Unternehmensgeschichte spielerisch aufzubereiten und Ihrer Community näherzubringen.

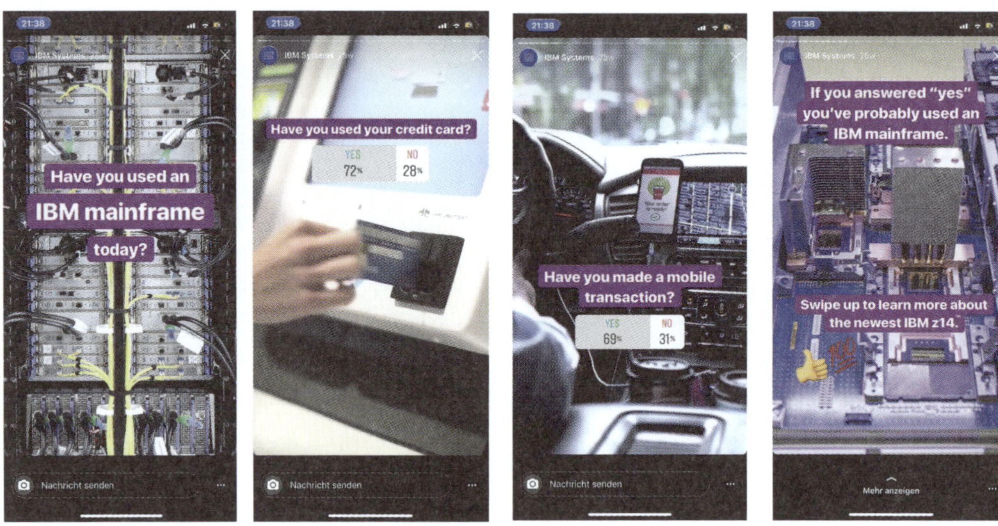


**Abb. 4.35:** Auszüge aus einer Story von IBM (@ibm)

Auch abstrakte Themen, wie komplexe Produkte und Technologien, können mithilfe von interaktiven visuellen Stories, wie im Beispiel des IBM-Großrechners, auf eine konkrete verständliche Ebene gebracht und damit einer breiteren Zielgruppe zugänglich gemacht werden.

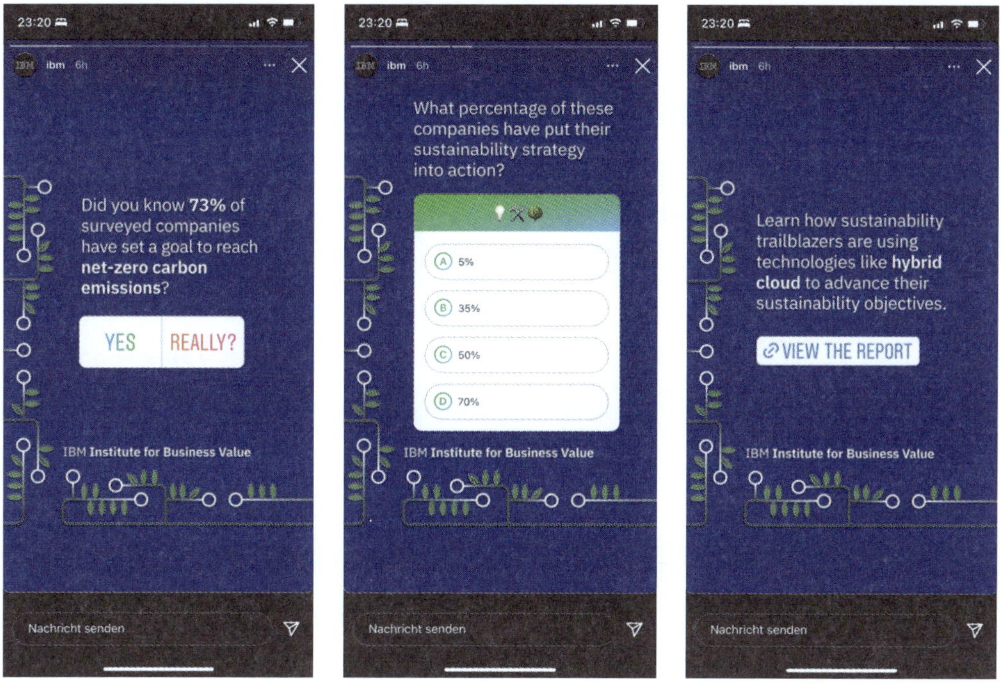


**Abb. 4.36:** Auszüge aus einer Story von IBM (@ibm)

Umfragen oder Quizze eignen sich auch wie im zweiten Beispiel von IBM (@ ibm) für die Abfrage von Expertenwissen, was gerade B2B-Communities wertschätzen.

Das Beispiel von HubSpot (@hubspot) zeigt, wie Sie Ihr Expertenwissen noch vermitteln können.

Über den Frage-Sticker sammeln Sie die Fragen Ihrer Community und lassen einen Experten aus Ihrem Unternehmen auf die aus Ihrer Sicht häufigsten oder interessantesten Fragen mit jeweils einer oder mehreren Video-Sequenzen antworten. Wichtig und nachahmenswert von HubSpot ist die Frage an die Community bezüglich ihrer Experten-Tipps.

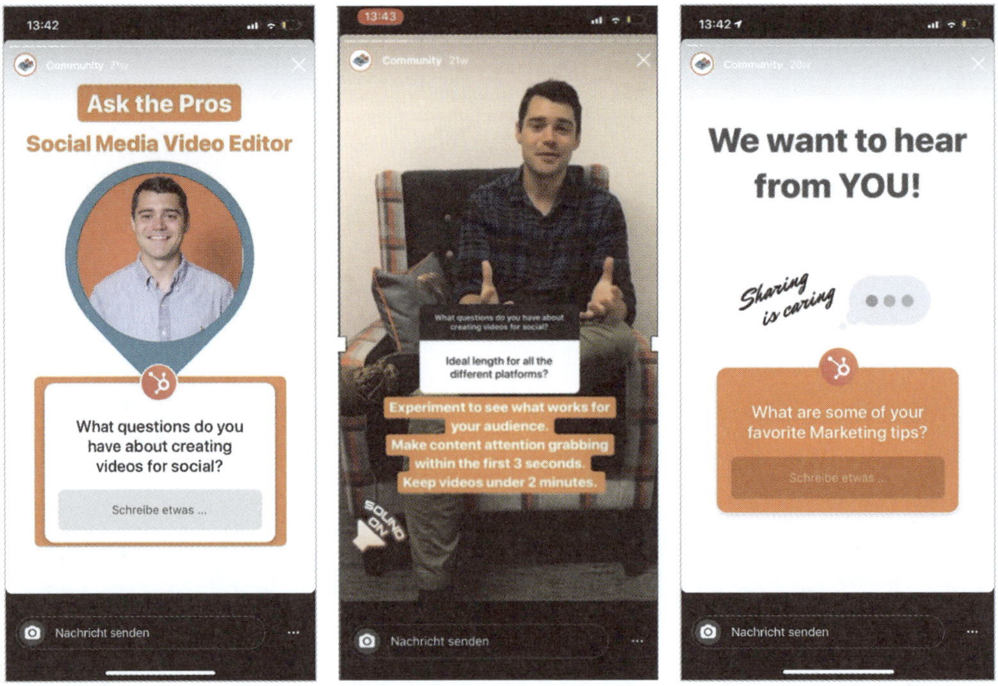


**Abb. 4.37:** Auszüge aus einer Story von HubSpot (@hubspot)

### Eventberichterstattung

Stories eignen sich aufgrund ihres (Semi-)Echtzeit-Charakters perfekt für eine Eventberichterstattung. Was in der Umsetzung zunächst simpel anmutet, bedarf jedoch einer akribischen Vorbereitung und Planung, um den Zuschauern der Story am Tag des Events wirklich einen Mehrwert liefern zu können. Wer oder was ist Ihr Aufmacher der Story? Wo, wann und auf welche Art und Weise können Sie Ihre wichtigsten Interview-Partner in Szene setzen? Wer kann Sie vor Ort unterstützen? Wie stellen Sie Bild- und Tonqualität sicher? Was sind die wichtigsten Informationen, die Sie an Ihre Zuschauer weitergeben wollen?

Neben dem erforderlichen Equipment (Stativ, Mikro etc.) ist ein ausgefeiltes Storyboard dabei hilfreich. Sie können sich in der Grobplanung dabei zum Beispiel an den journalistischen W-Fragen orientieren und Ihre Story-Sequenzen daran ausrichten. In der Feinplanung geht es dann um konkrete Formate pro Sequenz (Fotos, Videos etc.), wichtigste Hashtags, zu markierende Orte und Personen sowie der Einsatz von Interaktionselementen, wie Votings, Umfragen oder Quizze.

**Abb. 4.38:** Planung einer Story mithilfe der journalistischen W-Fragen

### Teaser für Website-Inhalte

Die New York Times setzt auf Instagram Stories, um Geschichten auf ihrer Website anzuteasern (siehe Abbildung 4.39).

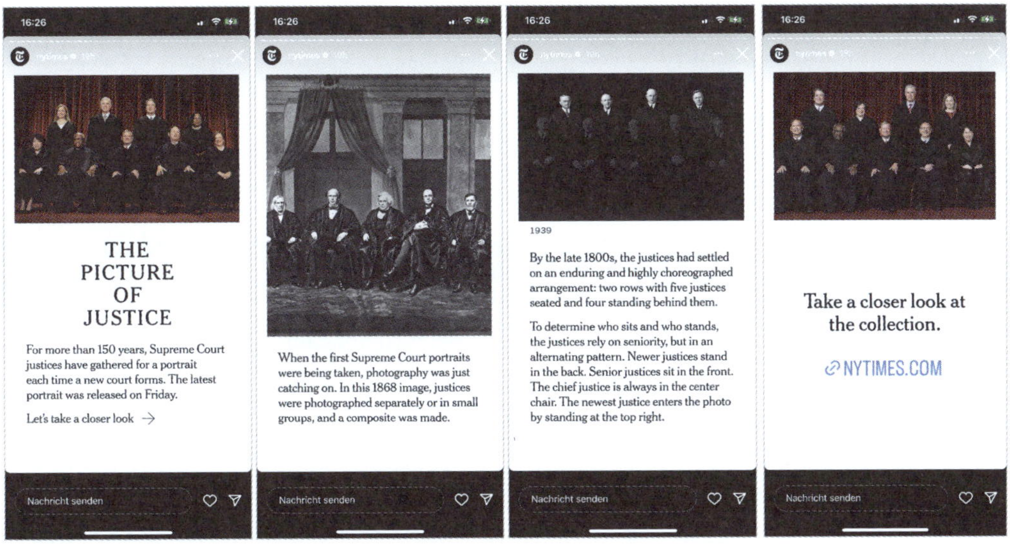


**Abb. 4.39:** Auszug aus einer Instagram Story der New York Times (@nytimes)

### Inszenieren von Stories, die Beziehung und Sinn vermitteln

Eine weitere Stärke von Stories besteht darin,

- Ihre Community besser kennenzulernen,
- Ihrer Community die Möglichkeit zu geben, die Community besser kennenzulernen,
- und sich, wie im Beispiel der Heinrich-Böll-Stiftung, mit ihr auszutauschen.

### Austausch mit der Community

Der Frage-Sticker ist dabei ein zentrales Element, mit dessen Hilfe ein Dialog gestartet und mithilfe der Antworten Ihrer Community wieder neuer Content und neue Insights gewonnen werden können. Ihre Community interessiert sich dabei ganz besonders auch für den Input der anderen Community-Mitglieder. Sie sind der Host für Ihre Community, geben Impulse, aber schaffen in erster Linie auch einen Ort und Gelegenheit für den gemeinsamen Austausch.

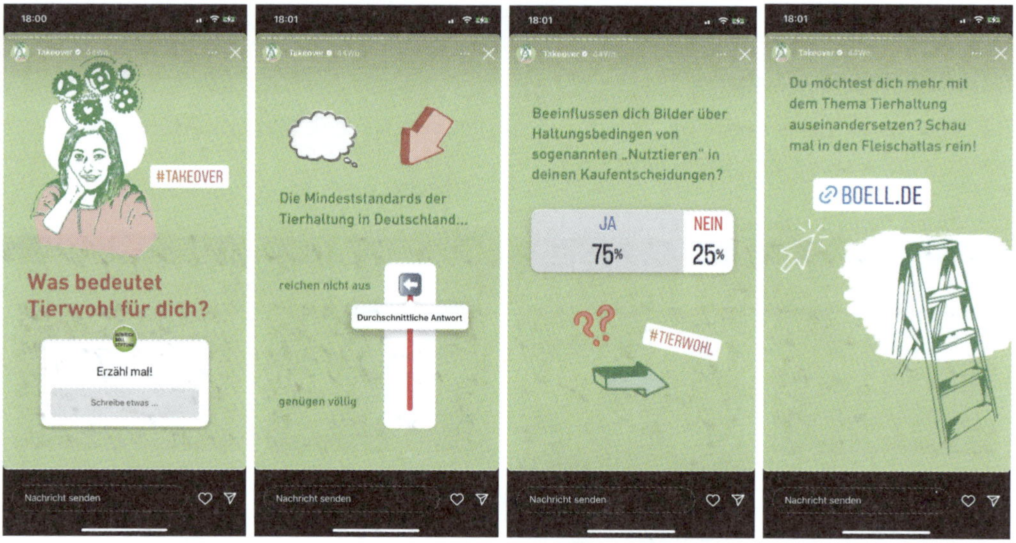


**Abb. 4.40:** Auszüge aus einer Story der Heinrich-Böll-Stiftung (@boellstiftung)

> **Hinweis**
>
> Die Antworten Ihrer Community finden Sie in den Insights Ihres Business-Profils unter STORIES oder indem Sie Ihre Story-Sequenz mit dem Frage-Sticker nach oben wischen. Um die Antworten Ihrer Community zu teilen, tippen Sie auf Antwort und anschließend IN MEINER STORY TEILEN. Leider lässt sich derzeit nur eine Antwort pro Story-Sequenz auswählen. Der einfachste Weg,

mehrere Antworten Ihrer Community zu teilen, ist, ein Screenshot der Antworten anzufertigen und die Namen Ihrer Community-Mitglieder datenschutzkonform unkenntlich zu machen.

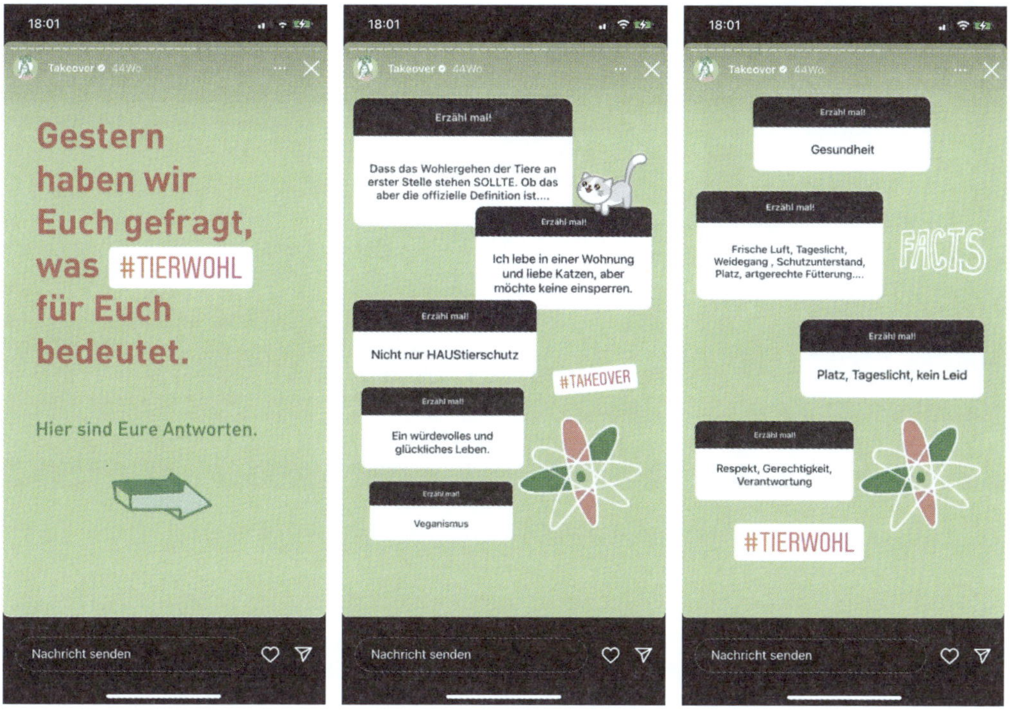


**Abb. 4.41:** Auszüge aus einer Story der Heinrich-Böll-Stiftung (@boellstiftung)

### Q&A-Format

Ein unter Community-Mitgliedern beliebtes und von Unternehmen zunehmend aufgegriffenes Story-Format ist das Q&A-Format.

IBM fokussiert über den Frage-Sticker seine Werte und fragt seine Community, was »Pride« für sie bedeutet. Die Antworten werden in einer oder mehreren weiteren Story-Sequenzen veröffentlicht. Im Anschluss daran erzählen IBM-Mitarbeiter in einer Video-Sequenz, wie sich Pride in ihrem Alltag ausdrückt.

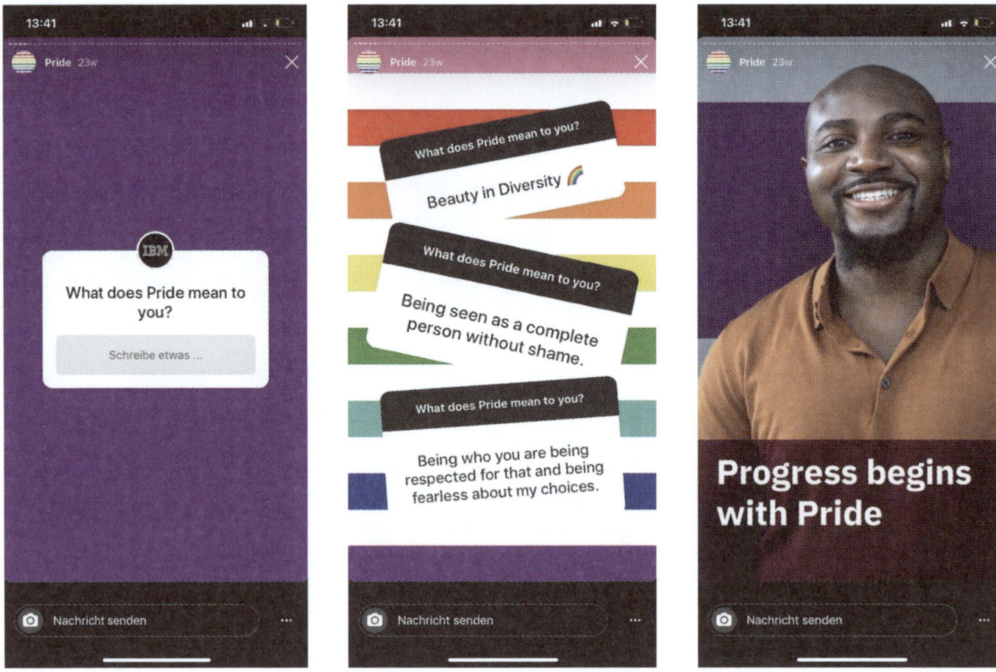


**Abb. 4.42:** Auszüge aus einer Story von IBM (@ibm)

Der Frage-Sticker eignet sich auch für ein wiederkehrendes Community-Format, beispielsweise eine wöchentliche Frage-Runde, bei der Ihre Community Ihnen alle Fragen stellen können, die sie gerade in Bezug zu einem von Ihnen gewählten Thema bewegen. Sie selektieren die Fragen und beantworten jede Frage idealerweise mit einer einzelnen Video-Sequenz.

Zudem bietet der Frage-Sticker eine perfekte Möglichkeit, Ihre Kunden zu allen Themen zu befragen, die Sie in Bezug auf Ihr Produkt oder Ihre Content-Strategie bewegen – etwa welche Erfahrungen Ihre Community mit Ihrem Produkt gemacht hat oder welche Themen sie sich von Ihnen auf Ihrem Instagram-Kanal wünschen würde. Da die Antworten in Ihren Insights gesammelt werden und somit für die Öffentlichkeit nicht sichtbar sind, haben Sie hier ein hohes Maß an Kontrolle und können die aus Ihrer Sicht passenden Antworten kuratieren.

### Takeover

Um einen Blick hinter die Kulissen werfen zu können, sind nach wie vor Takeover Ihres Accounts, vor allem Ihrer Stories, ein probates Mittel. Dabei übernehmen Mitarbeiter, wie im Beispiel von Deloitte, Partner oder Experten Ihren Kanal. Allerdings mit dem Unterschied, dass Sie Ihr Smartphone oder die Zugangsdaten zu Ihrem Instagram-Account dafür nicht mehr aus der Hand geben müssen.

Story-Sequenzen lassen sich vorproduzieren und über verschiedene Schnittstellen wie zum Beispiel Google Drive, Canva oder Dropbox zu Ihnen transferieren.

Im Falle von Deloitte ist es zudem ideal, wenn Ihre Protagonisten einen eigenen Account auf Instagram haben, wodurch sich potenzielle neue Mitarbeiter oder Kunden ein authentisches Bild von Ihren Mitarbeitern oder Ihrer Unternehmenskultur machen können.

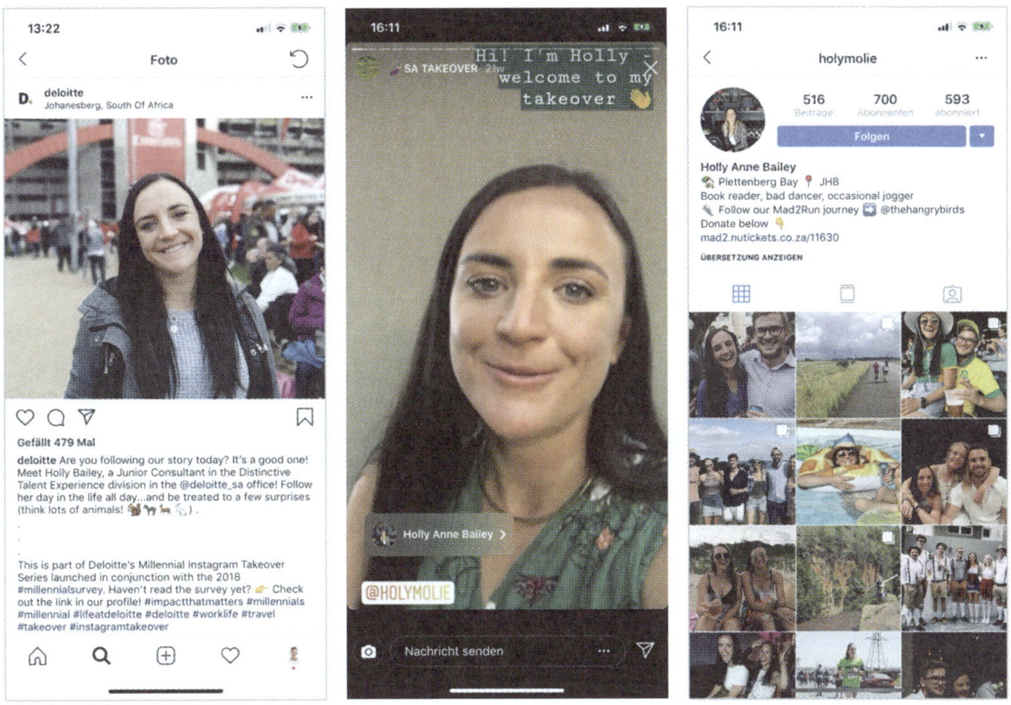


**Abb. 4.43:** Auszüge aus einer Story von Deloitte (@deloitte)

## 4.5.2 Transaktionaler Content in Stories

Mit seinen Verlinkungsmöglichkeiten und der Integration von Shopping-Tags sind Stories ein idealer Ort für transaktionale Inhalte.

Hier lässt sich zum Beispiel

- User Generated Content, in Form von Posts, Reels oder Stories aus Ihrer Community als Inspirationsquelle teilen
- Tutorials, die Ihr Produkt in der Anwendung zeigen, platzieren
- Bilder- und Videostrecken mit direkter Verlinkung in Ihren Shop wie im Beispiel von Westwing (@westwing) platzieren

### Shoppable Stories

Um shoppable Stories umzusetzen, benötigen Sie, wie in Kapitel 2, Abschnitt 2.15 »Instagram Shopping« erläutert, eine Integration Ihres Produkt-Katalogs über den Facebook bzw. Meta Business Manager. Westwing stellt beispielsweise Produkte von Marken-Partnern in seinen Stories vor und verlinkt direkt in den Westwing-Shop.

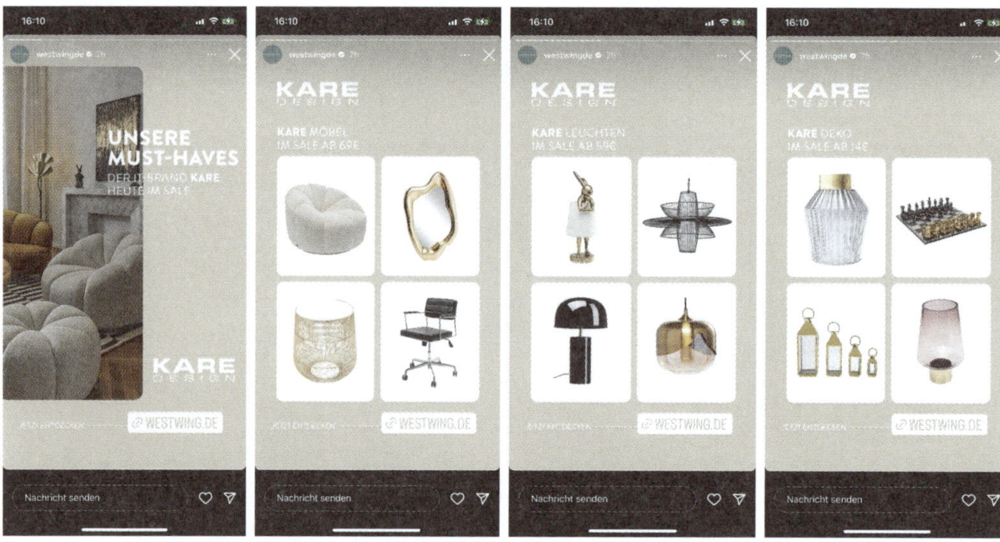


**Abb. 4.44:** Auszüge aus einer Story von Westwing (@westwing)

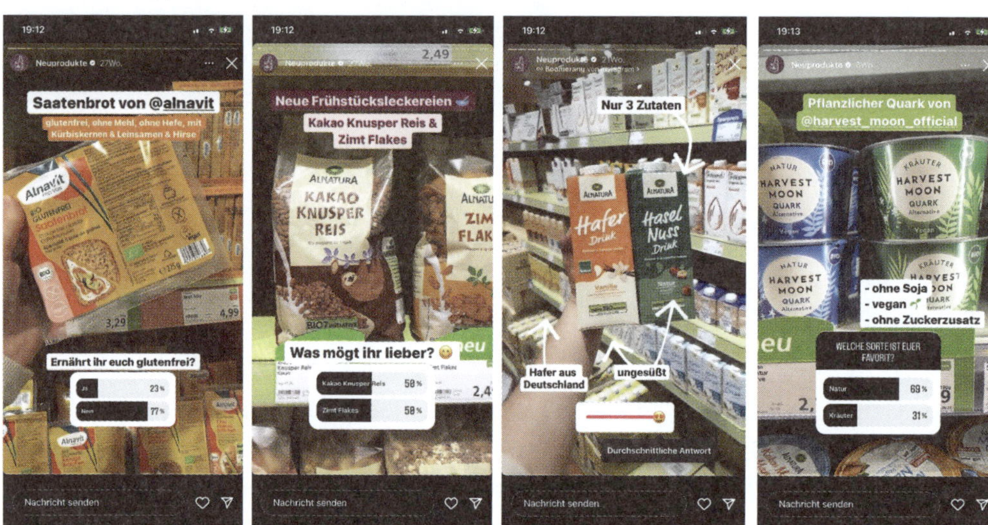


**Abb. 4.45:** Auszüge aus einer Story von Alnatura (@alnatura)

Das Beispiel von Alnatura zeigt zudem, dass Sie mithilfe von Umfrage- und Voting-Stickern in Stories auch wertvolle Hinweise für Ihre Produkte bekommen können.

### Making-of

Ein perfekter Anwendungsfall für eine Instagram Story ist der Blick hinter die Kulissen bei der Herstellung eines Produkts, wie im Beispiel von Cuyana (@ cuyana). Die bildschirmfüllenden ästhetischen Inhalte der Story können die Haptik der verwendeten Materialien für Cuyanas Mode durchaus transportieren.

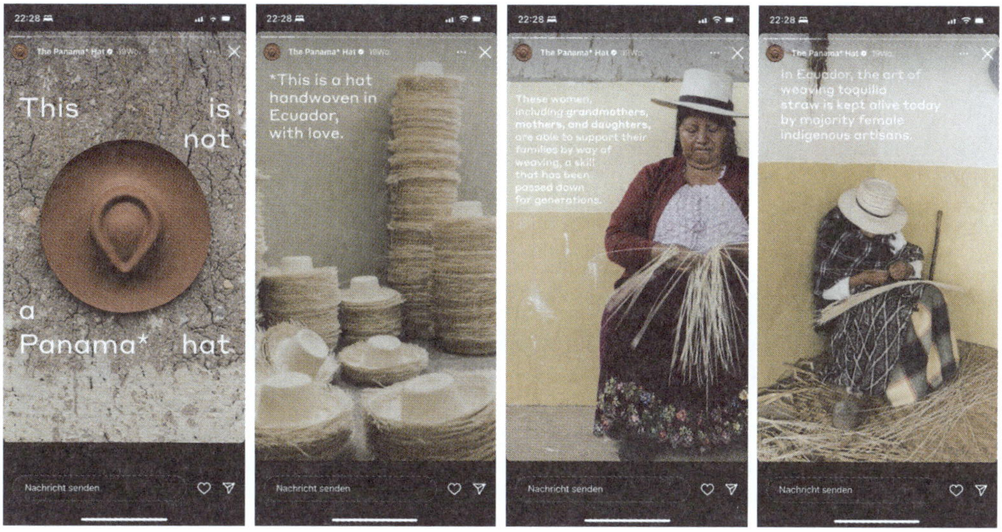


**Abb. 4.46:** Auszüge aus einer Instagram Story von Cuyana (@cuyana)

### User Generated Content

Mit der Promotion von User Generated Content in Ihren Stories schaffen Sie einen vergleichsweise leicht zu produzierenden Story-Inhalt, der besonders glaubwürdig ist, einen Mehrwert für die User darstellt und zudem Ihrer Community Wertschätzung zeigt.

Zalando hat beispielsweise mit „your best fits this week“ ein wiederkehrendes UGC-Format in seinen Stories kreiert, bei dem Zalando-Styles von der Community präsentiert werden.

**Abb. 4.47:** Auszüge aus einer Instagram Story von Zalando (@zalando)

Um einen Post oder ein Reel in Ihrer Story zu veröffentlichen, tippen Sie auf das Direct-Message-Symbol neben dem Kommentar-Symbol unter dem entsprechenden Post oder Reel und tippen anschließend auf BEITRAG IN DEINER STORY POSTEN. Um Inhalte auf diese Weise zu kuratieren und Ihrer Story zu veröffentlichen, benötigen Sie keine gesonderte Zustimmung seitens der Nutzer.

Sofern Sie von einem User in einer Story mit Ihrem Account-Namen markiert werden, ist es zudem möglich, die betreffende Story-Sequenz in Ihrer Story zu veröffentlichen, was eine besondere Wertschätzung darstellt.

### This or That

Ein beliebtes Community-Format in Stories sind Templates mit Fragen oder auszufüllende Steckbriefe. Mit Tools wie Canva oder der App StoriesEdit können Sie dabei individuelle Fragebögen, wie »This or That« im Beispiel von CHRIST Juweliere und Uhrmacher (@christ_juweliere), »Me in Emojis« oder »Me in GIFs« erstellen. Ziel ist es, Ihre Community noch besser kennenzulernen und darüber hinaus auch Ihrer Community die Möglichkeit zu geben, sich untereinander zu entdecken.

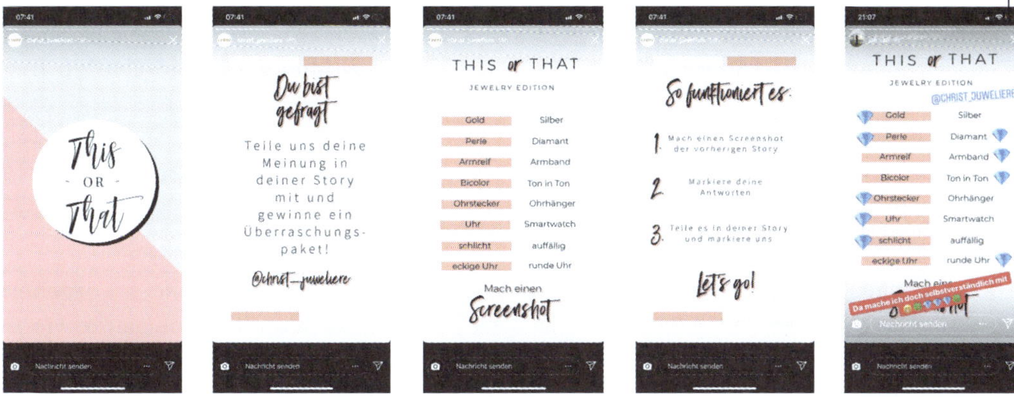


**Abb. 4.48:** Beispiel eines Fragebogen-Templates »This or That« von CHRIST Juweliere und Uhrmacher (@christ_juweliere)

Sie veröffentlichen dazu wie im Beispiel von CHRIST Juweliere und Uhrmacher Ihre leeren Templates. Die Community-Mitglieder machen einen Screenshot Ihres Templates, befüllen die entsprechenden Felder des Fragebogens und teilen ihn anschließend mit Ihrem Hashtag sowie der Markierung Ihres Accounts in ihrer Story. Sie können die so kreierten Frage & Antwort-Templates wiederum auch in Ihrer Story veröffentlichen. Dieses Format ist durchaus auch im B2B-Kontext realisierbar.

Ein »This or That«-Format lässt sich auch mit Produkten umsetzen, wie das Beispiel von Juniqe beweist.

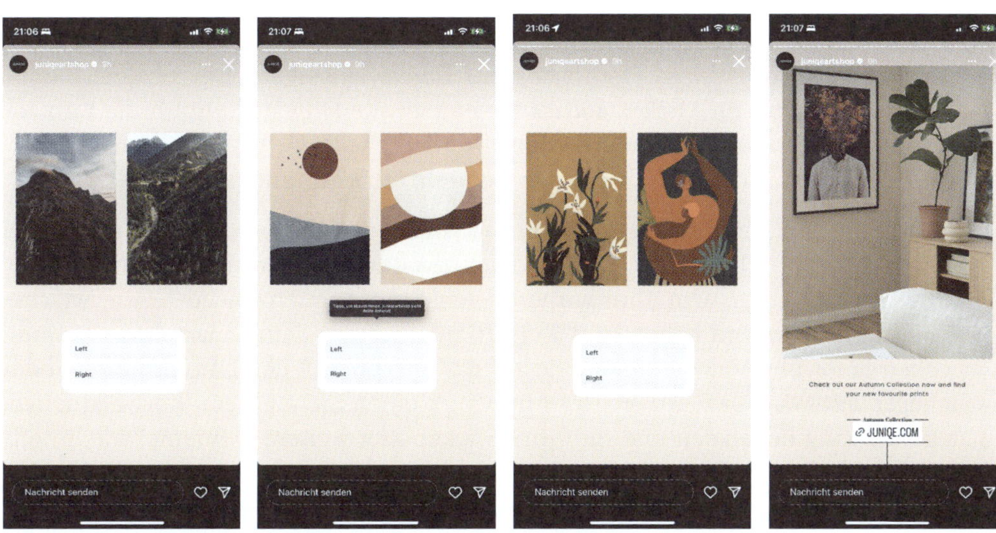


**Abb. 4.49:** Auszüge aus einer Story von JUNIQE (@juniqeartshop)

### 4.5.3 Stories konzipieren

Auch wenn Instagram mit Instagram Stories eine Möglichkeit geschaffen hat, spontanere Foto- und Videobeiträge miteinander zu teilen, hat sich gezeigt, dass insbesondere Marken einen hohen Qualitätsanspruch mit ihren Stories verfolgen und dafür unter anderem »Scripted Content«, also gut vorbereitete, durchdachte, zusammenhängende Geschichten mit hochwertigen Fotos, Videos und Grafiken verwenden.

Bei der Konzeption Ihrer Stories können Sie genau wie bei Ihren Reels vorgehen (siehe dazu Abschnitt 4.4.5 »Reels konzipieren«). Wählen Sie eine starke Hook für den Beginn, lassen Sie Ihre Lösung auf ein Problem oder Ihre Mehrwerte folgen und schließen Sie mit einem Call-to-Action ab. Letzteres ist insbesondere bei Stories ein absolutes Muss, da Sie hier die Chance haben, Ihre Follower mit einem Link auf Ihre Website zu leiten.

Um eine möglichst zusammenhängende und spannende Geschichte zu erzählen oder Fakten, Tutorials und Tipps sinnvoll aufzubereiten, sollten Sie den Inhalt und die Anordnung Ihrer Instagram Story sorgsam planen. Dabei kann Ihnen analog zu den Reels ein Storyboard helfen (siehe dazu Abschnitt 4.4.5 »Reels konzipieren«.). Setzen Sie sich analog zu allen anderen Content-Formaten auf Instagram immer ein konkretes Ziel, das Sie mit Ihrem Inhalt erreichen wollen. Wollen Sie im Falle einer Story Klicks auf Ihre Website generieren oder Direktnachrichten oder Sichtkontakte bzw. Impressions?

### 4.5.4 Stories produzieren

Analog zu Carousel-Posts können Sie via Canva oder alternativen Tools Templates für Ihre Formate entwickeln und diese im Moment des Teilens mit zusätzlichen Stickern versehen. Templates auf Canva beispielsweise verfügen bereits über Platzhalter für Sticker, sodass Sie eine große Hilfestellung für die Entwicklung eines Storyboards, die Kreation Ihrer Inhalte sowie und eine Erleichterung bei der Veröffentlichung Ihrer Story-Sequenzen bekommen.

Um eine Story zu erstellen, tippen Sie wieder auf das »+«-Symbol am oberen Rand Ihrer Profil-Ansicht, wählen STORY aus und befinden sich nun in der Story-Kamera-Funktion. Um Ihre vorbereiteten Story-Sequenzen zu teilen, wischen Sie nach oben und haben nun Zugriff auf Ihre auf dem Smartphone befindlichen Fotos und Videos. Indem Sie auf das Symbol mit den zwei hintereinanderliegenden Posts bzw. AUSWÄHLEN tippen, können Sie mehrere Story-Sequenzen gleichzeitig hochladen und nun Ihre Sticker oder weitere Elemente, wie Emojis, Gifs oder Text hinzufügen.

**Hinweis**

Die Fotos und Videos einer Story lassen sich sowohl einzeln speichern, indem Sie in den Einstellungen Ihrer Stories-Kamera GETEILTE FOTOS SPEICHERN aktivieren, oder auch zusammenhängend in Form eines Videos. Letzteres ist über das Download-Symbol am oberen Seitenrand Ihrer Story möglich. So können Instagram Stories auch auf Ihrer eigenen Website, im Blog oder anderen Social-Media-Kanälen wiederverwendet werden.

Die gespeicherten einzelnen Story-Bestandteile lassen sich zudem über das den Menüpunkt »Archiv« im Bereich Optionen abrufen. Diesen erreichen Sie über das Menü-Symbol am oberen rechten Seitenrand Ihrer Profil-Ansicht.

Aus Unternehmenssicht besonders spannend sind die, im Unterschied zu einer Snapchat-Story, mehrfach vorhandenen Verlinkungsmöglichkeiten einer Instagram Story, die für mehr Reichweite und Sichtbarkeit auf der Plattform sorgen.

#### Profilfoto und Profilname

Das betrifft zum einen die Möglichkeit, über das auf jedem Foto oder Video einer Story eingeblendete Profilfoto sowie den Account-Namen jederzeit auf das Profil des Story-Absenders zu gelangen.

#### Nutzer in einer Story markieren (taggen)

Weiterhin können Sie bis zu 20 Nutzer innerhalb einer Story taggen, indem Sie deren Profilnamen über das Text-Symbol in Ihr Foto oder Video eintippen und dabei ein @ voranstellen. Auf diese Weise können Sie Ihre Partner, treue Fans Ihrer Marke und auch Ihr eigenes Profil in Szene setzen. Tippt der Betrachter den markierten Account-Namen an, erscheinen zunächst dessen Profilfoto und Profilname, über die er durch nochmaliges Antippen direkt aus Ihrer Story heraus in das markierte Profil gelangt und anschließend wieder zu Ihrer Story zurückkehren kann.

#### Orte markieren

Über die in den Instagram Stories verfügbaren Sticker lassen sich auch »Standort-Sticker« zu Ihrer Story hinzufügen. Auf diese Weise haben Sie nicht nur die Chance, beispielsweise auf Ihren stationären Shop oder Ihr Event aufmerksam zu machen, sondern auch in den »Instagram Karten« sichtbar zu werden (siehe dazu auch Abschnitt 2.7 »Instagram Stories«).

**Tipp**

Sollten für Sie wichtige Orte, wie zum Beispiele Ihre stationären Geschäfte, nicht auf Instagram verfügbar sein, können Sie diese auf Ihrer Facebook-Seite, idealerweise über den Business Manager anlegen, da Instagram auf die Ortsdatenbank von Facebook zugreift. Eine genaue Anleitung dazu findet sich im Facebook-Business-Hilfebereich »Hinzufügen und Bearbeiten von Unternehmensstandorten im Business Manager«.

### Hashtags einsetzen

Sie fügen Ihrer Instagram Story Hashtags hinzu, indem Sie entweder aus der Sticker-Sammlung Ihrer Instagram Story den Sticker #HASHTAG auswählen und das entsprechende Schlagwort in den Sticker hineinschreiben oder ein Schlagwort, versehen mit dem Raute-Symbol, direkt auf Ihr Foto oder Video schreiben und/oder aus den Hashtag-Vorschlägen, die Ihnen Instagram daraufhin macht, den passenden Hashtag wählen.

**Hinweis**

Pro Story-Sequenz kann immer nur ein Hashtag-Sticker vergeben werden. Weitere Hashtags lassen sich jedoch manuell über den Schreibmodus hinzufügen.

**Tipp 1: Ideale Story-Länge und Frequenz**

Die ideale Länge einer Instagram Story liegt laut diverser Studien zwischen vier bis sieben Fotos und/oder Videos. Eine Analyse von fünf Millionen Stories des Social-Media-Management-Tool-Anbieters Fanpage Karma kam allerdings zu dem Schluss, dass insbesondere längere Stories eine höhere Reichweite erzielen und bei einem starken Einstieg, idealerweise via Video, von immerhin jedem Zweiten bis zum Ende angeschaut werden. So sind durchaus auch 20 und mehr Sequenzen innerhalb einer Story denkbar. Darüber hinaus wäre die Veröffentlichung einer Story an mehreren Tagen pro Woche ideal, um Ihre Sichtbarkeit auf Instagram zu erhöhen.

**Tipp 2: Auch lange Videos funktionieren in Instagram Stories**

Die maximale Länge einer Video-Sequenz in einer Instagram Story beträgt 15 Sekunden, in Ausnahmefällen, zum Beispiel bei Influencern 60 Sekunden. Es ist jedoch möglich, ohne die Hilfe von Drittanbieter-Apps längere Videos in Ihren Stories zu veröffentlichen. Laden Sie dazu einfach Ihr Video in der Story-Kamera hoch. Instagram teilt dieses dann automatisch in 15-sekündige Sequenzen auf.

### Tipp 3: Wiederkehrende Formate

Um Ihnen einerseits den Produktionsaufwand für Ihre Stories zu erleichtern und andererseits Formate zu schaffen, die Ihre Community dazu bewegen, Ihre Stories immer wieder anzuschauen und/oder regelmäßig auf Ihr Profil zurückzukehren, eignen sich wiederkehrende Formate, zum Beispiel das Interview der Woche, die montägliche Frage-Runde, das Produkt des Tages, Ihre Inspiration des Tages, die Top-5-Community-Feedbacks der Woche und vieles mehr.

### Tipp 4: Seien Sie menschlich

Stories dienen, nicht zuletzt aufgrund ihrer Unmittelbarkeit als auch ihrer zahlreichen Interaktionsmöglichkeiten, in erster Linie dazu, eine Beziehung zu Ihrer Community aufzubauen. Das funktioniert am besten von Mensch zu Mensch. Indem Sie oder ein Protagonist Ihrer Wahl mit Ihrer Community kommuniziert, können Sie dieses Ziel am besten erreichen.

### Tipp 5: Branded GIF-Sticker in der Story-Kamera

Eine gute Möglichkeit, eine spielerische und gleichzeitig kreative Auseinandersetzung mit Ihrer Marke zu erreichen, sind »Branded GIF-Sticker«, die Sie und Ihre Community in Stories verwenden können.

Um Ihre branded GIFs als Sticker in der Story-Kamera verfügbar zu machen, benötigen Sie einen eigenen Channel bei der Online-Datenbank und Suchmaschine für animierte GIF-Dateien GIPHY (`https://giphy.com/`). Giphy ist die Quelle für sämtliche GIF-Sticker, die via Instagram verfügbar sind. Mithilfe Ihres Channels können Sie nun wie im Beispiel der Hugendubel Buchhandlungen (@hugendubel_buchhandlungen) Ihre eigenen GIF-Sticker auf GIPHY hochladen und nach einigen Tagen via Instagram über das Sticker-Icon am oberen rechten Rand Ihrer Story-Kamera in Ihren Stories oder auch Posts einsetzen. (Letzteres funktioniert, indem Sie eine Story-Sequenz mit Ihrem GIF in Ihrer Galerie auf dem Smartphone abspeichern und anschließend als Post in Ihrem Profil wieder hochladen.) Wichtig: Im Unterschied zu klassischen GIF-Dateien zeichnen sich GIF-Sticker durch einen transparenten Hintergrund aus.

Vorteil der Verwendung eigener GIFs ist nicht nur eine persönlichere Ansprache Ihrer Community und der Wiedererkennungswert Ihrer Marke, sondern auch mehr Engagement und Reichweite, indem Ihre Community Ihre GIFs auch für ihre eigenen Stories und Posts verwendet.

Um eigene branded GIF-Sticker zu erstellen, empfiehlt es sich, auf einen Grafiker zurückzugreifen oder mit professionellen Tools wie beispielsweise Adobe Photoshop zu arbeiten.

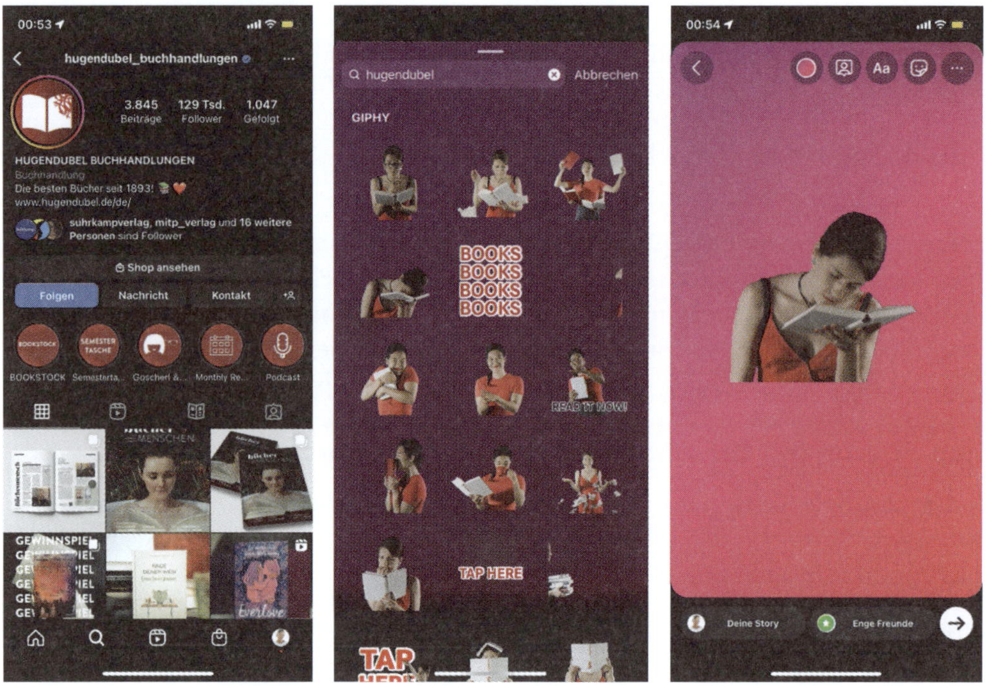


**Abb. 4.50:** Branded GIFs der Hugendubel Buchhandlungen

## 4.5.5 Stories evaluieren

Über die Insights Ihres Business-Accounts können Sie nachvollziehen, wie Ihre Stories performen. Besonders spannend ist in diesem Zusammenhang die Reichweite Ihrer Story in Form von Impressions, die Retention-Rate, die ausdrückt, wie hoch der prozentuale Anteil der Zuschauer der letzten Story-Sequenz im Verhältnis zur ersten Sequenz ist. Zudem sind durch die Story ausgelöste Interaktionen wie angetippte Sticker, Antworten auf Frage-Sticker oder Direktnachrichten interessant.

## 4.5.6 Erstellen von Highlight-Stories

Ein wichtiges Stilmittel Ihres Profils sind die direkt unter Ihrer Biografie platzierten Highlight-Stories. Die Highlight-Stories haben einerseits den Zweck, Story-Inhalte, die Ihnen besonders wichtig sind, dauerhaft sichtbar zu machen, denn im Gegensatz zu einer klassischen Story, die sich selbst nach 24 Stunden wieder löscht, bleiben Highlight-Stories so lange in Ihrem Profil sichtbar, bis Sie sie wieder löschen. Andererseits schaffen Sie mit Ihren Highlight-Stories Mehrwerte für die Besucher Ihres Profils und zeigen, welche Themen Ihnen oder Ihrer Community gerade wichtig sind.

Sie können eine unbegrenzte Anzahl an Highlight-Stories erstellen. Tippen Sie dazu auf das Highlight-Symbol am unteren Rand einer bereits veröffentlichten Story-Sequenz und fügen Sie sie einer neuen oder bereits bestehenden Highlight-Story hinzu.

Sie haben in jeder Highlight-Story die Möglichkeit, ein individuelles Titelbild festzulegen. Das kann ein Bild aus Ihrer Smartphone-Galerie oder eine Sequenz aus Ihrer Highlight-Story sein. Sofern Sie sich für ein Bild aus der Bildergalerie Ihres Smartphones entscheiden, erscheint dieses nicht als weitere Sequenz Ihrer Story. Wie schon in Abschnitt 3.5 »Bildsprache und Tonalität« beschrieben, können die Titelbilder Ihrer Highlight-Stories einen wichtigen Beitrag zum Wiedererkennungswert Ihres Unternehmens oder Ihrer Marke leisten. Um die Titelbilder Ihrer Highlight-Stories in Ihrer CI darzustellen, können Sie auf die bereits genannten Apps und Tools, wie Canva, Adobe Express, Mojo und viele mehr zurückgreifen.

Auch spezielle Apps, wie zum Beispiel Highlight Cover, eignen sich dazu, entsprechende Titelbilder mit individuellen Icons zu erstellen.

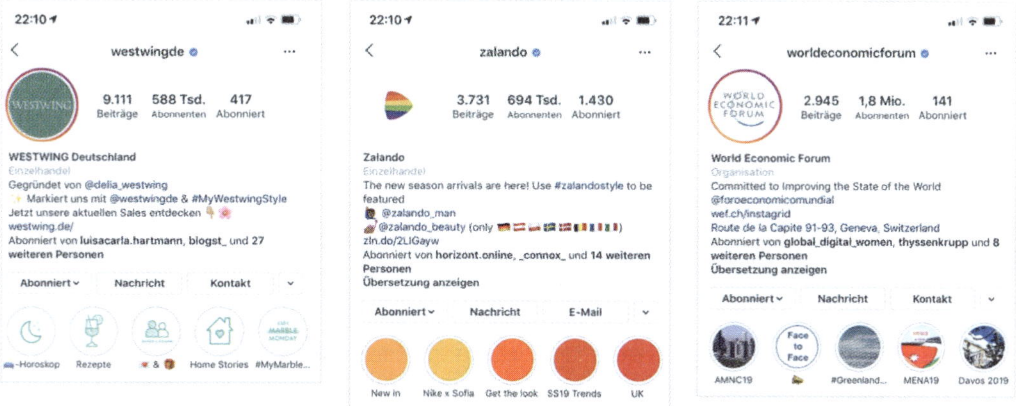


**Abb. 4.51:** Beispiele für unterschiedliche Highlight-Cover bei Westwing Deutschland (@westwingde), Zalando (@zalando) und World Economic Forum (@worldeconomicforum)

Die Bildsprachetrends ändern sich auf Instagram auch hier immer wieder. So bevorzugt ein Teil der Unternehmen Highlight-Titelbilder in den Farben und

Symbolen ihrer CI, ein anderer Teil setzt lediglich auf Farben und wieder andere verzichten ganz bewusst auf Titelbilder mit einheitlichen Coverbildern.

Um eine Auswahl dafür zu treffen, welche Themen in Ihren Highlight-Stories aufgegriffen werden sollten, können Sie sich durchaus am Aufbau Ihrer Website orientieren. Highlight-Stories könnten demnach folgende Inhalte haben:

- Ihre Vision/Mission
- Kundenstimmen
- Produkt-Neuheiten
- Aktuelle Sales
- Ihr Team
- Feedback aus der Community
- Aktuelle Events
- Positionierungsthemen, die Ihnen wichtig sind, z.B. Ihr aktuelles Engagement zum Thema Nachhaltigkeit

## 4.6 Live-Videos

Live-Videos eignen sich insbesondere dazu, eine noch engere Beziehung zu Ihren bestehenden sowie potenziellen Followern aufzubauen. Inhaltlich sind Ihnen bei Ihrem Live-Video dabei keine Grenzen gesetzt.

Etablierte Anwendungsszenarien sind zum Beispiel folgende:

- Sie oder auch ein Influencer zeigen ein Tutorial.
- Sie stellen sich den Fragen Ihrer Community zu einem bestimmten Produkt (auch Q&A genannt), indem Sie im Vorfeld Ihres Live-Videos wie im Beispiel des Kosmetik-Unternehmens Sephora (@sephora) mithilfe des Fragen-Stickers Fragen sammeln und diese, sukzessive in Ihrem Live-Video einblenden und beantworten.
- Sie werfen gemeinsam mit Ihren Session-Teilnehmern einen Blick hinter die Kulissen Ihres Unternehmens oder Ihres Events.
- Sie verkünden eine wichtige Neuigkeit (zum Beispiel den Launch eines neuen Produkts oder eine spannende Entwicklung in Ihrer Branche).
- Sie zeigen, was sonst niemand sieht (exklusive Inhalte, die nur Instagrammern vorbehalten sind).
- Sie tauschen sich regelmäßig mit Experten oder interessanten Interview-Partnern Ihrer Branche aus und können komplexe Zusammenhänge in einem persönlichen Gespräch veranschaulichen. Der ehemalige Gesundheitsministers Jens Spahn tauschte sich während seiner Amtszeit beispielsweise in

einem regelmäßigen Insta Live-Format mit unterschiedlichen Gesprächspartnern aus.

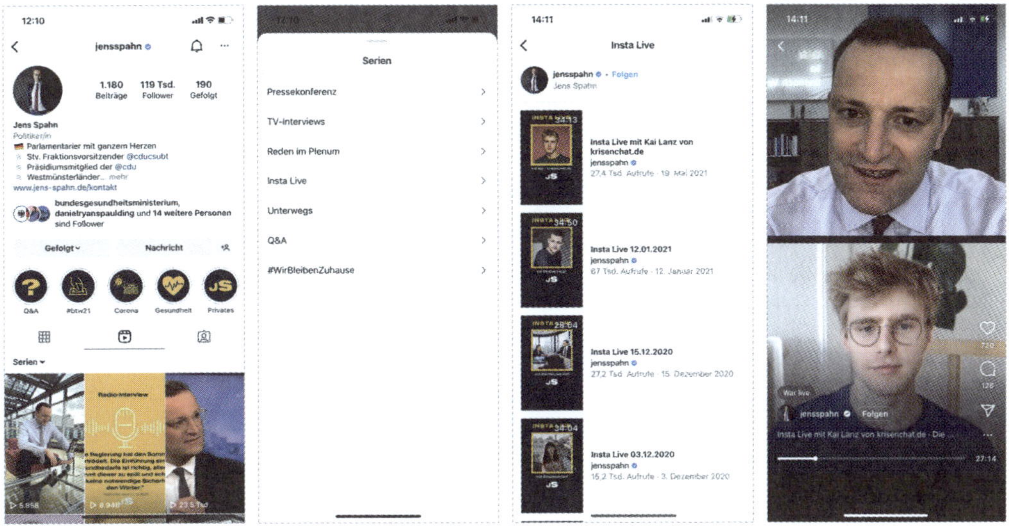


**Abb. 4.52:** Regelmäßiges Insta-Live Format von Jens Spahn mit Gesprächspartnern während seiner Amtszeit

## 4.6.1 Planung

Ähnlich wie schon bei der Konzeption von Reels und Stories beschrieben, sollten Sie insbesondere als Unternehmen darauf achten, Ihr Live-Video sorgsam zu planen. Dabei kann auch das erwähnte Storyboard dienlich sein.

Planen Sie dabei genau,

- wie Sie Ihr Live-Video beginnen wollen, etwa wie Sie Ihre Teilnehmer begrüßen
- über welche Themen Sie zu welchem Zeitpunkt sprechen wollen (es sei denn, Sie arbeiten mit den bereits erwähnten Frage-Stickern)
- welche Mehrwerte Sie Ihren Teilnehmern liefern wollen
- welche Szenen Sie gerne wie filmen wollen (zum Beispiel auf einem Event)
- wo Sie einen oder mehrere Call-to-Actions integrieren (verweisen Sie zum Beispiel auf weiterführende Inhalte auf Ihrer Website)
- wann Ihre Live-Sendung starten soll
- wie und wann Sie Ihre Live-Sendung ankündigen wollen (zum Beispiel über eine Instagram Story oder einen Foto- oder Videobeitrag in Ihrem Profil)

- welches Equipment Sie benötigen, zum Beispiel ein Stativ, ein externes Mikrofon oder eine besondere Ausleuchtung

### 4.6.2 Umsetzung

Die Funktion LIVE steht Ihnen als eine von vier Kameraoptionen innerhalb der Stories-Kamera zur Verfügung. Sie gelangen in den LIVE-Modus, indem Sie die Menüleiste am unteren Seitenrand innerhalb der Stories-Kamera nach links bewegen oder auf das +-Symbol am oberen Seitenrand Ihrer Profil-Ansicht tippen und anschließend »Live« auswählen.

Sobald Sie Ihren Live-Stream starten, werden ausgewählte Follower Ihres Accounts via Instagram Direct vom Start Ihrer Live-Sendung informiert und können sich direkt einschalten.

Am oberen Seitenrand erscheint die Anzahl der aktuellen Zuschauer Ihrer Sendung. Je länger Ihre Sendung andauert und je mehr Zuschauer Ihren Stream verfolgen, desto mehr Nutzer werden informiert. Hintergrund dieser Vorgehensweise ist das Bestreben Instagrams, Nutzer möglichst nur auf relevante Live-Videos aufmerksam zu machen.

Hierbei gibt es zwei Optionen:

- Sie laden die bestimmte Person oder auch einen Ihrer Zuschauer direkt nach dem Start Ihres Live-Videos via Instagram Direct in Ihre Sendung ein. Wichtig ist dabei, dass diese Person bereits Ihrem Live-Video zuschaut. Nimmt sie Ihre Einladung an, erscheint sie gemeinsam mit Ihnen in einer geteilten Bildschirmansicht. Zudem werden auch die Follower Ihres Gastes über die Live-Sendung informiert.
- Ein Zuschauer bittet Sie, Ihrer Sendung beitreten zu können, und Sie entscheiden, ob Sie dem Beitritt zustimmen oder ihn ablehnen.

Weitere Tipps zur Umsetzung Ihres Live-Streams:

- Machen Sie vor der Umsetzung Ihres Live-Videos zudem einen kurzen Test, indem Sie ein kurzes Video abdrehen und die Qualität Ihres Materials begutachten.
- Achten Sie auf eine gute Streaming-Qualität. Sofern das WLAN beispielsweise auf einem Event überlastet ist, kann dies gravierende Auswirkungen auf die Qualität Ihrer Live-Übertragung haben.
- Sofern Sie sich selbst filmen, versuchen Sie, in die Kamera Ihres Smartphones zu schauen und damit den Blickkontakt zu Ihren Teilnehmern aufrechtzuerhalten.
- Begrüßen Sie von Zeit zu Zeit neue Teilnehmer und beantworten Sie gelegentlich Kommentare.

### 4.6.3 Nachbereitung

- Posten Sie nach Ihrem Live-Video eine kurze Zusammenfassung der wichtigsten Punkte Ihrer Live-Session in einer Instagram Story.
- Veröffentlichen Sie Ihr Live-Video nach der Live-Übertragung über den Button TEILEN auch in Ihrer Instagram Story.
- Verweisen Sie darauf, dass Ihr Live-Video auch noch 24 Stunden nach der Live-Übertragung in Ihrer Instagram Story angeschaut werden kann.
- Nehmen Sie Ihr Live-Video in den Video-Reiter Ihres Profils auf (sofern Sie mit der Qualität zufrieden sind)

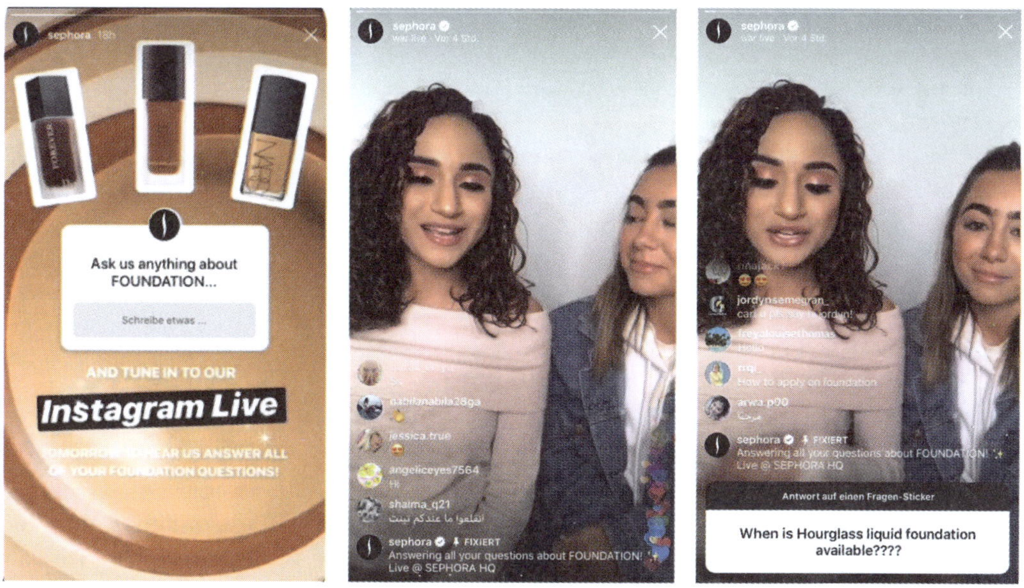


**Abb. 4.53:** Vorankündigung eines Live-Videos von Sephora (@sephora) sowie Screenshots des Live-Videos mit eingeblendetem Frage-Sticker

> **Hinweis**
>
> Nutzer, die Ihren Live-Stream durch negative Kommentare stören, können von Ihnen direkt während Ihrer Sendung blockiert werden, indem Sie auf das X neben ihrem Namen tippen.
>
> Darüber hinaus haben Sie über das »...«-Symbol am unteren rechten Seitenrand in der Live-Video-Ansicht die Option, Kommentare während Ihrer Live-Sendung generell auszuschalten. Letzteres bedeutet jedoch auch ein Verzicht auf die wertvolle Interaktion mit Ihren Zuschauern und damit auf ein belebendes Element Ihrer Sendung.

Zudem können Sie auch einen Kommentar oberhalb der eingehenden Kommentare zu Ihrer Sendung fixieren, indem Sie ihn antippen und kurz gedrückt halten. Diese Funktion ist praktisch, wenn Sie sich eines bestimmten Kommentars in Ihrer Sendung gesondert annehmen oder Zuschauer, die später zu Ihrer Sendung hinzustoßen, über das Thema, über das Sie gerade sprechen, informieren wollen.

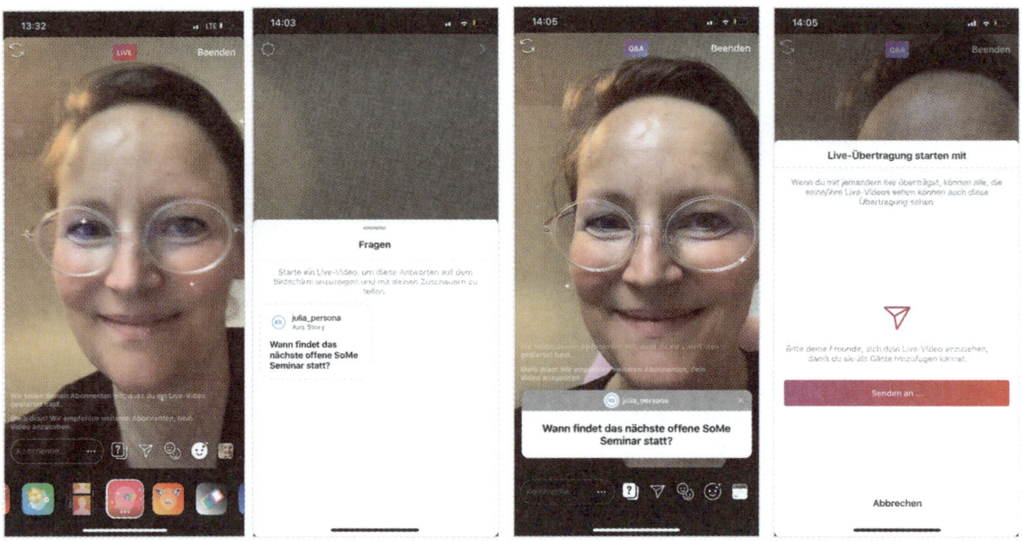


**Abb. 4.54:** Funktionalitäten eines Live-Videos in der Stories-Kamera

Sie selbst können das Ende Ihres Live-Streams jederzeit bestimmen, indem Sie das X am oberen rechten Seitenrand in der Live-Video-Ansicht antippen. Im darauf folgenden Screen können Sie Ihr Video in Ihrem Feed teilen und einer Video-Serie in Ihrem Video-Reiter hinzufügen. Alternativ lässt sich das Video auch verwerfen.

Über die Statistiken Ihres Business-Profils können Sie anschließend abrufen, wie viele Nutzer Ihr Live-Video gesehen und währenddessen interagiert haben. Im Sinne des Content Recyclings macht es Sinn, die besten Sequenzen aus Ihrem Live noch einmal aufzubereiten, zum Beispiel als Zitat-Post oder das Live-Video über Ihrer Stories oder Posts noch einmal zu verlinken.

## 4.7 Erstellen von Bildunterschriften

Ein äußerst wichtiger Aspekt Ihres Fotos oder Videos ist die Bildunterschrift. Sie dient gleich mehreren Zwecken.

- Sie erhöht die Viewtime bzw. Verweildauer mit Ihren Inhalten und damit die Zeit der Auseinandersetzung mit Ihrer Marke.
- Sie schafft Mehrwert, indem Sie Ihrer Community und Besuchern Ihres Profils weiterführende Inhalte an die Hand gibt.
- Mit relevanten Keywords, Hashtags, Account-Tags (bzw. Mentions) und Orten können Sie Ihre Inhalte über die Bildunterschrift für die Instagram-Suche optimieren.

Zum anderen können Sie in der Bildunterschrift mithilfe von Hashtags oder Account-Tags auf weiterführende Inhalte zu Ihrer Marke verweisen und den Betrachter Ihres Fotos oder Videos noch länger in Ihrer Markenwelt halten.

**Tipp**

Nutzen Sie die Gelegenheit, die Aufmerksamkeit der Betrachter Ihrer Foto- und Videobeiträge mit einer ansprechenden Bildunterschrift noch länger aufrechtzuerhalten.

Wer für Ihren Foto- oder Videobeitrag in seinem Homefeed gestoppt oder im Explorer oder auf Suchergebnisseiten auf Ihren Beitrag getippt hat, interessiert sich grundsätzlich für Ihren Inhalt und ist empfänglich für weitere Informationen dazu.

Dabei kann die Textlänge Ihrer Bildunterschrift bis zu **2.200 Zeichen** lang sein. Auch wenn Instagram eine visuelle Plattform ist, wollen Ihre Follower oder Betrachter Ihrer Beiträge gerne mehr Hintergrundinformationen erhalten. Wenn Sie also eine Geschichte zu Ihrem Bild zu erzählen haben, erzählen Sie sie.

Sehr schön ist dieser Ansatz beim erfolgreichen Instagram-Projekt Humans of New York (@humansofny) vom Fotografen Brandon Stanton nachzuvollziehen. Die Fotos werden noch lebendiger und eindrucksvoller durch ihre Bildbeschreibungen. Zudem sind sie in der Ich-Perspektive geschrieben, was den Betrachter noch stärker mit dem Protagonisten des Fotos mitfühlen lässt.

Auch die New York Times (@nytimes) setzt auf ausführliche Bildunterschriften, verweist auf Hashtags, die zu weiteren Inhalten des jeweiligen Themas führen, und taggt relevante Accounts, wie zum Beispiel den Fotografen des Beitrags oder den Protagonisten der Geschichte.

**Abb. 4.55:** Bildunterschrift zu einem Foto-Beitrag von Humans of New York (@humansofny, Webprofil-Ansicht)

**Abb. 4.56:** Bildunterschrift zu einem Foto-Beitrag der New York Times (@nytimes, Webprofil-Ansicht)

Um eine Bildunterschrift mit Mehrwert für Ihre Community zu kreieren, gehen Sie genauso vor wie bei der Konzeption Ihrer Reels und Stories.

Sie starten Ihre Bildunterschrift wie im Beispiel des Kölner Optikers Optik Haas mit einer aufmerksamkeitsstarken Hook, beispielsweise einer Frage oder/und einem Problem Ihrer Persona, und liefern anschließend in einer optisch gut strukturierten Form umfassende Informationen, Fakten, Lösungen zu Ihrem Thema und schließen Ihre Bildunterschrift mit einem Call-to-Action ab.

Die Hook bzw. Ihr Interessewecker ist dabei das, was die User als Einziges lesen können, wenn sie durch Ihren Feed scrollen. Die gesamte Bildunterschrift wird erst nach dem Antippen des MEHR-Buttons sichtbar.

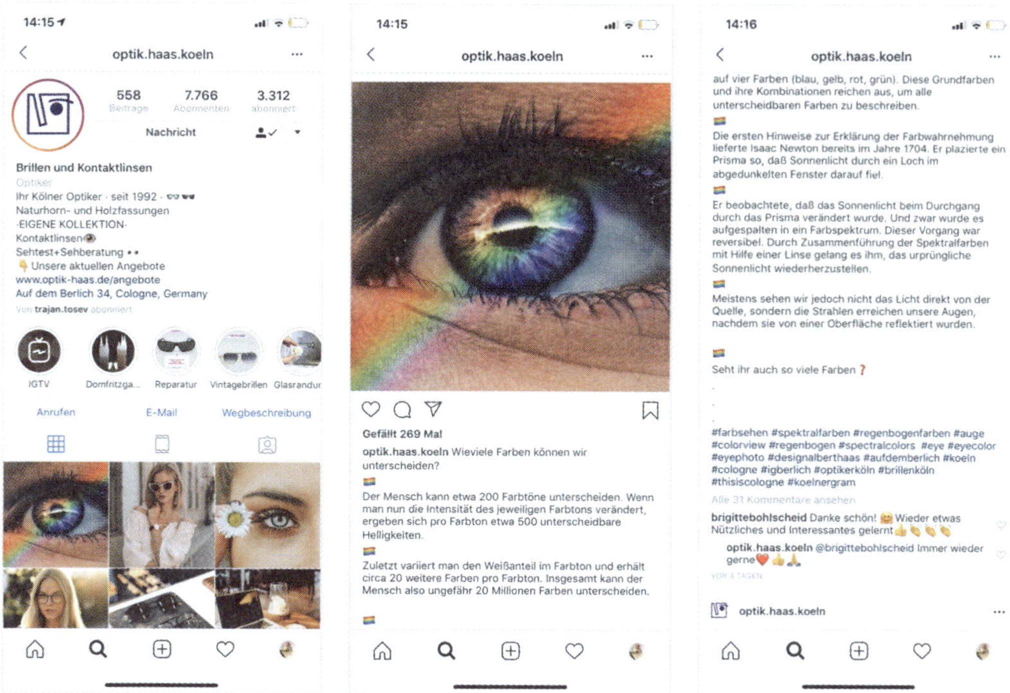


**Abb. 4.57:** Beispiel einer Bildunterschrift bei Optiker Haas (@opik.haas.koeln)

Bei Shops sind wiederum kurze aber originelle Bildunterschriften wie im Beispiel von Zalando (@zalando) gefragt.

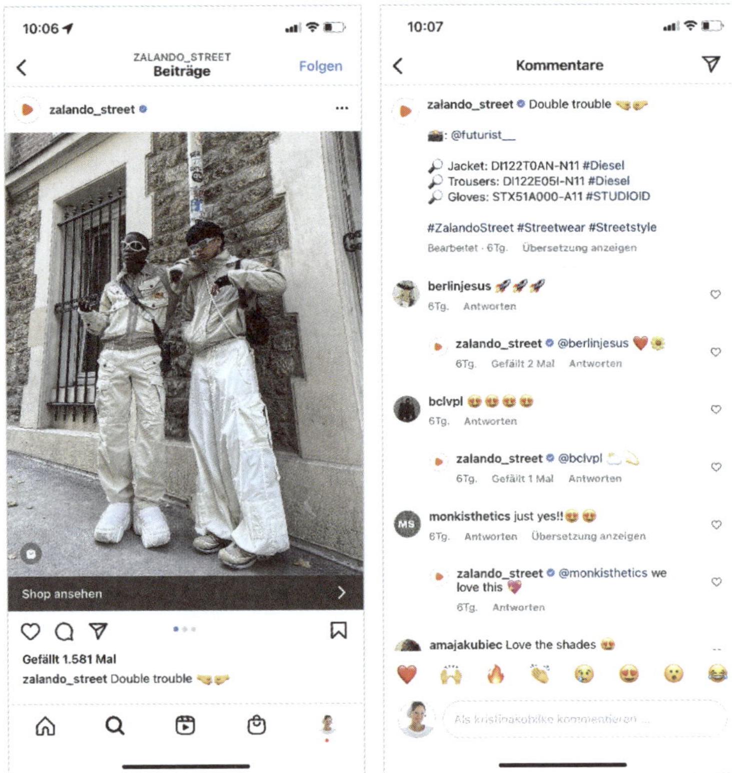


**Abb. 4.58:** Bildunterschrift zu einem Foto-Beitrag von Zalando (@zalando, Webprofil-Ansicht)

## Tipps für Bildunterschriften

- Arbeiten Sie in Ihrer Bildunterschrift mit den gleichen Stilmitteln wie Ihre Community.
- Setzen Sie Emojis ein.
- Zeigen Sie Humor.
- und verwenden Sie, wie im Beispiel von EDEKA, durchaus auch kreative Hashtags in Ihrer Bildunterschrift.
- Liefern Sie einen Mehrwert.

  Edeka verweist in seiner Bildunterschrift zudem auf das Rezept zu ihrer Food-Kreation im ersten Kommentar. Denkbar sind hier aber auch Schritt-für-Schritt-Anleitungen.
- Setzen Sie Ihre Markenhashtags ein.
- Markieren Sie relevante Personen oder Marken darin, wie im Beispiel des Karriere-Accounts von Deloitte Deutschland.

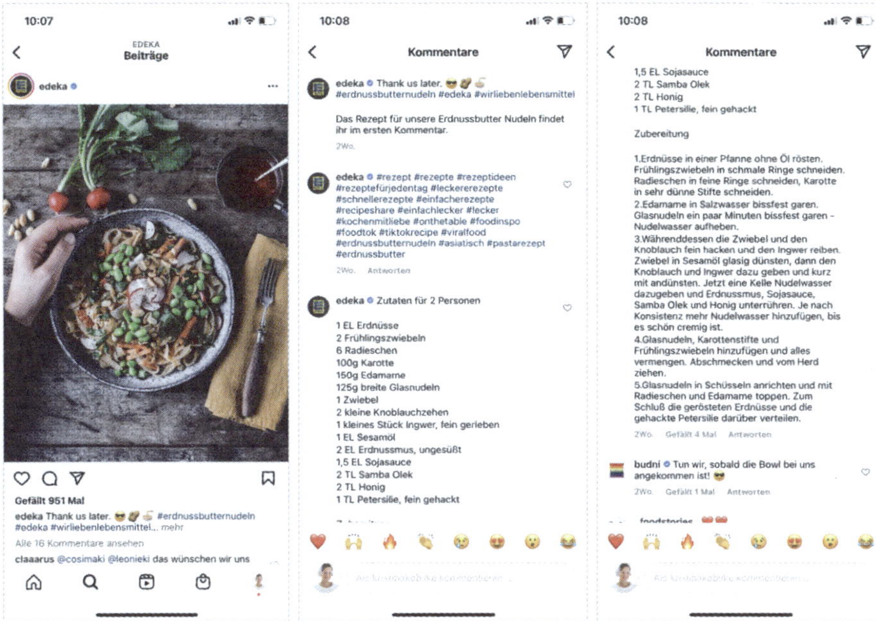


**Abb. 4.59:** Bildunterschrift zu einem Foto-Beitrag von EDEKA (@edeka, Webprofil-Ansicht)

**Abb. 4.60:** Bildunterschrift zu einem Beitrag von Deloitte Deutschland Karriere (@ deloittedeutschlandkarriere)

- Integrieren Sie einen Call-to-Action.
- Stellen Sie Fragen.
- Rufen Sie Ihre Community dazu auf, Freunde in einem Kommentar zu markieren.
- Regen Sie zur Erstellung von User Generated Content an und promoten Sie Ihr Markenhashtag.
- Verweisen Sie auf Ihren Weblink in Ihrer Biografie wie im Beispiel von J.Crew (@jcrew)

### Verweis auf »Link in Bio«

Achten Sie bei einem Verweis auf Ihren Link in der Biografie jedoch darauf, dass Ihr Post aufgrund des Instagram-Algorithmus möglicherweise auch erst einige Tage später von Ihren Abonnenten wahrgenommen wird und Ihr Link dann immer noch Gültigkeit hat.

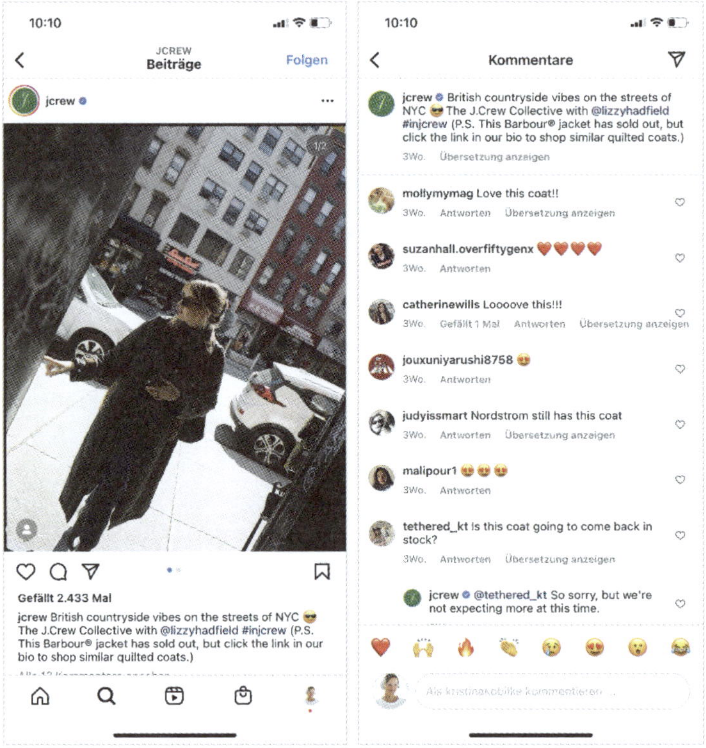


**Abb. 4.61:** Bildunterschrift zu einem Foto-Beitrag von J.Crew (@jcrew, Webprofil-Ansicht)

### 4.7.1 Bildunterschriften auf Facebook und Twitter

Ihre Bildunterschrift erscheint zudem in anderen sozialen Netzwerken, falls Sie Ihr Foto dort teilen. Auf Facebook ist sie beispielsweise besonders markant im Header Ihres Facebook-Posts platziert, auf Twitter als Tweet. Gerade wenn Sie Ihre Instagram-Beiträge bei diesen beiden Netzwerken publizieren, macht es Sinn, Ihre Bildunterschrift an die dortigen Nutzungsgewohnheiten anzupassen. Im Falle von Twitter wäre das eher eine kurze knackige Bildunterschrift, bei Facebook darf die Bildunterschrift je nach Inhalt durchaus auch ausführlicher sein.

### 4.7.2 Bildunterschriften nachträglich ändern

Um eine Bildunterschrift nachträglich zu ändern, tippen Sie unterhalb Ihres Fotos oder Videos auf das Symbol mit den drei Punkten und Sie gelangen über die Option BEARBEITEN direkt in den Editiermodus Ihrer Bildunterschrift. Durch Ihre Änderung wird Ihr Beitrag jedoch nicht nochmals auf Instagram oder weiteren Netzwerken gepostet. Ihre Änderungen sind zudem nur auf Instagram sichtbar und nicht automatisch in den Netzwerken, in denen Sie Ihren Beitrag geteilt haben.

## 4.8 Hashtags

Mit der Weiterentwicklung des Instagram-Algorithmus und dessen Stärke, Informationen aus Bildern und Videos zu erfassen, ist die Relevanz von Hashtags gesunken. Dennoch sind sie ein wichtiges Mittel

- um User-, Employee- oder Influencer-Generated Content auf Instagram zu identifizieren,
- Trends zu verfolgen,
- sich an »Gesprächen« in Sub-Communities zu beteiligen,
- Ihre Marke oder Kampagne bekannter zu machen
- und verschiedene Touchpoints miteinander zu verbinden.

Die ideale Hashtag-Logik beinhaltet

- ein bis zwei Branded-Hashtags bzw. Marken-Hashtags,
- ein bis zwei Kampagnen-Hashtags
- drei bis vier thematische Nischen-Hashtags, mit denen jeweils ca. 5.000 bis 10.000 Beiträge markiert wurden
- drei bis vier Branchen-Hashtags, mit denen ca. 10.000 bis 100.000 Inhalte markiert wurden.

Im Rahmen Ihrer Redaktionsplanung sollten Sie die Hashtags pro Beitrag bereits berücksichtigen, um bei der Umsetzung Ihrer Beiträge Zeit zu sparen.

Legen Sie sich idealerweise zu jedem Ihrer typischen Posts (Zitate, Produkt-Fotos, Community-Themen, Behind-the-Scenes etc.) eine Hashtag-Liste an, die Sie kontinuierlich präzisieren. Speichern Sie diese Listen in Ihren Smartphone-Notizen oder den Tools mit denen Sie arbeiten, um sie jederzeit kopieren und zu Ihren Beiträgen hinzufügen zu können.

Hashtags werden am Ende Ihrer Bildunterschrift platziert, wobei Ihre Markenhashtags den Anfang Ihrer »Hashtag-Wolke« bilden sollten. (Weitere Ausführungen zu Hashtags finden Sie im Abschnitt 3.6 »Recherche von Hashtags und Keywords«)

## 4.9 Verwendung von Stockfotos, -videos und -icons

Sofern Sie absolut keine Kapazitäten für die Erstellung eigener Fotos und Videos haben, zudem auch nicht auf Foto- oder Video-Material in Ihrem Unternehmen oder User Generated Content zurückgreifen können, ist die Nutzung von Stockfotos und -videos gegebenenfalls eine Option, wenngleich auch nicht ideal.

Denn Ihre Fotos, Videos oder auch Icons aus Stockarchiven könnten auch von anderen Unternehmen genutzt werden und so Ihren Wiedererkennungseffekt verfälschen. Zudem lassen Ihre eigenen Fotos, Videos sowie Icons Ihre Marke deutlich individueller wirken.

Andererseits können Stockfotos oder -videos aus bestimmten Archiven durchaus auch die Qualität Ihrer Beiträge erhöhen.

Besonders wichtig beim Einsatz dieser Inhalte ist grundsätzlich das Vorhandensein einer Social-Media-Lizenz.

Einige Unternehmen greifen insbesondere bei ihren Foto-Beiträgen auf Bilddatenbanken wie Fotolia (`https://de.fotolia.com`) oder Clipdealer (`http://de.clipdealer.com/`) zurück, die den vergleichsweise günstigen Kauf von Fotos inklusive einer Social-Media-Lizenz anbieten. Im Videobereich bieten sich Shutterstock (`https://www.shutterstock.com/de`), Adobe Stock (`https://stock.adobe.com/de/video`) oder Vimeo Stock (`https://vimeo.com/de/stock`) an. Darüber hinaus gibt es auch gänzlich kostenlose Bilddatenbanken inklusive Social-Media-Lizenz, die Sie für Ihre Instagram-Beiträge nutzen können, wie zum Beispiel:

- **Unsplash** (`https://unsplash.com/`)
- **Pexel** (`https://www.pexels.com/de/`)
- **Raumrot** (`http://raumrot.com/`)

oder für Videos

- **Life of Vids** (`http://www.lifeofvids.com/`)

für die Verwendung von Icons in Ihren Beiträgen:

- **Flat Icon** (`http://www.flaticon.com/`)

Hierbei besteht allerdings immer, wenn auch mit einem überschaubaren Risiko, die Gefahr, gegebenenfalls doch unbeabsichtigte Persönlichkeitsverletzungen zu begehen, weil Fotografen, die ihre Arbeiten in kostenlosen Stock-Archiven anbieten, unter Umständen doch keine Einwilligung der auf ihren Fotos sichtbaren Protagonisten haben.

## 4.10 Content Planung

Wie schon an verschiedenen Stellen beschrieben, ist die Konsistenz Ihrer Beiträge und vor allem deren kontinuierliche, idealerweise mehrmals wöchentliche Veröffentlichung auf Instagram entscheidend für Ihren Erfolg. Um dabei möglichst effizient vorzugehen, empfiehlt es sich:

- einen **langfristigen Redaktionsplan** aufzustellen, der Feiertage, Termine oder für Ihre Branche wichtige Events berücksichtigt (gute Vorlagen dazu finden Sie beispielsweise bei Sinnwert Marketing `http://www.sinnwert-marketing.de/download/checklisten-und-vorlagen/`)
- Inhalte an einem Tag pro Woche für **mindestens eine Woche vorzuproduzieren** »Evergreen-Content« (Zum Beispiel Zitate, die zu Ihrer Marke passen, können Sie theoretisch auch schon für ein halbes Jahr vorproduzieren.)
- Ihre Beiträge mindestens **1 Monat vorauszuplanen**

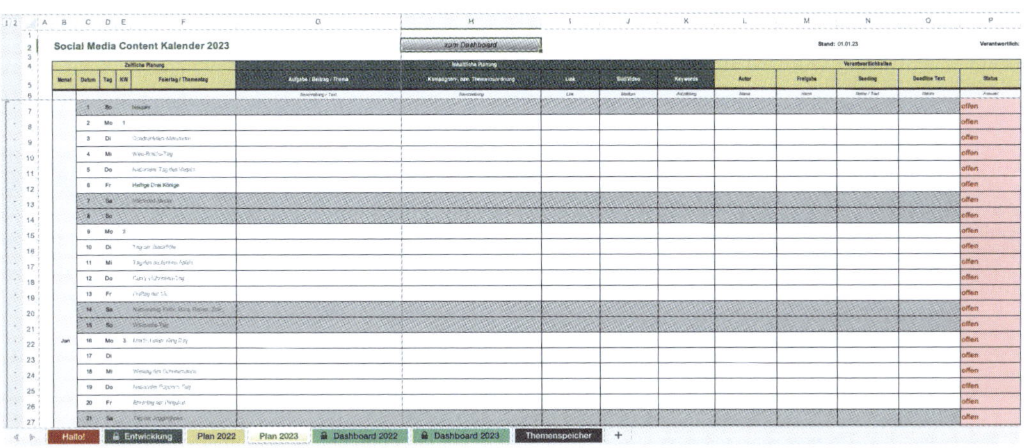


**Abb. 4.62:** Auszug aus der Vorlage des Social Media Redaktionsplans 2022/2023 von Sinnwert Marketing

### 4.10.1 Redaktionsplanung mit Tools

Sehr hilfreich ist bei der Komplexität an Formaten und damit verbundenen Aufgaben anstelle eines relativ statischen Excel-Redaktionsplans der Einsatz von Tools, wie Trello oder Asana, mit denen Sie Ihre Beiträge sehr übersichtlich und einfach auf Ihrem Desktop sowie alternativ via App planen und zudem auch Teammitglieder an der Erstellung und Umsetzung Ihres Redaktionsplans beteiligen können. Auch Microsoft Teams bildet Funktionen analog zu Trello oder Asana ab und ist für Ihre tägliche Social Media Arbeit zu empfehlen.

**Abb. 4.63:** Content-Planung via Trello

Um Trello für Ihren Redaktionsplan einzusetzen, müssen Sie zunächst das Kalender-Extra (über das Menü erreichbar) aktivieren. Für jeden geplanten Inhalt erstellen Sie eine sogenannte Karte, der Sie folgende Inhalte optional hinzufügen können:

- eine detaillierte Beschreibung (zum Beispiel Ihre Bildbeschreibung und Ihre Hashtags)
- einen Anhang (zum Beispiel Ihr Foto oder Video)
- eine bestimmte Farbe (bzw. ein Label), zum Beispiel Grün für User Generated Content, Blau für Mood-Bilder etc.
- Checklisten (zum Beispiel, welche Themen im Vorfeld der Veröffentlichung des Inhalts noch geklärt werden müssen)

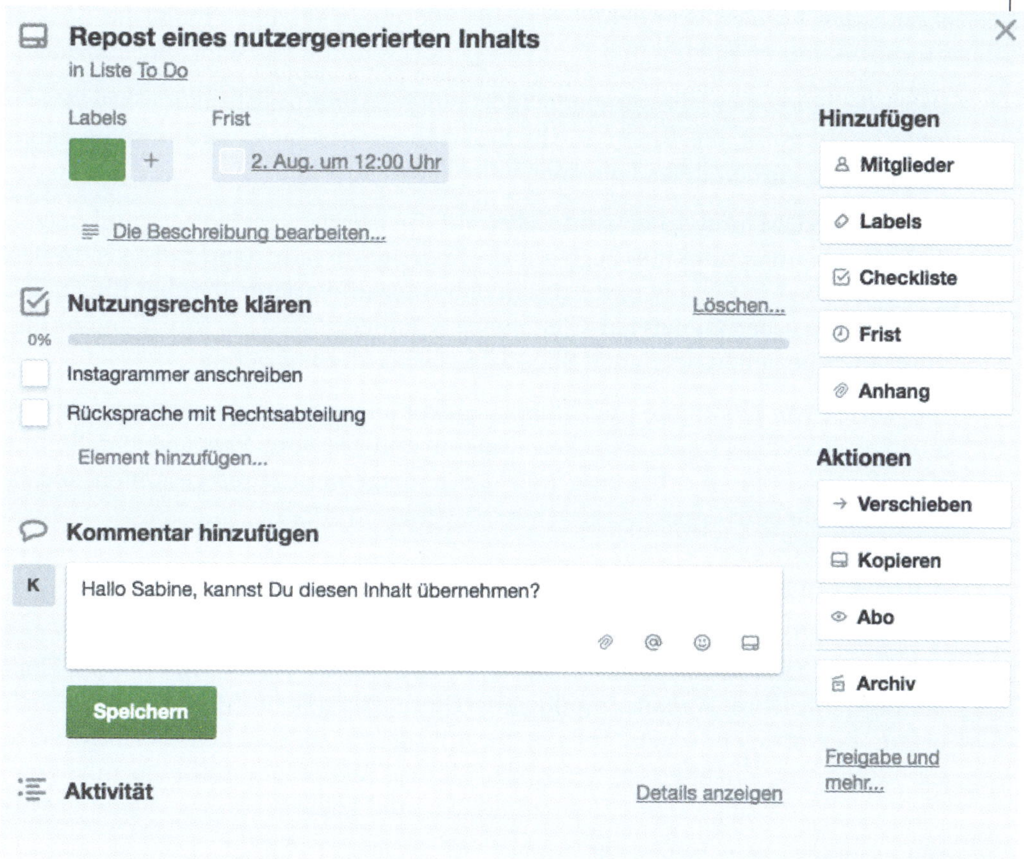


**Abb. 4.64:** Details einer »Karte« auf Trello

## 4.10.2 Beiträge vorausplanen

Über das Meta Creator Studio können Sie Ihre Beiträge terminieren und automatisiert auf Instagram veröffentlichen.

Darüber hinaus gibt es einige weitere hilfreiche Tools, wie

- Planoly
- UNUM
- Later
- HootSuite
- Buffer

mit denen Sie Ihre Beiträge inklusive Bildunterschrift und Hashtags vorplanen und dann zum gewünschten Zeitpunkt weitestgehend automatisiert veröffentlichen lassen können. Empfehlenswert ist allerdings bei allen Tools, die Erinnerungsfunktion zu nutzen und Ihre Posts, Stories und Reels selbst hochzuladen.

Dabei bedienen sich alle gängigen Tools einer Erinnerungsfunktion bzw. Push-Benachrichtigung, die Ihnen an Ihr Smartphone geschickt wird und Sie daran erinnert, Ihr vorbereitetes Foto oder Video jetzt zu posten.

Planoly, UNUM und Later sind dabei auf Instagram spezialisiert und setzen ihren Fokus unter anderem auch auf die Ästhetik Ihres Instagram-Feeds. Neben Statistiken bieten Planoly und Later in einer Bezahl-Variante darüber hinaus die Möglichkeit, User Generated Content zu kuratieren und in Ihre Content-Planung einzubeziehen oder auch Shoppable Feeds zu integrieren.

Der Vorteil von HootSuite und Buffer liegt vor allem darin, dass diese noch weitere Social-Media-Profile abdecken können und Sie somit gegebenenfalls nur eine Plattform für die Planung und das Management Ihrer gesamten Social-Media-Kanäle benötigen.

### 4.10.3 Content Erstellung aus Long-Form-Content

Im Rahmen Ihrer übergeordneten Content-Strategie werden in der Regel zu den wichtigsten Themenkomplexen Inhalte, beispielsweise Video-Content oder Blog-Beiträge, für Ihre Website produziert. Diese Long-Form-Inhalte eignen sich bereits hervorragend dazu, Inhalte für Instagram zu erstellen, beispielsweise Carousel-Posts, Zitate-Posts, Reels oder Stories. Aus einem größeren Inhalt lassen sich so unzählige kleine Content-Stücke produzieren.

Dieses Prinzip hat der amerikanische Unternehmer und Social Media Experte Gary Vaynerchuk in das Modell einer Content-Pyramide übersetzt (Siehe Abbildung 4.65). Demnach werden aus dem sogenannten Pillar-Content bzw. einem Kern-Inhalt, in seinem Fall zum Beispiel ein Video seines Vortrags, bis zu 30 Mikro-Inhalte abgeleitet und auf den verschiedenen Social-Media-Kanälen distribuiert.

Anschließend evaluiert sein Team, welche Teile dieser Inhalte wiederum besonders gut bei der Zielgruppe angekommen sind - etwa ob bestimmte Zitate aus den gewählten Content-Stücken immer wieder in den Kommentaren zu Social Media Posts erwähnt wurden. Diese werden wiederum zu neuen Mikro-Inhalten formiert und distribuiert.

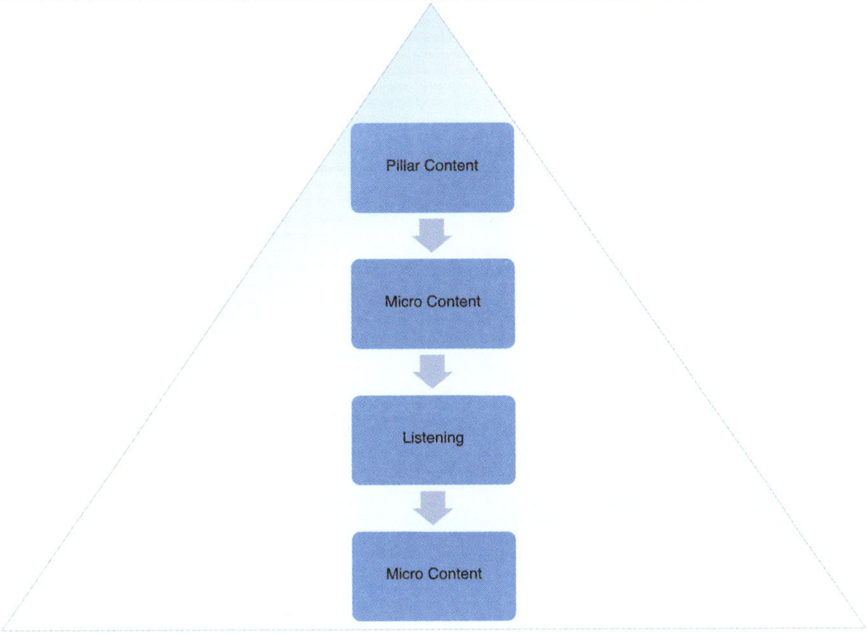


**Abb. 4.65:** Eigene Darstellung der Content Pyramide von Gary Vaynerchuk

Dieses Prinzip lässt sich auch auf längere Artikel auf Ihrer Website, Studien oder andere Long-Form-Inhalte übertragen.

## 4.10.4 Content Recycling

Nach dem gleichen Prinzip, aus Long-Form-Inhalte, Mikro-Content abzuleiten, eignen sich auch ältere Inhalte dazu, in ein neues Format gebracht zu werden. Gerade die Inhalte, mit denen Ihre Community besonders stark interagiert hat, können, sofern Sie noch zu Ihrer aktuellen Strategie passen, wiederverwertet werden. Aus einzelnen Posts oder Stories (die in Ihrem Profil unter »Archiv« archiviert sind) lassen sich zum Beispiel Reels, Guides oder Carousel-Posts kreieren.

Kapitel 5

# Aufbau einer Community auf Instagram

Sobald Ihr Profil eine ansprechende Form hat und Sie eine klare Strategie für Ihre Instagram-Präsenz entwickelt haben, geht es darum, sich auf Instagram bestmöglich zu vernetzen.

Ein erster Schritt ist dabei, in Ihren anderen sozialen Netzwerken, Ihrer eigenen Website oder Ihrem Blog, in Ihrem Newsletter sowie weiteren sinnvollen Touchpoints Ihre dortigen Kunden, Fans und Follower auf Ihre neue Präsenz auf Instagram aufmerksam zu machen.

## 5.1 Eigene Webpräsenzen

Wie schon in Abschnitt 2.5 »Verknüpfung Ihres Profils mit anderen Social-Media-Profilen« beschrieben, können Sie über einen Artikel oder eine Bilderstrecke auf Ihrer Homepage, Ihrem Blog sowie Ihrem Newsletter auf Ihr Instagram-Profil hinweisen.

Erläutern Sie Ihren Besuchern auf Ihrer Website oder Ihrem Blog zusätzlich, warum Sie auf Instagram aktiv sind und warum es sich lohnt, Ihnen dort zu folgen. Warum ist ein solch expliziter Hinweis hilfreich?

Zum einen können Sie mit Instagram einen weiteren und noch dazu emotionalen Kontaktpunkt zu Ihren Kunden etablieren. Sobald sich Ihre Kunden dort angemeldet haben und Ihnen gefolgt sind, profitieren Sie zudem von deren weiterer Vernetzung auf Instagram. Alle Profile, mit denen sich Ihr Kunde auf Instagram verbindet, sehen auch Ihr Profil in dessen Abonnements. Instagrammer, die Ihrem Kunden folgen oder denen Ihr Kunde folgt, sind eine spannende Zielgruppe für Sie, da sie gegebenenfalls ebenfalls zu Ihren potenziellen Käufern zählen und Interesse an Ihren Produkten haben.

Weiterhin ist es eine Möglichkeit, regelmäßig Instagram-Fotos oder -Videos in Ihre Seite einzubetten und damit sowohl Ihre Website-Inhalte oder Blogposts aufzuwerten als auch Ihre Besucher auf Ihre Instagram-Präsenz aufmerksam zu machen.

## 5.2 Soziale Netzwerke

Erzählen Sie Ihren Fans und Followern in anderen sozialen Netzwerken über regelmäßige Posts, TikToks, YouTube Shorts, Pins oder Tweets von Ihrem Engagement auf Instagram und fordern Sie sie auf, Ihnen dort zu folgen. Teilen Sie Ihre Instagram-Beiträge mit diesen Netzwerken, insbesondere Facebook, Twitter und LinkedIn. Achten Sie jedoch darauf, darüber hinaus auch individuelle Inhalte für diese Plattformen zu schaffen, um Ihre Fans und Follower, die Ihnen sowohl auf Facebook, Twitter und Instagram folgen, nicht zu langweilen und in der Folge zu verlieren. Das können Sie beispielsweise über Content-Recycling erreichen, indem Sie Ihre Inhalte abwandeln oder aber zeitversetzt posten.

## 5.3 Community Management

Einer der wichtigsten Erfolgsfaktoren für einen nachhaltigen Follower-Aufbau auf Instagram ist die zielgerichtete und kontinuierliche Interaktion mit Ihrer Community.

Warum ist das wichtig? Über das regelmäßige Liken und Kommentieren von Beiträgen sowie das Abonnieren spannender Profile erhöhen Sie Ihre Sichtbarkeit in der Community. Nutzer werden auf Sie aufmerksam, schauen sich gegebenenfalls Ihr Profil an und folgen Ihnen dann.

Darüber hinaus ist das Beantworten und Liken von Kommentaren zu Ihren Beiträgen eines der wirksamsten Mittel, um eine Beziehung mit Ihren Followern aufzubauen. Diejenigen, die Ihren Beitrag kommentiert haben, sind in der Regel auch an den Kommentaren der anderen User und Ihrer Reaktion darauf interessiert. Sie regen damit nicht nur Gespräche zwischen Ihnen und Ihrer Community an, sondern auch zwischen Community-Mitgliedern untereinander. Weiterhin zeigen Sie Ihren Followern, dass Sie ernsthaft an einem Austausch interessiert sind und nicht nur Ihre Produkte oder Dienstleistungen verkaufen möchten. Sie erfahren zudem, was Ihre potenziellen Kunden bewegt und können Ihre Inhalte, aber auch Ihr Produkt-Angebot optimieren.

Der bekannte Medienunternehmer, Motivator und Influencer Gary Vaynerchuk (@garyvee) hat seinen weltweiten Erfolg vor allem seiner Passion für Community Management zu verdanken. Neben der regelmäßigen Veröffentlichung persönlicher Posts, Stories und Videos auf diversen Social-Media-Kanälen, antwortet er trotz seiner inzwischen hohen Reichweite immer noch auf einen Teil der Kommentare seiner Fans und Follower. Zu Beginn seiner Erfolgsgeschichte war dies eine seiner wichtigsten Aufgaben.

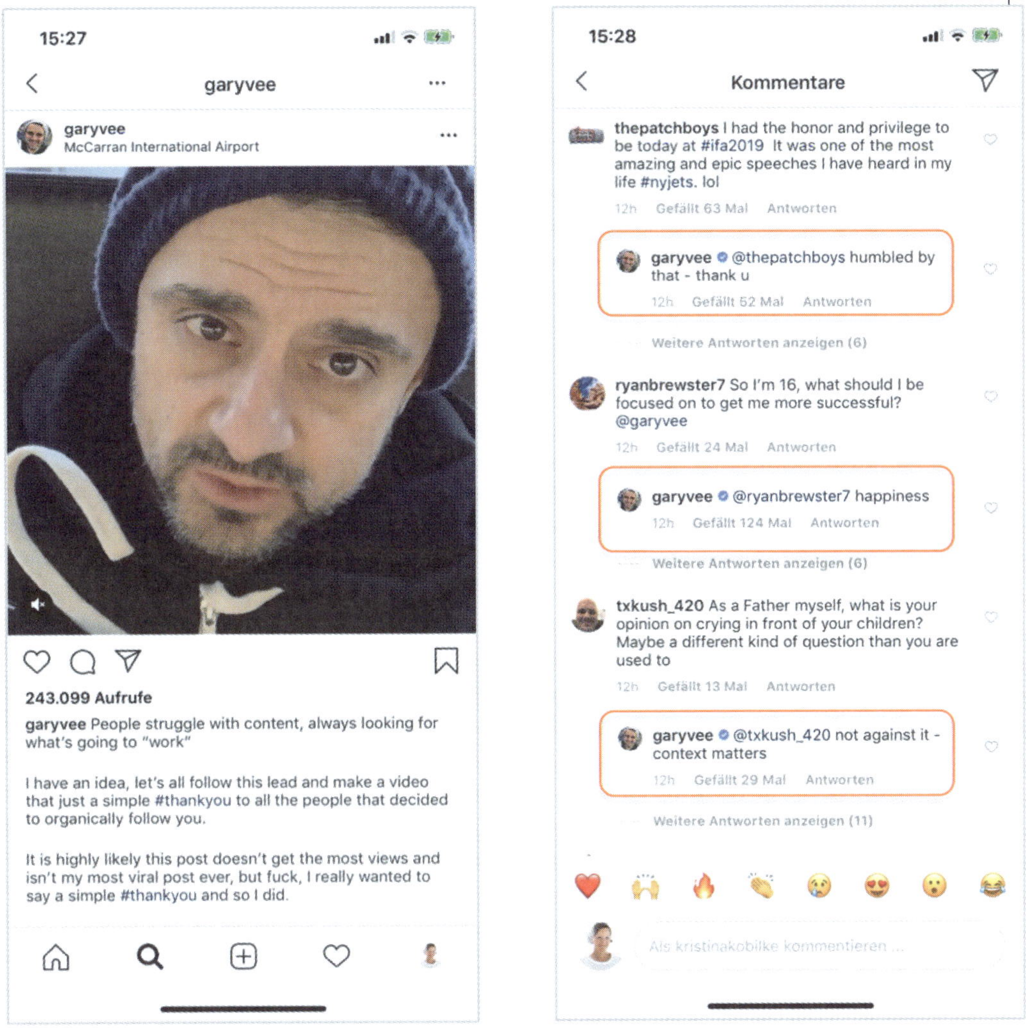


**Abb. 5.1:** Post mit Bildunterschrift und Kommentaren von Gary Vaynerchuk (@garyvee) auf Instagram

## 5.3.1 Kommentieren

In Bezug auf die Erweiterung Ihrer Community haben Kommentare, die Sie unter Beiträgen von interessanten Usern hinterlassen, eine große Wirkung. Denn zum einen wird der Instagrammer, dessen Beitrag (oder idealerweise mehrere Beiträge) Sie kommentiert haben, auf Ihren wertschätzenden Kommentar aufmerksam und ruft im Gegenzug Ihr Profil auf, zum anderen lesen sich treue Follower des Profils, dessen Beitrag Sie kommentiert haben, wie oben beschrieben gerne die einzelnen Kommentare unter Fotos und Videos durch, insbesondere wenn sie sie selbst mit einem Kommentar versehen haben.

### 5.3.2 Anderen Nutzern folgen

Instagram ist ein positiver Ort, um Beziehungen zu unterschiedlichsten Stakeholdern aufbauen zu können, Impulse für neue Projekte zu bekommen und interessante und relevante Kontakte für Ihr Unternehmen zu knüpfen.

Versuchen Sie, sich auf Instagram ein möglichst großes Netzwerk in Ihrer Branche oder Nische aufzubauen. Folgen Sie Ihren Partnern, Dienstleistern, Wettbewerbern und Influencern und erweitern Sie Ihr Netzwerk stetig.

Sie sollten mit Ihrer konsequenten Vernetzung jedoch erst beginnen, wenn Ihr Profil bereits über eine ausreichende Menge qualitativer Fotos und Videos, eine aussagekräftige Biografie und ein ansprechendes Profilfoto verfügt. Schenken Sie den Beiträgen Ihres Netzwerks regelmäßig Beachtung.

Schauen Sie sich auch die Liste der Abonnenten und Abonnements Ihrer Konkurrenz an, um Ihr Netzwerk um weitere Accounts zu erweitern. Die Wahrscheinlichkeit, dass Ihr (hochwertiges) Profil bei diesen Instagrammern auf Interesse stößt, ist groß, da Sie das gleiche Thema wie Ihr Konkurrent bespielen.

**Tipp**

Vernetzen Sie sich zuallererst mit den 100 wichtigsten Unternehmen und Persönlichkeiten Ihrer Branche und versuchen Sie, Ihr bestehendes Netzwerk zu Geschäftspartnern und Kunden auch auf Instagram abzubilden.

### 5.3.3 »Gefällt mir«-Angaben

Darüber hinaus sind »Gefällt mir«-Angaben essenziell, um regelmäßig bestehende Follower für Sie zu begeistern. Der Vorteil besteht hier darin, dass »Gefällt mir«-Angaben schnell vergeben sind. Ihre Community fühlt sich durch Ihre Interaktion wertgeschätzt. Liken Sie gleich mehrere Beiträge eines Nutzers, wird dieser mit großer Wahrscheinlichkeit auf Sie aufmerksam und sich mit Ihrem Profil auseinandersetzen.

Vorsicht ist jedoch bei übermäßigem Liken geboten (siehe dazu Abschnitt 5.12.2 »Like-Bots«).

Sofern Sie von einem Community-Mitglied positiv erwähnte wurden, liken Sie den entsprechenden Beitrag und kommentieren Sie wenn möglich wertschätzend.

### 5.3.4 Fragen beantworten

Stellen Sie sicher, dass Sie alle Fragen, die Sie aus der Community erreichen, beantworten. Dafür benötigen Sie Kollegen oder Mitarbeiter, die in Bezug auf

Ihre Produkte oder aktuelle Themen jederzeit fachlich kompetent antworten können. Das heißt, die Person, die mit dem Community-Management betraut wir, muss fest im Thema sein und auf Augenhöhe und eigenständig mit Ihren (potenziellen) Kunden kommunizieren können und auch in kritischen Situationen sprechfähig sein.

### 5.3.5 Bleiben Sie sich selbst treu

Je mehr Abonnenten Sie generieren und halten wollen, umso größer muss auch Ihr Aktivitätslevel auf Instagram sein. Dabei ist es gerade zu Beginn wichtig, täglich eine Kombination der genannten sozialen Interaktionen durchzuführen. Bleiben Sie dabei jedoch sich selbst treu und liken und kommentieren Sie nur Beiträge, die Sie wirklich interessant finden und die zu Ihrem Profil passen. Das gilt ebenso für die Profile, denen Sie folgen. Nur so zahlen sich Ihre ausdauernden Aktivitäten auf Instagram nachhaltig aus. Follower, die nicht zu Ihnen passen, springen früher oder später wieder ab und sind zudem wenig inspirierend für Sie. Darüber hinaus ist auch die Qualität der Profile, denen Sie folgen und die Ihnen folgen, ein Aushängeschild für Sie. Blockieren Sie deshalb auch bewusst Profile, die Ihnen folgen, die aber offensichtlich unseriös sind.

### 5.3.6 Suche passender Profile und Beiträge über Hashtags

Wie schon in Kapitel 3 beschrieben, sind Hashtags ein probates Mittel, um potenzielle Follower zu finden, ihnen zu folgen, ihre Beiträge mit einem »Gefällt mir« zu markieren oder einen Kommentar zu hinterlassen. Dabei stehen Sie vor der Herausforderung, Ihre Käufer sowie potenzielle Käufer Ihrer Produkte, Liebhaber Ihrer Marke oder auch Trendsetter in Ihrem Bereich auf Instagram zu adressieren.

Sofern Sie zu den glücklichen Unternehmen zählen, deren Markencommunity schon auf Instagram präsent ist und Ihr Markenhashtag intuitiv nutzt, ist der erste naheliegende Schritt, über die Instagram-Suche nach Ihren Markenhashtags zu suchen. Über diese Recherche gelangen Sie nun zu entsprechenden Beiträgen und Profilen, die Ihre Hashtags nutzen, und können die zuvor genannten Interaktionen starten (siehe dazu auch »Tool-Tipp Iconosquare und Hootsuite«). Die Abonnenten dieser Nutzer sind darüber hinaus eine interessante Zielgruppe für Sie, denn diese interessieren sich vermutlich ebenfalls für Ihre Marke. Hier können Sie Ausschau nach geeigneten Profilen und Beiträgen halten, denen Sie folgen oder die Sie liken können.

Zudem erfahren Sie bei dieser Recherche, welche Hashtags noch zu Ihrem Thema/Ihrer Marke genutzt werden, und können Ihren eigenen »Hashtag-Cocktail« stetig präzisieren.

Überlegen Sie darüber hinaus, wonach potenzielle Käufer Ihrer Produkte gerade noch auf Instagram suchen würden, und geben Sie die entsprechenden Begriffe, Profilnamen oder auch Orte in die Instagram-Suche ein. Eine Hilfestellung ist dabei Ihre Persona-Betrachtung und Ihr Social-Media-Audit (siehe dazu Kapitel 3, Abschnitte 3.2 und 3.4). Hilfreiche Tools können in diesem Zusammenhang der bereits in Kapitel 3 vorgestellte Instagram Hashtag Composer sowie die klassische Keyword-Recherche mit dem Google-Keyword-Planer sein.

**Tipp**

Legen Sie sich für Ihre tägliche »Engagement-Routine« ein Set mit den wichtigsten Hashtags zurecht, die Sie im Rahmen Ihrer Strategie-Überlegungen oder im Rahmen Ihres Redaktionsplans festgelegt haben, und interagieren Sie mit mindestens zehn Beiträgen pro Hashtag. Um mehr »Gefällt mir«-Angaben für Ihre eigenen Beiträge zu generieren, sind vor allem Ihr Content (siehe dazu auch Kapitel 4) sowie Ihr Call-to-Action entscheidend.

### 5.3.7 Standorte

Darüber hinaus markieren Instagrammer ihre Foto- und Videobeiträge verstärkt mit einem Standort (Location, Geotagging). Über die Standort-Suche innerhalb der Instagram-Suche können Sie leicht herausfinden, ob es zu Ihrem eigenen Unternehmensstandort (sofern vorhanden) bereits Beiträge von Instagrammern gibt oder auch zu Standorten konkurrierender Unternehmen, und diese Beiträge ebenfalls in Ihre Interaktionen einbeziehen.

Fügen Sie auch Ihren Beiträgen einen Ort hinzu, um die Reichweite Ihres Posts oder Ihrer Story zusätzlich zu erhöhen. Damit sind Sie für Ihre Follower und Kunden außerdem nahbarer.

Laut einer Instagram-Studie von Simply Measured wirkt sich das Location-Tagging positiv auf das Engagement mit einem Post aus. Demnach lag die Interaktionsrate eines Posts, der mit einem Ort markiert wurde, um 50 Prozent höher als ohne Location-Tag.

### 5.3.8 Interaktionen fördern

Weiterhin ist es empfehlenswert, die Interaktionen Ihrer Follower mit Ihren eigenen Beiträgen zu fördern, um so Ihre Sichtbarkeit in der Community zu erhöhen. Das erreichen Sie vor allem, indem Sie Fragen zu Ihrem Beitrag stellen. Zalando (@zalando) fragt seine Follower beispielsweise, welche der auf dem Foto gezeigten Sonnenbrillen ihnen am besten gefallen.

Das Unternehmen Plated (@plated) fragt wiederum, welches Gericht sich seine Follower auf ihrer Menükarte von ihm wünschen würden. (Plated liefert Rezepte inklusive aller Zutaten an seine Kunden, die diese im Web auf einer virtuellen Menükarte auswählen können, `https://www.plated.com`.)

Darüber hinaus können Sie Ihre Follower bitten, Ihren Beitrag zu kommentieren und dabei ein oder zwei Freunde zu markieren, für die Ihr Produkt oder Ihre Aktion noch interessant wäre.

**Wichtig**

Machen Sie sich jederzeit bewusst, dass Sie eine echte Community aufbauen wollen, die Sie später auch aktivieren können. Dabei ist die Qualität der Beziehung zu Ihren Followern deutlich wichtiger als deren Anzahl. Achten Sie gerade zu Beginn auch darauf, neu hinzugewonnene Follower oder Instagrammer, die Ihre Beiträge liken, zu wertschätzen, indem Sie zwei bis drei Fotos von ihnen liken oder ihnen gegebenenfalls zurückfolgen.

### 5.3.9 Tool-Tipp Hootsuite

Sehr für die tägliche systematische Interaktion mit der Community, aber auch die Planung und Veröffentlichung Ihrer Beiträge ist das zuvor schon erwähnte Hootsuite.

Hootsuite ist ein Dienst, den Sie sowohl auf Ihrem Desktop als auch unterwegs als App für die Betriebssysteme iOS und Android zur Verwaltung mehrerer sozialer Netzwerke nutzen können. Unter anderem ist es möglich, Instagram als soziales Netzwerk in Ihr Hootsuite-Dashboard zu integrieren und die Beiträge der Instagram-Community zu Ihren wichtigsten Hashtags, Standorten oder Accounts, die Sie verwalten, gleichzeitig zu verfolgen. So ist es Ihnen möglich, schnell und effizient passende Fotos oder Videos zu liken oder Kommentare zu hinterlassen.

Wichtig: Damit sich alle Mitarbeiter im Umgang mit Ihrer Community sicher fühlen, sollten Sie Social-Media-Guidelines für den Kundenkontakt via Instagram etablieren, darin sollten Reaktionszeiten, Ihre Tonalität sowie mögliche Antworten gerade auch bei Kritik enthalten sein (siehe dazu auch Kapitel 3 Abschnitt 3.5.3 »Tonalität«).

## 5.4 Fan-Communities

Eine sehr gute und gleichzeitig bereichernde Variante, Abonnenten für Ihren Account zu finden, sind Fan-Communities zu Ihrem Thema: Einige engagierte Community-Mitglieder gründen Sub-Communities innerhalb von Instagram.

Sie richten dafür gezielt Accounts ein und etablieren passende Hashtags. Zum einen finden Sie in den Abonnenten-Listen dieser Communities schnell Gleichgesinnte, denen Sie folgen können und die Ihnen gegebenenfalls zurückfolgen. Zum anderen posten diese Communities häufig Fotos und Videos von Instagrammern, die ihre Beiträge mit dem jeweiligen Community-Hashtag versehen haben.

Ein Beispiel für eine Fan-Community ist der Instagram-Account @welovehh, der sowohl eigene als auch Fotos und Videos von Instagrammern, die diese mit dem Hashtag #welovehh markiert haben, postet.

## 5.5 Challenges

Ein fantastisches, aber gleichzeitig aufwendiges Mittel, Ihre Reichweite und Sichtbarkeit auf Instagram zu erhöhen, kann die Durchführung einer sogenannten Challenge sein. Im Gegensatz zu einem klassischen Foto-Wettbewerb geht es hierbei jedoch nicht in erster Linie um die Kür des besten Fotos oder Videos, sondern darum, Ihrer Community die Möglichkeit zu geben, sich untereinander kennenzulernen und sich auch ihrerseits einem größeren Publikum zu zeigen.

Zu diesem Zweck geben Sie ein bestimmtes Thema inklusive einem oder mehreren spezifischen Hashtags vor, unter denen Ihre Community-Mitglieder sowie alle diejenigen, die sich für Ihr Thema interessieren, in einem bestimmten Zeitraum einen Beitrag (gerne inklusive Markierung Ihres Accounts) veröffentlichen sollen. Mithilfe der Hashtags finden nicht nur Sie die Beiträge der Teilnehmer wieder, sondern auch die Teilnehmer untereinander. Um die Reichweite der Challenge zu erhöhen, bietet es sich an, die Teilnehmer zudem zu bitten, auch andere Interessierte auf die Challenge aufmerksam zu machen.

Ein sehr schönes Beispiel dazu liefert die Designerin Lilli Grewe, die unter dem Label »kitschcanmakeyourich« (@kitschcanmakeyourich) ausgefallene Wohnaccessoires verkauft. Sie startete bereits im November 2016 mit ihrer ersten »Instagram Interior Challenge« (#instagraminteriorchallenge) und lud ihre damals noch kleine Community dazu ein, jeden Tag ein Foto zu einer bestimmten Tagesaufgabe zu posten (siehe dazu Abbildung 5.2). Auf diese Weise wurden bei dieser initialen Challenge bereits über 7.000 Beiträge aus der Community mit dem Hashtag #instagraminteriorchallenge veröffentlicht. Inzwischen läuft schon die 13. Ausgabe der Challenge und hat einen eigenen Account mit mehr als 34.000 Followern.

Lilli promotete dabei jeden Tag, eine durch ein Community-Mitglied zusammengestellte Auswahl an favorisierten Beiträgen auf ihrem Account und markierte die entsprechenden Teilnehmer in ihrem Post. Inzwischen ist die Challenge eine feste Größe innerhalb der deutschsprachigen Interior-begeisterten Zielgruppe auf Instagram geworden und findet auf einem eigenen Account statt. Stand heute sind über 333.000 Beiträge mit dem Hashtag #instagraminteriorchallenge veröffentlicht worden.

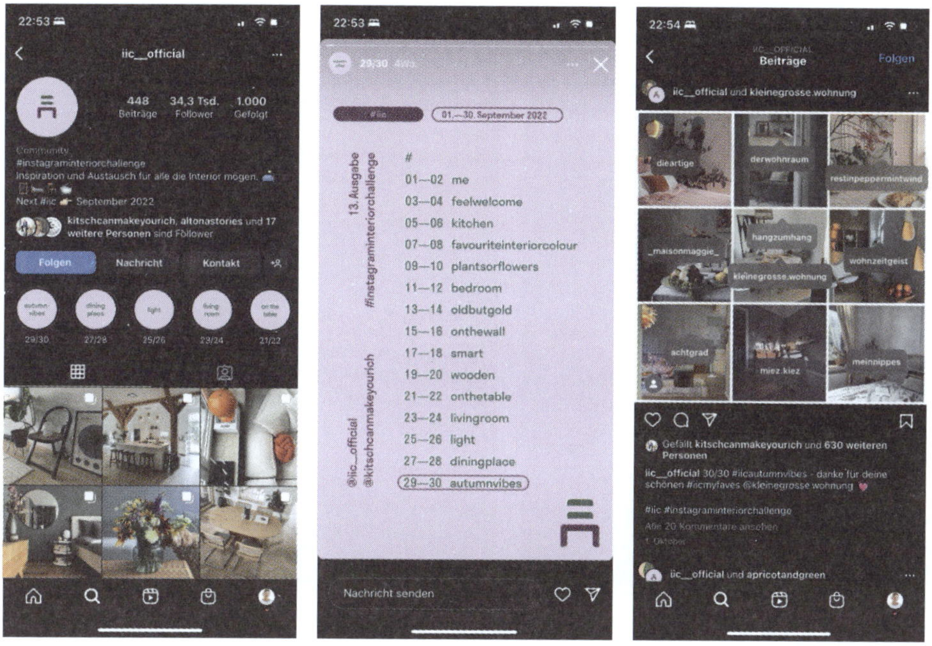


**Abb. 5.2:** IIC-Account mit Ankündigung der aktuellen Challenge in der Highlight-Story sowie Collage ausgewählter Teilnehmer-Posts

## 5.6 Shoutouts

Eine beliebte Variante, neue Abonnenten zu gewinnen, ist ein Shoutout durch einen anderen Nutzer, der hinsichtlich seiner Reichweite auf Instagram ähnlich stark aufgestellt ist wie Sie. »Shoutout« bedeutet dabei so viel wie »Ausruf«. Dabei postet der Nutzer, zum Beispiel ein Unternehmen, das ein komplementäres Produktangebot zu Ihrem anbietet, einen Beitrag Ihres Profils in seiner Story und empfiehlt seiner Community, Ihnen zu folgen. Im Gegenzug promoten Sie das Unternehmen auf die gleiche Weise in Ihrem Account. Aus Unternehmenssicht macht es Sinn, zu Ihren potenziellen Shoutout-Partnern schon frühzeitig eine Beziehung aufzubauen, indem Sie ihnen von Anfang an folgen, ihre Beiträge wertschätzen und sich zu gegebenem Zeitpunkt persönlich mit ihnen austauschen.

Eine weitere Möglichkeit, Shoutouts für den Auf- und Ausbau Ihrer Community zu nutzen, ist das regelmäßige Hervorheben der Beiträge Ihrer Community-Mitglieder über Ihre Stories. Das zeigt Wertschätzung gegenüber Ihrer Community und fördert die Bindung zu Ihrem Unternehmen, Ihrer Marke und den Community-Mitgliedern untereinander.

Das bereits in Kapitel 4 erwähnte Kunst-Start-up Juniqe lässt seine Community wie in Abbildung 5.3 durch Community-Mitglieder inspirieren und schafft damit für alle Seiten einen Mehrwert.

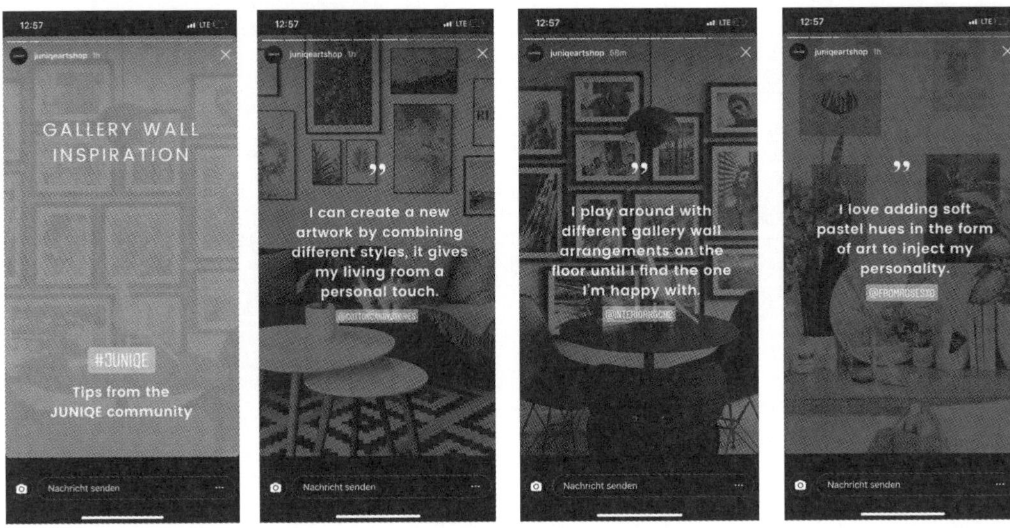


**Abb. 5.3:** Auszug aus einer Instagram-Story von Juniqe, in der Beiträge von Community-Mitgliedern promotet werden

## 5.7 Werbung auf Instagram schalten

Ein probates Mittel, Ihre Community zu vergrößern, ist die Schaltung von Werbung. Sobald Sie Instagram mit einem Unternehmensprofil nutzen, können Sie Ihre erfolgreichsten Posts über die Instagram-App werblich hervorheben und als Zielseite Ihr Instagram-Profil auswählen. Nutzer gelangen so auf Ihr Profil und werden Ihnen gegebenenfalls folgen (siehe dazu Kapitel 7, Abschnitt 7.8.2 »Anzeigen direkt in der Instagram-App schalten«). Eine weitere Variante, die richtigen Nutzer auf Ihre Inhalte via Werbung aufmerksam zu machen, ist die Anzeigenschaltung über den Facebook-Ad-Manager, über den Sie gezielt Kampagnen aufsetzen können. (Detaillierte Informationen zu Werbeschaltungen auf Instagram finden Sie in Kapitel 7.)

## 5.8 Influencer-Generated-Content

Influencer verfügen über eine große Kreativität und Fachkenntnis, wenn es um Instagram geht. Diesen Umstand können Sie sich zunutze machen und im Rahmen einer Kooperation Inhalte erstellen lassen, die potenziell mehr Follower anziehen. Gleichzeitig kann Ihnen der Influencer Shoutouts über Stories oder auch Posts geben und so auf Ihren Account aufmerksam machen. Es macht durchaus Sinn, sich frühzeitig mit geeigneten Creatoren aus Ihrer Community auszutauschen und Kooperationsmodelle zu finden (siehe dazu auch Kapitel 6, Abschnitt 6.3 »Formen von Influencer-Marketing auf Instagram«).

## 5.9 InstaMeets

Eine Besonderheit der Instagram-Community sind die selbst organisierten persönlichen Treffen der Instagrammer in der realen Welt. Diese sogenannten »InstaMeets« dienen dem gemeinsamen ungezwungenen Austausch und dem Aufbau eines persönlichen Netzwerks unter Gleichgesinnten. Oftmals sind die Treffen mit einem InstaWalk verbunden. Ein InstaWalk ist ein gemeinsamer Spaziergang durch die Stadt oder die Natur, bei dem die Instagrammer gemeinsam interessante Motive und Momente festhalten und mit einem zuvor definierten Hashtag, zum Beispiel #instameetdortmund oder #hhandbmeethannover versehen. Am Ende entsteht auf Instagram ein Mosaik von Fotos und Videos des Spaziergangs aus den unterschiedlichsten Perspektiven und ein reger Austausch unter den Teilnehmern. Die lokalen Communities organisieren sich dabei unter anderem über die Plattform meetup, unter `www.meetup.com/instagram`, direkt über Instagram oder über Facebook-Gruppen. Dabei kann jeder Instagrammer ein InstaMeet oder einen InstaWalk an einem fotogenen Ort vorschlagen. Unternehmen sind willkommene Sponsoren dieser Treffen und können diese ihrerseits für mehr Sichtbarkeit in der Community nutzen. Gerade im Stadtmarketing sind InstaMeets inzwischen eine feste Größe der Marketing-Strategie.

### 5.9.1 Instagramers

Eine bedeutende Rolle bei der Organisation lokaler Communities fällt den Instagramers (@igers, `www.instagramers.com`) zu. Instagramers war die erste weltweite Instagram-Community für passionierte Nutzer innerhalb der großen Instagram-Gemeinschaft mit der Mission, Instagrammer vor Ort zusammenzubringen. Zu diesem Zweck unterstützte Instagramers tatkräftig die Bildung lokaler Communities, die unter dem Namen und Logo der Instagramers auftreten.

Inzwischen hat sich daraus ein weltumspannendes Netzwerk von 330 teilnehmenden Städten und Regionen entwickelt. So gibt es die »Instagramers Hamburg« (@igershamburg), die »Instagramers New York City« (@igersnewyorkcity) oder auch die »Instagramers Peru« (@igersperu), die alle unter dem Logo der Instagramers auftreten. Die Manager dieser Sub-Communities, auch ManIger genannt, organisieren regelmäßig, das heißt mindestens einmal im Monat, InstaMeets, Foto-Wettbewerbe und InstaWalks. In Deutschland ist Instagramers in elf

Städten und Regionen vertreten. Dazu zählen Berlin, Bremen, Köln, Frankfurt, Freiburg, Hamburg, Karlsruhe, Mannheim, München, die Pfalz und Stuttgart. Fast jede lokale Instagramers-Community hat neben einem Instagram-Account auch eine eigene Facebook-Seite, über die auf anstehende Wettbewerbe, InstaMeets und InstaWalks hingewiesen wird.

### 5.9.2 Weltweite InstaMeets

Zu den Highlights der Community-Treffen zählt das von Instagram initiierte »Worldwide InstaMeet«, das mehrmals im Jahr zeitgleich auf der ganzen Welt in mehreren Hundert Städten und Regionen stattfindet und das Tausende Instagrammer anzieht. Die Daten, das Motto sowie das Hashtag für das nächste Treffen, beispielsweise #WWIM12 für das 12. weltweite InstaMeet, werden dabei über das Instagram-Blog oder den Instagram-Account (@instagram sowie @instagramde) veröffentlicht. Die weitere Organisation der Treffen vor Ort übernehmen in der Regel die zuvor schon erwähnten Community-Manager der regionalen Instagram-Communities oder auch einzelne Influencer.

### 5.9.3 Persönliche Treffen und Freundschaften

Darüber hinaus treffen Instagrammer aus aller Welt auch in kleinen Gruppen gerne aufeinander, um gemeinsam auf Entdeckungstour zu gehen und zu fotografieren. Sehr oft entstehen dabei neue inspirierende Freundschaften in der realen Welt, was Instagram im Vergleich zu anderen Netzwerken besonders macht. Auf diese Weise ist beispielsweise die #Hansegang, bestehend aus vier sehr talentierten deutschen Influencern, entstanden.

## 5.10 Community-Regeln

Die positive und kreative Atmosphäre in der Instagram-Community beruht auf einem Fundament aus inoffiziellen und offiziellen Regeln. Letztere sind beispielsweise in den Gemeinschaftsregeln von Instagram festgelegt, während andere zu den »ungeschriebenen Gesetzen« der Community zählen. Im Folgenden finden Sie einige wichtige Hinweise zu beiden Kategorien.

### 5.10.1 Eigene Fotos und Videos posten

Zu den wichtigsten Community-Regeln zählt, dass Sie auf Instagram ausschließlich Ihre eigenen Fotos und Videos posten. Über die Nutzungsbedingungen von Instagram ist geregelt, dass Sie die alleinigen Rechte an Ihren Fotos und Videos besitzen, auch wenn Sie sie öffentlich auf Instagram teilen. Instagram wird über eine »nicht-exklusive, vollständig bezahlte und gebührenfreie, übertragbare, unterlizenzierbare, weltweite Lizenz« ein Nutzungsrecht an Ihren Bildern eingeräumt, um die App überhaupt betreiben zu können. Nutzer, die fremde Bilder oder Videos ungefragt verwenden, verstoßen damit gegen das Urheberrecht und zudem gegen die Instagram-Etikette.

Diese wichtige Regel ist einigen Nutzern auf Instagram teilweise nicht bewusst. Das klassische Retweeten fremder Beiträge auf Twitter, das Repinnen auf Pinterest, Rebloggen auf Tumblr oder auch das gängige Teilen von Inhalten auf Facebook verleitet Nutzer auch auf Instagram dazu, Fotos aus dem Internet oder von anderen Instagrammern zu posten. Häufig gar nicht in böser Absicht, sondern aus Unwissenheit. Sofern Sie einen Urheberrechtsverstoß dieser Art feststellen und sich der Nutzer nicht auf bilateralem Wege dazu bewegen lässt, den betreffenden Inhalt zu löschen, kann der Verstoß über ein Formular im Instagram-Hilfebereich gemeldet werden.

### 5.10.2 Fotos anderer Instagrammer bearbeiten und teilen

Besonders Künstler und Fotografen, aber auch Marken auf Instagram sind häufig davon betroffen, dass ihre Werke ohne ihre Zustimmung oder Nennung ihres Namens auf fremden Profilen entweder im Original oder auch verändert weiterverbreitet werden. Einige unter ihnen bieten der Community deshalb entweder unter dem Link in ihrer Biografie oder auch über ein spezielles Hashtag Zugang zu ausgewählten Fotoarbeiten an. Diese können dort von Nutzern heruntergeladen, weiterbearbeitet und unter Nennung des Künstler- oder Fotografennamens gepostet werden.

### 5.10.3 Authentizität, Humor und Menschlichkeit

Wichtigste Regeln in der Instagram-Community und Teil der »Instagram-DNA« sind die Attribute Authentizität, Humor und Menschlichkeit, die sich in den Beiträgen der Instagrammer und ihrem Umgang untereinander ausdrücken. Das bedeutet konkret: sich selbst nicht zu ernst zu nehmen, einfach so zu sein, wie man ist, eigene und fremde Beiträge mit humoristischen und gleichzeitig wohlwollenden Kommentaren zu versehen, sich nicht zu sehr »den Kopf zu zerbrechen«, wie ein Kommentar oder ein Beitrag ankommt, niemanden auszuschließen und sich gegenseitig zu stärken.

### 5.10.4 Nutzer blockieren und Inhalte melden

Wenn Sie sich durch andere Nutzer gestört fühlen, entweder durch Kommentare oder deren Beiträge, haben Sie die Möglichkeit, die Person zu blockieren oder einzelne Beiträge zu melden.

Um einen Nutzer zu blockieren, gehen Sie auf dessen Profilseite und tippen oben rechts auf der Seite die drei Punkte an. Es erscheint ein Menü, aus dem Sie die Optionen PERSON BLOCKIEREN ODER MELDEN auswählen können. Sobald Sie einen Nutzer blockieren, kann dieser weder nach Ihrem Profil suchen noch Ihnen eine Kontaktanfrage senden, Ihre Beiträge sehen oder mit Ihnen interagieren, wird jedoch nicht darüber benachrichtigt. Sofern Sie einen Nutzer melden, wird dessen Profil auf die Einhaltung der Community-Richtlinien sowie der Nutzungsbedingungen von Instagram hin untersucht.

Um einen einzelnen Beitrag zu melden, tippen Sie unterhalb des betreffenden Fotos oder Videos auf die drei Punkte und wählen aus dem daraufhin erscheinenden Menü MELDEN aus. Es erscheint ein weiteres Menü, mit dessen Hilfe Sie beschreiben können, warum Sie den betreffenden Inhalt melden wollen, etwa weil es sich um Spam, Betrug oder gar einen gefährlichen Inhalt für Personen auf Instagram handelt. Letzteres beinhaltet insbesondere den Verdacht auf Selbstmord oder Selbstverletzung eines Nutzers.

## 5.11 Gewinnspiele

Während groß angelegte Foto-Wettbewerbe gerade in den Anfängen von Instagram für Unternehmen eine große Rolle spielten, hat sich inzwischen der Einsatz von einfacheren Gewinnspielen, wie im Beispiel von dm-drogerie markt (@ dm_deutschland), etabliert, um neue Follower zu gewinnen oder auf ein neues Produkt aufmerksam zu machen.

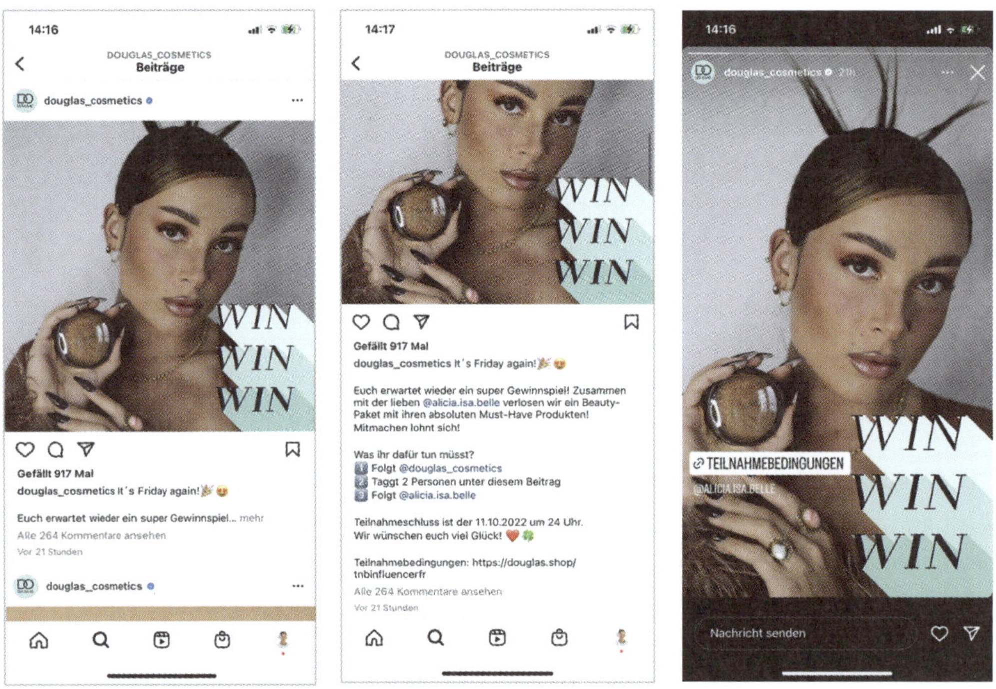


**Abb. 5.4:** Foto-Post von dm-drogerie markt mit Gewinnspiel-Aufruf in der Bildbeschreibung (Webprofil-Ansicht)

Damit das Gewinnspiel den entsprechenden Effekt hat, ist es wichtig, dass Sie das Folgen Ihres Accounts zur Bedingung machen. Zusätzlich können Sie Ihre Community dazu aufgerufen, Ihren Beitrag zu kommentieren oder zu liken oder Freunde in einem Kommentar zu markieren.

Wichtig ist in jedem Fall:

- der gut sichtbare Verweis auf die Teilnahmebedingungen des Gewinnspiels im Link Ihrer Biografie
- sowie die Berücksichtigung der Bestimmungen seitens Instagram zur Durchführung von Promotions (wichtig ist hier vor allem eine Freistellungserklärung durch jeden Teilnehmer sowie der Hinweis, dass Instagram in keiner Weise mit dem Gewinnspiel in Verbindung steht)
- sowie die Beachtung der deutschen Gesetzgebung in Bezug auf Gewinnspiele

Die Richtlinien für Promotions finden Sie unter folgendem Link: https://help.instagram.com/179379842258600.

Grundsätzlich sollten Sie Gewinnspiele eher dosiert einsetzen und zudem darauf achten, dass der Gewinn einen echten Bezug zu Ihrem Unternehmen, Ihrem Produkt oder Ihrer Dienstleistung hat.

## 5.12 Unseriöse Methoden zum Follower-Aufbau

### 5.12.1 Follower- und Like-Apps

Inzwischen gibt es eine Vielzahl von Apps, die das auf Instagram verbreitete Prinzip »follow for follow« oder »like for like« automatisiert umsetzen. Dabei folgen sich die in der App angemeldeten Nutzer massenweise gegenseitig, in der Regel, ohne sich mit dem Profil des anderen auseinanderzusetzen. Die App präsentiert Ihnen dazu im Sekundentakt willkürlich Profile, denen Sie folgen oder die Sie überspringen können. Nach dem gleichen Prinzip wird Ihr Profil anderen Nutzern in der App angezeigt. Je nach Ihrer eigenen Aktivität steigt die Anzahl Ihrer Abonnenten in nur wenigen Minuten zwei- oder sogar dreistellig. Die Apps incentivieren das Folgen anderer Nutzer noch zusätzlich mit Punkten oder »Coins«, die anschließend in weitere Follower getauscht werden können. Auch der Kauf von Followern ist darüber hinaus möglich.

Auf die gleiche Weise funktionieren Apps, mit denen Sie massenhaft »Gefällt mir«-Angaben für Ihre Beiträge produzieren können. Sie liken im Akkord Beiträge anderer Nutzer, im Gegenzug erhalten Ihre Beiträge mehr »Gefällt mir«-Angaben.

Auch wenn mit den Apps schnell quantitative Erfolge erzielt werden können, ist davon eindeutig abzuraten. Abgesehen davon, dass die wenigsten Ihrer neuen

Follower zu Ihrem Profil passen werden, ist für den Außenstehenden mit einem Blick in Ihre Abonnenten- und Abo-Listen schnell klar, wie Sie zu Ihrer Popularität gelangt sind. Wenn Sie später wieder Nutzern entfolgen, werden diese sich auch im Gegenzug wieder von Ihrem Profil verabschieden. Ebenso verhält es sich mit den Likes. Ein ehrliches »Gefällt mir« von Instagrammern, die ganz bewusst Ihr Bild angesehen haben, ist deutlich mehr wert als Tausende Likes von Nutzern, die nicht wirklich in Ihren Beitrag involviert sind.

Instagram geht inzwischen erfolgreich gegen diese Apps vor und gewährt zudem nur noch ausgewählten Partnern umfassenden Zugriff auf seine API.

### 5.12.2 Like-Bots

Eine Weiterentwicklung der zuvor beschriebenen Apps bilden die sogenannten Like-Bots wie beispielsweise Instagress, das inzwischen von Instagram zur Geschäftsniederlegung gezwungen wurde. Es handelt sich hierbei um Computerprogramme, die inzwischen zu vergleichsweise geringen Kosten, vollständig automatisiert und auf subtilere Art und Weise Interaktionen in der Community durchführen. Die Kriterien, nach denen das jeweilige Programm Beiträge liket, kommentiert oder auch anderen Nutzern folgt oder entfolgt, werden zuvor durch den Auftraggeber festgelegt. Dazu zählt der genaue Wortlaut der Kommentare, die Festlegung der Hashtags, nach denen das Programm Beiträge oder Nutzer auf der Plattform aussucht, oder auch die Geschwindigkeit, mit denen die Interaktionen erfolgen sollen.

Unabhängig davon, dass Like-Bots Ihrem Ziel, mit Ihrer Community auf Instagram authentisch zu interagieren, entgegenstehen und Ihrer Reputation schweren Schaden zufügen können, verstoßen sie gegen die Nutzungsbedingungen von Instagram, was eine Sperrung oder gar Löschung Ihres Accounts nach sich ziehen kann. Von ihrem Einsatz ist deshalb ebenfalls eindeutig abzuraten.

### 5.12.3 Follower kaufen

Wer eine Community auf Instagram aufbaut, braucht Langmut. Der Gedanke, einfach Follower zu kaufen, kommt deshalb fast jedem einmal in den Sinn, der in kurzer Zeit ein signifikantes Wachstum auf der Plattform erzielen will. Ähnlich wie Like-Bots haben sich auch für den Follower-Kauf Anbieter etabliert, die einen subtilen, für Außenstehende durchaus natürlich wirkenden Follower-Zuwachs generieren. Dabei wird die gekaufte Anzahl von Followern einem Profil gleichmäßig über einen längeren Zeitraum hinzugefügt. Häufig lassen sich auch noch Like-Pakete dazubuchen, sodass die Engagement-Raten der Beiträge eines Profils ihr Niveau halten oder sich verbessern.

Selbst mit Analyse-Tools lassen sich Unregelmäßigkeiten im Wachstum eines Profils so immer schwerer nachvollziehen. Verfechter des Follower-Kaufs verweisen auf den Erfolg dieser Maßnahme, da sich durch eine erhöhte Anzahl von Followern mehr echte Abonnenten für ein Profil interessierten. Doch auch wenn der Follower-Kauf verlockend scheint und sich noch in einer rechtlichen Grauzone befindet, ist mit Blick auf den Verstoß gegen die Nutzungsbedingungen von Instagram die ausdrückliche Empfehlung, darauf zu verzichten. Die reale Gefahr einer Löschung des Profils, der Bereinigung von Fake-Followern sowie eines Image-Schadens ist einfach zu groß.

### 5.12.4 Instagram Pods

Eine weitere Variante möglichst schnell mehr Wachstum auf der Plattform zu generieren, ist der Zusammenschluss von Instagrammern in sogenannten Instagram Pods. Dabei schließen sich vor allem Influencer aus ähnlichen Themen-Bereichen via Instagram Direct, Facebook oder diversen Messengern in Gruppen zusammen und liken und kommentieren ihre jeweiligen Beiträge kurz nach deren Veröffentlichung gegenseitig. Mit dem dadurch entstehenden hohen Engagement, das von einflussreichen und thematisch passenden Accounts ausgeht, wird dem Instagram-Algorithmus signalisiert, dass der Beitrag eine besonders hohe Relevanz in der Community bzw. der jeweiligen Influencer-Szene genießt. Das wiederum veranlasst den Algorithmus, den Post präferiert in den Homefeeds und Explorern der Instagrammer anzuzeigen, was eine größere Reichweite und ein hohes Engagement des Posts generiert. Auch einige Unternehmen setzen auf diese Taktik, indem Sie ein ganzes Netzwerk von reichweitenstarken Accounts um ihren eigentlichen Unternehmensaccount herum aufbauen und diesen nach dem Pod-Prinzip pushen. Mit der Content-Graph-basierten Aussteuerung von Inhalten wird diese Strategie jedoch immer weniger funktionieren.

Kapitel 6

# Influencer-Marketing

Influencer-Marketing gilt im Zeitalter der digitalen Transformation der Medien und des sich verändernden Mediennutzungsverhaltens der Menschen weltweit als eine der erfolgversprechendsten Marketing-Strategien. Und auch in Deutschland hat sich die Zusammenarbeit mit Meinungsführern, insbesondere via Social Media, etabliert.

Laut einer Umfrage des BVDW im April 2021 unter Corporate-Marketing-, Marketing-, Sales- und PR-Mitarbeitern planen knapp 40 Prozent der Unternehmen bereits mehr als zehn Influencer-Kampagnen pro Jahr und das vorrangig mit dem Ziel, Content zu generieren, Aufmerksamkeit in relevanten Zielgruppen zu erzielen sowie authentisch zu kommunizieren. 14 Prozent der befragten Unternehmen verfügen bereits über ein sechsstelliges Jahresbudget für Influencer-Marketing von 100.000 Euro und mehr, 11 Prozent sogar über 250.000 Euro.

Laut einer Prognose des Statista Advertising & Media Outlooks sollen sich die Ausgaben für Influencer-Werbung in Deutschland in 2023 auf knapp 550 Millionen Euro steigern.

Mit der Weiterentwicklung des Marktes, den zunehmenden Erfahrungen der Unternehmen mit Influencer-Marketing und der Anwendung differenzierterer Auswahlkriterien abseits von reinen Follower-Zahlen hat sich Influencer-Marketing fest in den Marketing-Mix integriert. Instagram bildet dabei aus Marketingsicht einen äußerst attraktiven Kanal.

Die folgenden Ausführungen sollen Ihnen dabei helfen, einen umfassenden Einstieg in Influencer-Marketing speziell auf Instagram zu finden und dabei eine Vielzahl von Anregungen für Ihre eigene Influencer-Marketing-Strategie zu generieren.

Dabei erfahren Sie unter anderem, auf welche Weise Unternehmen bereits erfolgreich mit Influencern auf Instagram kooperieren, wie Sie selbst die richtigen Influencer finden und wie Sie eine Zusammenarbeit mit ihnen planvoll angehen, umsetzen und anschließend bewerten können.

## 6.1 Relevanz von Influencer-Marketing auf Instagram

Instagram hat sich neben YouTube und TikTok zur beliebtesten Social-Media-Plattform für Influencer-Marketing etabliert.

Die Gründe für das steigende Interesse an Influencer-Marketing im Allgemeinen und auf Instagram im Besonderen sind einleuchtend.

### 6.1.1 Sichtbarkeit und Relevanz in der Aufmerksamkeitsökonomie

Wie schon in Kapitel 1 beschrieben, sind wir mit dem Dilemma der Aufmerksamkeitsökonomie konfrontiert. Ein Großteil der Aufmerksamkeit der Menschen richtet sich inzwischen auf ihr Smartphone und hier wiederum auf Social-Media-Kanäle, wie Facebook, Instagram, TikTok oder YouTube. Jede fünfte auf dem Smartphone verbrachte Minute Mediennutzungszeit entfällt mittlerweile auf Facebook oder Instagram (Quelle: Facebook).

Während Markenbotschaften auf klassische Weise immer seltener zu ihren Zielgruppen vordringen, fungieren Influencer in Social-Media-Kanälen wie Leuchttürme, an denen sich Konsumenten orientieren. Aufgrund ihrer Authentizität und ihrer hohen Glaubwürdigkeit werden ihre Inhalte und Botschaften im Gegensatz zu anderen gelesen, angesehen oder gehört und als relevant empfunden.

Menschen präferieren im Zeitalter von Social Media zudem den Dialog mit echten Menschen, denen sie sich dank deren ständiger Verfügbarkeit in sozialen Netzwerken und den damit verbundenen Interaktionsmöglichkeiten nahe fühlen. Sie können sich mit ihrer Lebenswelt identifizieren und nehmen sie als bereichernden Teil ihres digitalen Lebensraumes wahr. Laut Instagram ist die Interaktion mit Influencern bzw. »Creatoren« – eine neue durch Instagram forcierte Terminologie für »Influencer« – für 68 Prozent der Instagrammer der Hauptgrund, die Plattform zu nutzen.

Mit Influencern können Sie Ihr Unternehmen und Ihre Marke somit wirksam in das Wahrnehmungsfeld Ihrer potenziellen Kunden rücken.

### 6.1.2 Umgehen von realen (und mentalen) AdBlockern

Die Akzeptanz von störender Unterbrecherwerbung sinkt hingegen weiter. Damit einher geht die anhaltende Verwendung von AdBlockern. Laut einer Studie des Marktforschungsunternehmens AudienceProject nutzt in Deutschland fast jeder Dritte einen AdBlocker auf dem Desktop. Die mobile AdBlocker-Rate liegt bei 12 Prozent. Mit Blick auf die steigende mobile Mediennutzung scheint die Lage hierzulande also weniger kritisch. Unabhängig davon existieren AdBlocker jedoch auch in den Köpfen der Nutzer. Sie blenden klassische Display-Werbung im wahrsten Sinne des Wortes zunehmend aus.

### 6.1.3 Zugang zu relevanten Zielgruppen

Influencer bieten aus Unternehmenssicht den unschätzbaren Vorteil, dass sie bereits mühsam eine für Sie relevante Zielgruppe aufgebaut haben und diese für Sie aktivieren können.

Die Influencer-Community hat bereits ein grundsätzliches Interesse an den Produkten und Marken Ihrer Branche, nur gegebenenfalls noch nicht an Ihnen.

Mit Influencern schaffen Sie es, Konsumenten, die sich noch nicht für Ihr Unternehmen oder Ihre Marke interessieren, aber durchaus zu Ihrer Zielgruppe gehören, durch einen Menschen, dem sie vertrauen, zu adressieren und sie zu potenziellen Kunden zu machen.

### 6.1.4 Relevante Reichweite

Die Produktarchitektur von Instagram ist für das Wachstum von Meinungsführern und Multiplikatoren, insbesondere auch in Nischen, geradezu prädestiniert.

Mit

- seinem Twitter-ähnlichen einfachen **Follower-Mechanismus**,
- seiner **leistungsstarken Suche**,
- seinen vielseitigen **visuellen Storytelling-Tools**,
- seinen einfachen **Interaktionsmöglichkeiten**,
- der allgemein gebräuchlichen Verwendung von **Hashtags**
- und mithilfe des **Instagram-Algorithmus**, der Inhalte, mit denen die Community besonders schnell und intensiv interagiert, in das Sichtfeld der Nutzer bringt,

lässt sich via Instagram eine reichweitenstarke, involvierte und stetig wachsende Followerschaft, insbesondere auch in Nischen, aufbauen.

Mit ihren Communities und mit der schon in Kapitel 1 beschriebenen hohen Nutzungsfrequenz der Instagrammer sind Influencer somit ein attraktiver Kanal für Sie, um schnell Reichweite für Ihre Markenbotschaft aufzubauen.

### 6.1.5 Glaubwürdigkeit, Authentizität und Vertrauen

Influencer zeichnen sich in der Wahrnehmung ihrer Follower aufgrund ihres authentischen und konsistenten Auftretens, das meistens schon über einen langen Zeitraum währt, durch eine hohe Vertrauenswürdigkeit aus. Durch ihre unverstellte direkte Sprache, ihre tägliche Präsenz auf Instagram und ihre zum

Teil freundschaftliche Verbundenheit mit ihren Followern, die sich auch in Kommentaren oder Bildunterschriften ausdrückt, wird dieses Vertrauen noch verstärkt. Influencer haben damit das, wofür Unternehmen und deren Marken oftmals Jahre benötigen – das Vertrauen der Menschen. Für Sie als Unternehmen bedeutet das, dass Sie mit einer Empfehlung durch einen Influencer schnell Vertrauen zu Ihrem Unternehmen, Ihrer Marke oder Ihren Produkten aufbauen können.

Laut der schon zu Beginn dieses Kapitels erwähnten Umfrage des BVDW werden »Mehr Authentizität« und eine »Verbesserung der Kommunikation mit einer Zielgruppe« als die größten Vorteile von Influencer-Marketing seitens der Unternehmen eingestuft.

### 6.1.6 Kunden mit einem höheren Lifetime Value

Unternehmen, die Influencer-Marketing schon seit längerer Zeit einsetzen, sind zudem überzeugt, dass die über Influencer-Marketing-Maßnahmen generierten Leads im Vergleich zu anderen Marketing-Disziplinen qualifizierter sind und mit höherer Wahrscheinlichkeit in lebenslange Kundenbeziehungen mit einem höheren Deckungsbeitrag münden.

### 6.1.7 Content-Kreation

Influencer-Inhalte liefern darüber hinaus einen Mehrwert, sind unterhaltsam, lösen ein Problem oder inspirieren, denn Influencer kennen die Probleme und Bedürfnisse Ihrer Zielgruppe bereits. Influencer-Content ist damit idealtypisch für Instagram und bildet somit auch einen großen Mehrwert für Ihr Instagram-Profil. Sie können über den Account von Influencern zudem eine Menge über Ihre Zielgruppe lernen und diese Learnings für Ihre eigene Content-Strategie und auch weit darüber hinaus anwenden.

### 6.1.8 Medien- und Storytelling-Kompetenz

Influencer verfügen in diesem Zusammenhang über ein ausgeprägtes Social-Media-Know-how und eine hohe Kompetenz in der Kreation von Inhalten, die insbesondere für das Smartphone und speziell für Instagram funktionieren. Davon können Sie profitieren.

Durch ihre tägliche Arbeit mit Instagram und allen weiteren gängigen Social-Media-Kanälen sind Influencer mit allen App-Funktionen und Content-Formaten vertraut und können Geschichten nicht nur authentisch erzählen, sondern auch technisch und visuell ansprechend auf der Plattform umsetzen. Darüber hinaus ist es für sie selbstverständlich, Inhalte sinnvoll mit einem Blog oder weiteren Social-Media-Kanälen zu verweben.

### 6.1.9 Differenzierung zum Wettbewerb

Die Zusammenarbeit mit Influencern kann Ihnen dabei helfen, Ihr Unternehmen oder Ihre Marke gegenüber Ihrer Konkurrenz durch kreative und smarte Inhalte zu differenzieren, insbesondere, wenn Ihnen die Mittel für breit angelegte Display-Advertising- oder SEA-Kampagnen fehlen. (Wenngleich das Zusammenspiel aller relevanten Disziplinen für Ihren langfristigen Erfolg elementar ist.)

### 6.1.10 Langlebige Partnerschaften mit großem Potenzial

Influencer-Marketing auf Instagram kann für Ihr Unternehmen auch langfristig gesehen großes Potenzial entfalten und beispielsweise in Produkt-Kollektionen, die Sie gemeinsam mit einem Influencer auf den Markt bringen, gemeinsamen Live-Events oder gar in einem Joint Venture münden.

## 6.2 Begriffsklärung und Abgrenzung

Als **Influencer** gelten in der Regel Personen, die aufgrund

- ihrer (wirklichen oder wahrgenommenen) sozialen **Autorität**,
- ihrer **Reputation**
- oder ihres meist über einen längeren Zeitraum erarbeiteten **Expertenstatus** zu einem bestimmten Thema,
- ihrer **Vertrauenswürdigkeit**
- und mit ihren **kommunikativen Fähigkeiten**
- auf **authentische** und **konsistente** Art und Weise
- als **Meinungsführer** und **Multiplikatoren**
- die **Meinungen** und das **(Kauf-)Verhalten** einer Zielgruppe **beeinflussen** können.

**Influencer-Marketing** ist (in seiner idealtypischen Form) eine Marketing-Disziplin,

- bei der Unternehmen gezielt **authentische Beziehungen** mit **Meinungsführern** und **Multiplikatoren**
- mit zumeist **reichweitenstarken Communities**
- zur **beidseitigen Erreichung von Marketing- und Kommunikationszielen** eingehen.

- Influencer fungieren dabei als **Absender** in der Markenkommunikation
- und sollen im Idealfall eine **authentische Empfehlung** für eine Marke oder ein Produkt in ihrer Community aussprechen.
- Das Fundament von Influencer-Marketing ist also das klassische **Empfehlungsmarketing**.
- Unternehmen wollen auf diese Weise von der hohen **Glaubwürdigkeit** und dem damit verbundenen **Einfluss** der Influencer
- in einer für sie **relevanten Zielgruppe** profitieren
- und so die **Bekanntheit, Sympathie und Kaufbereitschaft** für ihre Marke oder ihre Produkte stärken
- und schließlich **Abverkäufe generieren** und **neue Kunden** gewinnen.

### 6.2.1 Nano-, Macro- und Micro-Influencer

Die Reichweite in Form von Followern eines Influencers ist für viele Unternehmen immer noch ein markantes Auswahlkriterium für die Zusammenarbeit mit Meinungsführern.

Inzwischen hat sich diesbezüglich eine Differenzierung zwischen Nano-, Macro- und Micro-Influencern etabliert.

Als »Nano-Influencer« werden »normale« User mit einer Followerschaft zwischen 1.000 und 10.000 Follower bezeichnet.

Als Micro-Influencer gelten Influencer mit einer Reichweite von 10.000 bis 100..000 Follower. Als Macro-Influencer werden gemeinhin Instagrammer ab 100.000 bis 1 Million Follower betrachtet.

In die Gruppe der Macro-Influencer fallen auch die Star-Influencer, zu denen neben prominenten Schauspielern, Musikern, Models oder Sportlern auch Instagram-Stars wie Pamela Reif (@pamela_rf), Daniel Fuchs (@magicfox) oder andere Social-Media-Stars wie zum Beispiel die YouTuberin Bianca Heinecke »Bibi« (@bibisbeautypalace) zählen. Sie führen in der Regel Communities von mindestens einer oder mehreren Millionen Followern an.

Insbesondere Nano- und Micro-Influencer verfügen oftmals über eine aktive und loyale Community, die mit den Influencer-Inhalten stetig und intensiv in Form von Likes und Kommentaren interagiert.

Ein hohes Interaktionsniveau lässt aus Unternehmenssicht darauf schließen, dass ein Influencer auf Basis von relevanten Inhalten einen guten Draht zu seiner Community pflegt und damit auch Unternehmensinhalte, die über den Influencer veröffentlicht werden, von einem stärkeren Engagement profitieren.

Das wiederum steigert die Chance, eine höhere Aufmerksamkeit für die Markenbotschaft innerhalb der Zielgruppe zu generieren.

Positiv dürfte sich in diesem Zusammenhang auch die Tatsache auswirken, das Nano- und Micro-Influencer im Vergleich zu Social-Media-Stars deutlich seltener mit Marken zusammenarbeiten, was ihre sporadischen gesponserten Posts authentischer wirken lässt.

Ein hohes Engagement lässt allerdings keine konkreten Rückschlüsse auf den tatsächlichen Einfluss eines Influencers zu. Nicht jeder Instagrammer, der einen Influencer-Post likt oder kommentiert, kauft zum Beispiel auch das empfohlene Produkt. Und im Umkehrschluss hat nicht jeder, der ein empfohlenes Produkt gekauft hat, zuvor mit dem betreffenden Influencer-Post interagiert oder die Empfehlung bewusst wahrgenommen. Erst die Gegenüberstellung von zuordenbaren Abverkäufen kann hier ein klareres Bild liefern.

Ebenso ist eine hohe Reichweite eines Influencers noch kein Garant für den potenziellen Erfolg einer Zusammenarbeit. Denn je nach Zielsetzung eines Unternehmens lässt sich die Reichweite eines Influencers durchaus relativ betrachten. Ein Micro-Influencer kann zwar eine geringe Follower-Zahl aufweisen, dennoch aber eine hohe Durchdringung und einen hohen Einfluss innerhalb einer begrenzten Nischen-Zielgruppe generieren.

Ähnlich betrachtet kann ein Macro-Influencer zwar ein hohes Reichweiten-Potenzial durch eine große Community bieten, die gewünschte Nischen-Zielgruppe aber weder erreichen noch beeinflussen.

Als hinderlich kann sich in diesem Zusammenhang insbesondere bei Star-Influencern das sogenannte »Star-Syndrom« erweisen, bei dem das Interesse der Community mit zunehmender Popularität des Influencers mehr und mehr seiner Person gilt und weniger den von ihm empfohlenen Produkten. Davon gänzlich unberührt bleiben jedoch die eigenen Produkt-Kreationen der Star-Influencer, die sie gemeinsam mit Marken oder in Eigenregie auf den Markt bringen und über Instagram und weitere Kanäle promoten. Laut Studien zählen der Produkt-Shop bilou (@mybilou) von Bibi sowie der Fan-Shop @dagishop von Dagi Bee beispielsweise zu den Top 10 der deutschen Retail-Marken auf Instagram.

**Abb. 6.1:** Webprofil-Ansicht des Produkt-Shops bilou (@mybilou)

Mit der stetigen Weiterentwicklung von Influencer-Marketing zeichnet sich inzwischen ein Trend ab, bei dem Unternehmen im Rahmen ihrer Influencer-Marketing-Strategie von einer Zusammenarbeit mit wenigen großen Influencern absehen und stattdessen für das gleiche Budget mit vielen »kleineren« Influencern zusammenarbeiten. In Summe können diese das Unternehmen durchaus erfolgreicher machen, da sie die für das Unternehmen relevante Zielgruppe effektiver erreichen können. Dies stützt auch die bereits erwähnte Umfrage des BVDW, wonach die überwiegende Mehrheit der befragten Unternehmen mit Micro-Influencern zusammenarbeitet.

Zudem können sich Unternehmen mithilfe von Micro-Influencern perspektivisch ein eigenes tragfähiges Influencer-Netzwerk aufbauen und gemeinsam mit diesem wachsen. Indem sie frühzeitig Micro-Influencer »besetzen«, schließen Unternehmen ihre Konkurrenz aus. Zwar halten sich Influencer grundsätzlich alle Optionen offen und arbeiten kaum exklusiv mit einem Unternehmen zusammen, eine parallele oder zeitlich nah aufeinanderfolgende Zusammenarbeit mit der Konkurrenz wird jedoch als unprofessionell angesehen.

Wesentlicher Nachteil einer Micro-Influencer-Strategie ist jedoch, dass die Ansprache und Kooperation mit vielen Influencern mit einem deutlich höheren Aufwand verbunden ist. Hier schaffen Influencer-Marketing-Technologien Abhilfe.

### 6.2.2 Fach-Influencer versus Mainstream-Influencer

Zwei weitere Pole im Influencer-Ökosystem bilden die Fach-Influencer und die Mainstream-Influencer.

**Fach-Influencer** sind in der Regel einflussreiche und auf ihrem Fachgebiet hochengagierte Micro-Influencer, darunter eine Vielzahl von Journalisten, die zumeist ein Fach-Blog oder -Vlog betreiben und sich für Influencer-Marketing-Zwecke nur bedingt zur Verfügung stellen, es sei denn, sie sind ohnehin treue Anhänger einer Marke. Denn ihre Unabhängigkeit ist ihr höchstes Gut und ihre Reputation dementsprechend hoch. Ihr Ziel ist es in erster Linie, ihr Ansehen innerhalb ihrer Community zu untermauern. Sie ad hoc von einer Marke oder einem Produkt zu überzeugen, kann durchaus schwierig sein. Hier geht es vielmehr um den systematischen Aufbau und die kontinuierliche Pflege langfristiger Beziehungen, was auch als **Influencer Relations** bezeichnet wird und häufig in der PR angesiedelt ist. Das Wirkungsfeld von Influencer Relations bezieht sich jedoch nicht nur auf Fach-Influencer.

**Wichtig**

Influencer Relations sind inzwischen ein integraler Bestandteil aller Influencer-Marketing-Aktivitäten. Denn auch für die Anbahnung und das Gelingen temporärer Influencer-Marketing-Kampagnen, erst recht für die langfristig angelegte Zusammenarbeit mit Testimonials und Markenbotschaftern, ist eine gute Beziehung zwischen Influencern und Unternehmen unerlässlich.

Als **Mainstream-Influencer** gelten vornehmlich die bereits erwähnten reichweitenstarken Star-Influencer, die sich und ihre (Social-)Media-Kanäle eher als Medium verstehen, in denen Unternehmen gegen Mediabudget Werbung buchen können. Genau genommen handelt es sich hier nicht um Influencer-Marketing im herkömmlichen Sinne, bei dem ein Meinungsführer mit einem

Unternehmen eine authentische Beziehung eingeht, sondern um eine klassische Werbebuchung bzw. **Influencer Advertising**. Influencer gewähren Unternehmen zur Promotion ihres Contents dabei lediglich einen temporären Zugang zu ihrer Community mit dem Ziel, ihre Media-Reichweite zu monetarisieren.

### 6.2.3 Content-Creator versus Multiplikator

Eine weitere Differenzierung von Influencern besteht in der Art ihrer Zusammenarbeit mit Unternehmen. Influencer kommen nicht nur als **Multiplikatoren** für die möglichst reichweitenstarke und wirksame Verbreitung einer Markenbotschaft zum Einsatz, sondern auch aufgrund ihrer kreativen visuellen Storytelling-Kompetenz als **Content-Creator** bzw. Content-Ersteller.

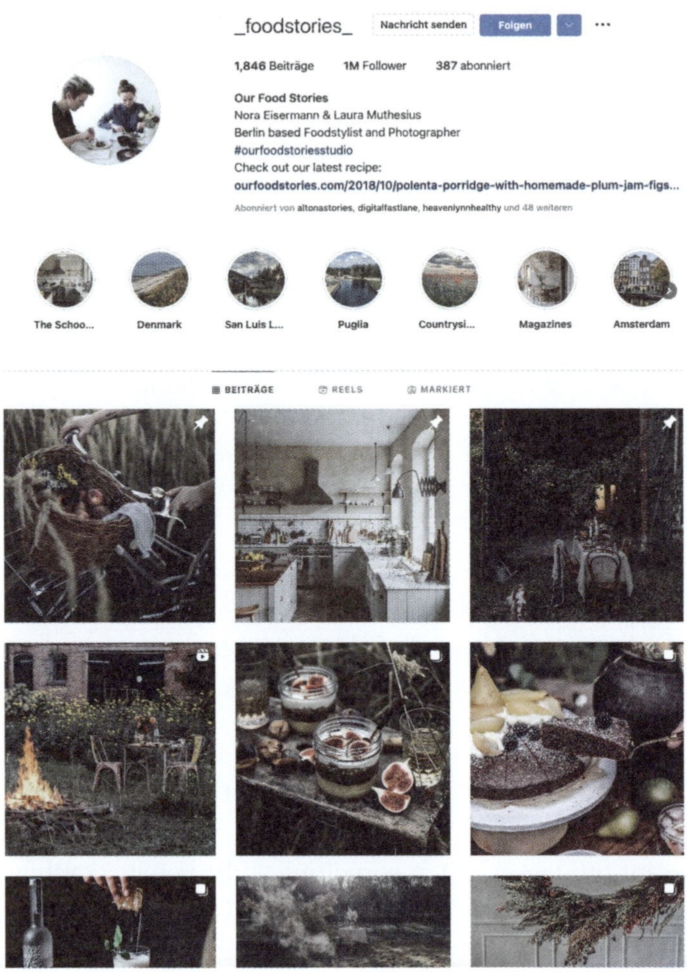


**Abb. 6.2:** Webprofil-Ansicht von Our Food Stories (@_foodstories_)

Ein Beispiel dafür bildet die Zusammenarbeit des Lebensmitteleinzelhändlers EDEKA mit den erfolgreichen deutschen Food-Influencern Nora Eisermann und Laura Muthesius von Our Food Stories (@_foodstories_). Mit dem Duo aus Fotografin und Food-Stylistin, die mit ihrer ästhetischen und unverwechselbaren Bildsprache über eine Million Follower begeistern, hat EDEKA ein perfektes Kreativ-Team gefunden, das die Basis für einen Teil der Posts der Marke liefert. Dabei bringen die Influencer die Bildsprache von EDEKA mit dem auf Instagram erfolgreichen #onthetable-Look perfekt zusammen.

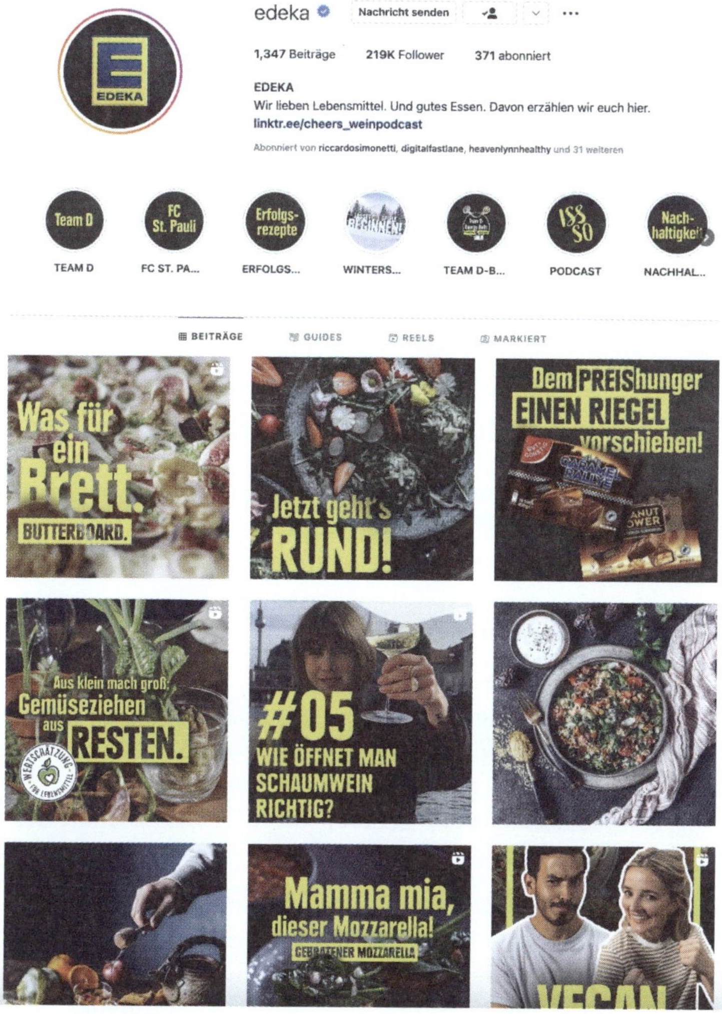


**Abb. 6.3:** Webprofil-Ansicht von EDEKA (@edeka)

### 6.2.4 Brand Advocate versus Brand Ambassador

Wenngleich über die Differenzierung von Brand Advocates versus Brand Ambassadors in der Fachwelt noch Uneinigkeit besteht, lassen sich beide zum jetzigen Zeitpunkt wie folgt unterscheiden.

Brand Advocates sind freiwillige Markenbotschafter, die ohne explizite Aufforderung eines Unternehmens ihre Begeisterung für eine Marke oder ein Produkt aus einer ehrlichen und authentischen Motivation heraus (etwa, weil sie selbst Kunde sind und eine positive Erfahrung mit einer Marke oder einem Produkt gemacht haben) mit anderen teilen. Sie verfügen dabei nicht unbedingt über eine hohe Reichweite in Form einer großen Followerschaft in ihren Social-Media-Kanälen. Ihr großes Potenzial für Unternehmen liegt aber in ihrer hohen Glaubwürdigkeit.

Brand Ambassadors sind von Unternehmen gezielt eingesetzte und für ihre Arbeit in der Regel auch vergütete Markenbotschafter, die ihrer Community die Vorzüge einer Marke oder eines Produkts näherbringen sollen. Brand Ambassadors können dabei natürlich auch gleichzeitig Brand Advocates und reichweitenstarke Influencer sein. Zwischen Unternehmen und Markenbotschafter besteht im Gegensatz zu einem Brand Advocate jedoch eine professionelle Beziehung.

## 6.3 Formen von Influencer-Marketing auf Instagram

Die Zusammenarbeit von Influencern und Marken ist auf Instagram besonders vielfältig und entwickelt sich stetig weiter. Im Folgenden finden Sie eine Reihe von Beispielen, wie Marken und Influencer bereits erfolgreich kooperieren.

### 6.3.1 Branded Foto- oder Video-Post

Die gängigste Form, Influencer in der Markenkommunikation auf Instagram einzusetzen, ist die möglichst freie Gestaltung und Veröffentlichung eines branded Posts oder Reels. Der Influencer konzipiert zu diesem Zweck in der erfolgserprobten Bildsprache seines Accounts eine visuelle Geschichte, in die das Produkt, die Dienstleistung oder generell die Markenbotschaft des Unternehmens integriert wird.

Anschließend veröffentlicht er den Post zu einem zuvor definierten Zeitpunkt und markiert darin idealerweise den Instagram-Account der Marke, des empfohlenen Produkts oder andere für die Marke wichtige Accounts sowie einen bestimmten Ort, beispielsweise eine Filiale des Unternehmens.

Zusätzlich fügt er in der Bildunterschrift gut sichtbar die Markenhashtags der Marke ein und markiert auch hier deren Instagram-Account. Mit den Marken-,

Produkt- und Geo-Tags können die Follower des Influencers weiteren Marken-Content auf Instagram entdecken, sich mit der Marke auseinandersetzen oder direkt an den Point of Sales (POS) gelangen.

Wichtig ist an dieser Stelle auch die deutlich sichtbare Kennzeichnung des Posts oder Reels als #anzeige oder #werbung direkt zu Beginn der Bildunterschrift, wie im Beispiel von Carmushka (mehr dazu in Abschnitt 6.6 »Rechtliche Rahmenbedingungen, Kennzeichnungspflichten«.

Wie subtil oder prominent die Marke in dem Post erscheint, wird in der Regel zwischen Influencer und Marke abgestimmt. Ein zu werblich anmutender Post kann sich jedoch kontraproduktiv für beide Seiten auswirken.

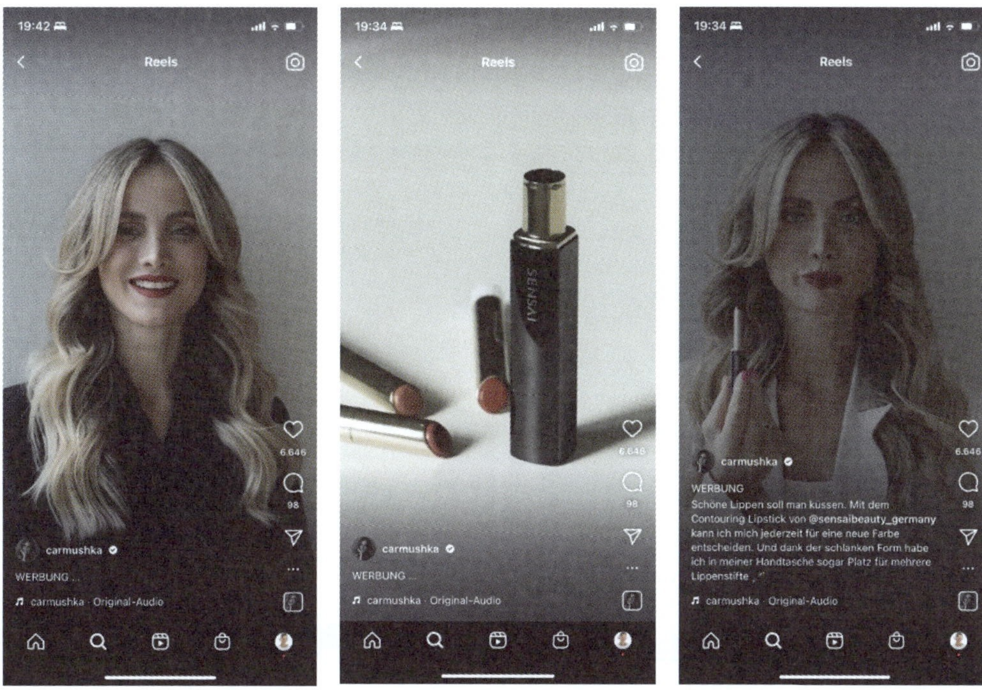


**Abb. 6.4:** Branded Post von Maren Wolf (@marenwolf) und L'Or Espresso

Marken wie Kapten & Son (@kaptenandson) setzen fast vollständig auf Branded-Influencer-Posts. Dabei erscheint der Branded Post (in der Regel) sowohl im Account des Influencers als auch im Account der Marke.

Branded Posts können von Unternehmen und Influencern zudem als Branded Content Ads für Werbezwecke eingesetzt werden. Weitere Informationen dazu finden Sie in Kapitel 7 »Instagram Advertising«.

### 6.3.2 Rabattcode/Aktionscode

Eine für Influencer und Marken gleichzeitig bereichernde Form der Zusammenarbeit ist die Promotion von Rabatt- oder Aktionscodes über Influencer-Posts und vor allem -Stories.

Dabei erhält jeder Influencer, mit dem eine Marke im Rahmen einer Influencer-Marketing-Kampagne zusammenarbeitet, temporär einen individuellen Code, der wie im Beispiel des Online-Schmuckunternehmens Stilnest (@stilnest) und der Autorin Alexa von Heyden (@alexavonheyden) etwa den Vornamen des Influencers sowie eine bestimmte Zahl enthält, zum Beispiel »ALEXAV10«. Der Code wird vom Influencer in der Regel in mehreren Story-Sequenzen promotet und je nach Gültigkeit auch in den Highlight-Stories platziert. Unter Angabe dieses Codes erhalten die Follower und Besucher des Accounts des Influencers bei einer Bestellung einen Rabatt. Dieser kann mit einem Mindestbestellwert verknüpft sein oder sich auch nur auf ein bestimmtes Produkt beziehen.

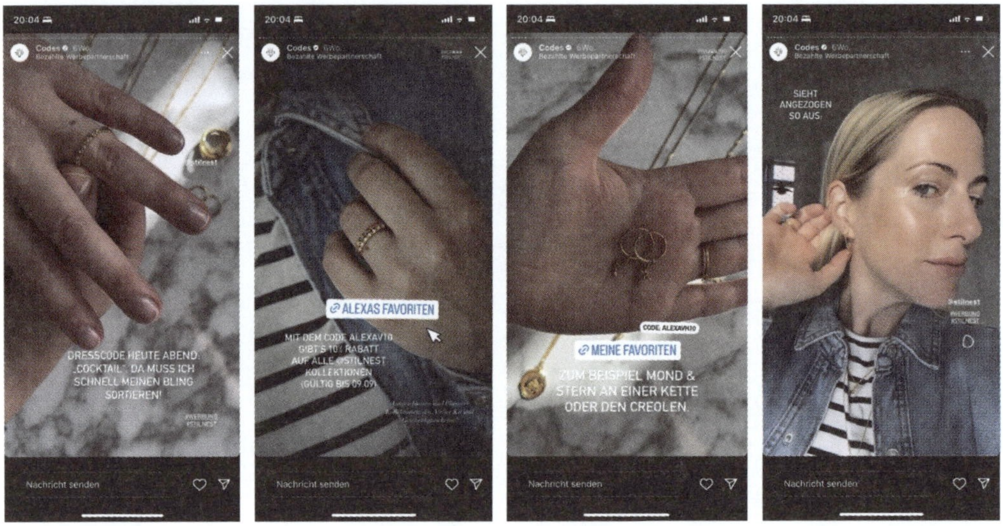


**Abb. 6.5:** Influencer-Post von Alexa von Heyden (@alexavonheyden) für das Schmuck Label Stilnest (@stilnest) mit Rabatt-Code

Für Marken ergibt sich hierbei neben einem potenziellen Anstieg ihrer Produktverkäufe der Vorteil, dass sie die Auswirkung ihrer Influencer-Marketing-Aktivitäten auf ihren Umsatz besser messen können. Influencer liefern ihren Followern wiederum einen Mehrwert durch einen attraktiven Rabatt.

### 6.3.3 Affiliate Marketing

Affiliate Marketing funktioniert dank der Verlinkungsmöglichkeiten in den Stories besonders gut auf Instagram. Influencer, wie im Beispiel der Influencerin Michi von Want (@michivonwant), platzieren zu diesem Zweck einen oder mehrere Affiliate-Links als »sprechenden Link« in einer oder mehreren ihrer Story-Sequenzen und betten diese in einen passenden Kontext ein.

**Abb. 6.6:** Auszüge aus einer Story von Michi von Want mit Affiliate Links

Darüber hinaus bieten Apps bzw. Affiliate-Netzwerke wie das äußerst erfolgreiche LIKEtoKNOW.it (heute auch bekannt als Marke LTK) Marken und Influencern (insbesondere aus dem Fashion-Bereich) gleichermaßen die Möglichkeit, Affiliate Marketing auch für Foto-Beiträge ohne direkten Link zu ermöglichen.

LIKEtoKNOW.it bedient sich dabei unter anderem dem in Kapitel 4 beschriebenen Shoppable-Feed-Ansatzes. Nutzer können dabei mithilfe von LIKEtoKNOW.it einen Screenshot der Fotos Ihrer Lieblings-Influencer erstellen und die im Foto promoteten Produkte via LIKEtoKNOW.it nachshoppen. Influencer und auch deren Follower müssen dazu in Besitz der LIKEtoKNOW.it-App sein und Marken die von den Influencern promoteten Produkte in der LIKEtoKNOW.it-Datenbank hinterlegen. Sobald ein Influencer ein auf der Plattform hinterlegtes Produkt in seinem Foto-Post promoted und auf die Möglichkeit, das Produkt via LIKEtoKNOW.it zu kaufen, hinweist, daraufhin ein Kauf via LIKEtoKNOW.it generiert wird, profitiert er von einer

Umsatzbeteiligung. LIKEtoKNOW.it wird laut Business Insider inzwischen von 11.000 Influencern eingesetzt. Über drei Millionen Nutzer haben sich auf der Plattform registriert.

### 6.3.4 Co-Creations

Als Erfolgsmodell hat sich, wie im Beispiel von Carmushka (@carmushka) und der Windelmarke Lillydoo (@lillydoo_babycare), die Kreation eines gemeinsamen Produkts oder gar einer kompletten Produkt-Kollektion von Influencern und Marken erwiesen.

Diese Art der Zusammenarbeit etabliert sich insbesondere vor dem Hintergrund, dass Influencer weitaus menschlicher und transparenter kommunizieren als etablierte Marken, Konsumenten ihnen daraufhin ein größeres Vertrauen entgegenbringen und somit eher bereit sind, Produkte von Ihnen zu kaufen.

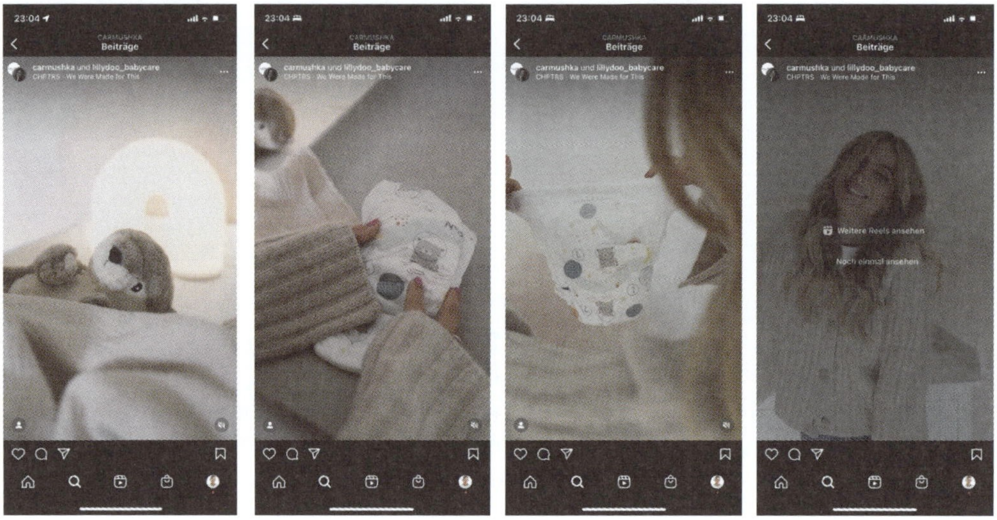


**Abb. 6.7:** Auszüge aus einem Reel von Carmushka (@carmushka) zur Vorstellung der Co-Creation mit Lillydoo (lillydoo_babycare)

### 6.3.5 Takeover

Eine weitere Form der Zusammenarbeit mit Influencern ist die temporäre Übernahme des gesamten Marken-Accounts oder immer häufiger der Stories, zum Beispiel auf einem Event, durch den Influencer. Ziel von Takeovern ist es vorwiegend, kreativen Content für den Marken-Account zu generieren und damit die Interaktion mit der Zielgruppe zu steigern. Ein signifikanter Anstieg der eigenen Follower-Zahlen ist mit dieser Methode allerdings selten verbunden.

### 6.3.6 Testimonials und Markenbotschafter

Zunächst stellt sich hier die Frage, ob und inwiefern sich Testimonials und Markenbotschafter im Rahmen von Influencer-Marketing unterscheiden. Einige griffige Definitionen dazu liefert das auf die Bewertung von Human Brands und Testimonials spezialisierte Hamburger Marktforschungsunternehmen SPLENDID RESEARCH:

»Testimonials bewerben die Marke im extra dafür geschaffenen Kontext, der Testimonialwerbung.« »Testimonialwerbung ist Werbung, in der eine oder mehrere prominente Personen die Vorzüge einer Marke bekräftigen.«

»Markenbotschafter repräsentieren die Marke wie beim Sponsoring in einem natürlichen Umfeld: bei Sportveranstaltungen, Konzerten oder in sozialen Netzwerken.«

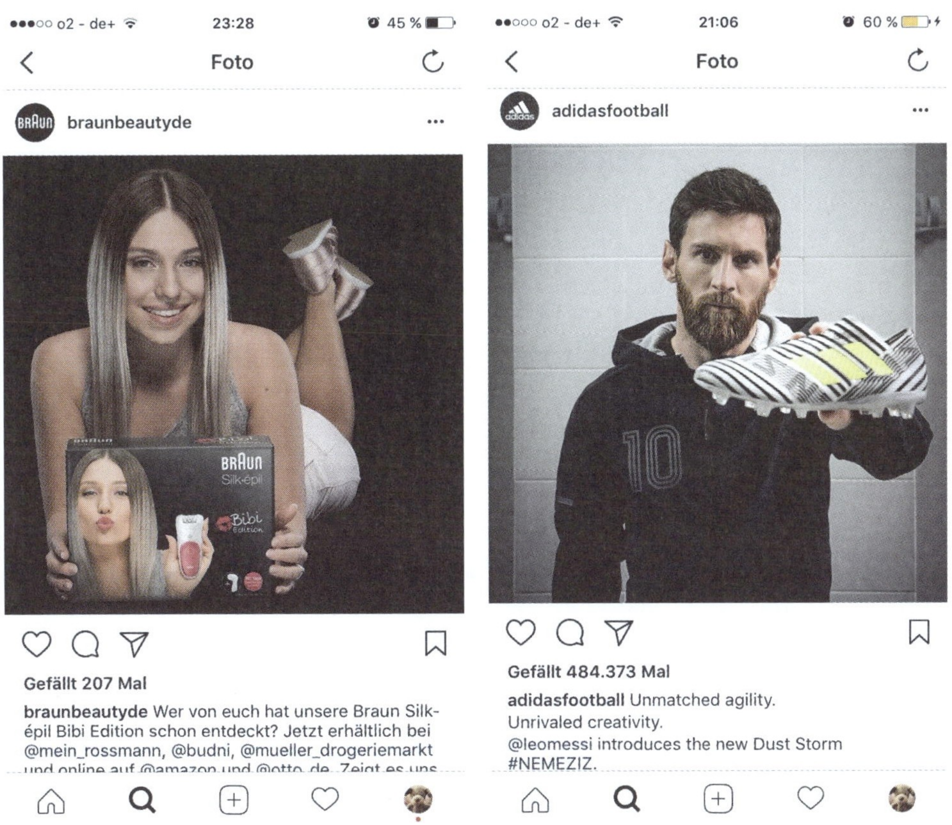


**Abb. 6.8:** Beispiele für Testimonialwerbung auf Instagram mit Bianca Heinicke (@bibisbeautypalace) für Braun Beauty Deutschland (@braunbeautyde) und Lionel Messi (@leomessi) für adidas Football (@adidasfootball)

Dennoch sind die Grenzen zwischen beiden fließend. Ein Testimonial ist oftmals nicht nur das prominente Gesicht einer Werbekampagne, sondern auch gleichzeitig Markenbotschafter, indem er oder sie die Marke auch im Alltag trägt oder nutzt.

Testimonialwerbung grenzt sich auf Instagram sowohl inhaltlich als auch in ihrer Bildsprache von Markenbotschafter-Inhalten ab. Influencer fungieren hier als Gesicht der Marke und bewerben, wie im Beispiel von Bibi und Braun Beauty Deutschland (@braunbeautyde) oder adidas Football (@adidasfootball) und Lionel Messi (@leomessi), die Marke sowie deren Produkte in einer direkten Art und Weise. Absender dieser Kommunikation bleibt die Marke selbst. Nichtsdestotrotz tritt Lionel Messi auf seinem eigenen Instagram-Account, der Einblick in sein privates Leben gibt, auch als Markenbotschafter von adidas auf, indem er zum Beispiel ein T-Shirt mit dem Logo der Marke trägt.

Influencer, die als Markenbotschafter auf Instagram agieren, kreieren in ihrer eigenen Bildsprache selbst Foto- und Videobeiträge, in denen die Marke oder deren Produkte indirekt beworben werden. Sie sind dabei Absender der Markenkommunikation. Was nicht heißt, dass Marken diesen Content nicht auch in ihrem eigenen Instagram-Account aufgreifen.

### 6.3.7 InstaMeets und InstaWalks

Ein weiteres probates Mittel, Influencer-Marketing zu betreiben, ist die Organisation und Durchführung eines InstaWalks mit Influencern. Gleichbedeutend zu einem InstaWalk ist auch ein InstaMeet. Zur Erinnerung: Ein InstaWalk bzw. InstaMeet ist üblicherweise ein Fotospaziergang mit Instagrammern an einem fotogenen Ort (siehe dazu auch Abschnitt 5.9 »InstaMeets«). Hierbei ergeben sich mehrere Möglichkeiten.

#### Exklusive InstaMeets/InstaWalks

Das Unternehmen organisiert einen InstaWalk/ein InstaMeet mit einer begrenzten Anzahl an Teilnehmern an einem definierten Ort mit dem Ziel, Aufmerksamkeit für das Unternehmen, dessen Produkte oder Dienstleistungen zu schaffen.

Diese Variante wird inzwischen sehr häufig von Museen und Theatern zur Promotion neuer Ausstellungen oder Theaterstücke aufgegriffen. In diesem Zusammenhang ist das weltweite Motto #emptymuseum entstanden. Dabei erhalten Influencer eine exklusive Führung außerhalb der Öffnungszeiten eines Museums oder auch während einer Vorstellung vor und hinter den Kulissen eines Theaters und fotografieren dabei die jeweilige Szenerie in ihrem eigenen Stil.

Anschließend werden die oftmals künstlerischen Fotos, Videos und Instagram Stories unter einem zuvor definierten Hashtag, dem Geo-Tag sowie dem Account-

Tag des Museums oder Theaters über die Accounts der Influencer geteilt. Die Museen und Theater erreichen so schnell eine hohe Reichweite und Sichtbarkeit in der Instagram-Community, können neue Besucher gewinnen und zusätzlich kreativen ästhetischen Content für ihren Account generieren. Die Influencer profitieren wiederum von außergewöhnlichen Foto-Motiven, die ihren eigenen Instagram-Feed bereichern.

**Abb. 6.9:** Influencer-Beiträge des Events #EmptyHamburgerKunsthalle der Hamburger Kunsthalle (@hamburger.kunsthalle, Webprofil-Ansicht)

**Abb. 6.10:** Ankündigung des InstaMeets der Deichtorhallen Hamburg (@ deichtorhallenhamburg) und der Elbphilharmonie (@elbphilharmonie) anlässlich der Eröffnung der Ausstellung ELBPHILHARMONIE REVISITED (Webprofil-Ansicht)

Das Prinzip eines InstaMeets/InstaWalks lässt sich nahezu auf alle Branchen und Unternehmen anwenden, ob eine Führung durch das eigene Unternehmen, eine Produktionsanlage, eine gemeinsame Wanderung oder sogar mehrtägige Reise durch eine Tourismus-Region, die Besichtigung von Sehenswürdigkeiten, der Besuch eines Events, eine gemeinsame Spritztour mit dem Auto (»Insta-Drive«) und vieles mehr.

Beim #gmd_instawalk treten beispielsweise gleich drei Unternehmen zusammen in Erscheinung: die Dresden Marketing GmbH (@visitdresden), der Freistaat Sachsen (@simplysaxony) und Volkswagen (@volkswagen) mit ihrer in Dresden beheimateten Gläsernen Manufaktur (@vwmanufaktur_de). Der exklusive InstaWalk beinhaltete neben der gemeinsamen Besichtigung der Gläsernen Manufaktur eine Testfahrt des neuen eGolfs. Die beteiligten Influencer sind neben in Dresden beheimateten bekannten Instagrammern, wie Toni Stadler oder Philip Goetze, Fotografen mit einer Expertise für Autos, Reisen oder Architektur.

Bei der Organisation eines exklusiven InstaWalks ist jedoch Sorgfalt geboten. Um dem Ziel gerecht zu werden, Reichweite und Awareness für das Unternehmen, die Marke oder das Produkt zu generieren, ist die Teilnahme reichweitenstarker, kreativer und thematisch passender Influencer sinnvoll. Um sicherzustellen, dass diese auch am InstaWalk teilnehmen, werden sie durch das Unternehmen im Vorfeld des Events gezielt ausgewählt und direkt angesprochen. Bei der Auswahl und Organisation des InstaWalks empfiehlt es sich, direkt mit einem Influencer, der sich in Ihrer Branche/Region auskennt, zusammenzuarbeiten und seine Kontakte und Expertise für die Organisation zu nutzen. Je nach Art des InstaMeets werden ca. 20 bis 30 Teilnehmer, darunter die gewünschten Influencer, direkt vom Unternehmen zu einem exklusiven InstaWalk eingeladen.

**Abb. 6.11:** Influencer-Post von Ina Thedens (@whatinasees) im Rahmen des #gmd_instawalk (Webprofil-Ansicht)

Darüber hinaus ist es jedoch immens wichtig, den eigenen Followern sowie weiteren Community-Mitgliedern die Chance zu geben, sich an dem InstaWalk zu beteiligen, denn eigentlich ist ein InstaMeet/InstaWalk eine urtypische Erfindung der Instagram-Community und bisher stets für alle Interessierten offen.

Zu diesem Zweck wird der InstaWalk im Account des Unternehmens in einem Post angekündigt und eine begrenzte Anzahl von Gäste-Plätzen ausgelobt. Um einen solchen Platz zu ergattern, müssen die Instagrammer dem Unternehmens-Account folgen und in einem Kommentar unter dem Ankündigungspost darlegen, warum sie an dem Event teilnehmen möchten. Anschließend wählt das Unternehmen anhand der überzeugendsten Kommentare die restlichen Teilnehmer für den InstaWalk aus. Auf diese Weise entsteht eine ideale Mischung aus bekannten und unbekannten Instagrammern.

Am Ende des InstaWalks wird ein Gruppenfoto oder -video (zum Beispiel ein Boomerang) erstellt, mit dem sich das Unternehmen bei den Teilnehmern des InstaWalks bedankt, idealerweise deren Accounts markiert und nochmals auf das InstaWalk-Hashtag verweist, um den eigenen Followern und Besuchern des Accounts Zugang zu den Event-Eindrücken der Teilnehmer zu gewähren. Auch noch Wochen später können Teilnehmer-Posts unter deren namentlicher Nennung als Latergrams im Instagram-Feed des Unternehmens geteilt werden.

### Offene InstaWalks

Wie schon in Kapitel 5 beschrieben, organisieren die lokalen Instagramers-Communities regelmäßige Fotospaziergänge in fast jeder größeren Stadt Deutschlands.

**Abb. 6.12:** Ankündigungspost der Igers Nürnberg (@igers_nuernberg, Webprofil-Ansicht) für ein gemeinsames InstaMeet mit dem Planungs- und Baureferat Nürnberg

**Abb. 6.13:** Ankündigungspost für ein InstaMeet gemeinsam mit dem Verkehrsverbund Nürnberg (@vgn_freizeit) und der Tourismusinformation Ansbach (@ansbach_travel)

Sie können sich hier, wie in den Beispielen der Igers Nürnberg (@iigers_nuernberg), als Mitveranstalter oder Sponsor einbringen, indem Sie die lokalen Manager der Instagramers (zum Beispiel @igershamburg, @igersmunich, @ igersfrankfurt etc.) via Instagram oder auch Facebook kontaktieren und ein gemeinsames Sponsoring-Konzept für das InstaMeet entwickeln. Das kann das Sponsoring von Eintrittspreisen sein oder die Möglichkeit, Ihr Produkt zu testen oder den exklusiven Zugang zu Ihrem Unternehmen beinhalten.

Von besonderem Interesse sind für Unternehmen und Teilnehmer gleichermaßen die von Instagram selbst initiierten »Weltweiten InstaMeets«. Diese sind oftmals groß angelegt und werden von den lokalen Instagram-Communities inzwischen vielfach gemeinsam mit Unternehmen bzw. Sponsoren organisiert. Großes mediales Aufsehen erregte in diesem Zusammenhang das 13. Weltweite InstaMeet im April 2016 in Frankfurt.

Die lokale Instagram-Community @igersfrankfurt sowie die Tourismus+Congress GmbH Frankfurt brachten gemeinsam mit den beteiligten Sponsoren Lufthansa, Samsung sowie namhaften Hotels, unter anderen das Jumeirah, le Méridien, The Westin Grand, 130 Teilnehmer, darunter eine Vielzahl reichweitenstarker Influencer aus ganz Europa, zusammen. Gemeinsam erreichten deren Accounts zu diesem Zeitpunkt ca. 3,5 Millionen Follower. Das InstaMeet erstreckte sich über zwei Tage und bezog Touren zu den Sehenswürdigkeiten der Stadt und dem Umland ein.

Die Sponsoren übernahmen die Logistik im Hintergrund des Treffens – die Lufthansa flog einen Teil der Instagrammer ein, Samsung unterstützte bei der Organisation der Flüge und den Transfers vor Ort und die Hotels beherbergten einen Teil der zugereisten Gäste – und fungierten dabei selbst als Foto-Objekte.

Neben einer Promotion dieser Art entstand mit über 1000 Beiträgen, die unter dem Hashtag #wwim13fra auf Instagram geteilt wurden, jede Menge interessanter Content für die Unternehmen, den sie in ihren eigenen Feeds reposten konnten. Die Stadt Frankfurt profitierte in besonderem Maße, indem sie sich einer neuen Zielgruppe in einem völlig neuen Licht präsentieren konnte.

InstaMeets/InstaWalks sind ein perfektes Format, über das sich auch über Instagram hinaus hervorragend Geschichten in Blogs, lokalen Websites und klassischen Medien-Kanälen erzählen lassen.

### 6.3.8 Tutorials

Mit seinem verstärkten Fokus auf Videos, Live-Videos sowie Instagram Stories hat sich nun auch auf Instagram das bereits auf YouTube weit verbreitete Tutorial-Format im Influencer-Marketing etabliert. Influencer präsentieren auf diese Weise vornehmlich How-to-Content und erklären, wie ein bestimmtes Produkt verwendet oder ein bestimmtes Problem der Zielgruppe gelöst werden kann.

### 6.3.9 Channel Building

Für ihre Follower nicht ersichtlich ist die Strategie vieler Unternehmen, den eigenen Instagram-Kanal nicht nur mit Influencer-Inhalten zu bespielen, sondern generell von einem Influencer aufbauen zu lassen. Vorteil dieser Strategie ist es, direkt einen Instagram-Experten für sich zu verpflichten, der die Regeln und die Mechanik der Plattform beherrscht, wirksam mit Ihrer Community interagiert, im Idealfall die Probleme und Wünsche Ihrer Kunden in Bezug auf Ihr Produkt kennt, ein Netzwerk weiterer Influencer mitbringt und zudem kreativen Content entwickeln kann.

### 6.3.10 Strategie und Konzeption

Die Zusammenarbeit mit Influencern kann sich auch auf die Erarbeitung von Strategien und Konzepten »beschränken«. Influencer, insbesondere Blogger, haben oftmals einen Medien- und Marketing-Background und/oder durch ihre eigenen Erfahrungen mit Influencer-Marketing eine hohe Feldkompetenz auf diesem Gebiet. Sie zur Erarbeitung einer sinnvollen Influencer-Marketing- oder auch Social-Media-Marketing-Strategie heranzuziehen, ist für Unternehmen äußerst vielversprechend.

### 6.3.11 Content Generation

Wie schon in den vorangegangenen Abschnitten beschrieben, setzen Unternehmen verstärkt auf die kreative Storytelling-Kompetenz von Influencern. Daniel Wellington oder Kapten & Son sind prominente Beispiele dafür, wie Marken mithilfe von Influencer-Generated-Content bekannt geworden sind und ihre Markengeschichte durch Meinungsführer erzählen lassen.

Sie setzen dabei ursprünglich auf Blogger, die ihren Blog-Inhalt via Instagram und weiteren Kanälen promoteten. Auf diese Weise erreichten die Marken gleich zwei Dinge auf einmal: einen langlebigen und über die Google-Suche stets auffindbaren und gut gerankten Blog-Content und eine hohe, wenn auch kurzlebigere Aufmerksamkeit und hohe Reichweite durch einen Post oder eine Instagram Story auf Instagram.

Dank Influencern konnten auch ihre Markenhashtags, wie #bekapten oder #danielwellington in ihrer Zielgruppe verbreitet und damit das Earned-Media-Volumen gesteigert werden. Das bedeutet zum Beispiel, dass Käufer bzw. Konsumenten der Marke neben Likes und Kommentaren zu einem Marken-und/oder Influencer-Post selbst freiwillig Medieninhalte, auf denen das Produkt oder die Marke sichtbar ist, unter dem Hashtag #bekapten oder #danielwellington erstellt und auf Instagram geteilt haben. Damit beeinflussen sie ihrerseits die Follower sowie die Besucher ihres Profils.

### 6.3.12 Content Seeding

Im Falle von Content Seeding helfen Influencer Unternehmen gezielt dabei, bestimmte Marken-Inhalte im Original auf Instagram zu verbreiten. Dabei posten sie den Marken-Inhalt, zum Beispiel ein Image-Video versehen mit den Markenhashtags, Geo- und Account-Tags in der Regel 1:1 in ihrem eigenen Account.

### 6.3.13 Events

Influencer sind inzwischen fester Bestandteil jedes größeren (PR-)Events und stellen nicht nur eine Bereicherung für die Event-Teilnehmer vor Ort, sondern auch in der Berichterstattung rund um das Event dar. Neben Blog- und Instagram-Posts vor, während und nach dem Event können dank Instagram Stories und Live-Videos auch Echtzeit-Eindrücke von Ihrem Event über Influencer verbreitet werden.

Auch ein Takeover Ihres Instagram-Accounts durch einen Influencer während des Events ist eine sinnvolle Strategie. Die Erfahrungen zeigen, dass insbesondere für die Berichterstattung von Events ein Live-Reporter durch ein Video oder auch eine Instagram Story führen sollte. Bei der Auswahl eines geeigneten Influencers ist es deshalb wichtig, seine übliche Content-Präferenz auf Instagram zu kennen. Einem Influencer, der vornehmlich Fotos postet, kann die Moderation eines Events via Instagram-Live oder via Instagram Stories gegebenenfalls schwerfallen.

Inzwischen veranstalten Marken spezielle Influencer-Events, um zum Beispiel für neue Produkte einen Buzz zu erzeugen.

### 6.3.14 Werbekampagnen

Der hochwertige Influencer-Content kann je nach Art und Umfang der vereinbarten Zusammenarbeit auch in klassische Werbekampagnen wie Print-Anzeigen, TV-Spots oder Display-Ads einfließen. Während dies bei Testimonialwerbung bereits gang und gäbe ist, bietet sich dieser Ansatz aber auch für Markenbotschafter-Content an, den Sie im Rahmen von Influencer-Marketing-Kampagnen auf Instagram generiert haben.

## 6.4 Organisatorische Voraussetzungen

Wichtiger Startpunkt Ihrer Überlegungen, Influencer-Marketing via Instagram und weiteren Kanälen in Ihren Marketing-Mix zu integrieren, sollte die Prüfung Ihrer organisatorischen Voraussetzungen diesbezüglich sein.

### 6.4.1 Organisationsstruktur

Je größer Ihr Unternehmen ist, desto schwieriger könnte sich die Zuordnung des Themas zu einer passenden Abteilung gestalten. In der Regel sind mehrere Unternehmensbereiche, wie zum Beispiel die PR, das Marketing, Social Media, die Media-Abteilung sowie diverse Agenturen in Influencer-Marketing-Maßnahmen involviert.

Bestenfalls sollten Sie alle beteiligten Bereiche und Dienstleister an einen Tisch bringen und gemeinsam eine Influencer-Strategie für Ihr Unternehmen erarbeiten. Auf diese Weise lernen Sie auch von den Erfahrungen, die möglicherweise schon mit Influencern in Ihrem Unternehmen gemacht wurden.

Wichtig ist an dieser Stelle, dass Sie nach außen hin, sowohl gegenüber Ihren bestehenden und potenziellen Kunden als auch gegenüber Influencern, einheitlich und abgestimmt auftreten. Für Influencer-Marketing als wichtige Säule von Content-Marketing ist die abteilungsübergreifende Zusammenarbeit in ihrem Unternehmen Voraussetzung für dessen langfristigen Erfolg.

Sowohl intern als auch extern sollte darüber hinaus ersichtlich sein, wer der Haupt-Kontakt für Influencer-Marketing in Ihrem Unternehmen ist. So können auch Anfragen seitens kooperationswilliger Influencer, die an Ihr Unternehmen herantreten, schnell und effizient weiterbearbeitet werden und gehen nicht an

Ihre Konkurrenz verloren. Laut der zitierten BVDW-Umfrage ist das Thema Influencer-Marketing bei jedem zweiten befragten Unternehmen im Social-Media-Marketing-Bereich angesiedelt.

### 6.4.2 Ein eigener Influencer-Marketing-Manager

Mit seiner zunehmenden Relevanz und zukünftigen Rolle im Marketing-Mix ist es sogar ratsam, eine eigenständige Funktion für Influencer-Marketing mit Schnittstellen zur PR, Marketing, Social Media und Media in Ihrem Unternehmen zu schaffen. Warum lohnt sich diese Investition? Sie stellen Ihr Unternehmen damit zukunftssicher auf. Laut dem BVDW setzen 15 Prozent der Unternehmen bereits auf eine eigene Influencer-Marketing-Abteilung.

Ein Influencer-Marketing-Manager kann:

- Kampagnen, Kooperationen und Events planen, umsetzen und bewerten oder
- unterschiedliche Influencer-Marketing-Aktivitäten im Unternehmen koordinieren.
- Influencer identifizieren und analysieren,
- Influencer betreuen und eine enge Beziehung zu ihnen aufbauen,
- sich intensiv mit Influencer-Technologien, Trends sowie Dienstleistern beschäftigen
- und, was am wichtigsten ist, sukzessive Know-how aufbauen und intern weitergeben.

### 6.4.3 Personelle und technische Ressourcen

Unabhängig von seiner organisatorischen Aufhängung beansprucht Influencer-Marketing gerade zu Beginn erhebliche personelle Ressourcen. Nicht nur die Suche, Auswahl und Analyse der Influencer, sondern auch die gemeinsame Abstimmung von Kampagnen, das Kampagnen-Monitoring, die Auswertung und die Abrechnung sind zeitintensiv.

Hilfreich kann an dieser Stelle der Einsatz von Influencer-Technologie sein, mit der Sie idealerweise den gesamten Influencer-Marketing-Prozess in einem Tool abbilden können (mehr dazu in Abschnitt 6.5.6 »Umsetzung«).

### 6.4.4 Kontakt-Management via CRM-Tools

Darüber hinaus sollten Ihre Kontakte, wichtige E-Mails, Verträge, Vereinbarungen und Erfahrungen mit Influencern anstelle einzelner Dokumente zentral in ihr CRM-System aufgenommen und so nicht nur zeitsparend an einem Ort auffindbar sein, sondern auch lückenlos an Mitarbeiter weitergegeben werden können. Denken Sie diesbezüglich möglichst langfristig. Sie stellen damit sicher, dass jeder, der potenziell mit Influencer-Marketing-Aktivitäten betraut ist, schnell einen Einstieg in die Historie sowie den Status quo dazu findet.

### 6.4.5 Kommunikation

Influencer arbeiten 24 Stunden, 7 Tage die Woche. Die Zusammenarbeit mit ihnen lässt sich somit nur bedingt in klassische Arbeitszeiten integrieren. Wegen WhatsApp, dem Facebook Messenger, den darüber verfügbaren Sprachnachrichten, Instagram Direct und weiteren bevorzugen Influencer zudem nicht immer zwingend die Kommunikation via E-Mail.

Mitarbeiter, die mit der Betreuung von Influencer-Kampagnen betraut sind, sollten deshalb vom Unternehmen darin unterstützt werden, sich auf die Arbeits- und Kommunikationsweise von Influencern einzulassen.

## 6.5 Strategie, Umsetzung und Bewertung

In den folgenden Ausführungen geht es nun konkret darum, wie Sie Schritt für Schritt eine eigene Strategie für Ihr Influencer-Marketing auf Instagram aufsetzen, umsetzen und bewerten können.

### 6.5.1 Know-how aufbauen

Der erste Schritt im Rahmen Ihrer Influencer-Marketing-Aktivitäten sollte zunächst der Aufbau von so viel Vorwissen wie möglich sein. Das betrifft zum einen ein tieferes Verständnis der Plattform Instagram und zum anderen generelles Know-how zum Thema Influencer-Marketing.

#### Plattformspezifisches Know-how

Wenn Sie Instagram bisher nur sporadisch privat genutzt haben, tauchen Sie tiefer in die Plattform ein. Sofern Sie eine Strategie für Ihre eigene Unternehmens-Präsenz auf Instagram entwickelt haben, werden Sie die Antworten auf Fragen wie die folgenden sicher schon kennen:

- Wie ist Ihre Konkurrenz auf Instagram aufgestellt?
- Wer folgt Ihrer Konkurrenz?
- Wem folgt Ihre Konkurrenz?
- Auf welche Art und Weise arbeitet Ihre Konkurrenz mit Influencern zusammen?
- Über welche Inhalte und Content-Formate kommunizieren diese Influencer auf Instagram?

- Wer folgt ihren Accounts?
- Wem folgen die Influencer?
- Welche Hashtags werden von ihnen genutzt?
- Fallen Ihnen direkt potenzielle Influencer Ihrer Branche auf? Folgen Sie ihnen und beobachten Sie ihre Accounts.
- Wie sehen die Inhalte generell in Ihrer Branche auf Instagram aus?
- Wie ist Ihr eigenes Unternehmen auf Instagram aufgestellt?
- Wer sind Ihre Follower?
- ...

Je mehr Sie sich mit Instagram beschäftigen, desto besser können Sie Influencer-Marketing-Taktiken einschätzen und zudem eigene Ideen in Ihre Strategie einbringen.

#### Influencer-Marketing-Know-how

Um Vorwissen zum Thema Influencer-Marketing aufzubauen, können Sie auf eine Vielzahl von Informationsquellen, die Ihnen wertvolles Know-how vermitteln, zurückgreifen:

**Blogs & Seminare:**

- IROIN – Influencer-Marketing-Software-Anbieter

Einer der besten Tool-Anbieter rund um Influencer-Marketing bietet auch einen eigenen Knowledge-Hub mit aktuellen Trends, Cases und Leitfäden:

`https://www.iroin.io/de/akademie-ressourcen`

- Online Marketing Rockstars Daily

Topaktuelles Blog rund um Trends und Best Practices im digitalen Marketing, darunter Influencer-Marketing auf Instagram. Die OMR bieten darüber hinaus Seminare mit Experten in Form von »Deep Dives« zum Thema Influencer-Marketing an.

`https://omr.com/de/`

- Content Hub der Agentur Social Match https://www.social-talk.de/

Topaktuelle Insights rund um Trends im Bereich Social Media, insbesondere Specials und Best Practices zu Influencer-Marketing auf Instagram

`http://www.socialmediaexaminer.com/`

#### Status quo bestimmen

In diesem Schritt geht es zunächst darum, Ihre Ausgangssituation zu beleuchten. Hier fließen auch Ihre Vorüberlegungen zu den organisatorischen Rahmenbedingungen in Ihrem Unternehmen ein.

- Gibt es in Ihrem Unternehmen bereits Erfahrungen mit Influencern und wenn ja, welche?
- Was waren Erfolge und wo lagen bisher die Probleme im Influencer-Marketing?
- Wer war bisher für Influencer-Marketing-Aktivitäten verantwortlich?
- Gibt es gegebenenfalls Mitarbeiter, die schon Know-how im Influencer-Marketing aufbauen konnten? Wer kennt sich insbesondere mit Instagram gut aus und versteht die Plattform?
- Gibt es personelle Ressourcen, auf die Sie zurückgreifen können?
- Gibt es ein Marketing-Budget für Influencer-Marketing?
- Gibt es ein Budget für die Anschaffung technischer Ressourcen?

### 6.5.2 Messbare Ziele formulieren

In diesem sowie den darauf folgenden Schritten geht es nun darum

- Ihre konkreten Ziele, die Sie mit Influencer-Marketing erreichen wollen, auf S.M.A.R.T.e Art und Weise zu bestimmen (analog zu der in Abschnitt 3.7 »Definition einer konkreten Zielsetzung« vorgestellten Vorgehensweise),
- Ihre ideale Influencer-Zielgruppe zu definieren
- und aus dieser Betrachtung geeignete Influencer-Maßnahmen abzuleiten.

#### Ziele im Influencer-Marketing

Zu den häufigsten Zielen im Influencer-Marketing auf Instagram zählen im Wesentlichen folgende übergeordnete Ziele sowie damit verbundene Subziele:

**Steigerung der Markenbekanntheit**

- Reichweite in relevanten Zielgruppen maximieren
- neue Zielgruppen erreichen
- Aufmerksamkeit für einen Produkt-Launch erzielen
- Zusätzliche Reichweite via Earned Media erzielen
- ...

**Verbesserung des Markenimage und der Markenwahrnehmung, Unterstützung der Markenbildung**

- einen Imagelift erzielen
- die Marke verjüngen

- die Glaubwürdigkeit der Marke erhöhen
- ...

**Steigerung der Markenpräferenz**

- Interaktion mit der Zielgruppe erhöhen
- Wachstum der Instagram-Community generieren
- Kaufbekundungen und Empfehlungen steigern
- User Generated Content steigern
- ...

**Steigerung des Abverkaufs von Produkten der Marke**

- qualifizierten Traffic auf der Website erhöhen
- Leads generieren
- Conversions erhöhen
- besseres Google-Ranking erzielen (indirekt mithilfe von Influencern, die ein Blog betreiben)
- ...

Damit dient Influencer-Marketing auf Instagram vorrangig dem strategischen Ziel, Kunden für das Unternehmen zu gewinnen und dessen Gewinn zu erhöhen.

Darüber hinaus existieren jedoch auch noch weitere Ziele, wie zum Beispiel:

- **Content-Erstellung** (was direkt auf die Markenbildung einzahlt und zudem zur Steigerung der Markenbekanntheit, Markenpräferenz, zur Verbesserung von Prozessen oder zur Einsparung von Kosten beitragen kann)
- **Event-Management** (was ebenfalls auf die Verbesserung von Prozessen sowie die Steigerung der Markenbekanntheit oder auch Kundenbindung einzahlt)
- **Krisen- oder Reputationsmanagement** (was auf die Akzeptanz in der Öffentlichkeit und die Krisenfestigkeit des Unternehmens einzahlt)

Grundsätzlich ist es sinnvoll, von Ihren übergeordneten Zielen, die Sie für die wichtigsten halten, zwei bis drei Ziele zu priorisieren.

Bedenken Sie dabei, dass sich Branding-orientierte Ziele und Performance-orientierte Ziele zwar nicht ausschließen, aber einer durchdachten Kampagnen-Architektur bedürfen. Nicht nur auf einen Post beschränkte Influencer-Marketing-Kampagnen bieten Ihnen die Chance, zunächst Awareness für eine Marke und/oder deren Produkte aufzubauen, im nächsten Schritt die Präferenz für die Marke zu steigern und schließlich, oftmals unterstützt durch Rabatt- oder Aktionscodes, den Abverkauf der Produkte zu forcieren.

#### Ableitung von KPIs und Methoden zur Erfolgsmessung

Nachdem Sie Ihre wichtigsten Ziele ausgewählt haben, geht es nun darum, jeweils zwei bis drei KPIs pro übergeordnetem Ziel abzuleiten, an denen Sie den Erfolg Ihrer Influencer-Marketing-Aktivitäten festmachen wollen und mit deren Hilfe Sie Ihre Ziele bestmöglich S.M.A.R.T. formulieren können.

Im Falle des Ziels »Content-Erstellung« könnte das zum Beispiel wie folgt aussehen:

Mithilfe der durch die Influencer X, Y, Z produzierten Inhalte wollen wir bis zum 30.9.

- die Reichweite (Unique Accounts) unserer Posts/Stories auf Instagram um zehn Prozent erhöhen,
- das Post-Engagement auf sieben Prozent steigern,
- sowie das monatliche Follower-Wachstum unseres Instagram-Accounts auf fünf Prozent erhöhen.

Der bereits mehrfach erwähnte Leitfaden »Erfolgsmessung in Social Media« sowie die gleichnamige Matrix des BVDW kann Ihnen dabei helfen, für Sie relevante KPIs zu Ihren Zielen zu finden, und darüber hinaus einen Überblick geben, mit welchen Methoden Sie diese messen können.

**Wichtig**

Gerade zu Beginn Ihrer Influencer-Marketing-Aktivitäten ist es ohne einen Referenzwert gegebenenfalls schwierig, ein belastbares S.M.A.R.T.es Ziel zu formulieren.

Orientieren Sie sich gegebenenfalls an Ihrer Konkurrenz oder an Branchendurchschnittswerten. Mit entsprechender Analytics-Software wie IROIN oder influData können Sie Ihre Konkurrenz diesbezüglich analysieren.

Mit Ihren Erfahrungen können Sie dann sukzessive realistischere Zielwerte festlegen und in Ihrer Strategie anpassen.

### 6.5.3 Zielgruppe bestimmen

Um später Ihren idealen Influencer identifizieren zu können, ist es wichtig, sich Ihre Zielgruppe, die Sie mit Influencer-Marketing-Maßnahmen erreichen wollen, genau vorzustellen. Hilfreich ist an dieser Stelle das Persona-Konzept aus Abschnitt 3.4 »Analyse und Definition von Zielgruppen«.

Dabei sind vor allem folgende Fragestellungen von großer Relevanz:

- Wer ist meine Persona (Name, Alter, Wohnort, Familienstand, Beruf, Einkommen etc.)?
- Welche Werte, Einstellungen hat meine Persona?
- Für welches Problem sucht meine Persona eine Lösung?
- Wo sucht meine Persona nach einer Lösung? (Blogs, Instagram-Accounts, Zeitschriften etc.)
- Was sind ihre Kaufkriterien in Bezug auf mein Produkt?
- Wie sieht die typische Customer—Decision-Journey meiner Persona aus?
- Welche Bedürfnisse hat meine Persona in den einzelnen Phasen ihrer Customer-Decision-Journey?

### 6.5.4 Ableitung von Maßnahmen

Auf Basis Ihrer Ziele sowie Ihren identifizierten Personas können Sie nun konkrete Influencer-Marketing-Maßnahmen ableiten.

Die auf Influencer-Marketing spezialisierte Agentur Social Match (`www.social-match.de`) hat auf Basis ihrer Erfahrungen mit einer Vielzahl von Kampagnen eine Systematisierung gängiger Influencer-Marketing-Methoden erstellt. Dabei unterscheiden die Experten zwischen kurz-, mittel- und langfristigen Maßnahmen.

| ZEITRAUM | KURZFRISTIG (1-3 Monate) | MITTELFRISTIG (3-6 Monate) | LANGFRISTIG (Always On, 12+ Monate) | |
|---|---|---|---|---|
| MAẞNAHMEN | Influencer Marketing Kampagne | Strategische Testimonials | Dauerhafte Influencer Marketing Strategie | Influencer Relations & Ambassador Programme |
| ZIELE | Reichweite, Awareness, Abverkauf, (Content) | Glaubwürdige, contentstarke Gesichter und Stories | Dauerhafte, effiziente Reichweite & Markenbildung, Conversion, Content für Social Media Strategie | Beziehungspflege zu Fachinfluencern, glaubwürdige Markenbotschafter, Verankerung in Themen-Community |
| BUDGET | 10k – 1 Mio. | 50 – 250k | 5 – 200k pro Monat | 0 – 10k pro Monat |

Social Match

**Abb. 6.14:** Kategorisierung von Influencer-Marketing-Maßnahmen (Quelle: Social Match, `www.social-match.de`)

**Kurzfristig**

Kurzfristige Maßnahmen sind demnach klassische vier- bis sechswöchige Influencer-Marketing-Kampagnen, mit denen die Reichweite für eine Markenbotschaft, das Markenbewusstsein oder der Abverkauf erhöht oder auch Content kreiert werden soll. Das Budget solcher Kampagnen reicht, je nach Zielsetzung, Influencer-Auswahl und vorhandener finanzieller Ressourcen, von 10.000 Euro bis eine Million Euro.

**Mittelfristig**

Mittelfristige Maßnahmen zielen auf die Zusammenarbeit mit »Strategischen Testimonials« ab, die in einer authentischen Beziehung zur Marke stehen und deren Werte sich durch ihre Person und ihre Lebensweise widerspiegeln können. Sie sind damit nicht nur das Gesicht der Marke, sondern gleichzeitig auch deren Markenbotschafter und beziehen deren Produkte auf natürliche Weise in ihr Leben ein. So sind sie in der Lage, glaubwürdige Geschichten unter Beteiligung der Marke aus ihrem Alltag mit ihrer Community zu teilen.

**Langfristig**

Zu den langfristigen Maßnahmen zählt zum einen eine, mindestens auf ein Jahr, angelegte Influencer-Marketing-Strategie, die das Ziel hat, auf effiziente Weise Reichweite für die Marke zu generieren, die Markenbildung kontinuierlich zu unterstützen, Abverkäufe zu erzielen oder auch Content für die eigene Content-Marketing-Strategie zu gewinnen.

Zum anderen schließt eine langfristige Strategie Ambassador-Programme ein, bei denen der Aufbau und die Pflege von Beziehungen zu glaubwürdigen Markenbotschaftern und Fach-Influencern im Vordergrund steht. Sie sollen die Marke und ihre Produkte in ihren Communities bekannt, vertrauenswürdig und erlebbar machen.

#### Entwicklung eines Kampagnen-Konzepts

Sobald Sie sich darüber im Klaren sind, wie eine Zusammenarbeit mit Influencern grundsätzlich ausgelegt sein soll, ob kurz-, mittel- und/oder langfristig, geht es nun um die Ausdifferenzierung der damit verbundenen Maßnahmen und die Entwicklung eines individuellen Kampagnen-Konzepts.

Dabei können Sie auf die in Abschnitt 6.3 »Formen von Influencer-Marketing auf Instagram« vorgestellten Formen der Zusammenarbeit mit Influencern zurückgreifen.

### 6.5.5 Identifikation und Analyse von Influencern

Nachdem Sie nun Ihre konkreten Ziele formuliert, Ihre Zielgruppe definiert sowie ein erstes Kampagnen-Konzept erarbeitet haben, können Sie im nächsten Schritt Kriterien bestimmen, nach denen Sie passende Influencer auswählen wollen.

Dazu können folgende Kriterien zählen:

**Soziodemografie:**

- Alter
- Geschlecht
- Region (Land, Stadt, ...)
- Sprache
- Familienstand (Mutter, Vater)

**Quantitative Aspekte:**

- durchschnittliche Brutto- und Netto-Reichweite pro Foto-Post, Video-Post, Instagram Story oder Live-Video (Durchschnittswert aus den letzten sieben bis zehn Posts)
- Reichweite weiterer Social-Media-Präsenzen (Soll Ihr Influencer gleichzeitig ein Blog betreiben, eine starke Präsenz auf Facebook, YouTube, Snapchat oder Pinterest haben?)
- Prozentualer Follower-Zuwachs, Follower-Growth-Rate (Wächst der Account kontinuierlich?)
- Engagement-Rate (mindestens xx Prozent)
- Posting-Frequenz (z.B. mindestens täglich)
- Mindest- oder Höchst-Reichweite bzw. Anzahl der Follower

**Qualitative Aspekte:**

- Glaubwürdigkeit für ein bestimmtes Thema
- Standing in seiner Nische (wer verweist in seinen Posts auf den Influencer?)
- Bildsprache
- Content-Qualität
- Content-Präferenzen (Macht er/sie lieber Fotos oder Videos? Steht er/sie lieber vor oder hinter der Kamera? Kann er/sie gut moderieren?)
- Zielgruppen-Affinität (Passen die Follower des Influencers zur anvisierten Zielgruppe?)
- Sentiment der Kommentare
- Referenzen (Gab es schon eine erfolgreiche Zusammenarbeit mit anderen Unternehmen?)
- Brand-Affinität, Brand Fit
- Interaktion mit den Followern (Antwortet er/sie auf Kommentare, wenn ja, wie?)
- Beziehungsqualität zwischen Influencer und Follower (Welche Konversationen entstehen via Kommentare zu einzelnen Posts?)

### Recherche-Möglichkeiten

#### Manuelle Recherche

Hier bietet sich zunächst die Recherche über Keywords an. Zuallererst sollten Sie Ihre Markenhashtags sowie Ihre Produkthashtags sowie analog zum Social Media Audit in Kapitel 3 weitere relevante Suchbegriffe in die Instagram-Suche eingeben. In den Suchergebnissen werden die beliebtesten Beiträge in der Community dazu auf Basis ihrer Likes und Kommentare zuerst angezeigt, sodass Sie hier bereits auf geeignete Kandidaten stoßen könnten, die affin zu Ihrer Marke sind.

Geben Sie zudem sämtliche Hashtags Ihrer Branche, inklusive die Ihrer Konkurrenz, in die Instagram-Suche ein und beobachten Sie, wer bereits erfolgreich auf Instagram zu Ihrem Thema kommuniziert.

Instagram schlägt Ihnen auf den Suchergebnisseiten darüber hinaus ÄHNLICHE Hashtags, die im Zusammenhang mit Ihren Schlagworten von der Community verwandt werden, vor, sodass Sie noch tiefer in Ihre Recherche einsteigen können.

Darüber hinaus können Sie sich auf dem Profil potenzieller Instagrammer über die Funktion VORSCHLÄGE FÜR DICH (neben dem Folgen-Button) ähnliche Profile anzeigen lassen.

Beziehen Sie bei Ihrer Suche auch die jeweiligen Hashtag-Stories (sofern vorhanden), die oberhalb der Foto- und Video-Posts der Suchergebnisse angezeigt werden, ein.

Falls Sie schon Kontakte zu Influencern geknüpft haben, fragen Sie diese nach weiteren potenziellen Kandidaten in ihrem Netzwerk oder/und analysieren Sie die Liste der Accounts, die der betreffende Influencer abonniert hat. Da die Konkurrenz zwischen den Influencern stark gestiegen ist, werden Sie bei beiden Varianten möglicherweise nicht immer fündig, aber einen Versuch ist es wert.

#### Blogger-Recherche

Sofern es Ihnen wichtig ist, dass ein Influencer erfolgreich ein eigenes Blog oder Vlog zu Ihrem Thema betreibt, weiten Sie Ihre Suche auch auf Blogsuchmaschinen, wie zum Beispiel twingly sowie auf YouTube und Google aus. Auch die Plattform BLOGLOVIN' (auch als App für iOS und Android verfügbar) kann hier eine Inspirationsquelle sein. Neben diversen Kategorien (insbesondere Mode, Beauty, Lifestyle, DIY und weitere) können Sie deutschsprachige Blogs auch via deutschen Schlagworten suchen. Darüber hinaus ist das Tool BuzzSumo eine sehr gute Möglichkeit, Blogger insbesondere auch zu Nischen-Themen aufzuspüren.

### Recherche innerhalb der eigenen Followerschaft

Auch eine Analyse Ihrer eigenen Follower ist ein probates Mittel, um auf potenzielle markenaffine Influencer zu stoßen. Allerdings werden Sie hier je nach Anzahl Ihrer Follower schnell an Ihre Grenzen stoßen. Ohne technische Hilfsmittel gleicht die Suche nach einem passenden Influencer eher »der Suche nach der Nadel im Heuhaufen«.

### Influencer-Technologien

In Anbetracht der Komplexität der Influencer-Recherche sowie auch Analyse greifen immer mehr Unternehmen und Marken auf die Hilfe von Influencer-Technologien zurück, von denen im Folgenden eine Auswahl vorgestellt wird.

### Iroin.io

Ein Tool, das sämtliche Prozesse des Influencer Marketings in einer Software-Lösung integriert, ist das aus Erfurt stammende Iroin.io. Dazu zählen unter anderem die Recherche und Analyse von Influencern, deren individuelle Ansprache und Briefing, das Portfolio-und Kontaktmanagement, darunter auch die Ablage von Dokumenten, wie zum Beispiel NDAs, die Redaktionsplanung, das Auf- und Umsetzen von Kampagnen, das Monitoring und Listening und die Evaluation von Maßnahmen.

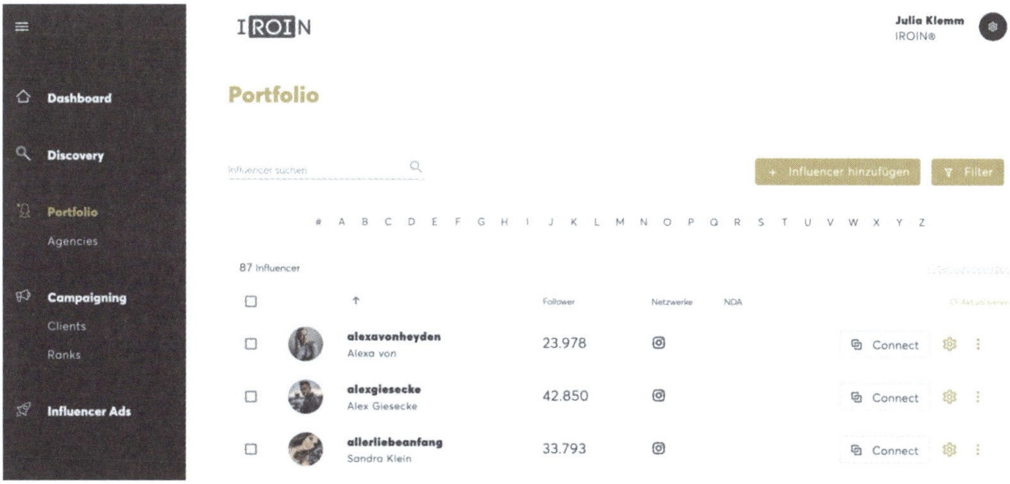


**Abb. 6.15:** Portfolio-Ansicht in iroin.io

### Recherche und Analyse von Influencern über Iroin.io

Um passende Influencer für Ihr Unternehmen zu finden, liefert Iroin.io Ihnen eine Reihe von Möglichkeiten, Ihre Suche einzugrenzen und Influencer zu analysieren.

- Sie können beispielsweise eine Bandbreite einer minimalen und maximalen Anzahl von Followern festlegen
- Influencer nach Engagement sortieren
- Über einen »Follower-Filter« Ihre Auswahl auf soziodemografische Kriterien der Followerschaft ausrichten – etwas ein bestimmtes Alter oder eine bestimmte Region eingrenzen

Ein- und Ausschlusskriterien, wie zum Beispiel eine bestimmte Sprache festlegen

- Den Bildstil anhand der beliebtesten Postings ermitteln
- Unseriöse Taktiken zum Follower-Aufbau (Influencer Fraud) analysieren, um auszuschließen, dass es sich bei der Followerschaft beispielsweise nicht überwiegend um Fake-Accounts handelt (Siehe dazu auch Kapitel 5, Abschnitt 5.12 »Unseriöse Methoden zum Follower-Aufbau«)
- Die Entwicklung des Follower-Wachstums nachvollziehen
- Wichtige Kennzahlen, wie durchschnittliche Brutto-und Nettoreichweite von Beiträgen, Interaktionen mit Beiträgen inklusive Stories einsehen
- Mit Hilfe des »Overlaps-Feature« Überschneidungen in der Followerschaft von Influencern ermitteln
- Die Zusammenarbeit mit anderen Marken in der Vergangenheit prüfen

### Kampagnen-Management mit Iroin.io

Neben vielen weiteren hilfreichen Funktionen bietet die Plattform ein übersichtliches Kampagnen-Management. Dabei können die Kampagnen-Ziele hinterlegt und die Performance anhand KPIs, wie Reichweite, Interaktionen und Engagement-Rate live verfolgt werden.

**Weitere Influencer-Marketing-Plattformen- und Dienstleister:**

- Storyclash (https://storyclash.com/de)
- Collabary by Zalando (`https://www.collabary.com`)
- Territory Influence (`https://www.territory-influence.com/de/`)
- Hashtaglove (`https://www.hashtaglove.de/`)
- Reachbird (`https://www.reachbird.io/de/`)

**Abb. 6.16:** Ansicht der Kampagnen-Performance in Iroin.io

Social-Media-Mangement und Listening Tools:

Die schon in Kapitel 3 und 4 erwähnten Social-Media-Management- und Analytics-Tools wie

- Sprout Social
- Falcon.io
- Swat.io
- Meltwater
- Talkwalker
- oder Brandwatch

beinhalten starke Social-Media-Monitoring- und Listening-Funktionalitäten, mit deren Hilfe ebenfalls Influencer identifiziert werden können.

### 6.5.6 Umsetzung

#### Briefing

Nach der Identifikation und Analyse der Influencer folgt nun die Ausarbeitung eines Briefings mit allen relevanten Informationen:

- die S.M.A.R.T.e Zielformulierung Ihrer Influencer-Marketing-Maßnahme
- Ihre Zielgruppe, respektive Ihre Persona inklusive deren Bedürfnisse, Mediennutzungsverhalten etc.
- Ihre Kampagnen-Idee, die von den Influencern interpretiert werden soll
- die Anforderungen an den Influencer (Welche Art von Zusammenarbeit wäre wünschenswert? Welche Social-Media-Kanäle sollen über Instagram hinaus bespielt werden?)
- die Eigenschaften Ihrer Marke oder Ihrer Produkte, die besonders hervorgehoben werden sollen
- Honorar oder sonstige Gegenleistung für den Influencer

#### Kontaktanbahnung und Ansprache

Dieser Punkt ist besonders erfolgskritisch für die Auswahl von Markenbotschaftern und Testimonials. Da es sich bei Influencern um Kooperationspartner handelt, die Sie von sich und Ihrer Marke überzeugen wollen, sollten Sie die Kontaktaufnahme möglichst sensibel und wertschätzend angehen. Das beginnt bereits bei der Frage, ob Sie die Influencer direkt selbst ansprechen oder lieber eine Spezial-Agentur beauftragen sollten. Laut Studien präferieren 79 Prozent der Influencer eine persönliche Ansprache über eine Marke als über Dritte.

Wichtig ist in jedem Fall eine persönliche Ansprache der Influencer entweder per E-Mail oder idealerweise bei einem Treffen. Hierzu empfiehlt es sich, so viele Informationen wie möglich über den Influencer herauszufinden. Darüber hinaus sollten Sie darauf hinweisen, aufgrund welcher Stärken und individueller Facetten Sie den betreffenden Influencer ausgewählt haben und warum Sie glauben, dass er oder sie zu Ihnen passt. Gleichzeitig sollten Sie herleiten, warum gerade Ihr Unternehmen ein guter Kooperationspartner aus Sicht des Influencers ist. Denn auch er muss von einer Zusammenarbeit mit Ihnen profitieren.

Vor diesem Hintergrund sollten Sie eine Kampagne entwickeln, die einen Mehrwert für die Instagram-Präsenz als auch darüber hinaus darstellt.

Beziehen Sie auch die Kreativität der Influencer in den gesamten Strategie-Prozess ein. Gegebenenfalls kann Ihre Kampagnen-Idee noch verbessert werden.

#### Redaktionsplan

Sobald die Abstimmung mit den Influencern erfolgt ist, geht es um die Entwicklung eines konkreten Redaktionsplans, in dem Sie Ihre Maßnahmen inklusive Publishing-Daten pro Post, Instagram Story, Account Takeover etc. terminieren. Sofern Sie den Influencer-Content auch für Ihre eigene Instagram-Präsenz nutzen wollen, haben Sie hier einen guten Überblick, wann dieser Content verfügbar ist.

#### Konditionsverhandlungen

Ihr Plan steht, nun geht es an die Verhandlung der Konditionen.

Faktoren, die bei der Preisfindung eine Rolle spielen, sind zum Beispiel folgende:

- die Qualität und Konsistenz des Contents
- die Audience-Qualität (involvierte Zielgruppe)
- die tatsächliche Reichweite seiner Posts
- Referenzen (zum Beispiel die Zusammenarbeit mit hochwertigen Marken)
- das Image des Influencers in der Influencer-Szene und darüber hinaus
- die Qualität und der Einfluss seiner Webpräsenz inklusive Backlinks auf seinen Blog durch renommierte Seiten
- Anzahl der Follower
- gegebenenfalls ein Celebrity-Status, der auch über Instagram hinausreicht

#### Guidelines

Extrem wichtig in der Zusammenarbeit mit Influencern ist, ihre künstlerische Freiheit zu wahren. Deshalb sollten Sie nur so wenige Guidelines wie nötig aufsetzen und in einem Vertrag fixieren (siehe dazu Abschnitt 6.6 »Rechtliche Rahmenbedingungen, Kennzeichnungspflichten«). Eine gängige Guideline ist inzwischen die Vorabnahme eines Inhalts durch die Marke.

### 6.5.7 Bewertung

Sobald Ihre Influencer-Marketing-Maßnahmen anlaufen, gilt es nun, den Kampagnenerfolg zu messen.

Probate **quantitative Messkriterien** sind dabei folgende:

- das Wachstum Ihres eigenen Instagram-Accounts (Follower-Growth-Rate, die Sie beispielsweise mit Iconosquare analysieren können)
- der Trafficzuwachs auf Ihrer Website (zum Beispiel via Google Analytics oder Matomo)

- das Engagement der Sponsored Posts (via Iroin.io oder weiteren Influencer-Technologien)
- Post-Performance – performen die Sponsored Posts gleich, besser oder schlechter als der Durchschnitt der Influencer-Posts? Sind sie von der Zielgruppe gut angenommen worden?
- Anzahl Mentions durch andere Influencer (via Iroin.io)
- Entwicklung von Earned Media (via Iroin.io oder auch manuelle Recherche, etwa Anzahl der Beiträge, die mit Ihrem Markenhashtag verbreitet werden, gibt es eine signifikante zusätzliche Reichweite, die Sie über Ihre bezahlten Maßnahmen hinaus generieren konnten?)
- Hashtag-Performance – welche Reichweite und welches Engagement konnten die Influencer-Beiträge, die mit Ihrem Aktions- oder Markenhashtag markiert wurden, insgesamt generieren und welche Influencer greifen Ihre Aktion darüber hinaus unter den Hashtags auf? (ebenfalls über Iroin.io trackbar, ein sehr gutes Tool in diesem Zusammenhang auch das bereits erwähnte Talkwalker (`www.talkwalker.com`).
- Conversions – gibt es Leads oder Sales, die über die Aktion generiert werden konnten? (Nachweis über Rabatt- oder Aktions-Codes möglich)
- Wie hoch ist der durchschnittliche TKP im Vergleich zu anderen Marketing-Maßnahmen?

**Qualitative Kriterien**

Hier ist die Tonalität bzw. das Sentiment der Kommentare besonders wichtig – sind sie positiv, neutral oder negativ, konnte hier eine Präferenz oder gar ein direktes Kaufinteresse geweckt werden? (Manuelle Recherche notwendig)

Gibt es Berichterstattungen in den Medien (Google-Suche) oder auch in anderen Social-Media-Kanälen (BuzzSumo)?

## 6.6 Rechtliche Rahmenbedingungen, Kennzeichnungspflichten

Grundsätzlich sind kommerzielle Influencer-Inhalte kennzeichnungspflichtig. Im Falle von Foto- und Video-Posts muss dies sofort sichtbar zu Beginn der Bildunterschrift mit dem Begriff »Werbung« oder »Anzeige« erfolgen.

Kommerziell ist ein Inhalt, wenn mit dessen Veröffentlichung

- eine monetäre Vergütung
- oder eine geldwerte Gegenleistung durch ein Unternehmen in Form von Gutscheinen,
- eine kostenlose Produktprobe
- oder das Einsparen von Reisekosten, Flügen oder Hotelübernachtungen verbunden ist.

Übersendet ein Unternehmen einem Influencer Produktproben oder Gutscheine ohne Vorgabe, dazu einen Inhalt zu veröffentlichen, handelt es sich wiederum um einen nicht kennzeichnungspflichtigen Inhalt.

Sehr hilfreich zur Beurteilung der Kennzeichnungspflichten in Social Media im Allgemeinen und Instagram im Besonderen ist der »Leitfaden der Medienanstalten zur Werbekennzeichnung bei Social Media-Angeboten«, den Sie hier finden:

`https://www.die-medienanstalten.de/fileadmin/user_upload/die_medienanstalten/Service/Merkblaetter_Leitfaeden/ua_Leitfaden_Medienanstalten_Werbekennzeichnung_Online-Medien.pdf`

Kennzeichnungsmatrix

| | Szenarien/Inhalte | Video | Audio | Überwiegend statisch (Bild/Text) |
|---|---|---|---|---|
| A | Beiträge über Produkte, Dienstleistungen, Marken, Unternehmen, Regionen, Events, Reisen, die gegen Bezahlung oder eine Gegenleistung veröffentlicht werden | a) Produkt spielt Hauptrolle im Video oder in einer Sequenz: deutlich lesbare Einblendung „Werbevideo" oder „Werbung" während des gesamten Videos oder der Werbesequenz<br>b) Produkt spielt Nebenrolle: „Unterstützt durch Produktplatzierung" oder „Unterstützt durch <Produktname>" zu Beginn des Videos | a) Produkt spielt Hauptrolle: Absetzung zu Beginn der Sequenz mit der Ansage „Werbung" oder einem Jingle, der nur für die Ankündigung der Werbung verwendet wird; ggf. Hinweis auf das Werbeende, wenn sonst nicht deutlich<br>b) Produkt spielt Nebenrolle: „Unterstützt durch Produktplatzierung" oder „Unterstützt durch <Produktname>" zu Beginn | Deutlich lesbar „Werbung" oder „Anzeige" zu Beginn des Beitrags |
| B | Beiträge über Produkte, Dienstleistungen, Marken, Unternehmen, Regionen, Events, Reisen, die kostenlos in Anspruch genommen oder erhalten wurden, wenn die Veröffentlichung an Vereinbarungen/Bedingungen oder Erwartungen geknüpft ist | a) Produkt spielt Hauptrolle im Video oder in einer Sequenz: deutlich lesbare Einblendung „Werbevideo" oder „Werbung" während des gesamten Videos oder der Werbesequenz<br>b) Produkt spielt Nebenrolle und Wert liegt über 100 €: „Unterstützt durch Produktplatzierung" oder „Unterstützt durch <Produktname>" zu Beginn des Videos | a) Produkt spielt Hauptrolle: Absetzung zu Beginn der Sequenz mit der Ansage „Werbung" oder einem Jingle, der nur für die Ankündigung der Werbung verwendet wird; ggf. Hinweis auf das Werbeende, wenn sonst nicht deutlich<br>b) Produkt spielt Nebenrolle und Wert liegt über 100 €: „Unterstützt durch Produktplatzierung" oder „Unterstützt durch <Produktname>" zu Beginn | Deutlich lesbar „Werbung" oder „Anzeige" zu Beginn des Beitrags |
| C | Beiträge über Produkte, Dienstleistungen, Marken, Unternehmen, Regionen, Events, Reisen, die aus eigener Motivation ohne kommerziellen Anreiz Dritter veröffentlicht werden | Keine Kennzeichnung erforderlich | Keine Kennzeichnung erforderlich | Keine Kennzeichnung erforderlich |
| D | Beiträge/Darstellungen von eigenen Produkten, Dienstleistungen, Marken, Unternehmen – wenn die eigene Unternehmerschaft eindeutig ist | Keine Kennzeichnung erforderlich | Keine Kennzeichnung erforderlich | Keine Kennzeichnung erforderlich |
| E | Beiträge/Darstellungen von eigenen Produkten, Dienstleistungen, Marken, Unternehmen – ohne dass die eigene Unternehmerschaft eindeutig ist | a) Produkt spielt Hauptrolle im Video oder in einer Sequenz: deutlich lesbare Einblendung „Werbevideo" oder „Werbung" während des gesamten Videos oder der Werbesequenz<br>b) Produkt spielt Nebenrolle: „Unterstützt durch Produktplatzierung" oder „Unterstützt durch <Produktname>" zu Beginn des Videos | a) Produkt spielt Hauptrolle: Absetzung zu Beginn der Sequenz mit der Ansage „Werbung" oder einem Jingle, der nur für die Ankündigung der Werbung verwendet wird; ggf. Hinweis auf das Werbeende, wenn sonst nicht deutlich<br>b) Produkt spielt Nebenrolle: „Unterstützt durch Produktplatzierung" oder „Unterstützt durch <Produktname>" zu Beginn | Deutlich lesbar „Werbung" oder „Anzeige" zu Beginn des Beitrags |

**Abb. 6.17:** Auszug aus dem Leitfaden der Medienanstalten zur Werbekennzeichnung bei Social-Media-Angeboten (Quelle: die medienanstalten-ALM GbR, Stand Mai 2022)

Kennzeichnungsmatrix

| | Szenarien/Inhalte | Video | Audio | Überwiegend statisch (Bild/Text) |
|---|---|---|---|---|
| F | Rabattcodes | Deutlich hörbar/lesbar „Werbung" oder „Anzeige" in unmittelbarer zeitlicher/räumlicher Nähe des Rabattcodes | Absetzung zu Beginn der Sequenz mit der Ansage „Werbung" oder einem Jingle, der nur für die Ankündigung der Werbung verwendet wird; ggf. Hinweis auf das Werbeende, wenn sonst nicht deutlich | Deutlich lesbar „Werbung" oder „Anzeige" in unmittelbarer Nähe des Rabattcodes |
| G | Affiliate Links | Symbol (*) und Erläuterung in unmittelbarer Nähe des Links | | Symbol (*) und Erläuterung in unmittelbarer Nähe des Links |
| H | Werbliche Links | Deutlich lesbar „Werbung" oder „Anzeige" in unmittelbarer Nähe des Links | | Deutlich lesbar „Werbung" oder „Anzeige" in unmittelbarer Nähe des Links |
| I | Links/Tags auf Freunde, Quellenangaben, Ortsangaben, wenn keine Vereinbarung zugrunde liegt | Keine Kennzeichnung erforderlich | | Keine Kennzeichnung erforderlich |
| J | Retweets/Reposts von Inhalten mit kommerziellem Hintergrund, sofern keine Kooperation besteht oder kein eigenes kommerzielles Interesse vorliegt | Keine Kennzeichnung erforderlich | | Keine Kennzeichnung erforderlich |
| K | Unternehmen/Marke unterstützt (finanziell) Inhalte oder das Gesamtangebot, ist dabei aber selbst nicht Gegenstand der Inhalte (Sponsoring) | Kurzer Hinweis zu Beginn des Videos; zusätzlich vor und nach Werbeunterbrechungen und am Ende möglich | Kurzer Hinweis zu Beginn des Audioinhalts; zusätzlich vor und nach Werbeunterbrechungen und am Ende möglich | |
| L | Politische Werbung | Nicht erlaubt | Nicht erlaubt | Deutlicher Hinweis zu Beginn des Beitrags darauf, in wessen Interesse der Beitrag erstellt wurde (z. B. „finanziert durch") |

**Abb. 6.18:** Auszug aus dem Leitfaden der Medienanstalten zur Werbekennzeichnung bei Social-Media-Angeboten (Quelle: die medienanstalten-ALM GbR, Stand Mai 2022)

Grundsätzlich ist es wichtig, einen Vertrag mit Influencern für die jeweilige Zusammenarbeit abzuschließen, der folgende Punkte einschließt:

- Kennzeichnungspflichten
- Verantwortlichkeit bei nicht eingehaltenen wettbewerbs-, medien-, presse- und jugendschutzrechtlichen Regelungen
- Tätigkeits- und Leistungsumfang der Zusammenarbeit
- Vergütung inklusive Goodies oder Prämien
- Nutzungs- und Verwertungsrechte von Inhalten

Weitere Informationen dazu finden Sie unter anderem auf der Seite `www.socialmediarecht.de` von Rechtsanwältin Nina Diercks oder dem bereits erwähnten Rechtsanwalt Dr. Thomas Schwenke `https://drschwenke.de/` sowie bei auf Influencer-Marketing spezialisierten Rechtsanwälten.

Kapitel 7

# Instagram Advertising

## 7.1 Relevanz von Werbung auf Instagram

Werbung auf Instagram ist nicht nur effektiv, sondern auch effizient, und das sowohl für Branding- als auch Performance-orientierte Werbekampagnen. Das bestätigen Marketing-Entscheider und Media-Agenturen gleichermaßen. Inzwischen werben laut Instagram über zwei Millionen Unternehmen auf der Plattform. Laut einer Prognose des Marktforschungsunternehmens eMarketer soll Instagram im Jahr 2023 allein in den USA knapp 40 Milliarden US-Dollar Werbeumsatz generieren.

Die Gründe für das allgemeine Interesse an Werbung auf Instagram und ihr Funktionieren sind im Wesentlichen folgende:

## 7.2 Native Platzierung der Werbung im Homefeed

Wie auch bei Facebook werden Werbeanzeigen auch auf Instagram nativ, das heißt in einer den Usern vertrauten Art, in der auch organische Inhalte auf Instagram erscheinen, eingebunden. Damit wirkt Werbung auf Instagram weniger störend als klassische Display-Werbung. Sie erscheint als Foto-, Video- oder Galerie-Post (bzw. Carousel Ad) im Homefeed der Nutzer, zwischen den Beiträgen der Instagrammer, die der Nutzer abonniert hat, oder als Foto oder Video zwischen den Instagram Stories, die er sich ansieht oder im Reelsfeed und hat somit die gleiche Chance wie organische Inhalte, dessen Aufmerksamkeit zu gewinnen.

## 7.3 Selbstlernender Algorithmus

Der viel zitierte Instagram-Algorithmus wertet neben dem Such- und Kommunikations-Verhalten auf Instagram, Facebook sowie dem Facebook Audience Network auch die Interaktionen der User mit Werbung aus und ist ein selbstlernendes System. Werbung, die der User aktiv ausgeblendet oder mit der er interagiert hat, hat einen Einfluss darauf, welche Werbung er zukünftig sieht. Damit steigt die Relevanz der ausgelieferten Werbung kontinuierlich, was sich in besseren Kampagnen-Ergebnissen für werbetreibende Unternehmen niederschlägt.

## 7.4 Effektives Targeting

Dank seiner Verknüpfung mit der Facebook-Marketing-Plattform stehen für Instagram die gleichen Targeting-Optionen zur Verfügung wie für Facebook-Ads. Das Targeting basiert dabei auf den über die Facebook-ID sowie die Instagram-ID gesammelten umfassenden Nutzerinformationen von »echten Menschen«. Diese IDs liefern nicht nur Daten in Echtzeit, sondern werden seit dem Beitritt der Nutzer zur Facebook- und/oder Instagram-Community über Jahre mit allen erdenklichen (freiwillig oder auch unwissentlich geteilten) Informationen des Nutzers angereichert. Das ist aus Sicht der Werbetreibenden außerordentlich wertvoll (aus User-Sicht natürlich durchaus kritisch zu sehen). Durch den Facebook- und/oder Instagram-Login lassen sich damit die richtigen User am richtigen Ort zur richtigen Zeit über das richtige Endgerät mit der richtigen Botschaft im passenden Kontext ansprechen.

### 7.4.1 Markenaffinität, Engagement und Kaufinteresse

Die schon in Kapitel 1 beschriebene Markenaffinität der Instagrammer, ihr hohes Engagement und ihr latentes Kaufinteresse wirken sich auch positiv auf den Erfolg von Werbekampagnen auf Instagram aus. Sie wollen grundsätzlich mehr über Marken und Produkte erfahren und sind auch bereit, beworbene Produkte zu kaufen. Auch die Einführung der in Kapitel 3 erwähnten Shopping-Funktion zielt auf das grundsätzliche Informations- und Kaufinteresse der Instagrammer ab. Mit den für Werbeanzeigen verfügbaren Call-to-Action-Buttons wie »Mehr ansehen«, »Jetzt buchen« oder »Jetzt einkaufen« lassen sich die Nutzer ideal in der jeweiligen Phase ihres Kaufentscheidungsprozesses ansprechen.

### 7.4.2 Visualität der Plattform

Der Fokus auf visuelle Inhalte und die fast ausschließlich mobile Nutzung von Instagram stellt zwar auch Anforderungen an werbetreibende Unternehmen, wirkt sich aber grundsätzlich förderlich auf eine wirksame Markenkommunikation aus. Eine ansprechende visuelle Gestaltung von Werbung zieht die nach Inspiration suchenden Instagrammer an. Zudem erscheinen Inhalte, inklusive Werbung, als exklusiver Inhalt im Homefeed der Nutzer. Es gibt keinen linken oder rechten Seitenrand, der die Aufmerksamkeit der Nutzer zerstreut.

### 7.4.3 Innovationskraft von Facebook

Ein wesentlicher Erfolgsfaktor für Werbung auf Instagram ist die kontinuierliche Weiterentwicklung der Werbeformate seitens Facebook, etwa auf Basis von Eye-Tracking-Studien, Analysen des Klick-Verhaltens oder generell des Nutzungsverhaltens der User auf der Plattform. Auch das Feedback der User und Werbetreibenden fließt dabei ein. Bringt ein Werbeformat nicht den gewünschten Erfolg, wird es umgehend verbessert. Facebook treibt selbst immer wieder Innovationen voran, um bessere Ergebnisse für Werbetreibende und Nutzer gleichermaßen herzustellen.

## 7.5 Ziele von Werbung auf Instagram

Grundsätzlich lässt sich mit Instagram-Werbung der gesamte Kaufentscheidungsprozess eines Users begleiten und insbesondere in den Phasen Bekanntheit, Kauferwägung und Conversion eine Vielzahl von Zielen verfolgen:

- **Bekanntheit bzw. Awareness**
  - die Bekanntheit und Sichtbarkeit Ihrer Marke oder Produkte innerhalb der Instagram-Community steigern
  - Ihre Bekanntheit in einem bestimmten Land, einer bestimmten Region oder in einer bestimmten Stadt erhöhen
  - Ihre Markenbildung unterstützen
  - die Reichweite Ihrer Markenbotschaft erhöhen
  - die Sichtbarkeit und Interaktion mit Ihren Inhalten erhöhen
- **Kauferwägung bzw. Consideration**
  - Nutzer über Ihre Produkte oder Dienstleistungen informieren
  - die Anzahl der an Ihren Produkten interessierten Besucher auf Ihrer Website erhöhen
  - die Reichweite innerhalb einer markenaffinen Zielgruppe erhöhen
  - mehr Aufrufe für Ihr Video generieren
- **Conversion bzw. Purchase**
  - die Abverkäufe auf Ihrer Website steigern
  - die Downloadzahlen Ihrer mobilen App steigern
  - die Interaktionen mit Ihrer mobilen App erhöhen

Instagram-Werbung eignet sich damit sowohl für Branding-Kampagnen, bei denen die Steigerung der Markenbekanntheit, Reichweite und Markenbildung im Vordergrund stehen, als auch Performance-Kampagnen, über die Leads und Conversions generiert werden sollen.

Mit Retargeting-Optionen, die in Abschnitt 7.7.5 »Vorteile eines Facebook-Pixels und/oder des Facebook-SDKs« noch näher vorgestellt werden, ist es darüber hinaus möglich, auch bestehende Kunden durch einen erneuten Kaufentscheidungsprozess zu führen und sie damit an Ihre Marke zu binden und schließlich Ihren Customer Lifetime Value (CTV) zu erhöhen.

## 7.6 Werbeformen auf Instagram

Die Visualisierungsmöglichkeiten für Werbeanzeigen sind inzwischen vielfältig und beinhalten derzeit folgende vier Grund-Formate sowie darauf basierende Sonderformate.

### 7.6.1 Foto-Ad (Photo Ad und Link Ad)

Foto-Ads sind das gängigste Format unter den verfügbaren Formaten auf Instagram und erscheinen als Foto-Post im Homefeed der Nutzer. Sofern Sie im Rahmen Ihrer Kampagnen-Erstellung einen Link zu Ihrer Website hinterlegen, wird unterhalb Ihres Fotos über dessen gesamte Breite automatisch der Call-to-Action-Button MEHR DAZU angezeigt. Damit entspricht Ihr Foto-Ad einem Link Ad. Alternativ können Sie auch einen anderen Call-to-Action, wie zum Beispiel »Jetzt buchen« oder »Jetzt kontaktieren« und weitere auswählen. Hinterlegen Sie keinen Link in Ihrer Kampagne, wird kein Call-to-Action angezeigt.

Ein Foto-Ad unterscheidet sich neben dem optionalen Call-to-Action-Button lediglich durch die Kennzeichnung GESPONSERT unterhalb Ihres, bei jedem Post eingeblendeten, Account-Namens. Unternehmen nutzen Foto-Ads vor allem, um ihre Marke und ihre Produkte in den Mittelpunkt des Interesses des Nutzers zu setzen. Auch besonders erfolgreiche organische Posts werden als Foto-Ad verlängert. Darüber hinaus setzen Unternehmen User Generated Content mit der entsprechenden Freigabe der User für Foto-Ads ein.

Foto-Ads können entweder quadratisch, im Querformat (Landscape-Modus) oder im Hochformat (Porträt-Modus) gestaltet sein. Instagram empfiehlt für eine größtmögliche Aufmerksamkeit ein 1:1- bzw. quadratisches Bildseitenverhältnis mit folgenden Spezifikationen:

- Bildgröße 1080 x 1080 Pixel (mindestens jedoch 600 x 600 Pixel)
- Dateiformat: JPG oder PNG
- Dateigröße: 30 MB
- Bildunterschrift: ca. 125 Zeichen

Für die Bildunterschrift haben Sie zwar 2.200 Zeichen Platz, eine kurze, sofort zu erfassende Bildunterschrift inklusive der für Ihre Kampagne relevanten Hashtags ist jedoch empfehlenswert.

Das Foto Ihrer Werbeanzeige kann inzwischen auch mehr Text enthalten. Damit sind Texte, textlastige Logos oder Wasserzeichen, die sich direkt auf Ihrem Foto befinden, gemeint.

Weitere technische Details finden Sie immer aktuell im Facebook-Ads-Guide unter: `https://www.facebook.com/business/ads-guide/`

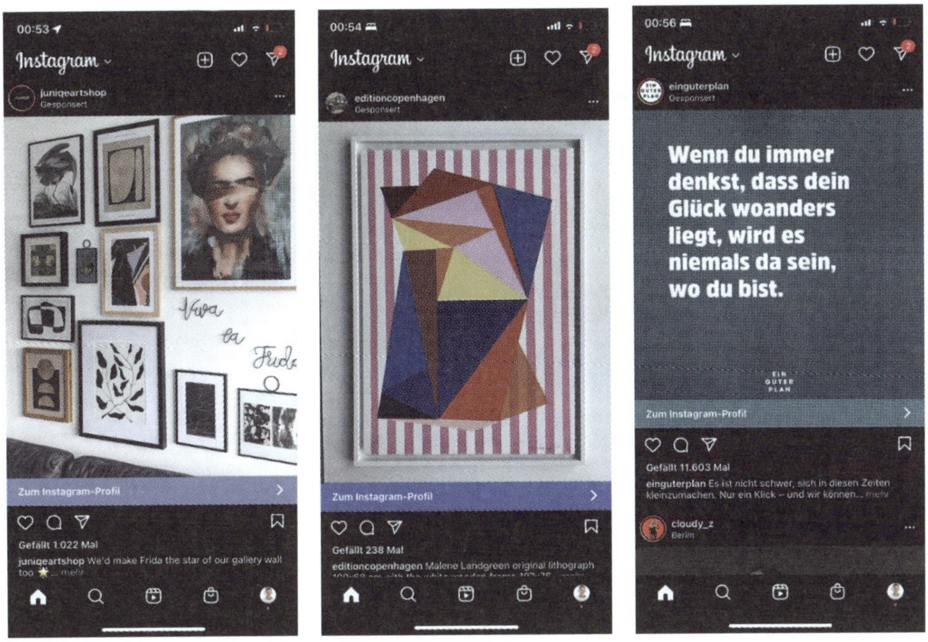


**Abb. 7.1:** Beispiele für Foto Ads von Juniqe, Edition Copenhagen und Ein guter Plan

## 7.6.2 Video-Ad

Video-Ads werden analog zu Foto-Ads im Homefeed der User ausgespielt, starten dabei automatisch und ohne Ton. Sie sind im Hoch- oder Querformat oder in quadratischer Form einsetzbar. Vorteil eines Video-Ads ist die Möglichkeit, Nutzer mithilfe von Bewegtbild sowie optischen und akustischen Reizen noch emotionaler und kreativer anzusprechen. Allerdings besteht die Herausforderung darin, die Kernaussage Ihres Videos schon direkt zu Beginn zu platzieren und auch ohne Ton verständlich zu machen. Laut aktuellen Studien von Facebook und Nielsen werden 47 Prozent der Werbewirkung eines Videos in Bezug auf Werbeerinnerung, Markenbekanntheit oder Sales bereits in den ersten drei Sekunden erzielt und 74 Prozent innerhalb der ersten zehn Sekunden, wenngleich auch der weitere Verlauf des Videos wertstiftend ist.

Sie sollten Video-Ads deshalb in Ihre Werbestrategie einbeziehen und Erfahrungen damit sammeln und sich zukunftssicher aufstellen.

Unternehmen zeigen über Video-Ads häufig für Instagram optimierte Image-Videos (das Wichtigste zuerst), aber auch kreative Zeitraffer- oder Stop-Motion-Filme.

**Wichtigste Spezifikationen:**

- Seitenverhältnis: 4:5 (empfohlen)
- Format: MP4, MOV oder GIF
- Bildunterschrift: 125 Zeichen (empfohlen)
- Mindestlänge: keine
- Empfohlene Länge: 15 Sekunden
- Maximale Größe: 250 MB
- Ton: automatischer Start mit Ton

Die ausführlichen Spezifikationen finden Sie im Facebook-Ads-Guide, zum Beispiel hier:
`https://www.facebook.com/business/ads-guide/update/video/instagram-feed/`

### 7.6.3 Carousel Ads

Carousel Ads entsprechen einer interaktiven Bilder-Galerie bzw. Slideshow, durch die der User swipen bzw. wischen kann. Sie können aus bis zu zehn Fotos und/oder Videos, auch Karten genannt, bestehen. Analog zum Foto- und Video-Ad kann auch das Karussell-Ad mit einem Call-to-Action-Button versehen werden, der schon ab dem ersten Bild oder Video zu sehen ist. Mithilfe des Karussell-Ads können Sie Nutzer bereits innerhalb der Instagram-Welt mit Ihrer Marken- und Produktwelt vertraut machen, indem Sie unterschiedliche Produkte nacheinander zeigen, Ihr Produkt aus verschiedenen Perspektiven beleuchten, verschiedene Screenshots Ihrer App visualisieren oder Impressionen einer neuen Reisedestination vermitteln. Das Karussell-Ad entspricht dabei der typischen Nutzer-Intention, mehr über eine Marke oder ein Produkt erfahren zu wollen, jedoch ohne dabei die Instagram-Welt sofort verlassen zu müssen.

Beliebter kreativer Anwendungsfall für Karussell-Ads ist es, ein großes Bild in mehrere Einzelbilder zu zerlegen und es über mehrere Karten im Karussell-Ad zu zeigen.

**Wichtigste Spezifikationen:**

- analog zu Foto- und Video-Ad
- Videolänge: bis zu 2 Minuten
- Bildseitenverhältnis: 1:1
- Mindestanzahl Karten: 2
- Maximale Anzahl Karten: 10

Die ausführlichen Spezifikationen finden Sie im Facebook-Ads-Guide, zum Beispiel hier:
`https://www.facebook.com/business/ads-guide/update/carousel/instagram-feed`

### 7.6.4 Ads in Stories und Reels

Sie können einzelne Fotos, ein Video, eine Carousel Ad oder eine Collection Ad zwischen den vielfach erwähnten Instagram Stories schalten. Die einzelnen Stories werden dabei nicht unterbrochen, sondern die Werbung schließt sich in einem weichen Übergang an das Ende einer zuvor angesehenen Story an, bevor eine neue startet. Darüber hinaus ist Werbung inzwischen auch im Reels-Feed möglich. Hier sind allerdings Stand heute nur Foto- oder Video-Ads möglich. Analog zu Ads in den Stories erscheint Werbung zwischen einzelnen Reels.

Sofern Sie Ihr Werbemittel individuell auf das Story-und Reel-Format angepasst haben, erscheint dieses bildschirmfüllend im 9:16-Hochformat auf dem Smartphone-Screen analog zu den Stories und Reels der User, womit Sie eine noch größere Aufmerksamkeit für Ihre Werbebotschaft erzeugen können.

Einziger Unterschied zu den organischen Stories und Reels ist die Kennzeichnung GESPONSERT am oberen Seitenrand, direkt unter Ihrem Profil-Logo und -Namen. Empfindet ein Nutzer Ihre Anzeige als störend, kann er sie überspringen und zur nächsten Story oder Reel wechseln. Deshalb ist es außerordentlich wichtig, dass Ihr Werbemittel direkt auf den ersten Blick Aufmerksamkeit erregt.

Analog zu den möglichen Werbeformaten im Feed, können Sie Ihren Ads im Story- und Reels-Feed einen Call-to-Action-Button hinzufügen.

Darüber hinaus lassen sich inzwischen auch alle anderen Foto- und Video-Formate, die nicht im Hochformat produziert sind, eine Ad im Story- und Reels-Feed darstellen. Auch Facebook-Posts können so 1:1 in Story Ads verlängert werden. Allerdings überzeugen die so generierten Story- oder Reel-Ads in ihrer Ästhetik und Aussagekraft eher weniger.

**Separate Kampagne für Stories- und Reels Ads**

Mit dem Ziel, die bestmögliche Werbewirkung Ihrer Story- und Reels Ads zu erzielen, sollten Sie ein bildschirmfüllendes Werbemittel, idealerweise ein Video im Hochformat, konzipieren und als separate Kampagne schalten. Dazu lässt sich im Werbeanzeigenmanager die Platzierung INSTAGRAM STORIES und INSTAGRAM REELS manuell auswählen.

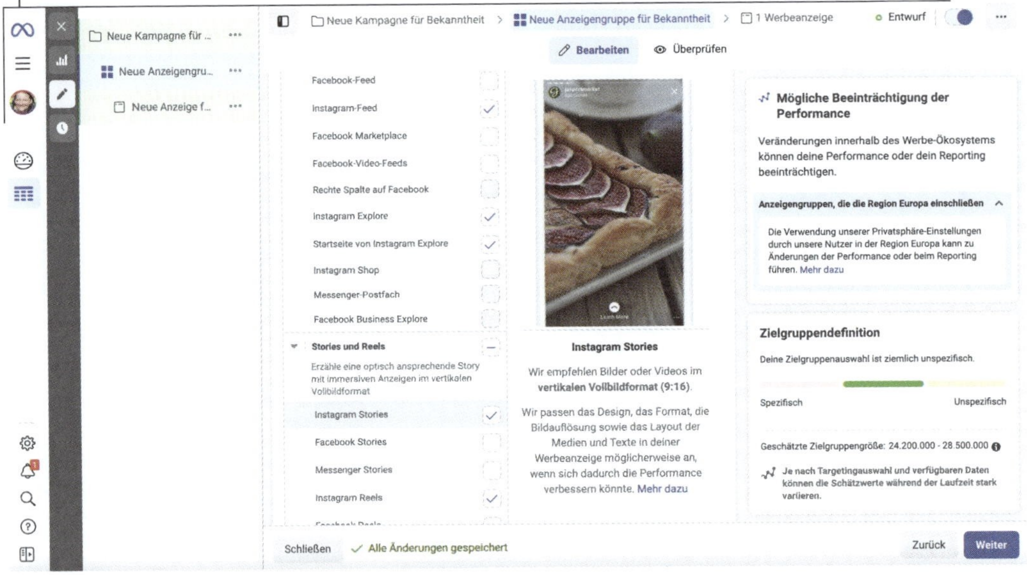


**Abb. 7.2:** Manuelle Auswahl der Platzierung Instagram Stories, Instagram-Explore und Reels im Werbeanzeigenmanager

Großer Vorteil ist, dass für Instagram Stories Ads und Reels Ads die gleichen Targeting-Optionen wie für alle anderen Werbeformate zur Verfügung stehen.

Die ausführlichen Spezifikationen finden Sie im Facebook-Ads-Guide, zum Beispiel hier:

`https://www4.facebook.com/business/ads-guide/update/video/instagram-story`

und hier

`https://www.facebook.com/business/ads-guide/update/video/instagram-reels`

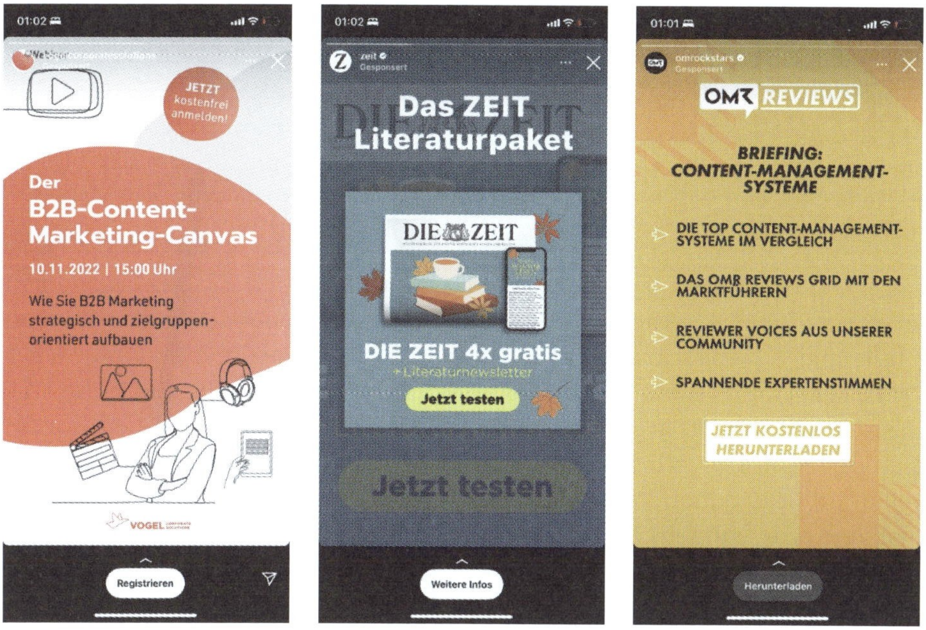


**Abb. 7.3:** Stories Ads von Vogel Corporate Solutions, der Zeit sowie OMR Reviews

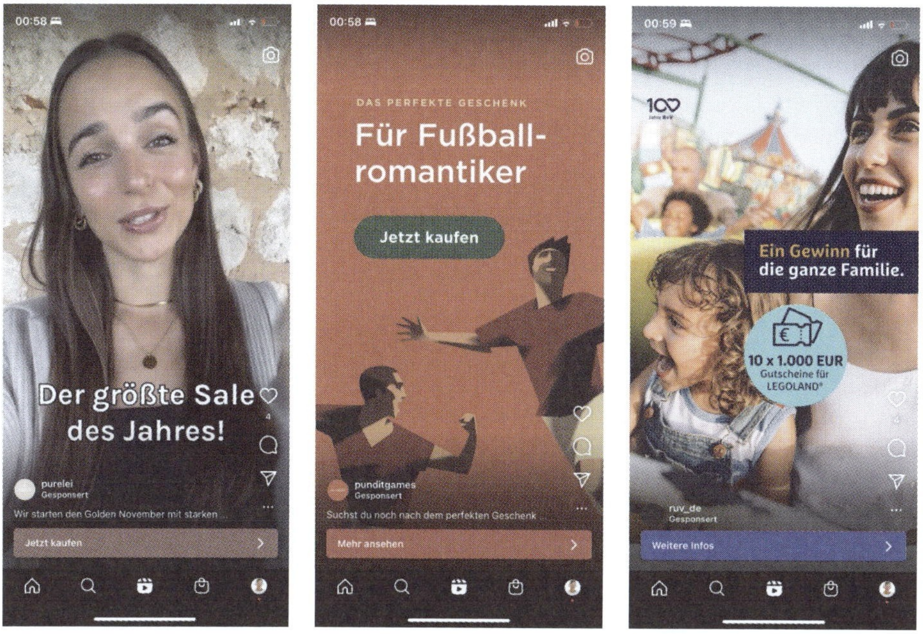


**Abb. 7.4:** Beispiele für Reels Ads von Purelei, Pundit Games und der R+V Versicherung

### 7.6.5 Lead Ads

Lead Ads sind ein Sonderwerbeformat für Instagram (und Facebook), mit dem sich gerade im mobilen Nutzungskontext auf einfache Weise Leads generieren lassen. Dabei können Sie Ihrem Werbemittel, beispielsweise einem Foto-Ad, Video-Ad oder einem Carousel-Ad, ein zusätzliches Kontaktformular hinzufügen, das über den Call-to-Action-Button Ihres Werbemittels erreichbar ist.

Das Kontaktformular ist dabei ein vorgefertigtes Formular, das in seinem Design und seiner Nutzerführung für Instagram-Nutzer optimiert ist. Das Besondere ist dabei, dass Daten, die Facebook bereits bekannt sind, schon im Formular vorausgefüllt sind. Im Falle von Instagram sind das Daten wie die E-Mail-Adresse des Users, sein Name, seine Telefonnummer und sein Geschlecht. Auf diese Weise muss der Nutzer diese Daten nicht noch einmal manuell eingeben, sondern kann das Formular sofort absenden. Möchten Sie über diese Daten hinaus noch weitere Informationen sammeln, ist dies über zusätzliche Felder, die Sie individuell ergänzen können, möglich.

Das Formular lässt sich in wenigen Schritten im Rahmen Ihres Kampagnen-Setups im Facebook-Werbeanzeigenmanager erstellen und individualisieren.

Anders als auf Facebook besteht es nicht aus einer einzigen Seite, durch die der Nutzer scrollt, sondern aus vier Seiten:

- einer optionalen BEGRÜSSUNGSSEITE, auf der Sie Ihr Unternehmen, Ihre Marke, Ihr Produkt kurz vorstellen können
- einer Seite FRAGEN, auf der Sie einerseits nach weiteren Benutzerinformationen, wie Kontaktinformationen, demografischen Daten oder geschäftlichen Informationen, fragen können, und benutzerdefinierte Fragen.
- einer Seite, auf der Sie einen Link zu Ihrer DATENRICHTLINIE hinterlegen
- einer VIELEN DANK-Seite

Die vollständigen Spezifikationen für Lead Ads finden Sie im Facebook-Ads-Guide unter:
`https://www.facebook.com/business/help/1481110642181372?id=735435806665862`.

Lead Ads sind über das Kampagnenziel LEADGENERIERUNG im Werbeanzeigenmanager verfügbar. Sofern Sie Lead Ads nur auf Instagram einsetzen wollen, können Sie im Schritt PLATZIERUNGEN und hier unter dem Punkt PLATZIERUNGEN BEARBEITEN, Lead Ads für Facebook deaktivieren und somit nur für Instagram aktivieren.

Lead Ads eignen sich besonders gut für Kurz-Registrierungen, etwa Newsletter-Anmeldungen, Terminvereinbarungen, das Anfordern von Produktinformationen, Vereinbarungen von Probefahrten und Ähnlichem. Die über die Lead Ads gewonnenen Leads können Sie im Werbeanzeigenmanager herunterladen oder direkt mit Ihrem CRM-System wie zum Beispiel Salesforce oder MailChimp verbinden.

### 7.6.6 Dynamic Ads

Dynamic Ads sind auf den ersten Blick klassische Carousel- oder Collection-Ads mit Produktabbildungen und entsprechenden Call-to-Actions zu Ihrer Website oder App. Es handelt sich dabei allerdings um Werbeanzeigen, die sich dynamisch am Nutzerverhalten Ihrer bestehenden und potenziellen Kunden auf Ihrer Website oder App ausrichten. Das heißt, sie zeigen beispielsweise ganz individuell genau das Produkt oder die Produkte, an denen Ihr potenzieller oder bestehender Kunde bereits Interesse gezeigt hat.

Wie funktioniert das?

Damit Sie nicht manuell mehrere Hundert Werbemittel für sämtliche Ihrer Produkte erstellen müssen, können Sie mit Dynamic Ads eine **Werbeanzeigenvorlage** erstellen, die automatisch Fotos und Produkt-Detailinformationen aus Ihrem gesamten Produktkatalog verwendet.

Wie Sie einen **Produktkatalog** erstellen und für die Anzeigenschaltung auf Instagram (und damit auch Facebook) verfügbar machen können, erfahren Sie im Meta-Hilfebereich für Unternehmenunter: `https://www.facebook.com/business/help/1275400645914358?id=725943027795860` oder unter dem Stichwort Katalog im Commerce Manager erstellen

Damit Ihre Werbeanzeige auch noch dem richtigen Nutzer zur richtigen Zeit das passende Produkt zeigt, muss eine Verbindung zwischen Instagram und Ihrer Website oder Ihrer App geschaffen werden.

Das geschieht im Falle Ihrer Website über das sogenannte Facebook-Pixel oder im Falle Ihrer App über das sogenannte Facebook-SDK (Software-Development-Kit). Wichtig ist in diesem Zusammenhang, dass Sie die Bestimmungen der DSGVO einhalten.

Weitere Informationen dazu finden Sie in »Vorteile eines Facebook-Pixels und/oder des Facebook-SDKs«.

### 7.6.7 Collection Ads

Collection Ads oder auch (Sammlungen) kombinieren ein Foto- oder Video-Ad mit weiterführenden Informationen, in der Regel Produktinformationen. Dabei fungiert das Foto oder Video innerhalb des Ads als sogenannter Hero-Content, darunter erscheinen vier Produkte. Interagiert der User mit dem Collection Ad, öffnet sich eine sogenannte Instant Experience – eine bildschirmfüllende Microsite, die Sie je nach Zielsetzung Ihrer Werbeschaltung individuell gestalten können. Facebook liefert Ihnen dabei im Werbeanzeigenmanager drei unterschiedliche Vorlagen:

- eine Instant Experience »Kundengewinnung«, um neue Kunden für Ihre Marke und Ihre Produkte zu begeistern
- eine Instant Experience »Storytelling« zur Vorstellung Ihrer Marke oder Ihres Unternehmens (ohne zwingenden Produktfokus)
- sowie eine Instant Experience »Formular« zur Sammlung von Leads (alternativ zum Lead Ad)

Das Collection Ad kann dabei sowohl im Instagram-Feed als auch als Story Ad geschaltet werden.

**Abb. 7.5:** Beispiel einer Collection Ad von Max Mara (@maxmara)

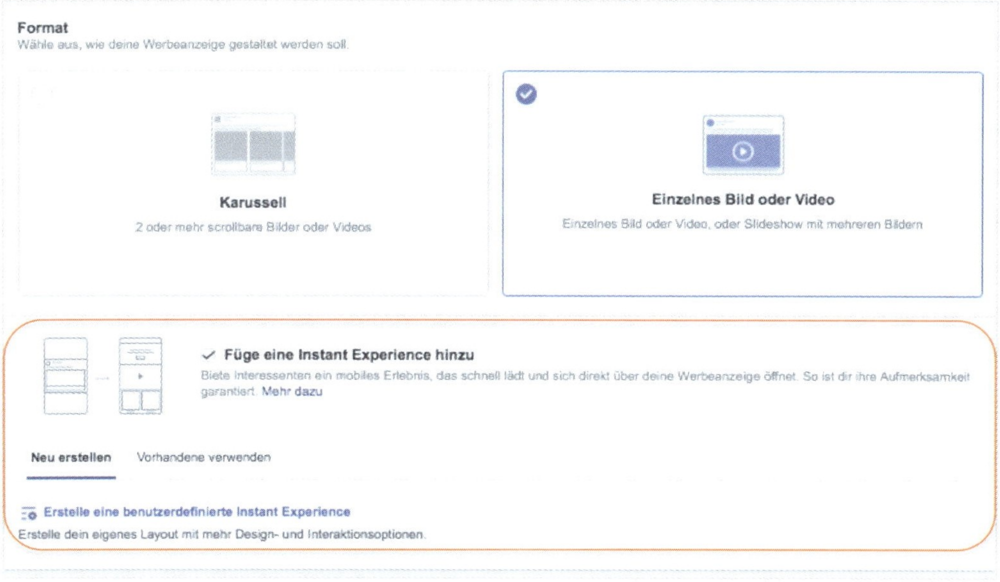


**Abb. 7.6:** Auswahlmöglichkeit im Werbeanzeigenmanager, eine Instant Experience als Werbemittel-Format hinzuzufügen

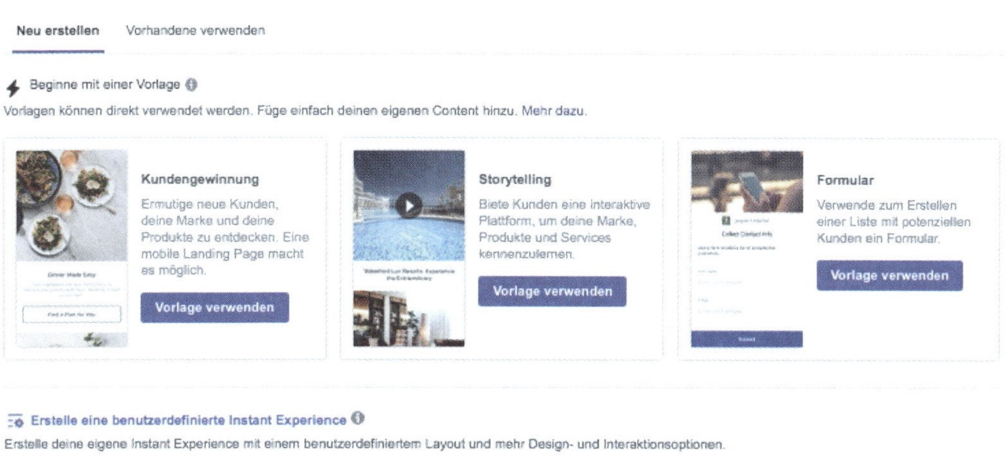


**Abb. 7.7:** Auswahl der drei Instant-Experience-Templates im Werbeanzeigenmanager

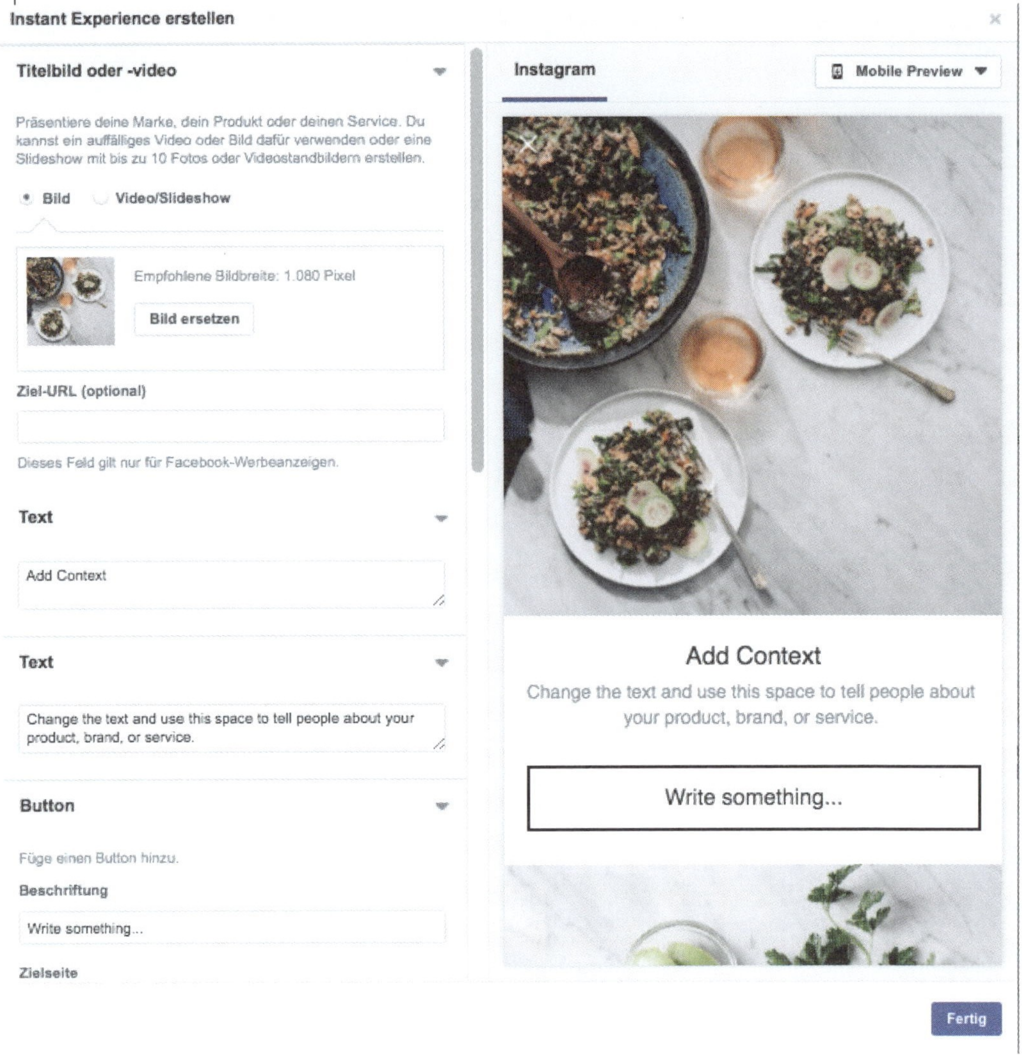


**Abb. 7.8:** Screenshot eines Instant-Experience-Templates im Facebook-Werbeanzeigenmanager

User können sich im Rahmen der Instant Experience beispielsweise durch Slide-Shows wischen, weitere Fotos und Videos anschauen, durch Kippen des Smartphones den Vollbildmodus für Fotos und Videos aktivieren oder weitere Produktinformationen abrufen.

Sofern Sie mit dem Collection Ad eine direkte Sales-Absicht verfolgen, ist die Verknüpfung Ihres Shopping-Katalogs mit Facebook analog zu den Dynamic Ads erforderlich. Darüber hinaus ist es möglich, eine benutzerdefinierte Instant Experience zu erstellen.

Weitere Informationen und Spezifikationen zum Collection Ad (bzw. zur Sammlung) finden Sie hier:
`https://www.facebook.com/business/ads-guide/update/collection/instagram-feed`.

### 7.6.8 Branded Content Ads

Mithilfe der Branded Content Ads ist es Unternehmen möglich, ihre Zusammenarbeit mit Influencern bzw. Creatoren offiziell auf die Schaltung von Werbung auszudehnen. Dabei können organische Posts, bei denen Unternehmen und Marken zusammengearbeitet haben, mit Zustimmung des Creators über den Werbeanzeigenmanager des Unternehmens werblich hervorgehoben werden.

Als Voraussetzung dazu muss:

- das Unternehmen dem Creator zunächst erlauben, das Unternehmen oder die Marke in seinem Post zu taggen,
- der Creator wiederum dem Unternehmen eine Genehmigung erteilen, dass der betreffende Post hervorgehoben werden darf.

Beide Partner können die Performance der Promotion über ihre Insights im Business-Profil sowie im Creators-Profil nachverfolgen.

Mithilfe der Branded Content Ads ist es für Unternehmen möglich, noch stärker von den Vorteilen des Influencer-Marketings, insbesondere der Authentizität der Creator, zu profitieren.

## 7.7 Voraussetzungen für Werbeschaltungen auf Instagram

Für eine Werbeschaltung auf Instagram ist grundsätzlich erforderlich:

- ein persönliches Profil auf Facebook
- eine Facebook-Seite
- ein Facebook-Werbekonto
- eine für die mobile Nutzung optimierte Zielseite

Absolut empfehlenswert ist darüber hinaus:

- ein Instagram-Profil (optional)
- ein Instagram-Business-Profil (optional)
- die Verknüpfung Ihres Instagram-Profils mit Ihrer Facebook-Seite (optional)
- die Verknüpfung Ihres Instagram-Profils mit der Meta Business Suite (optional)
- hochwertiger visueller Content

Optimal für Ihren Werbeerfolg wäre zusätzlich zu den Vorgenannten

- die Implementierung eines Facebook-Pixels und/oder eines Facebook-SDKs

### 7.7.1 Vorteile eines eigenen Instagram-Profils

Wie schon angemerkt, ist für die Schaltung von Werbung nicht zwingend ein Instagram-Account notwendig, es sei denn, Sie wollen von der Funktion HERVORHEBEN, mit der Sie einzelne Beiträge innerhalb der Instagram-App promoten können, Gebrauch machen.

Da Instagram-Werbung über die Werbeplattform von Facebook gebucht wird, kann auch Ihre Facebook-Seite als Absender Ihrer Werbung auf Instagram dienen. Dabei wird das Profilfoto sowie der Seitenname Ihrer Facebook-Seite als Profilfoto sowie Account-Name für Ihre Werbe-Posts und Stories auf Instagram übernommen.

Großer Nachteil dabei ist allerdings, dass Instagrammer das Profilfoto sowie den Account-Namen in diesem Fall nicht anklicken können, was jedoch ihrem typischen Nutzungsverhalten entspricht, wenn sie auf einen interessanten Inhalt stoßen.

Das bestätigen auch Analysen des Instagram-Analytics-Teams. Demnach klicken Instagram-Nutzer bei einem Sponsored Post nicht zuerst auf den Call-to-Action-Button, sondern auf den Profil-Link oberhalb der Werbung, um sich zunächst das Marken-Profil auf Instagram anzuschauen und anschließend auf den Link in der Biografie der Marke zu klicken. Instagram hat daraufhin einen Reminder-Button auf der Profilseite des werbetreibenden Unternehmens integriert. Nutzer sollen damit daran erinnert werden, auf den Call-to-Action-Link zu klicken und damit zum gewünschten weiterführenden Inhalt auf der Unternehmenswebsite zu gelangen.

Darüber hinaus ist eine Interaktion über Ihren Werbe-Post mit der Community, beispielsweise das Beantworten von Kommentaren, nur möglich, wenn Sie selbst über einen eigenen Instagram-Account verfügen.

Im Hinblick auf die Auseinandersetzung der User mit Ihrer Marke, Ihren Produkten und Ihrem Unternehmen bringt Ihnen im Falle einer Werbeschaltung das gleichzeitige Vorhandensein eines Instagram-Accounts meines Erachtens den größtmöglichen Nutzen. Das schon in erwähnte »Scrollytelling« kann damit seine volle Wirkung entfalten. Ein User wird über Ihren Sponsored Post oder eine Sponsored Instagram Story auf Ihr Unternehmen, Ihre Marke oder Ihr Produkt aufmerksam, tippt Ihr Profilbild oder den Profilnamen an, scrollt daraufhin durch Ihr Profil und tippt dann auf den als Reminder platzierten Call-to-Action-Link. Ein auf diese Weise positiv aufgeladener Nutzer wird mit hoher Wahrscheinlichkeit eher und besser konvertieren.

### 7.7.2 Vorteile eines Instagram-Business-Profils

Abgesehen von hilfreichen Statistiken sowie direkten Kontaktmöglichkeiten zu Ihrer Zielgruppe bietet das Business-Profil in Bezug auf Werbung noch einen weiteren Vorteil. Denn anders als das Hervorhaben von Facebook-Posts über den Werbeanzeigenmanager können Sie einzelne organische Posts in Ihrem Instagram-Profil derzeit ausschließlich über die HERVORHEBEN-Funktion Ihres Business-Profils promoten. Ebenso ist der Kampagnen-Erfolg nur über die Statistiken Ihres Business-Profils einsehbar. Wie Sie Ihr privates Instagram-Profil in ein Business-Profil umwandeln, erfahren Sie in Kapitel 2, Abschnitt 2.1 »Instagram-Profil«. Mit der HERVORHEBEN-Funktion haben Sie die Möglichkeit, Ihre besonders erfolgreichen Posts gezielt einer noch breiteren Öffentlichkeit innerhalb Ihrer potenziellen Zielgruppe zuzuführen und damit mehr relevante Reichweite und Engagement für Ihre Markenbotschaft zu generieren.

### 7.7.3 Instagram-Profil mit Facebook-Seite verknüpfen

Um Instagram später als Belegungseinheit für Ihre Werbeschaltung auswählen zu können, müssen Sie Ihr Instagram-Profil zunächst mit einer Facebook-Seite verknüpfen.

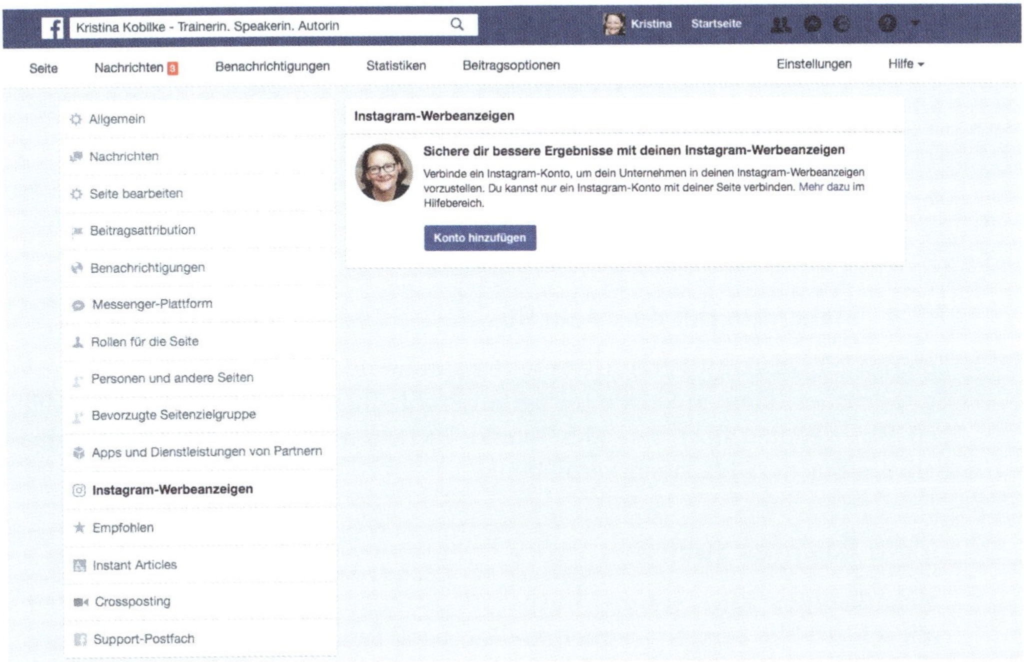


**Abb. 7.9:** Bereich EINSTELLUNGEN der Facebook-Seite, Menüpunkt INSTAGRAM-WERBEANZEIGEN

Rufen Sie dazu den Menüpunkt EINSTELLUNGEN Ihrer Facebook-Seite auf und wählen Sie den Menüpunkt INSTAGRAM-WERBEANZEIGEN aus. Folgen Sie den weiteren Anweisungen und hinterlegen Sie Ihren Instagram-Benutzernamen sowie das dazugehörige Passwort. Klicken Sie zuletzt auf BESTÄTIGEN. Jetzt ist Ihr Instagram-Account als Belegungseinheit für Ihre Kampagnen verfügbar. Pro Facebook-Seite kann derzeit nur ein Instagram-Konto hinzugefügt werden.

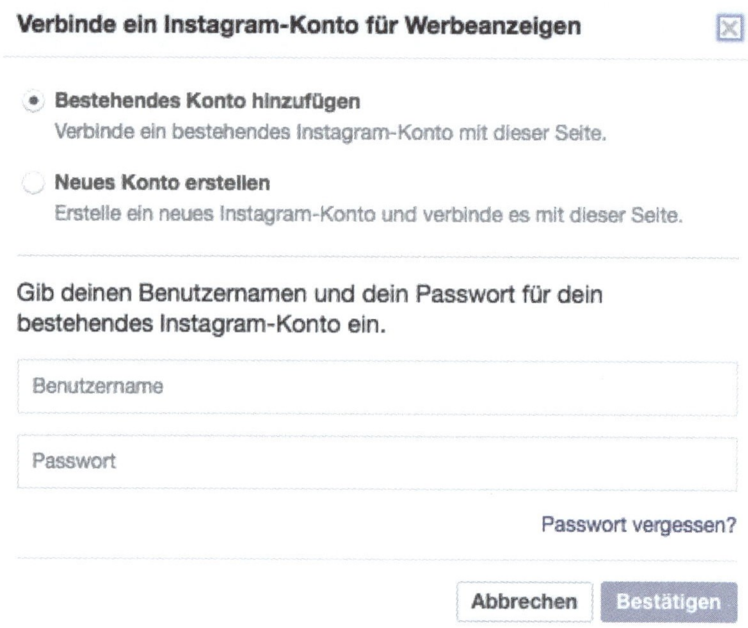


**Abb. 7.10:** Instagram-Profil mit Facebook verbinden durch Eingabe der Zugangsdaten für Ihren Instagram-Account

### 7.7.4 Instagram mit der Meta Business Suite verknüpfen

Sofern Sie Instagram-Werbung im Auftrag mehrerer Kunden über Meta Business Suite schalten, können Sie die Instagram-Profile Ihrer Kunden mit deren jeweiligen Werbekonten über den Menüpunkt UNTERNEHMENSEINSTELLUNGEN innerhalb des Business-Managers verbinden.

**Meta Business Suite**

Meta Business Suite ist unter `https://business.facebook.com` erreichbar. Mit seiner Hilfe können Sie mehrere Facebook-Seiten sowie die verschiedenen Werbekonten Ihrer Kunden über ein übersichtliches Tool betreuen sowie Personen, mit denen Sie zusammenarbeiten, Berechtigungen zuweisen.

Erster Schritt: Aufruf der Unternehmenseinstellungen in der Meta Business Suite

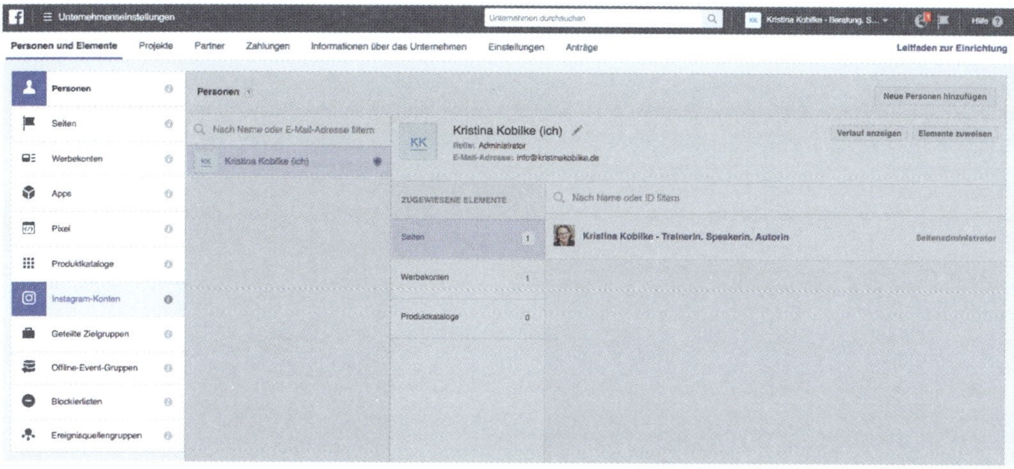


**Abb. 7.11:** Ansicht Unternehmenseinstellungen in der Meta Business Suite

Nächster Schritt: Instagram-Konto-Daten hinzufügen

**Abb. 7.12:** Hinzufügen eines Instagram-Profils in der Meta Business Suite über die Zugangsdaten des Accounts

Letzter Schritt: Werbekonto zuweisen

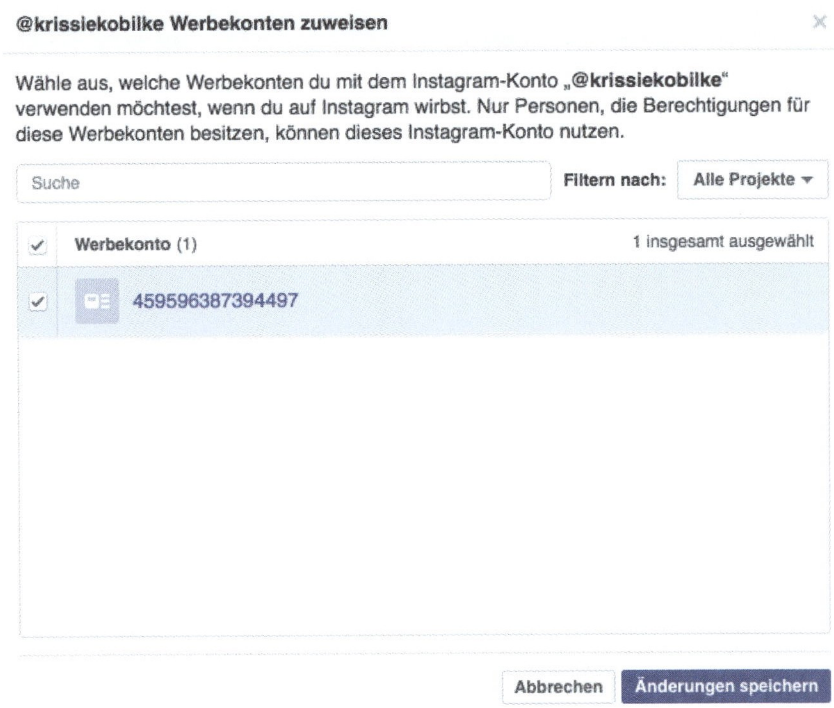


**Abb. 7.13:** Letzter Schritt WERBEKONTO ZUWEISEN

## 7.7.5 Vorteile eines Facebook-Pixels und/oder des Facebook-SDKs

### Retargeting (auch Remarketing) Ihrer potenziellen und bestehenden Kunden

Der große Vorteil der Verwendung eines Facebook-Pixels sowie eines Facebook-SDKs (Software Development Kit) besteht darin, dass Sie die Besucher Ihrer Website sowie Ihrer App markieren und gezielt in Form einer sogenannten »Custom Audience« oder einer sogenannten »Lookalike Audience«, einer Zielgruppe, die Ihren Websitebesuchern oder auch Ihren besten Kunden ähnelt (siehe dazu Abschnitt 7.8.1 »Anzeigen über den Werbeanzeigenmanager schalten«), auf Facebook und Instagram-Endgeräten übergreifend wieder ansprechen können.

Das Facebook-Pixel ist dabei ein individuell für Sie generierter Webcode, der Ihnen über den Werbeanzeigenmanager zur Verfügung steht.

Sie kopieren diesen Code und fügen ihn anschließend einmalig auf jeder einzelnen Seite Ihrer Webseite ein (oder lassen ihn über Ihren Webmaster einfügen).

Das Facebook-SDK ist wiederum ein »Werkzeugsatz«, der speziell für mobile App-Entwickler konzipiert wurde. Indem Sie das SDK in Ihre App implementieren (lassen), ist es Ihnen analog zum Facebook-Pixel für Ihre Website auch in Ihrer App möglich, User zu markieren und gezielt über Facebook- und/oder Instagram-Werbung wieder anzusprechen.

### Gezieltes Retargeting in den Phasen Kauferwägung und Kauf

Darüber hinaus bietet Ihnen das Facebook-Pixel sowie das Facebook-SDK die Möglichkeit, Ihre potenziellen oder auch bestehenden Kunden nicht nur wieder anzusprechen, sondern ganz gezielt in den Phasen Kauferwägung und Kauf via Facebook und Instagram beispielsweise mit Dynamic Ads (siehe dazu Abschnitt 7.6.6 »Dynamic Ads«) zu adressieren.

Wie funktioniert das?

Sie können Ihrem Facebook-Pixel sowie Ihrem Facebook-SDK sogenannte zusätzliche Daten-Events hinzufügen. Mithilfe dieser Daten-Events markieren Sie Ihre Website-Besucher oder App-User nicht nur, sondern können sie aufgrund ihres Nutzerverhaltens einer konkreten Phase innerhalb ihres Kaufentscheidungsprozesses zuordnen und später wieder ansprechen:

- Interessieren sie sich etwa für ein bestimmtes Produkt in Ihrem Webshop und haben dort zum Beispiel verschiedene Produkt-Detailseiten aufgerufen?
- Dieses Verhalten entspricht beispielsweise dem Daten-Event »ViewContent«. Um zu messen, welche Seiten konkret aufgerufen wurden, müssen Sie Ihrem Facebook-Pixel-Code auf allen Produkt-Detailseiten Ihres Shops einen zusätzlichen Parameter, der das Ereignis »ViewContent« misst, hinzufügen.
- Oder haben sie das Produkt schon in den Warenkorb gelegt und den Kauf noch nicht abgeschlossen?

Dieses Verhalten entspricht dem Daten-Event »AddToCart«, das Ihrem Facebook-Pixel auf allen Warenkorbseiten sowie dem Button ZUM WARENKORB HINZUFÜGEN hinzugefügt wird.

- Oder haben sie den Kauf abgeschlossen und sind offen für komplementäre Produktvorschläge oder ein Service-Angebot dazu?

Dieses Verhalten entspricht dem Daten-Event »Purchased« und wird Ihrem Facebook-Pixel auf Ihren Kaufbestätigungsseiten hinzugefügt.

### Analysieren und Optimieren Ihrer Kampagnen

Ein weiterer sehr wichtiger Vorteil: Mithilfe des Facebook-Pixels sowie des Facebook-SDKs können Sie genau zurückverfolgen, welche Ihrer Anzeigen, welche Ergebnisse, insbesondere Leads und Abverkäufe auf Ihrer Website generiert haben, und somit Ihre Kampagnen dahin gehend optimieren.

### Wichtig: Anforderungen durch die DSGVO

Um mit dem Facebook-Pixel und den damit verbundenen Targeting-Optionen rechtssicher arbeiten zu können, müssen Sie die Anforderungen der seit Mai 2018 in Kraft getretenen Datenschutz-Grundverordnung zwingend berücksichtigen. Unter anderem benötigen Sie im Rahmen einer ausführlichen Datenschutzerklärung auf Ihrer Website:

- die explizite Einwilligung der Nutzer zur Analyse und Sammlung personenbezogener Daten auf Ihrer Website zum Zweck der Personalisierung von Werbung
- die Möglichkeit für Nutzer, eine bereits gegebene Zustimmung zur Sammlung von Daten, jederzeit per Opt-out-Button zu widerrufen
- die genaue Beschreibung der Funktionsweise des Facebook-Pixels, unter anderem welche Daten auf welche Art und Weise und zu welchem konkreten Zweck damit erhoben und analysiert werden
- die Möglichkeit für Nutzer, dieser Sammlung und Analyse personenbezogener Daten zu widersprechen

Beachten Sie bitte, dass dieser Hinweis unverbindlich ist und keine Rechtsberatung darstellt. Da die Anforderungen der DSGVO in Bezug auf das Facebook-Pixel (sowie weiterer Dienste, die Sie gegebenenfalls auf Ihrer Website einsetzen) komplex sind und die Erstellung Ihrer Datenschutzerklärung sowie den Verweisen darauf auch technischen Anforderungen gerecht werden muss, ist eine Rechtsberatung durch einen idealerweise auf Social-Media-Marketing spezialisierten Rechtsanwalt sowie die Zusammenarbeit mit einem Webmaster absolut zu empfehlen.

Sehr gute Informationen rund um die DSGVO finden Sie bei Dr. Thomas Schwenke (`https://drschwenke.de/`).

### Wichtig

Das viel zitierte iOS 14 Update, das Apple Nutzern ermöglicht, sich aktiv für oder gegen ein Tracking durch Apps zu Werbezwecken zu entscheiden, hat maßgeblichen Einfluss auf die Performance von Retargeting-Kampagnen auf Facebook und Instagram. Da viele Apple-Nutzer ein Tracking ablehnen, stehen weniger Daten für ein passgenaues Targeting von Handlungen während eines Kaufentscheidungsprozesses zur Verfügung. In der Folge kann die Anzeigen-Performance sinken und die Kosten pro Handlung steigen.

## 7.8 Aufsetzen von Kampagnen

Grundsätzlich können Sie Werbung auf Instagram auf vier unterschiedlichen Wegen schalten:

- im Selfservice oder mit einer Media- oder Social-Media-Agentur über den Werbeanzeigenmanager
- im Selfservice über die Funktion HERVORHEBEN direkt in der Instagram-App
- über einen Instagram-Partner, direkt über die Instagram-API (Programmierschnittstelle von Instagram)

### 7.8.1 Anzeigen über den Werbeanzeigenmanager schalten

Der Werbeanzeigenmanager ist ein Tool, mit dem Sie

- Werbeanzeigen via Facebook einfach erstellen,
- Werbeanzeigen verwalten
- und Ihre Kampagnenergebnisse analysieren können.

Sie erreichen den Werbeanzeigenmanager über Ihren privaten Account, über die URL `https://www.facebook.com/ads/manager` oder die Meta Business Suite.

Grundsätzlich wäre es empfehlenswert, Ihr Werbekonto über den auf die professionelle Nutzung ausgelegten Business-Manager zu verwalten und von dort aus Kampagnen aufzusetzen. Über das Menü des Business-Managers haben Sie Zugang zu einer Vielzahl weiterer hilfreicher Tools, wie zum Beispiel:

- **Zielgruppenstatistiken**, mit denen Sie Zielgruppen schon im Vorfeld Ihrer Kampagnen-Erstellung analysieren können (siehe dazu auch Abschnitt 3.4 »Analyse und Definition von Zielgruppen«)
- den **Creative Hub**, über den Sie sich hinsichtlich der kreativen Gestaltung von Werbemitteln wie zum Beispiel Karussell-Ads, Video-Ads oder auch Instagram Stories Ads inspirieren lassen können. Zudem haben Sie hier die Möglichkeit, Mock-ups für Ihre Instagram-Werbemittel zu erstellen und mit Kollegen oder Ihren Kunden zu teilen.

Mithilfe des Werbeanzeigenmanagers können Sie Schritt für Schritt Ihre Kampagne aufsetzen:

#### Schritt 1: Auswahl Ihres Marketingziels

Im ersten Schritt geht es dabei um die Auswahl Ihres Haupt-Marketingziels.

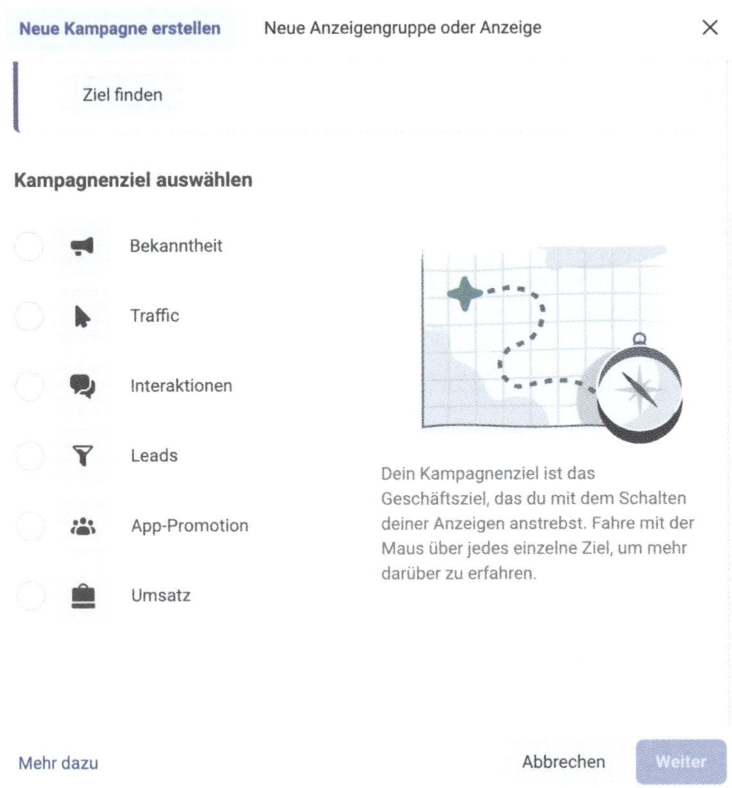


**Abb. 7.14:** Ansicht Zielauswahl im Werbeanzeigenmanager

Für Instagram stehen die folgenden Hauptziele bzw. Kampagnenziele zur Verfügung:

- Bekanntheit (Markenbekanntheit)
- Traffic (mehr Besucher auf Ihrer oder einer anderen spezifischen Website oder in Ihrer App)
- Interaktionen (Erhöhung der Interaktionen mit einem Beitrag)
- App-Promotion (mehr Downloads Ihrer App im App-Store)
- Leads
- Umsatz

Für letztere Ziele ist die Implementierung des bereits in den vorangegangenen Ausführungen erwähnten Facebook-Pixels oder der Facebook-SDK notwendig sowie im Falle des Ziels Produktkatalogverkäufe die Erstellung eines Produktkatalogs.

**Hinweis**

Die Auswahl Ihres Marketingziels ist die Grundlage dafür, auf welche Art und Weise Ihre Kampagne später auf Instagram ausgeliefert und optimiert wird. Wählen Sie beispielsweise das Ziel »Markenbekanntheit« aus, wird Ihre Kampagne an die Nutzer auf Instagram ausgeliefert, die Ihrer Werbung sehr wahrscheinlich ihre Aufmerksamkeit schenken werden. Hier geht es erst einmal darum, Aufmerksamkeit für Ihre Marke, Ihre Produkte oder Ihr Unternehmen auf Instagram zu generieren. Hierbei werden Sie jedoch kaum Besucher für Ihre Website oder gar Leads generieren. Entsprechen letztere beiden jedoch Ihrer Intention, sollten Sie die Ziele »Traffic« oder »Leads« auswählen.

#### Schritt 2: Auswahl Ihrer Zielgruppe

In diesem Schritt haben Sie eine Vielzahl von Möglichkeiten, Ihre Zielgruppe so genau wie möglich zu bestimmen:

- Sie wählen eine Custom Audience oder eine Lookalike Audience aus (siehe dazu Abschnitt 7.7.5 »Vorteile eines Facebook-Pixels und/oder des Facebook-SDKs«).
- Sie grenzen Ihre Zielgruppe manuell auf einen bestimmten Standort, ein bestimmtes Alter, Geschlecht, Sprache sowie Interessen ein. (Hier kann Ihnen Ihre Zielgruppen-Analyse im Rahmen Ihrer Persona-Definition helfen.)
- Sie sprechen Nutzer an, die Fan Ihrer Facebook-Seite oder Ihrer App sind oder die auf Ihre Veranstaltungseinladung geantwortet haben.
- Über die erweiterten Optionen können Sie zudem Nutzer ansprechen, die Fan bestimmter Facebook-Seiten (zum Beispiel die Ihrer Konkurrenz) sind, die bestimmte Apps heruntergeladen haben oder die auf bestimmte Veranstaltungseinladungen geantwortet haben.

**Wichtig**

Grundsätzlich ist es empfehlenswert, mehrere, jedoch mindestens zwei Zielgruppen (bzw. Anzeigengruppen) in Form eines A/B-Testings gegeneinander laufen zu lassen. Sie können dazu in der Zielgruppenauswahl weitere Zielgruppen (nach Alter) oder auch Custom Audiences oder auch Lookalike Audiences hinzufügen.

Sofern Sie die Marketingziele »Traffic«, »App-Installationen«, »Leadgenerierung« oder »Umsatz« auswählen, bietet Ihnen der Werbeanzeigenmanager direkt nach Ihrer Ziel-Auswahl die Option SPLIT-TEST ERSTELLEN an. Dabei können Sie testen, welche Zielgruppenauswahl, Platzierung oder auch Auslieferungsoptimierung am besten für Ihre Kampagne funktioniert.

Im weiteren Verlauf Ihrer Kampagnen-Erstellung ist es zudem empfehlenswert, pro Anzeigengruppe mindestens zwei Anzeigen-Motive gegeneinander laufen zu lassen.

- Auf der rechten Seite des Werbeanzeigenmanagers können Sie über den »Tacho« nachvollziehen, nach welchen Kriterien Sie Ihre Zielgruppe bisher definiert haben und ob diese Zielgruppe eher groß oder eher sehr spezifisch ist. Das gibt Ihnen einen Anhaltspunkt dazu, ob Sie Ihre Zielgruppe eventuell noch weiter eingrenzen oder aber weiter fassen sollten.
- Zudem wird Ihnen darunter angezeigt, wie groß die potenzielle tägliche Reichweite Ihrer Kampagne innerhalb der definierten Zielgruppe bei einem Tages-Budget von beispielsweise fünf Euro ist. (Ihr Budget legen Sie in Schritt 4 im Bereich **Budget & Zeitplan** fest.)

#### Custom Audiences und Lookalike Audiences erstellen

- Eine hervorragende Möglichkeit, die Effektivität und Effizienz Ihrer Kampagnen für Instagram zu verbessern, ist der Einsatz von **Custom Audiences** bzw. benutzerdefinierten Zielgruppen.
- Es handelt sich dabei um Zielgruppen, zu denen Sie bereits Kontakt haben, etwa,

weil sie bereits zu Ihren bestehenden Kunden zählen,

Abonnenten Ihres Newsletters sind

oder sich auf Ihrer Website über Ihre Produkte informiert haben

oder aber auf Facebook mit Ihrer dortigen Facebook-Seite

oder Ihrer Werbung interagiert haben.

Um eine benutzerdefinierte Zielgruppe zu erstellen, haben Sie derzeit vier Möglichkeiten:

- Sie verwenden die über das Facebook-Pixel oder die Facebook-SDK generierten Daten von Ihren Website-Besuchern oder App-Nutzern und lassen daraus eine benutzerdefinierte Zielgruppe bilden, die Sie gezielt auf Instagram wieder ansprechen können.
- Dabei werden die markierten Website-Besucher bzw. App-Nutzer bei ihrem Login auf Facebook oder Instagram mit ihrer Facebook- oder Instagram-ID abgeglichen und als benutzerdefinierte Zielgruppe (Custom Audience) in Ihrem Werbeanzeigenmanager zur Verfügung gestellt.

- Sie lassen über den Werbeanzeigenmanager eine Zielgruppe erstellen, die bereits mit Ihrer Facebook-Seite oder bestimmten Werbemitteln interagiert hat, und sprechen sie via Instagram wieder an.
- Sie nutzen Ihre mithilfe von »Hashing« verschlüsselten CRM-Daten, zum Beispiel eine Liste von E-Mail-Adressen. Ihre verschlüsselten CRM-Daten werden dann mit den ebenfalls verschlüsselten Facebook-Daten abgeglichen, daraus eine benutzerdefinierte Zielgruppe (Custom Audience) gebildet und über Ihren Werbeanzeigenmanager zur Verfügung gestellt.

Eine sehr gute Methode, potenzielle Kunden via Instagram anzusprechen, die den Nutzern ähneln, die bereits mit Ihrem Unternehmen interagiert haben, ist die Erstellung von sogenannten **Lookalike Audiences**. Es handelt sich dabei um statistische Zwillinge Ihrer Custom Audiences. Um Lookalike Audience zu erstellen, haben Sie zwei Möglichkeiten:

- Sie erstellen eine Custom Audience über eine der vorangehend beschriebenen Möglichkeiten und wählen diese als Basis für Ihre Lookalike-Zielgruppe aus.
- Sie wählen Ihre Facebook-Seite als Basis für Ihre Lookalike-Zielgruppe aus.

**Wichtig**

Wie schon in Abschnitt 7.7.5 »Vorteile eines Facebook-Pixels und/oder des Facebook-SDKs« erläutert, ist der rechtssichere Einsatz von Custom Audiences sowie damit verbundenen Lookalike Audiences nur unter Einhaltung der Bestimmungen durch die DSGVO möglich.

#### Schritt 3: Platzierungen auswählen

In diesem Schritt können Sie die Platzierung für Ihre Werbung automatisch auswählen lassen oder aber bestimmte Platzierungen ausschließen. Zudem ist es hier auch möglich, Ihre Werbung nur auf mobilen Endgeräten oder nur auf dem Desktop oder auch spezifischen Mobilgeräten und Betriebssystemen auszuliefern.

- Sofern Sie die Option AUTOMATISCHE PLATZIERUNGEN wählen, wird Ihre Werbung sowohl auf Facebook, auf Instagram als auch im Audience Network von Facebook, zu dem eine Reihe von geprüften externen Apps und mobilen Websites zählen, angezeigt.
- Mit der Option PLATZIERUNGEN BEARBEITEN können Sie die Platzierung Ihrer Werbung auf Instagram und hier auf den Instagram Feed sowie Instagram Stories beschränken.

### Schritt 4: Budget & Zeitplan

Hier können Sie nun Ihr Tagesbudget oder auch ein Laufzeitbudget festlegen, ein Start- und Enddatum festlegen oder aber Ihre Kampagne fortlaufen lassen (oder diese jederzeit stoppen). Für ein erstes Test-Budget eignet sich je nach Ihrer Zielsetzung und Ihrer Unternehmensgröße auch ein kleinerer Betrag, zum Beispiel zwischen 50 Euro bis 500 Euro bei einer ein- bis zweiwöchigen Laufzeit.

Zudem können Sie hier einstellen, für welche Ziele Ihre Anzeigenschaltung optimiert werden sollte. Sofern Sie Ihre ersten Schritte mit Instagram-Werbung machen, sollten Sie die Voreinstellungen im Werbeanzeigenmanager jedoch am besten annehmen.

### Schritt 5: Werbeanzeige auswählen

In diesem Schritt geht es nun darum, Ihr Werbeformat sowie ein passendes Anzeigenmotiv auszuwählen. Hier haben Sie die Auswahl zwischen Karussell-Ads, Foto-Ads, Video-Ads sowie Video-Ads in Form einer aus Fotos erstellten Slideshow. Das Instagram Stories Ad ist derzeit (Stand Juni 2017) nur bei der vorherigen Auswahl des Marketingziels »Reichweite« sowie der Platzierung »Instagram Stories« als Werbeformat verfügbar.

Die Anzeigen-Motive können Sie nun direkt von Ihrem PC hochladen oder aber im äußersten Notfall können Sie auch auf das im Werbeanzeigenmanager kostenlos verfügbare Stockfoto-Archiv von Shutterstock zurückgreifen. In jedem Fall ist die Qualität Ihrer Anzeige von entscheidender Bedeutung für Ihren Werbeerfolg auf Instagram.

Zudem können Sie Ihrer Werbeanzeige in diesem Schritt noch einen Text sowie einen der folgenden Call-to-Action-Buttons hinzufügen, sofern Sie einen Link zu Ihrer Website hinterlegen, auf die der Button verlinken kann:

- Registrieren
- Jetzt bewerben
- Jetzt buchen
- Kontaktiere uns
- Herunterladen
- Mehr dazu
- Zeit anfragen
- Bestellung aufgeben
- Jetzt einkaufen
- Mehr ansehen

In der nebenstehenden Anzeigenvorschau können Sie nun 1:1 nachvollziehen, wie Ihre Werbeanzeige im Instagram-Homefeed der Nutzer erscheinen wird.

#### Schritt 5: Bestellung aufgeben

Im letzten Schritt geben Sie nun Ihre Bestellung auf. Als Zahlungsmethoden wird für Deutschland eine Abrechnung Ihrer Werbebuchung via Kreditkarte oder Paypal unterstützt. Über das Menü Ihres Werbeanzeigenmanagers können Sie Ihre bevorzugte Zahlungsmethode hinzufügen oder ändern.

### 7.8.2 Anzeigen direkt in der Instagram-App schalten

Eine Möglichkeit, einen erfolgreichen organischen Post auf unkomplizierte Weise inklusive seiner Likes und Kommentare auf Instagram zu promoten, bietet sich über den Button HERVORHEBEN direkt in Ihrem Business-Profil.

Dabei können Sie Nutzer:

- auf Ihr Instagram-Profil aufmerksam machen (siehe Abbildung 7.15)
- Ihre Website promoten
- sie dazu bewegen, Ihr Unternehmen anzurufen oder
- Ihren Unternehmensstandort aufzusuchen, indem sie die Route zu Ihrem Unternehmen planen

Wie schon erwähnt, haben Sie bei dieser Variante allerdings nur eine eingeschränkte Zielgruppenauswahl.

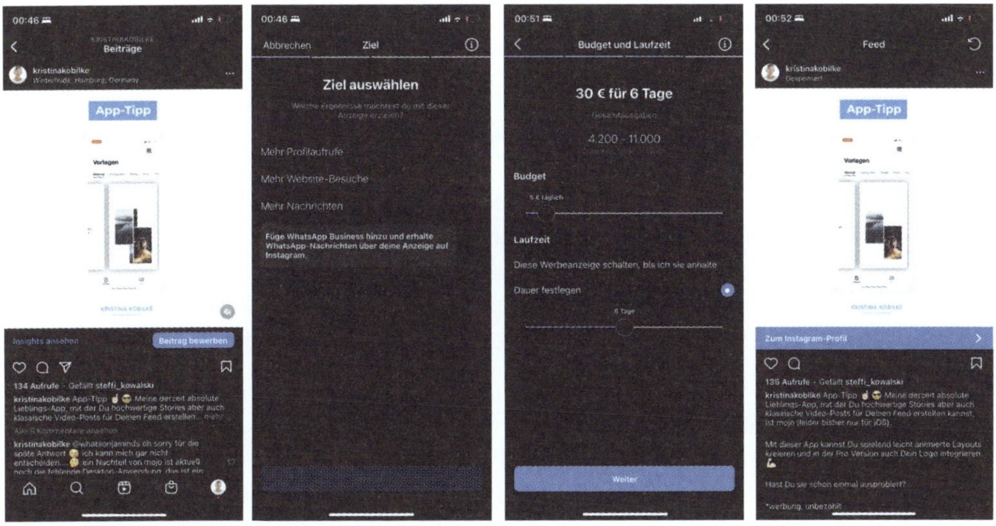


**Abb. 7.15:** Aufsetzen einer Follower-Kampagne durch den HERVORHEBEN-Button eines Instagram-Beitrags

**Hinweis –Follower-Kampagnen auf Instagram**

Auf Instagram gibt es bisher kein Äquivalent zu dem für die Fan-Gewinnung eingesetzten »Page Like Ad« auf Facebook. Um auf Ihr Instagram-Profil aufmerksam zu machen und auf diese Weise mehr Follower zu generieren, bietet sich einzig der HERVORHEBEN-Button einzelner Beiträge an, bei dem Sie als Zielseite Ihr Instagram-Profil auswählen können.

### 7.8.3 Anzeigen über Instagram-Partner schalten

Je nachdem, wie umfangreich Sie auf Instagram werben wollen oder auch wie komplex Ihre Kampagnen-Architektur ist, kann Ihnen die Zusammenarbeit mit einem Instagram-Partner sehr nützlich sein. Diese Partner sind von Instagram zertifizierte Unternehmen aus den Bereichen Ad Tech, Community-Management oder Content-Marketing.

In Bezug auf Ihre Werbeschaltung auf Instagram sind besonders Partner aus der Ad-Tech-Branche, wie zum Beispiel esome Advertising oder smartly.io, spannende Dienstleister. Sie arbeiten mit Technologie-Lösungen, die auf die Facebook-API und weitere zugreifen und somit deutlich komplexere Social-Media-Kampagnen realisieren können.

**Instagram-Partner finden**

Über die URL `https://instagrampartners.com/` können Sie gezielt Partner aus den Bereichen Ad Tech, Community-Management und Content-Marketing in Deutschland finden.

## 7.9 Qualitative Anforderungen an Werbeanzeigen

Eine wesentliche Voraussetzung für den Erfolg Ihrer Werbung auf Instagram ist der Einsatz von hochwertigem visuellem Content. Dabei sollten Sie den gleichen Anspruch verfolgen, den Sie auch für das Foto- und Videomaterial in Ihren übrigen Medienkanälen, etwa Ihre Homepage oder auch Image-Broschüren oder TV-Spots ansetzen. Denn Ihre Werbeanzeigen sollten sich nahtlos in den Instagram-Bilderfeed einfügen.

Durch das bereits erwähnte »Scrollytelling« ist es zudem empfehlenswert, dass Ihre Werbung zu Ihrem Instagram-Profil passt oder sich idealerweise sogar in einem Beitrag dort wiederfindet. Das heißt, die Bildsprache Ihrer Werbe-Posts sollte möglichst zu der Ihrer organischen Posts passen.

Eine gute Strategie kann es auch sein, auf nutzergenerierte Inhalte für Ihre Werbeanzeigen zurückzugreifen. Mit Unternehmen, wie dem auf Visual Commerce spezialisierten Hamburger Unternehmen Squarelovin, können Sie dafür Fotos oder Videos, die Käufer Ihrer Produkte auf Instagram hochgeladen haben, sowohl suchen als auch die Rechte zur Mediennutzung dieser Inhalte einholen lassen. Der Vorteil besteht darin, dass Ihre Werbeanzeigen damit nicht nur perfekt in den Bilderstrom auf Instagram passen, sondern zudem einen von Ihren Markenbotschaftern erteilten »Social Proof« beinhalten.

Wichtige Empfehlungen im Zusammenhang mit Ihren Werbeanzeigen auf Instagram sind folgende:

- möglichst quadratische Anzeigen-Motive verwenden
- minimalistische bzw. auf Ihre Marke oder Ihr Produkt fokussierte Anzeigen-Motive setzen
- Bildsprache-Trends von Instagram aufgreifen
- Geschichten über mehrere Anzeigen-Motive hinweg erzählen
- möglichst kurzen Text mit klarer Aufforderung verwenden (idealerweise 125 Zeichen, damit der Text sofort lesbar ist)
- Ihren Markenhashtag gut sichtbar im Text integrieren
- einen Call-to-Action-Button integrieren (anstelle einer im Bildbeschreibungstext erwähnten URL)
- auf eine mobil optimierte Landingpage verlinken
- Befolgen Sie bei der Erstellung Ihrer Anzeigen-Motive zudem die Tipps zur Foto- und Video-Erstellung aus Kapitel 4.

In Bezug auf Stories Ads sind darüber hinaus folgende Empfehlungen beachtenswert:

- Setzen Sie in Ihrem Story Ad möglichst auf Bewegtbild-Inhalte (zum Beispiel mithilfe der in Kapitel 4 vorgestellten Apps wie Canva, Adobe Express, Quik oder Mojo).
- Da Stories Ads analog zu den übrigen Werbeformaten auf Instagram sehr schnell konsumiert werden, sollten Sie Ihre Marke bereits in den ersten ein bis drei Sekunden Ihres Ads zeigen (sofern es sich um ein Video handelt).
- Zeigen Sie so schnell wie möglich ein bis zwei Produkt-USPs bzw. Ihre Markenbotschaft sowie einen Call-to-Action (siehe dazu auch Abbildung 7.16).
- Beschränken Sie sich auf maximal zehn Sekunden Videolänge.
- Achten Sie auf Tempo in Ihrem Ad, zum Beispiel durch schnelle Bild-Wechsel und Schnitte.

- Verwenden Sie Sound (siehe dazu auch Kapitel 4).
- Nutzen Sie die in Kapitel 4 vorgestellten Apps und Tools sowie Emojis (sofern zu Ihrer Marke passend), um Ihr Ad möglichst kreativ und im Instagram-Stil zu gestalten.
- Steigern Sie die Akzeptanz Ihrer Werbung, indem Sie Ihr Ad mithilfe der Facebook-Targeting-Möglichkeiten an die richtige Zielgruppe ausspielen.
- Wenden Sie die für Instagram klassische Bildsprache auch für Ihr Ad an und zeigen Sie Ihre Produkte oder Ihre Marke im Kontext (zum Beispiel anstelle eines freigestellten Produktfotos einen Kunden mit Ihrem Produkt).

**Abb. 7.16:** Storyboard zur Erstellung einer Stories Ad im Video-Format auf Instagram

# Kapitel 8

# Kommunikative und rechtliche Regeln für Unternehmen auf Instagram

Das folgende Kapitel soll Ihnen einen komprimierten Überblick über die für Unternehmen wichtigsten Nutzungsbedingungen von Instagram, die Richtlinien in Bezug auf die Veranstaltung von Gewinnspielen oder Wettbewerben, die Bestimmungen zur Veröffentlichung von Pressemitteilungen, den Umgang mit Urheber- und Persönlichkeitsrechten sowie der Verwendung des Instagram-Logos geben, um sie bei Ihrer Instagram-Strategie bereits berücksichtigen zu können.

Dieses Kapitel kann jedoch nicht eine umfassende Rechtsberatung durch einen auf Social-Media-Recht spezialisierten Anwalt ersetzen.

Zudem ist es unerlässlich, dass Sie die aktuellen Bestimmungen in ihrer Gänze vor der Umsetzung Ihrer Ideen lesen und sich gegebenenfalls externe Unterstützung in für Ihr Unternehmen besonders kritischen rechtlichen Fragen einholen.

## 8.1 Nutzungsbedingungen von Instagram und ihre Anforderungen an Unternehmen

Um sicherzustellen, dass Ihre Aktivitäten auf Instagram nachhaltig erfolgreich sind, ist die Einhaltung der Nutzungsbedingungen zwingend erforderlich. Diese sind unter folgendem Link in deutscher Sprache einsehbar und leicht zu lesen: `https://help.instagram. com/478745558852511/`.

Im Folgenden werden daraus einige Punkte und deren Bedeutung für Ihre Marketingaktivitäten als Unternehmen auf Instagram beleuchtet.

In der Kommunikation mit Ihren Followern sowie mit Instagrammern generell ist es wichtig, dass Sie den Passus, »keine privaten oder vertraulichen Informationen über den Dienst zu posten« befolgen. Das beinhaltet in erster Linie die öffentliche Kommunikation von sensiblen Daten wie zum Beispiel »Kreditkarteninformationen sowie nicht-öffentliche Telefonnummern oder nicht-öffentliche E-Mail-Adressen«, und zwar sowohl Ihre eigenen als auch die Ihrer Follower oder Besucher über Kommentare oder auch über Ihr Profil oder Ihre Foto- und Videobeiträge. Um in einen direkten Kontakt mit Instagrammern zu kommen, empfiehlt es sich, diesen über Instagram Direct eine Nachricht inklusive Ihrer geschäftlichen E-Mail-Adresse zukommen zu lassen, mit der Bitte, alles Weitere über den E-Mail-Weg zu klären.

Weiterhin ist der Punkt »keine unerwünschten E-Mails, Kommentare oder »Gefällt mir«-Vermerke oder sonstige Formen kommerzieller oder belästigender Kommunikationen« zu erstellen oder zu senden, ein wichtiger Aspekt, um in Ihrer Interaktion mit (potenziellen) Followern mit Bedacht vorzugehen, insbesondere was den Verweis auf Ihre Marke oder Ihre Produkte in Kommentaren anbelangt. Auch wenn das Wachstum Ihres Accounts ein wichtiges Ziel ist, sollten Sie es einem authentischen Umgang mit den Community-Mitgliedern unterordnen und nur da auf sich verweisen, wo es auch passt.

Ein äußerst kritischer Punkt ist die Wahrung des Rechts am geistigen Eigentum der Community-Mitglieder, die an mehreren Stellen der Nutzungsbedingungen sowie auch der Gemeinschaftsrichtlinien von Instagram thematisiert werden. Wie schon in Kapitel 1 erläutert, sind die Community-Mitglieder Inhaber ihrer Inhalte, die sie über Instagram posten. Instagram räumt sich dabei »eine nicht-exklusive, vollständig bezahlte und gebührenfreie, übertragbare, unterlizenzierbare, weltweite Lizenz für die Nutzung« dieser Inhalte ein.

Mit der Akzeptanz der Nutzungsbedingungen sichert jedes Community-Mitglied zudem zu, auch wirklich Inhaber »der durch den Dienst geposteten Inhalte zu sein« oder aber »berechtigt ist, Inhalte zu posten«. Das ist besonders relevant, wenn Sie zum Beispiel eine Agentur damit beauftragen, in Ihrem Namen auf Instagram zu posten. Weiterhin dürfen die geposteten Inhalte nicht die Rechte Dritter widerrechtlich verwenden, verletzen oder gegen sie verstoßen, wozu insbesondere »Datenschutz-, Urheber-, Marken- und/oder sonstige Rechte am geistigen Eigentum« zählen.

Das betrifft Sie als Unternehmen in zweierlei Hinsicht. Zum einen können Sie aufgrund dieser expliziten Regelung in den Nutzungsbedingungen andere Instagrammer auf Verstöße gegen Ihr Urheber- oder Markenrecht aufmerksam machen, gegebenenfalls melden oder sich weitere rechtliche Schritte vorbehalten. Zum anderen sind Sie jedoch auch selbst in der Pflicht, die Urheberrechte der Instagrammer zum Beispiel im Rahmen von Wettbewerben und Reposts von deren Inhalten in Ihrem Account zu wahren. Sichern Sie sich in diesen Fällen lieber zusätzlich ab, indem Sie den Urheber über Instagram Direct oder noch besser via E-Mail um die Erlaubnis bitten, sein Foto oder Video zu nutzen.

Weiterhin übernehmen Sie laut der Nutzungsbedingungen die »Verantwortung für jegliche Daten, Texte, Dateien, Informationen, Nutzernamen, Bilder, Grafiken, Fotos, Profile, Audio- und Vidoclips, Töne, musikalische Arbeiten, Urheberwerke, Anwendungen, Links«, die über Ihren Account gepostet oder angezeigt werden. Sichern Sie sich bei der Nutzung von Inhalten Dritter vor diesem Hintergrund noch einmal zusätzlich ab, ob diese nicht gegen Urheber- oder Markenrechte verstoßen.

Des Weiteren sichert jedes Community-Mitglied über die Nutzungsbedingungen zu, dass es »Instagram-Inhalte nicht reproduzieren, verändern, anpassen, abgeleitete Arbeiten davon anfertigen, vorführen, anzeigen, veröffentlichen, verbreiten, übermitteln, ausstrahlen, verkaufen, lizenzieren oder auf sonstige Art ausnutzen« wird. Dieser Punkt ist zum Beispiel insofern wichtig, als dass Sie Instagram-Inhalte, die Sie für weitere kommerzielle Zwecke, beispielsweise Anzeigen, nutzen wollen (für die Sie sich zuvor eine Erlaubnis eingeräumt haben), nicht weiter verfremden dürfen. Die Nutzung von Repost-Apps ist vor diesem Hintergrund ebenfalls nicht empfehlenswert.

Ferner gilt die Bedingung, Webseiten nicht so zu modifizieren, »dass daraus geschlossen werden kann, dass sie mit dem Dienst in Zusammenhang steht«. Hier geht es im Wesentlichen darum, dass Instagram zukünftig vermeiden will, dass Drittanbieter-Apps, die auf die Instagram-API zurückgreifen, häufig auch optisch den Eindruck erwecken, als seien sie ein offizieller Partner von Instagram. Letzteres wird auch noch einmal explizit in den Nutzungsbedingungen erwähnt: Instagram kontrolliert keine Anwendungen von Drittanbietern.

Als letzter Punkt dieses Abschnitts sei hier noch erwähnt, dass Instagram die Einhaltung der lokalen Gesetzgebungen voraussetzt, wozu Gesetze auf Bundes-, Landes- und kommunaler Ebene zählen. Diese Maßgabe sollten Sie bei der Entwicklung von Projekten, Wettbewerben, InstaWalks und weiteren immer im Hinterkopf behalten.

## 8.2 PR-Guidelines und Markenrichtlinien

Sofern Sie eine Pressemitteilung über Ihre Aktivitäten auf Instagram planen, stellt Meta Ihnen in seinem Hilfebereich Markenrichtlinien in deutscher Sprache zur Verfügung. Sie finden diese unter folgendem Link: https://www.facebook.com/brand/resources/instagram/instagram-brand/

Im Wesentlichen handelt es sich hier um Regelungen zum Wortlaut Ihrer Pressemitteilung, etwa welche Wörter idealerweise darin verwandt werden sollten, wie zum Beispiel Gemeinschaft, Momente oder Inspiration, und welche definitiv nicht verwandt werden dürfen, wie zum Beispiel strategische Partnerschaft. Weiterhin finden Sie hier einen Styleguide zur Schreibweise der Instagram-Funktionalitäten oder -Themen.

Die Pressemitteilung darf ohne Freigabe durch Instagram nicht veröffentlicht werden. Eine Abnahme erfolgt, indem Sie eine Anfrage über den Menüpunkt „Meine Anfragen" auf der genannten Seite stellen. Eine Freigabe kann bis zu 3 Wochen in Anspruch nehmen.

Weiterhin stellt Instagram im Bereich »Markenelemente« offizielles Pressematerial, wie Bilder, Logos und Videos, zur Verfügung.

Das Kamera-Logo kann ohne Genehmigung »neben anderen Social-Media-Logos«, in Verbindung mit Ihrem Instagram-Nutzernamen oder »einem Aufruf wie »Folge uns auf Instagram«« eingesetzt werden und steht als Farb-Logo sowie als Glyphen-Logo zur Verfügung. Während Ersteres nicht verändert werden darf, können Sie das zweite, an die Farbgebung Ihrer Website anpassen. Wichtig ist dabei auch die direkte Verlinkung auf Ihr Instagram-Webprofil.

Sofern Sie eine eigene App kreieren, beispielsweise auf Basis der Instagram-API, ist es wichtig, dass der Name Ihrer App keine Instagram-typischen Wortbestandteile wie IG, Insta oder Gram enthält. Diese Richtlinie ist neu. Sie sind vermutlich schon auf diverse Anwendungen, die Insta oder Gram enthalten, gestoßen. Dennoch ist es zukünftig untersagt, Apps oder Webseiten so zu benennen.

## 8.3 Richtlinien für die Veranstaltung von Gewinnspielen und Wettbewerben

Im Folgenden finden Sie einige wesentliche Informationen dazu, wie Sie Ihr Gewinnspiel oder Ihren Wettbewerb im Einklang mit den Instagram-Richtlinien und darüber hinaus gestalten können.

### 8.3.1 Teilnahmebedingungen

Folgende Punkte müssen zwingend in den Teilnahmebedingungen Ihres Gewinnspiels oder Wettbewerbs zwingend enthalten sein:

Wer darf teilnehmen? Gibt es beispielsweise eine Altersbeschränkung, die Sie für Ihr Produkt zwingend einhalten müssen? Da Instagram bereits ab 13 Jahren genutzt werden darf, sollten Sie dies besonders herausstellen. Gibt es darüber hinaus eine Wohnsitzbeschränkung?

- Wann startet und wann endet Ihr Gewinnspiel?
- Wann und durch wen erfolgt die Preisauslosung?
- Nach welchen Regeln werden die Gewinner bestimmt?
- Wie gelangt der Gewinn zu dem oder den Gewinner(n)?
- Wie sehen die Datenschutzbestimmungen aus? Was passiert mit den zur Teilnahme am Gewinnspiel erforderlichen Daten?

Sehr wichtig ist darüber hinaus ein gesonderter Punkt zum Thema Urheberrechte, worin die Teilnehmer ausdrücklich erklären, dass sie Eigentümer der von ihnen eingereichten Inhalte sind und keine Rechte Dritter verletzen. Letzteres gilt insbesondere auch für das Recht am eigenen Bild, falls andere Personen auf den Beiträgen Ihrer Gewinnspiel- oder Wettbewerbsteilnehmer zu sehen sind. Sie müssen definitiv ihr Einverständnis erteilt haben, dass das Bild vom Urheber für den Wettbewerb genutzt werden darf.

Weiterhin ist in diesem Zusammenhang der Punkt Rechtseinräumung zwingend erforderlich, in dem Sie sich unter anderem ein Recht an der Nutzung der Beiträge sowie der Instagram-Namen der Teilnehmer einräumen. Erklären Sie an dieser Stelle ganz genau, wozu Sie die Inhalte verwenden wollen. Etwa für Ihren Instagram-Account, eine Galerie auf Ihrer Website oder Facebook oder für Ihren Shop.

Grundsätzlich empfiehlt sich, für die Formulierung der Teilnahmebedingungen, mit einem Rechtsanwalt zusammenzuarbeiten.

## 8.4 Richtlinien für Promotions seitens Instagram

Instagram sichert sich über die »Richtlinien für Promotions« () noch einmal dahin gehend ab, dass es weder für die Ausgestaltung noch die Organisation sowie die rechtlichen Rahmenbedingungen Ihres Gewinnspiels oder Ihres Wettbewerbs verantwortlich ist.

Vielmehr wird über diese Richtlinien vorausgesetzt, dass Sie alle offiziellen Regelungen, inklusive zur Promotion Ihres Gewinns, berücksichtigen.

Besonders wichtig ist zudem, dass Sie bei der Beschreibung Ihres Wettbewerbs oder Gewinnspiels darauf hinweisen, dass Instagram damit in keiner Verbindung steht und Ihr Wettbewerb in keiner Weise gesponsert, unterstützt oder organisiert wird und Instagram von den Teilnehmern freigestellt wird.

Darüber hinaus soll sichergestellt werden, dass die Gewinnspiel-Mechanik Nutzer nicht dazu veranlasst, Instagram-Funktionalitäten, wie beispielsweise das Markieren von Nutzern, falsch einzusetzen. Etwa indem die Teilnehmer andere Nutzer in ihren Posts, Stories oder Reels markieren, die gar nicht in dem entsprechenden Beitrag zu sehen sind.

Was aber erlaubt ist, ist das Markieren von Freunden in den Kommentaren zu Ihrem Gewinnspiel sowie die Aufforderung, Ihrem sowie weiteren Accounts zu folgen. Diese als „Loop-Gewinnspiel“ bekannte Mechanik wird am häufigsten durch Influencer aber auch Unternehmen zum schnellen Follower-Aufbau eingesetzt.

Die vollständigen Richtlinien für Promotions finden Sie im Instagram-Hilfezentrum in deutscher Sprache unter dem Stichwort »Promotions«.

## 8.5 Umgang mit Urheberrechten

Nachdem der Umgang mit Urheberrechten in den vorangegangenen Abschnitten schon ausführlich erläutert wurde, sei in diesem Abschnitt nur noch einmal ergänzt, dass Sie bei der Verwendung von Inhalten, deren Nutzungsrechte Sie sich durch eine ausdrückliche Zustimmung seitens des Urhebers eingeräumt haben, dafür Sorge tragen, dass dieser auch als Urheber des betreffenden Inhalts in Ihrem Instagram-Account und darüber hinaus erscheint.

Eine schon genannte Variante ist das Markieren des Nutzers über die nutzer markieren-Funktion sowie der Nennung des @nutzernamens in der Bildunterschrift. Darüber hinaus oder alternativ bietet sich die Verwendung des @nutzernamens in Form eines Wasserzeichens auf dem betreffenden Inhalt an. Dieses können Sie mithilfe der vorgestellten Apps und Tools umsetzen.

Verwenden Sie Inhalte ohne Zustimmung des Nutzers, begehen Sie trotz dessen Namensnennung in der vorangehend beschriebenen Art und Weise eine Urheberrechtsverletzung.

## 8.6 Umgang mit Persönlichkeitsrechten

In Bezug auf Instagram ist insbesondere das Recht am eigenen Bild im Rahmen der weitreichenden Persönlichkeitsrechte in Deutschland ein wichtiger Punkt. Demnach dürfen Fotos und Videos, auf denen Personen zu sehen sind, nur mit deren ausdrücklicher schriftlicher Zustimmung auf Instagram veröffentlicht werden.

Als Ausnahmen gelten hier folgende:

Die Person oder die Personen erscheinen nur als Beiwerk auf dem Foto.

Das Foto oder Video zeigt Ansammlungen mehrerer Personen (zum Beispiel auf einem Event), ohne dass einzelne Personen hervorstechen.

Um auf der sicheren Seite zu sein, sollten Sie immer dann, wenn eine Person deutlich auf Ihrem Foto oder Video zu erkennen ist, Rücksprache mit ihr halten und sich eine schriftliche Einwilligung zur Veröffentlichung des Fotos in sozialen Medien und im Netz einholen. Denn Fotos oder Videos, die auf Instagram erscheinen, können auch in anderen sozialen Netzwerken und im Netz geteilt werden.

## 8.7 Übersicht weiterer rechtlicher Rahmenbedingungen

In diesem Buch finden Sie noch viele weitere rechtliche Aspekte, die Sie bei dem Auf- und Ausbau Ihrer Instagram-Präsenz dringend berücksichtigen sollten. Es handelt sich hierbei um wichtige Fragen, wie

- die Impressumspflicht und Datenschutzerklärung
- die Nutzung von Musikstücken in Ihren Beiträgen
- der Einsatz von Zitaten
- die Nutzung von Design-Tools, wie beispielsweise Canva
- die Nutzung von Stockmaterial
- der Einsatz von Linkbaum-Tools

Die folgende Abbildung zeigt Ihnen noch einmal, wo Sie die Ausführungen zu den rechtlichen Rahmenbedingungen der genannten Themen finden:

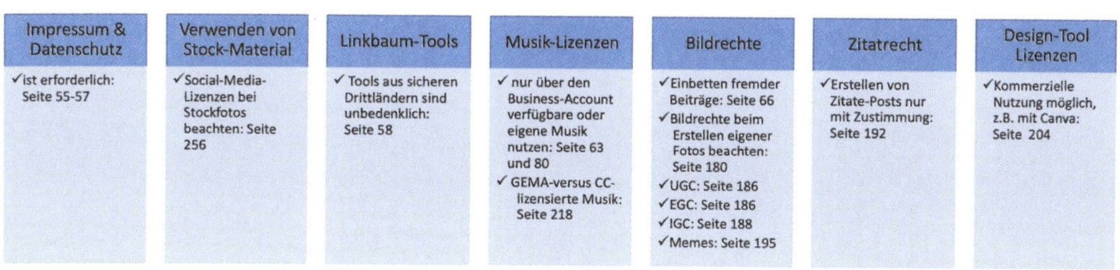


**Abb. 8.1:** Übersicht Ausführungen zu rechtlichen Aspekten in diesem Buch

# Stichwortverzeichnis

## K

## L



## M

## T

## Y



## Z

Miriam Rupp

# Storytelling für Unternehmen

## Mit Geschichten zum Erfolg in Content Marketing, PR, Social Media, Employer Branding und Leadership

**2. Auflage**

### Storytelling als Basis für modernes Content Marketing

### Wirkung und Erzählformate guter Geschichten

### Zahlreiche anschauliche Beispiele und praktische Checklisten zur Ideenfindung

Storytelling ist für Marketingabteilungen ein wesentliches Fundament in der Kundenkommunikation über alte und neue Kanäle wie PR, Content Marketing und Social Media.

Marken wie Red Bull, Apple, Coca-Cola, Dove oder airbnb sind heutzutage in aller Munde, wenn es um Brand Storytelling geht. Doch was genau machen sie anders, als wir es von der traditionellen Unternehmenskommunikation kennen? Was können Sie von ihnen lernen? Anhand konkreter Beispiele erfahren Sie in diesem Buch, wie Storytelling erfolgreich im Marketing und in der Unternehmensführung eingesetzt werden kann.

Im ersten Teil des Buches lernen Sie detailliert, welche Bestandteile eine gute Geschichte enthalten sollte, und erfahren, wie Sie für Ihr Unternehmen Helden und Heldinnen, Konflikte, ein Happy End und letztendlich Ihre eigene Rolle in einer Geschichte finden – passend zu Ihrer Unternehmensstrategie und -vision.

Der zweite Teil des Buches erläutert, wie Sie Ihre Geschichten optimal an Ihr Publikum bringen.

Die Autorin zeigt im dritten Teil des Buches, dass Storytelling nicht nur ein Thema für Lifestyle-Produkte wie Energy-Drinks und Smartphones ist. Geschichten bieten gerade für technische oder Nischen-Themen oder auch im B2B-Bereich enormes Potenzial, das meist einfacher zu nutzen ist als angenommen.

Darüber hinaus ist Storytelling nicht nur ein Tool für die Kommunikation nach außen. Sie erfahren, inwiefern es auch für Employer Branding und Leadership generell von großer Bedeutung ist, um Mitarbeiter und Mitarbeiterinnen zu finden, zu halten und zu motivieren.

In jedem Kapitel finden Sie detaillierte Fragestellungen zur Ideenfindung, die Sie dabei unterstützen, Ihre eigene Story zu finden.

Zusätzlich geben Interviews mit Entrepreneuren, Agenturen und Storytelling-Verantwortlichen in Unternehmen ganz persönliche Einblicke in die Praxis.

ISBN 978-3-7475-0559-5

Probekapitel und Infos erhalten Sie unter:
**www.mitp.de/0559**

Ines Eschbacher

# Content Marketing
## Das Workbook

**Schritt für Schritt zu erfolgreichem Content**

2. Auflage

**Von der Content-Strategie über die -Planung, -Erstellung und -Distribution bis hin zum -Controlling**

**Mit umfangreichem Kapitel zum Schreiben guter Webtexte**

**Zahlreiche Beispiele, praktische Checklisten und Aufgaben**

Content Marketing ist heutzutage kein Nice-to-have, sondern vielmehr ein unverzichtbarer Bestandteil in jedem Marketing-Mix des Unternehmens. Es geht dabei um nützlichen Content, der dem Konsumenten in unterschiedlichsten Alltagssituationen das Leben erleichtert. Doch guter Content alleine reicht längst nicht mehr aus. Die Konsumenten wünschen sich relevante Informationen und Content, der wirklich weiterhilft und offene Fragen beantwortet. Oder Content, der begeistert und ein Lächeln ins Gesicht zaubert – ob auf der Website, im Blog oder auf Social Media, ob als Text, Bild oder Video.

Mit diesem Buch erhältst du eine Schritt-für-Schritt-Anleitung, die dich von Anfang bis zum Ende auf deinem Weg zu einem erfolgreichen Content Marketing begleitet und dir bei der praktischen Umsetzung zur Seite steht. Die Autorin führt dich schrittweise durch die fünf Phasen des Content-Marketing-Zyklus: von der Definition von Marke, Zielen und Zielgruppen über die strategische Content-Planung, -Erstellung und -Distribution bis hin zum -Controlling.

In jedem Kapitel findest du Aufgaben und Challenges sowie zahlreiche Checklisten und Tipps, die dich bei der konkreten Umsetzung unterstützen. Zusätzlich bietet dir das Workbook genug Platz für deine eigenen Notizen, damit du sofort loslegen kannst.

Das Workbook richtet sich an Content-Marketing-Newbies und an alle, die mit ihren Content-Marketing-Maßnahmen inhaltlich und strategisch durchstarten möchten.

Probekapitel und Infos erhalten Sie unter:
**www.mitp.de/0413**

**ISBN 978-3-7475-0413-0**

Meike Neitz

# Einstieg in die PR

## Das Workbook

**Schritt für Schritt
zu erfolgreicher Pressearbeit**

**Einfacher Einstieg in alle Aspekte der PR-Arbeit**

**Strategie entwickeln, die Presse erreichen, Netzwerke aufbauen sowie Interviews und öffentliche Auftritte meistern**

**PR-Arbeit nachbereiten und Erfolg messen**

Moderne Pressearbeit ist für jedes Unternehmen unverzichtbar. Mit diesem Buch erhältst du das notwendige Handwerkszeug, um ein Unternehmen erfolgreich in die Medien zu bringen – für eine positive öffentliche Wahrnehmung.

Du lernst alle Aspekte der modernen Pressearbeit von Grund auf kennen:

Du erfährst, wie du Schritt für Schritt deine Pressearbeit strukturiert in Angriff nimmst: von der Analyse der Unternehmensziele über die Strategie bis zum Anlegen eines Presseverteilers.

Hast du alles optimal vorbereitet, kannst du mit der praktischen Presse- und Öffentlichkeitsarbeit starten. Du lernst, wie du spannende Pressemitteilungen schreibst, die gerne gelesen werden, und wie du dein Netzwerk aufbaust und pflegst. Und damit du weißt, worauf Journalisten tatsächlich Wert legen, hat Meike Neitz einige gefragt, was sie bei Pressekontakten gut finden und was nicht.

Weiterhin erfährst du, was du als Presseprofi noch umsetzen kannst wie z.B. Interviews, Pressekonferenzen, Gastartikel, besondere Aktionen und vieles mehr.

Methoden der Erfolgsmessung und die Nachbereitung deiner Arbeit runden dieses praktische Workbook ab.

**ISBN 978-3-95845-656-3**

Probekapitel und Infos erhalten Sie unter:
**www.mitp.de/656**

Marco Hassler

# Von Data-driven zu People-based Marketing

## Erfolgreiche Digital Marketing Strategien in einer Privacy First Ära

### Mit First-Party Daten, MarTech und Kundenzentrierung zu Marketing auf Steroiden

**Zeitgemäßes und personenzentriertes Marketing ohne Cookies: von Data-driven zu People-based Marketing**

**First-Party Daten und Customer Data Platforms: von der Sammlung von Nutzerdaten über die kanalübergreifende Identifikation der Nutzer bis hin zur Erfolgsmessung**

**Customer Journeys mit Always-on Marketing-Programmen orchestrieren: die richtige Botschaft zum richtigen Zeitpunkt an die richtige Person**

People-based Marketing ist als Evolution von Data-driven Marketing die nächste Stufe im digitalen Marketing. Es löst kanalspezifische Kampagnen, Daten in Silos und nicht konsistente Kundenerlebnisse ab, fokussiert sich stattdessen komplett auf den Nutzer und schafft die Grundlage für eine vertrauensvolle Beziehung in einer Privacy First Ära. Anhand eines übergreifenden Nutzerprofils und geeigneter Technologie lässt sich damit die richtige Botschaft zum richtigen Zeitpunkt an die richtige Person liefern.

In diesem Buch zeigt Marco Hassler praxisnah, wie People-based Marketing Schritt für Schritt umgesetzt werden kann:

- die Sammlung von Nutzerdaten mit der Identifikation des Nutzers über alle Kanäle hinweg
- die Einholung von Zustimmungen in einem herausfordernden datenschutzrechtlichen Umfeld
- die Marketing-Technologie und -Architektur, die dafür notwendig ist
- die Gestaltung gesamter Marketing-Programme auf Basis einer Inbound- und Always-on-Philosophie

Den Abschluss bildet die Erfolgsmessung von Maßnahmen für ein gelungenes People-based Marketing.

Probekapitel und Infos erhalten Sie unter:
**www.mitp.de/0410**

**ISBN 978-3-7475-0410-9**

Lutz Lungershausen

# Innovation Plug & Play

## 99½ effiziente Tools für Kreativität, neue Produkte und Services

**Die effizientesten Werkzeuge einsetzen, um außergewöhnliche Ideen zu generieren**

**Aus den besten Ideen neue Produkte und Services entstehen lassen**

**Innovationsprozesse und -kultur im Unternehmen voranbringen und verankern**

Unternehmen müssen innovativ sein, um am Markt bestehen zu können. Aber woher kommen die Ideen dafür? Müssen Sie Innovationsmanager einstellen, Ihre Unternehmensprozesse umstrukturieren oder Mitarbeiter auf teure Fortbildungen schicken?

Nicht unbedingt, denn in diesem Buch finden Sie 99½ effektive Konzepte, Tools, Methoden und Denkimpulse, mit denen Sie Ihre Innovationsfähigkeit aus dem Stand von 0 auf 100 bringen. Creative Director und Innovationsmanager Lutz Lungershausen gibt Ihnen die besten Denkwerkzeuge an die Hand, die er selbst seit vielen Jahren in der Praxis anwendet.

Ein typischer Innovationsprozess besteht aus fünf Phasen – PREPARE: die mentale Vorbereitung, INITIATE: das Aufspüren von Handlungsfeldern, IDEATE: die systematische Ideenproduktion, GENERATE: deren Konkretisierung sowie ITERATE: die Markteinführung und Verbesserungsroutine. Mit diesem Buch können Sie je nach Bedarf in jede Phase einsteigen.

Die vorgestellten Tools sind praxiserprobt, effizient und kommen ohne gruppendynamisches Selbsterfahrungs-Bling-Bling aus. Aber das Beste ist: Die Werkzeuge sind ohne großen Aufwand sofort einsetzbar und jedes Tool funktioniert auch separat für sich – eben Plug & Play.

ISBN 978-3-7475-0295-2

Probekapitel und Infos erhalten Sie unter:
**www.mitp.de/0295**

Niklas Hartmann

# Erfolgreich Influencer werden

## Mehr Follower, Reichweite und Einkommen

### Mit persönlichen Tipps von 17 Top-Influencern mit bis zu 1,1 Millionen Followern

**Die passende Strategie entwickeln: Deine Stärken und Ziele bestimmen**

**In 13 Schritten zu mehr Fans und Bekanntheit**

**25 Ideen, dein Einkommen zu steigern**

Möchtest du Influencer werden, Spaß haben, dein Leben nach deinen eigenen Vorstellungen gestalten und damit Geld verdienen?

Niklas Hartmann ist seit 7 Jahren Influencer-Berater und zeigt dir, wie du Schritt für Schritt vorgehst, um auf Instagram, TikTok und Co. erfolgreich zu sein.

FINDE DEINE STRATEGIE

Der Autor beschreibt die unterschiedlichen Arten von Influencern und hilft dir herauszufinden, welcher Influencer-Typ zu dir passt. Weiterhin erfährst du, welche Plattformen und Zielgruppen sich für deine Vorstellungen eignen. Darüber hinaus musst du dich positionieren: Was machen deine Konkurrenten und wie kannst du darauf reagieren?

SETZE DEINEN PLAN IN DIE PRAXIS UM

Du lernst, welche Inhalte zu deinen Interessen und deiner Strategie passen und wie du dein Publikum überzeugst. Lerne aus deinen Erfahrungen und analysiere, welche Beiträge deine Abonnenten lieben.

Du erhältst zahlreiche wertvolle Ratschläge, wie du Follower und Reichweite aufbaust und dir eine loyale Community schaffst. Der Autor zeigt dir, wie du Menschen begeisterst, wertvolle Beziehungen knüpfst und mit anderen Influencern kooperierst.

VERDIENE GELD MIT DEINER ARBEIT

Der Autor gibt dir zahlreiche Tipps, wie du geeignete Werbepartner findest, mit diesen erfolgreich verhandelst und zusammenarbeitest, um dir ein Netzwerk von Kunden aufzubauen.

Zahlreiche Checklisten, Praxistipps & Aufgaben helfen dir, deinen Traum zu verwirklichen. Mit diesem umfassenden Praxisbuch bist du perfekt vorbereitet, um in der Social-Media-Welt zu bestehen.

Probekapitel und Infos erhalten Sie unter:
**www.mitp.de/0242**

**ISBN 978-3-7475-0242-6**